计算机类技能型理实一体化新形态系列

信息技术基础

（Office视频版）

主　编　邓春生　朱伟华
　　　　云玉屏
副主编　文　颖　陈新华
　　　　郑　晨　袁春兰

清华大学出版社
北京

内 容 简 介

本书根据《高等职业教育专科信息技术课程标准（2021年版）》编写，是一本全面而深入的信息技术教材，旨在为渴望深入了解现代信息技术应用的青年学生提供综合性的学习支持。本书内容丰富，覆盖了信息技术领域的诸多关键方面，分为线下、线上两部分，共14个模块。其中，基础模块（8个线下模块）包括：信息素养与社会责任、图文处理技术、电子表格技术、演示文稿制作、信息检索技术、数字媒体技术、项目管理、新一代信息技术；拓展模块（6个线上模块）包括：程序设计基础、现代通信技术、虚拟现实、机器人流程自动化、区块链、信息安全。本书内容组织上，主要模块采用"工作任务（导入案例）→技术分析→知识与技能→任务实现（案例实现）→知识和能力拓展→单元练习"的编写模式，将工作场景、信息技术、行业知识进行有机整合，各个环节环环相扣，便于学生的知识技能、信息素养逐步提高。

本书既可供高职高专和职业本科学生使用，也可供有关社会培训机构选用。

图书在版编目（CIP）数据

信息技术基础：Office视频版 / 邓春生，朱伟华，云玉屏主编．— 北京：清华大学出版社，2024.8
（2024.9重印）
（计算机类技能型理实一体化新形态系列）
ISBN 978-7-302-65720-0

Ⅰ．①信…　Ⅱ．①邓…　②朱…　③云…　Ⅲ．①办公自动化－应用软件－高等学校－教材
Ⅳ．①TP317.1

中国国家版本馆CIP数据核字(2024)第052983号

责任编辑：张龙卿
封面设计：刘代书　陈昊靓
责任校对：刘　静
责任印制：沈　露

出版发行：清华大学出版社
网　　址：https://www.tup.com.cn，https://www.wqxuetang.com
地　　址：北京清华大学学研大厦A座　　**邮　　编：**100084
社 总 机：010-83470000　　**邮　　购：**010-62786544
投稿与读者服务：010-62776969, c-service@tup.tsinghua.edu.cn
质量反馈：010-62772015, zhiliang@tup.tsinghua.edu.cn
课件下载：https://www.tup.com.cn, 010-83470410
印 装 者：三河市龙大印装有限公司
经　　销：全国新华书店
开　　本：185mm×260mm　　**印　　张：**20.5　　**字　　数：**495千字
版　　次：2024年8月第1版　　**印　　次：**2024年9月第2次印刷
定　　价：59.80元

产品编号：106754-01

编写委员会

主　编　邓春生　朱伟华　云玉屏

副主编　文　颖　陈新华　郑　晨　袁春兰

秘书长　何全文

编　委（排名不分先后）

李焕春　何信星　陈露军　李　旭

谢　琼　李振翔　刘　春　张　旭

前　言

当前，数字化已成为经济社会转型发展的重要驱动力，以信息技术为基础的数字技术已经成为建设创新型国家、制造强国、网络强国、数字中国、智慧社会的基础支撑。数字经济蓬勃发展，数字技术快速迭代，技术进步和社会发展对劳动者所需掌握的数字技能也提出了新要求、新标准。党的二十大报告提出："加快发展数字经济，促进数字经济和实体经济深度融合，打造具有国际竞争力的数字产业集群。"《中华人民共和国国民经济和社会发展第十四个五年规划和2035年远景目标纲要》则具体部署了"加快数字化发展　建设数字中国"的有关举措，其中提到"加强全民数字技能教育和培训，普及提升公民数字素养"。

如何有效提高青年学生的信息素养和数字技能，培养信息意识与计算思维，提升数字化创新与发展能力，促进专业技术与信息技术融合，树立正确的信息社会价值观和责任感，已成为高职院校关注的焦点。"信息技术"课程是高职高专各专业学生必修或限定选修的公共基础课程，2021年4月，教育部制定出台了《高等职业教育专科信息技术课程标准（2021年版）》（以下简称"新课标"）。我们根据实际教学的需要，依据新课标要求，组织编写了《信息技术基础（Office视频版）》《信息技术综合实训（Office视频版）》两本书。本书主要具有如下特点。

（1）在编写理念上，本书全面贯彻党的教育方针，落实立德树人根本任务，满足国家信息化发展战略对人才培养的要求，围绕高职高专各专业对信息技术学科核心素养的培养需求，吸纳信息技术领域的前沿技术，旨在通过"理实一体化"教学，提升学生应用信息技术解决问题的综合能力，重点培养学生利用信息技术进行信息的获取、处理、交流和应用的能力，促进其养成信息素养，具备基本的信息道德和行为规范，为其职业发展、终身学习和服务社会打下坚实的基础。

（2）在内容选择上，本书共14个模块，覆盖新课标全部要求，做到知识达标，技能规范。以Windows+Office为基本应用环境组织编写。同时，书中内容分为基础模块和拓展模块两部分，各地各学校可根据国家有关规定，结合地方资源、学校特色、专业需要和学生实际情况，自主选择教学。本书注重技术应用场景的选择，适当编入新知识、新技能、新产品、新工艺、新应用、新成就，并对行为规范和涉及的有关国家标准、行业标准、企业标准做了提示。本书还充分考虑青年学生的心理特点和职业教育特色，强化职业能力的培养：将探究学习、与人交流、与人合作、解决问题、创新能力的培养贯穿教材始终。

（3）在内容组织上，本书充分适应不断创新与发展的工学结合、工学交替、教学做合一以及项目教学、任务驱动、案例教学、现场教学和实习等“理实一体化”教学组织与实施形式。本书对于偏理论的单元（节）采用案例导入的写作模式，对于偏实践的单元（节）采用工作任务导入的写作模式，内容组织上主要模块采用“工作任务（导入案例）→技术分析→知识与技能→任务实现（案例实现）→知识和能力拓展→单元练习”的编写模式，将工作场景、信息技术、行业知识进行有机整合，各个环节环环相扣，使学生的知识和能力逐步提高。《信息技术综合实训（Office 视频版）》的内容与安排顺序和本书完全一致，也分为线上、线下两部分，每个训练均按照“训练目的→训练内容→训练环境→训练步骤→训练结果”组织编写，既可作为配套教材使用，也可供学生基础较好的学校作为主教材使用。

（4）在内容呈现上，本书图文并茂、资源丰富，方便师生学习。书中配备二维码学习资源，实现纸质教材与数字资源的结合，方便学生随时学习。此外，本书还提供了 PPT 课件、电子教案、微课视频等，可在清华大学出版社网站免费下载。

总之，本套书遵循新课标编写而成，反映了信息技术的发展现状，应用了职业教育的教改成果，在内容的选择、组织和呈现上进行了系统创新，可以作为高职高专“信息技术”课程教材。

囿于编者的水平，书中难免存在对新课标把握不准、对信息技术新发展敏感度不够的情况，以及客观存在的编写时间仓促，基于新课标的课程教学实践积累还不够，教学配套资源和测评题库建设仍存在不足等条件的限制，恳请大家批评指正。

编　者

2024 年 2 月

目　录

基础模块（线下）

拓展模块（线上）

基础模块（线下）

模块一　信息素养与社会责任

随着全球信息化的发展，信息素养已经成为我们需要具备的一种基本素质和能力。信息技术的不断发展给人们带来许多便利，但网络暴力、信息泄露等现象也在频繁发生。因此提升人们的信息素养和社会责任意识非常重要，具备良好的信息素养和正确的社会责任感是每个公民应该承担的责任与义务。

作为高校学生，信息素养水平将直接影响到个人的终身学习和工作，影响社会层面科学创新的水平，影响国家长远的高质量发展能力和潜力。因此，信息素养与社会责任对个人、行业、社会、国家的发展都起着重要作用。

本模块主要介绍信息素养的概念、要素、标准，信息技术发展史及知名企业的兴衰变化过程、信息安全与自主可控要求、网络社会责任、信息产业相关的法律法规等内容。

本模块知识技能体系如图 1-1 所示。

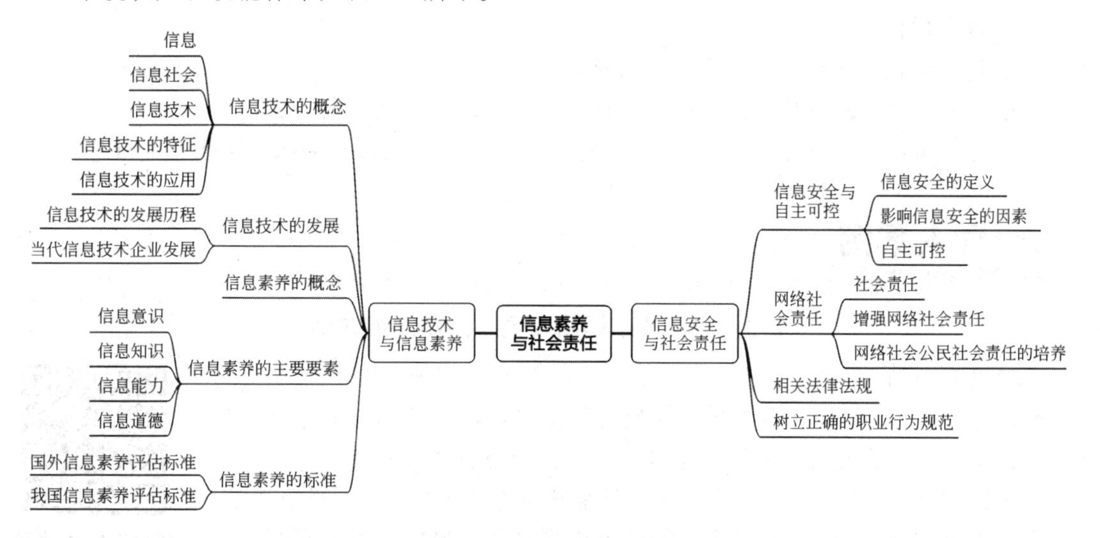

图 1-1　信息素养与社会责任知识技能体系

1. 中国计算机学会 . 中国计算机学会职业伦理与行为守则 [S]. 2023.
2. 中国网络社会组织联合会 . 互联网行业从业人员职业道德准则 [S]. 2021.
3. 中国图书馆学会，武汉大学信息管理学院 . 中国公民信息素养教育提升行动倡议 [S]. 2019.
4. 中央网络安全和信息化委员会 . 提升全民数字素养与技能行动纲要 [S]. 2021.

单元 1.1　信息技术与信息素养

学习目标

➢ 知识目标

1. 了解信息技术的概念和发展；
2. 掌握信息素养的概念；
3. 掌握信息素养的主要要素；
4. 了解信息素养的评价标准。

➢ 能力目标

1. 通过知名企业的兴衰变化过程，进一步了解信息技术发展；
2. 能利用信息化手段处理日常事务；
3. 能够有效辨别虚假信息。

➢ 素养目标

1. 信息意识：提升对数据价值的判断力；
2. 信息能力：提高获取、分析、处理、交流信息以及创新能力；
3. 信息道德：提高信息开发、传播、管理和利用方面的道德要求，规范日常信息行为。

导入案例

案例 1-1　共建网络安全，共享网络文明

2023 年 6 月，武汉中介人员王某为招揽业务，在网络平台发布虚假招生信息，他以武汉某知名中学为话题，杜撰“××× 中学有一个指标！两天可落定！保证进校……”谣言信息，扰乱社会公共秩序。

案例 1-1　共建网络安全，共享网络文明

2023 年 12 月 15 日，郑州降雪后，网民庞某堂为博取关注、吸引流量，恶意将 2017 年外省某高速雪后车祸视频移花接木，编造发布“郑州雪后 400 辆车相撞”的虚假信息，造成恶劣影响。

这些网络谣言、虚假信息借社会热点事件发酵，伴随事件的高关注度而传播扩散，误导公众认知，扰乱社会公共秩序，造成恶劣影响。作为信息时代的青年学生，需明辨是非、提高警惕，理智地对待各种不良诱惑，“共建网络安全，共享网络文明”。

技术分析

信息技术的普及改变了我们的生活学习方式，也需要警惕信息安全、有网络信息道德底线。辨别真假信息、提高信息素养、明确社会责任意识已经成为信息社会中非常重要的能力。

知识与技能

一、信息技术的概念

（一）信息

信息奠基人克劳德·艾尔伍德·香农（Claude Elwood Shannon）认为：信息是用来消除随机不确定性的东西，这一定义被人们看作经典性定义并加以引用。

控制论创始人诺伯特·维纳（Norbert Wiener）认为：信息是人们在适应外部世界，并使这种适应反作用于外部世界的过程中，同外部世界进行互相交换的内容和名称，它也被作为经典性定义并加以引用。

我国著名的信息学专家钟义信教授认为：信息是事物存在方式或运动状态，以这种方式或状态直接或间接地表述。

迄今为止，信息存在着很多定义，我们还无法找到统一的、具有权威性的信息定义。可对“信息”做以下描述。

信息是指以声音、文字、图像、动画、气味等方式所表示的实际内容，是事物现象及其属性标识的集合，是人们关心事情的消息或知识，是由有意义的符号组成的。

（二）信息社会

信息社会也称为信息化社会，是脱离农业和工业化社会后，信息起主导作用的社会。

早在 1959 年，哈佛大学社会学家丹尼尔·贝尔就着手探讨信息社会问题，并首次提出了“后工业社会”的概念。著名管理学家彼得·德鲁克从社会劳动力结构变化趋势的分析中预言“知识劳动者”将取代“体力劳动者”成为社会劳动的主体,并提出了“知识社会”的概念。1963 年,日本社会学家梅棹忠夫的《信息产业论》首次提出了“信息社会”的概念。

当今社会，信息极其丰富，信息量剧增。20 世纪 60 年代信息总量约为 72 亿个字符，80 年代信息总量约为 500 万亿个字符，1995 年的知识总量是 1985 年的 2400 倍。人类科学知识在 19 世纪时每 50 年增加一倍，20 世纪中期时约每 10 年增加一倍，目前是每 3 年增加一倍。

（三）信息技术

在信息社会中，信息经济为主导经济形式，信息技术为物质和精神产品生产的技术基础，信息文化使人类教育理念和方式发生了改变，既使生活、工作和思维模式发生了改变，也使道德和价值观念发生了改变。信息技术革命是经济全球化的重要推动力量和桥梁，是促进全球经济和社会发展的主导力量，以信息技术为中心的新技术革命成为世界经济发展史上的新亮点。

信息技术（information technology，IT）是指人们获取、存储、传递、处理、开发和利用信息资源的相关技术，可以扩展人类信息功能。在现代信息处理技术中，传感技术、计算机技术、通信技术和网络技术是主导技术，计算机在其中起到了关键的作用。

（四）信息技术的特征

信息技术具有技术性、信息性、普适性、可扩展性、高效性、创新性等特性。

（1）信息技术具有技术的一般特征——技术性。具体表现为：方法的科学性，工具设备的先进性，技能的熟练性，经验的丰富性，作用过程的快捷性，功能的高效性等。

（2）信息技术具有区别于其他技术的特征——信息性。具体表现为：信息技术的服务主体是信息，核心功能是提高信息处理与利用的效率、效益。由信息的秉性决定信息技术还具有普遍性、客观性、相对性、动态性、共享性、可变换性等特性。

（五）信息技术的应用

信息技术的研究包括科学、技术、工程以及管理等学科在信息的管理、传递和处理中的应用，相关的软件和设备及其相互作用。信息技术产业已成为新时期经济增长的重要引擎，有力地促进了可持续发展，深刻地改变着人类生产生活方式。

信息技术的应用包括计算机硬件和软件、网络和通信技术、应用软件开发工具等。计算机和互联网普及以来，人们日益普遍地使用计算机来生产、处理、交换和传播各种形式的信息，如书籍、商业文件、报刊、唱片、电影、电视节目、语音、图形、影像等。

信息技术代表着当今先进生产力的发展方向，信息技术的广泛应用使信息的重要生产要素和战略资源的作用得以发挥，使人们能更高效地进行资源优化配置，从而推动传统产业不断升级，提高社会劳动生产率和社会运行效率。

二、信息技术的发展

（一）信息技术的发展历程

信息技术的发展历程可以追溯到几千年前，随着人类的进步和科技的发展，信息技术也不断取得新的突破。

1. 第一阶段：语言的使用

语言成为人类进行思想交流和信息传播不可缺少的工具。

2. 第二阶段：文字的出现和使用

文字使人类对信息的保存和传播取得重大突破，较大地超越了时间和地域的局限，如原始社会母系氏族繁荣时期陶器上的符号以及记载商朝社会生产状况和阶级关系的甲骨文。

3. 第三阶段：印刷术的发明和使用

印刷术使书籍、报刊成为重要的信息储存和传播的媒体。大约在公元 1040 年，我国开始使用活字印刷技术。汉朝以前使用竹木简或帛作书写材料，东汉蔡伦改进造纸术，从后唐到后周，封建政府雕版刊印儒家经书，北宋毕昇发明活字印刷，比欧洲早 400 年。

4. 第四阶段：电报、电话、广播和电视的发明和普及

19 世纪中叶以后，随着电报、电话的发明，电磁波的发现，人类通信产生了根本性的变革，实现了通过金属导线上的电脉冲来传递信息以及通过电磁波进行无线通信。

1837 年美国人摩尔斯研制了世界上第一台有线电报机。电报机利用电磁感应原理，使电磁体上连着的笔发生转动，从而在纸带上画出点、线符号。这些符号的适当组合（称为莫尔斯电码）可以表示全部字母，于是文字就可以经电线传送出去了。

1844 年 5 月 24 日，人类历史上第一份电报实现了长途电报通信，从美国国会大厦传送到了 64 千米外的巴尔的摩城。

1864 年英国著名物理学家麦克斯韦发表了论文《电与磁》，预言了电磁波的存在。

1876 年 3 月 10 日，美国人贝尔用自制的电话同他的助手通了话。

1895 年俄国人波波夫和意大利人马可尼分别成功地进行了无线电通信实验。

1920 年美国无线电专家康拉德在匹兹堡建立了世界上第一家商业无线电广播电台，从此广播事业在世界各地蓬勃发展，收音机成为人们了解时事新闻的方便途径。

1933 年，法国人克拉维尔建立了英法之间的第一条商用微波无线电线路，推动了无线电技术的进一步发展。

另外，静电复印机、磁性录音机、雷达、激光器都是信息技术史上的重要发明。

5. 第五阶段：电子计算机和现代通信技术的使用

随着电子技术的高速发展，军事、科研迫切需要解决的计算工具也大大得到改进，1946 年由宾夕法尼亚大学研制的第一台电子计算机诞生了。

计算机的发展历经电子管、晶体管、集成电路、大规模集成电路时代，目前正在研究第五代智能计算机。在计算机的发展过程中，为了解决资源共享问题，单一计算机很快发展成计算机联网，实现了计算机之间的数据通信、数据共享。

20 世纪 60 年代，电子计算机的普及应用让信息处理变得更加高效；20 世纪 80 年代，计算机与现代通信技术的有机结合，将世界连接在一起，人类由此进入信息社会。

（二）当代信息技术企业发展

1. 信息产业发展规律

整个信息技术产业包括很多领域和很多环节，这些环节都是相互关联的。与任何事物一样，信息技术产业也有自身发展的规律。摩尔定律、安迪—比尔定律、反摩尔定律被称为IT界的三大定律，是众多IT业界人士所共同遵守的行业规则，它们刺激IT界的良好发展，保持高速度，同时使科技不断进步，带动经济发展。

1）摩尔定律

摩尔定律是由英特尔（Intel）创始人之一戈登·摩尔（Gordon Moore）在 1965 年首次提出的，其核心内容为：当价格不变时，集成电路上可容纳的晶体管数目每隔 18~24 个月会增加一倍，性能也将提升一倍。这一定律揭示了信息技术进步的速度。

摩尔定律主导着 IT 行业的发展。第一，遵照摩尔定律，IT 公司必须在比较短的时间内完成下一代产品的开发。第二，在强有力的硬件支持下，诸多新应用会不断涌现。第三，摩尔定律使得各个公司当前的研发必须针对多年后的市场。

2）安迪—比尔定律

安迪是指英特尔公司原 CEO 安迪·格罗夫，比尔是指微软公司创始人比尔·盖茨。安迪—比尔定律是对 IT 产业中软件和硬件升级换代关系的一个概括。原话是“Andy gives，Bill takes away.”（安迪提供什么，比尔拿走什么。）该定律的核心观点是：硬件性能的提升很快会被软件消耗掉。安迪—比尔定律使得硬件市场竞争更加激烈，倒逼硬件的更新换代。安迪—比尔定律把本该属于耐用消费品的计算机、手机等商品，变成了消耗性商品，刺激着 IT 行业的发展。

3）反摩尔定律

反摩尔定律是 Google 的前 CEO 埃里克·施密特提出的：如果你反过来看摩尔定律，一个 IT 公司如果今天和 18 个月前卖掉同样多的、同样的产品，它的营业额就要降一半。IT 界把它称为反摩尔定律。反摩尔定律逼着所有的硬件设备公司必须赶上摩尔定理规定的更新速度。它促成科技领域质的进步，并为新兴公司提供生存和发展的可能。

2. 信息技术企业发展一瞥

信息技术的发展是一个不断变化的过程，企业需要不断创新和适应市场变化，才能在激烈的竞争中生存和发展。在此过程中一些知名企业也经历了兴衰变化。

1982 年 2 月 24 日，斯坦福大学毕业的安迪·贝克托森、斯科特·麦克尼利（Scott McNealy）、维诺德·科斯拉（Vinod Khosla）以及加州大学伯克利分校的比尔·乔伊（Bill Joy）共同创立的太阳计算机系统公司（Sun Microsystems Inc.）诞生于美国斯坦福大学校园。Sun 是斯坦福大学校园网 Stanford University Network 首字母的缩写。它是最早进入中国市场并直接与中国政府开展技术合作的计算机公司。在 2000 年太阳公司的巅峰期，全球有约 5 万名员工，市值超过 2000 亿美元。曾经太阳公司通过其主要产品工作站与小型机打败了包括 IBM 之内的所有设备公司，同时还依靠它的 Solaris（一种 UNIX）系统和风靡全球的 Java 编程语言成为在操作系统层面最有可能挑战微软的公司。2000 年，美国互联网泡沫来临，大大小小的企业关停无数，太阳公司销量惨淡，从一年前盈利 9 亿美元，瞬间变成亏损 5 亿美元。到了 2001 年，太阳公司已经沦为美国二流的科技公司，再也无法和微软、IBM 这样的巨头比肩了。2009 年，太阳公司被甲骨文公司以 74 亿美元收购，从此一个强大的 IT 公司就此没落了。太阳公司从 1982 年成立到 2000 年达到顶峰用了近 20 年时间，而走下坡路只用了一年，其中的原因复杂多元，而太阳公司对于市场反应迟缓的问题，也正验证了反摩尔定律的恐怖所在。

华为技术有限公司创立于 1987 年，是全球领先的 ICT（information and communications technology，信息与通信技术）基础设施和智能终端提供商，致力于把数字世界带入每个人、每个家庭、每个组织，构建万物互联的智能世界。截止到 2023 年，华为约有 20.7 万名员工，业务遍及 170 多个国家与地区，为全球 30 多亿人口提供服务。

1）第一阶段：创立初期（1987—1995 年）

华为在创立初期主要采取的是横向一体化战略，即通过代理和销售多种通信设备来扩展业务。华为的产品策略主要是跟随战略，模仿和学习其他公司的产品和技术。

2）第二阶段：横向发展（1996—2004 年）

在产品开发方面，由单一集中化向模向一体化发展；在地城方面，由聚焦国内市场向同时面向国内和国际市场转变；在市场拓展方面，选择从发展中国家开始做起，以低成本战略，逐步将产品打入发达国家市场。

3）第三阶段：商业模式变革（2005—2012 年）

华为在这个阶段转型为电信解决方案供应商，不仅局限于销售通信设备。通过提供端到端的解决方案，华为帮助电信运营商提高运营效率、降低成本、增加收入。

4）第四阶段：技术创新（2013 年至今）

自 2013 年以来，华为在 5G、云计算、人工智能等领域持续投入研发，并取得了显著成果。华为在国际市场上也表现出了强劲的竞争力。

三、信息素养的概念

信息素养（information literacy）的本质是全球信息化需要人们具备的一种基本能力，这一概念是美国信息产业协会主席保罗·泽考斯基于 1974 年提出的。信息素养定义为：人能够判断、确定何时需要信息，并能够对信息进行检索、评价和有效利用的能力，主要包括文化素养（知识层面）、信息意识（意识层面）和信息技能（技术层面）三个方面。

1987 年，信息学家帕特里夏·布雷维克（Patricia Breivik）将信息素养进一步概括为：了解提供信息的系统并能鉴别信息价值，选择获取信息的最佳渠道，掌握获取和存储信息的基本技能。他从信息鉴别、选择、获取、存储等方面定义了信息素养的基本概念，将保罗·泽考斯基提出的概念做了进一步明确和细化。

我国有学者认为信息素养是人们对信息这一普遍存在的社会现象重要性的认识，以及人们在信息活动中所表现出来的能力素质。

1. 信息素养是一种基本能力

信息素养是一种对信息社会的适应能力。

美国教育技术 CEO 论坛 2001 年第 4 季度报告提出 21 世纪的能力素质，包括基本学习技能（指读、写、算）、信息素养、创新思维能力、人际交往与合作精神、实践能力。信息素养是其中一个方面，它涉及信息的意识、信息的能力和信息的应用。

2. 信息素养是一种综合能力

信息素养涉及各方面的知识，是一个特殊的、涵盖面很宽的能力，它包含人文的、技术的、经济的、法律的诸多因素，和许多学科有着紧密的联系。

信息技术支持信息素养，通晓信息技术强调对技术的理解、认识和使用技能。而信息素养的重点是内容、传播、分析，包括信息检索以及评价，涉及更宽的方面。它是一种了解、搜集、评估和利用信息的知识结构，既需要通过熟练的信息技术，也需要通过完善的调查方法、通过鉴别和推理来完成。信息素养是一种信息能力，信息技术是它的一种工具。

四、信息素养的主要要素

信息素养的主要要素包括四个方面，即信息意识、信息知识、信息能力、信息道德。

（一）信息意识

信息意识是指客观存在的信息和信息活动在人们头脑中的能动反映，表现为人们对所关心的事或物的信息敏感力、观察力和分析判断能力及对信息的创新能力。它是意识的一种，为人类所特有。信息意识是人们产生信息需求，形成信息动机，进而自觉寻求信息、利用信息、形成信息兴趣的动力和源泉。

判断一个人有没有信息素养、有多高的信息素养，首先要看他具备多高的信息意识。例如，在学习上遇到困难时，有的学生会知难而退，这是极度缺乏信息意识的表现；有的同学会先查阅课本或网络资料、进而寻求同学或老师帮助，这是具备了一定信息意识后处理问题的方式。

在大数据时代，个性化推荐在购物或浏览信息时无处不在，对于接收到的信息，如何正确理解，信息意识起到了重要作用。良好的信息意识能够帮助我们在第一时间准确判断所获得的推荐信息的真伪与价值，做出正确的选择和判断。

（二）信息知识

信息知识是信息活动的基础，一方面包括信息基础知识，另一方面包括信息技术知识。前者主要是指信息的概念、内涵、特征，信息源的类型、特点，组织信息的理论和基本方法，搜索和管理信息的基础知识，分析信息的方法和原则等理论知识；后者则主要是指信息技术的基本常识、信息系统结构及工作原理、信息技术的应用等知识。

（三）信息能力

信息能力是指理解、获取、利用信息能力及利用信息技术的能力。具体说明如下。

1. 理解信息能力

对信息进行分析、评价和决策。理解信息能力具体来说就是分析信息内容和信息来源，鉴别信息质量和评价信息价值，决策信息取舍以及分析信息成本的能力。

2. 获取信息能力

获取信息能力是指通过各种途径和方法收集、查找、提取、记录和存储信息的能力。例如，要在搜索引擎中查找可以直接下载的关于信息技术的 Word 资料，可在搜索框中输入文本“filetype:doc 信息技术”进行查找。

3. 利用信息能力

利用信息能力是指有目的地将信息用于解决实际问题或学习和科学研究中，通过已知信息挖掘信息的潜在价值和意义并综合运用，以创造新知识的能力。

4. 利用信息技术能力

利用信息技术能力是指利用计算机网络以及多媒体等工具收集信息、处理信息、传递信息、发布信息和表达信息的能力。信息能力是指人们有效利用信息知识、技术和工具来获取、分析与处理信息以及创新和交流信息的能力。例如，发表一篇论文、发表一段演讲、拍摄一部电影等，这些都是基于自己的一些认识、思考所创造的新信息。

5. 信息资源的评价能力

互联网中的信息资源不可计量，因此用户需要对搜索到信息的价值进行评估，并取其精华，去其糟粕。评价信息的主要指标包括准确性、权威性、时效性、易获取性等。

（四）信息道德

信息道德是指在信息的采集、加工、存储、传播和利用等信息活动各个环节中，用来规范其间产生的各种社会关系的道德意识、道德规范和道德行为的总和。它通过社会舆论、传统习俗等，使人们形成一定的信念、价值观和习惯，从而使人们自觉地通过自己的判断规范自己的信息行为。

信息道德作为信息管理的一种手段，与信息政策、信息法律有密切的关系，它们各自从不同的角度实现对信息及信息行为的规范和管理。信息道德以其巨大的约束力在潜移默化中规范人们的信息行为，信息政策和信息法律的制定和实施必须考虑现实社会的道德基础，因此，信息道德是信息政策和信息法律建立和发挥作用的基础；而在自觉、自发的道德约束无法涉及的领域，以法制手段调节信息活动中的各种关系的信息政策和信息法律则能够发挥充分的作用。信息政策弥补了信息法律滞后的不足，其形式较为灵活，有较强的适应性，而信息法律则将相应的信息政策、信息道德固化为成文的法律、规定、条例等形式，从而使信息政策和信息道德的实施具有一定的强制性，更加有法可依。信息道德、信息政策和信息法律三者相互补充、相辅相成，共同促进各种信息活动的正常进行。

五、信息素养的标准

（一）国外信息素养评估标准

国外有很多国家，如美国、加拿大、英国等对信息素养的标准都有研究。

2000 年 1 月 18 日，在美国得克萨斯的圣安东尼奥召开的美国图书馆协会（ALA）冬季会议上，美国大学与研究图书馆协会标准委员会评议并通过了《高等教育信息素养能力标准》（*Information Literacy Competency Standards for Higher Education*）。该标准包含 6 个一级指标和 22 个二级指标，其 6 个一级指标列举如下。

（1）具有信息素养的学生能确定所需信息的范围。

（2）具有信息素养的学生能有效地获取所需的信息。

（3）具有信息素养的学生能鉴别信息及其来源。

（4）具有信息素养的学生能将检出的信息融入自己的知识基础。

（5）具有信息素养的学生能有效地利用信息完成一个具体的任务。

（6）具有信息素养的学生能了解利用信息所涉及的经济、法律和社会问题，合理、合法地获取和利用信息。

在 2000 年 10 月的堪培拉会议上，澳大利亚大学图书馆协会（CAUL）通过并修改了《美国高等教育信息素养能力标准》，并把它作为澳大利亚的《国家信息素养标准》。2001 年，澳大利亚与新西兰高校信息素养联合工作组又正式发布了《澳大利亚与新西兰信息素养框架：原则、标准及实践》（以下简称《框架》），2004 年，升级为《框架》2004 年版，作为各高校开展信息素养教育的指导性文件，该文件制定了信息素养教育的原则、标准与实践方案，规定了信息素养课程在教育学科体系中的重要地位。其 6 条核心信息素养标准如下。

（1）理解信息需求并能确定所需信息的性质和范围。

（2）确实有效地查找出所需信息。

（3）批判性地评价信息和信息查找过程。

（4）对信息收集和生产进行管理。

（5）优先应用新信息形成新概念或产生新认识。

（6）通过信息的使用认识和处理有关文化、伦理、经济、法律和社会问题。

2006 年英国图书馆协会（SCONUL）颁布了《信息素养七要素标准》，即 SCONUL 标准。

（1）能够认识到自己的信息需求。

（2）能明确信息鸿沟之所在，从而确定合适的获取信息方法。

（3）能针对不同的检索系统构建找到信息的策略。

（4）能找到和获取所需信息。

（5）能比较和评价从不同来源所获得的信息。

（6）能以适当的方式组织、应用并交流信息。

（7）能在已知信息的基础上进一步进行组织和构建，从而创造新的知识。

（二）我国信息素养评估标准

我国信息素养的内涵在不同的阶段有很明显的区别，早期可能关注是否会打字、会用办公软件，后来强调是否会发邮件、使用互联网，现在更强调是否会使用智能化的工具、平台以及具有良好的信息责任意识。信息素养的评估也从“结果性评价”向“过程性评价”转变。

在引入国外信息素养评价标准基础上，国内学者针对我国情况提出了多种关于信息素养的评价标准。清华大学 2003 年主持开展了北京大学图书馆学会项目——“北京地区大学信息素质能力示范性框架研究”。

2005 年，北京市文献检索研究会研制了《北京地区高校信息素质能力指标体系》，作为北京市高校学生信息素养评估的重要指标。共分 7 个维度、19 项标准和 61 条具体指标项目，维度如下。

（1）具备信息素质的学生能够了解信息以及信息素质能力在现代社会中的作用、价值与力量。

（2）具备信息素质的学生能够确定所需信息的性质与范围。

（3）具备信息素质的学生能够有效地获取所需要的信息。

（4）具备信息素质的学生能够正确地评价信息及其信息源，并把选择的信息融入自身的知识体系中，重构新的知识体系。

（5）具备信息素质的学生能够有效地管理、组织与交流信息。

（6）具备信息素质的学生作为个人或群体的一员能够有效地利用信息来完成一项具体的任务。

（7）具备信息素质的学生了解与信息检索、利用相关的法律、伦理和社会经济问题，能够合理、合法地检索和利用信息。

2018 年 4 月，教育部发布《教育信息化 2.0 行动计划》，提出信息素养全面提升行动。

案例实现

为了避免案例 1-1 中提到的网络谣言、虚假信息对社会的恶劣影响，营造网络安全人人有责、人人参与的良好氛围。作为青年学生要提高自身的信息素养，学会运用信息化手段解决学习生活中的问题，养成良好的信息素养，体现在以下几方面。

（1）能够熟练使用各种信息工具，尤其是网络传播工具，如网络媒体、聊天软件、电子邮件、微信、博客等。

（2）能根据自己的学习目标有效收集各种学习资料与信息，能熟练运用阅读、访问、讨论、检索等获取信息的方法。

（3）能够对收集到的信息进行归纳、分类、整理、鉴别、遴选等。

（4）面对网络谣言，要坚持做到“不造谣、不传谣、不信谣”，加强自我防范。

（5）树立正确的人生观、价值观，培养自控、自律和自我调节能力，能够自觉抵御和消除垃圾信息及有害信息的干扰和侵蚀。

知识和能力拓展

使用手机完成医院就诊操作

信息社会中，信息化工具的应用，给人们带来了极大的便利，请运用手机完成医院就诊的预约挂号、门诊缴费操作。

（1）下载支付宝或者关注本地某医院的公众号。

（2）打开支付宝应用中心，选择“医疗健康”→“预约挂号”，进入本地挂号就诊界面，选择本地一家医院，进入小程序完成预约挂号。或者打开某医院公众号，选择“预约挂号”命令，按提示完成挂号。

（3）可以扫描支付二维码，完成缴费。或者在小程序中选择“门诊缴费”命令，完成缴费。

单元练习 1.1

一、填空题

1. 信息素养的本质是______________需要人们具备的一种基本能力。

2. 信息意识是指客观存在的信息和信息活动在人们头脑中的能动反映，表现为人们对所关心的事或物的信息______________、______________和______________及对信息的创新能力。

3. 信息能力是指______________、______________、______________信息能力及利用信息技术的能力。

二、单选题

1. 信息素养的要素不包括（　　）。

A. 信息意识　　B. 信息内容　　C. 信息能力　　D. 信息道德

2. 理解信息能力不包括对信息的（　　）。

A. 分析　　B. 获取　　C. 评价　　D. 决策

3. 评价信息的主要指标不包括（　　）。

A. 准确性　　B. 实时性　　C. 权威性　　D. 易获取性

4. 关于信息素养培养正确的是（　　）。

A. 对信息不关注　　B. 无法判断信息的真伪

C. 熟练使用各种信息工具　　　　　　D. 不能主动获取信息

5. 1998 年制定了学生学习的九大信息素质标准，不包括（　　）方面。

A. 信息素养　　B. 独立学习　　C. 社会责任　　D. 信息工具

三、判断题

1. 信息道德是指在信息的采集、加工、存储、传播和利用等信息活动各个环节中，用来规范其间产生的各种社会关系的道德意识、道德规范和道德行为的总和。（　　）

2. 互联网中的信息资源不可计量，因此用户可以随便使用，不用对搜索到的信息的价值进行评估。（　　）

3. 信息能力是指人们有效利用信息知识、技术和工具来获取、分析与处理信息以及创新和交流信息的能力。（　　）

4. 信息素养的要素包括四个方面，即信息意识、信息知识、信息能力、信息道德。（　　）

5. 有学者认为信息素养是人们对信息这一普遍存在的社会现象重要性的认识，以及人们在信息活动中所表现出来的能力素质。（　　）

四、简答题

1. 什么是信息技术？

2. 简述信息素养的主要要素。

五、操作题

判断表 1-1 中的行为是否正确，并纠正错误做法。收集两条相关案例填写在表格最后两行。

表 1-1　信息素养测试

行　　为	是 否 正 确	正确的做法
在讨论群组里恶意攻击他人		
在网络上传播不良视频		
引用文章时标注出处		
使用未授权的软件		
使用捡到的身份证进行网贷		
在网络社交平台转发谣言		

单元 1.2　信息安全与社会责任

学习目标

> **知识目标**

1. 了解信息安全及自主可控的要求；
2. 理解相关法律法规与职业行为自律的要求。

> **能力目标**

1. 通过学习信息安全知识，树立正确的职业理念；

2. 能够辨别是非，用法律武器保护自己。

➢ **素养目标**

1. 具备信息安全意识和相关防护能力；
2. 遵守信息社会的道德规范，懂得合法使用数据资源。

导入案例

案例 1-2 “群”信息泄露

2023 年 2 月，瑶海某学校一班级家长微信群内有人冒充老师骗取学习资料费，被骗家长达 20 余人。经调查为该班级一名学生在浏览某社交平台信息时，被犯罪嫌疑人诱惑，将家长群二维码泄露给犯罪嫌疑人。

案例 1-2 “群”信息泄露

2020 年 6 月，河南郑州西亚斯学院近两万名学生信息遭到泄露，包括姓名、身份证号、专业、宿舍门牌号等二十余项信息。事件发生后，多名学生反映收到骚扰电话。

信息时代的我们生活在“群”中，如“班级群”“同学群”“工作群”，这些“群”让我们能够跨越地理界限与世界各地的人交流，但也带来了信息泄露的隐患。“群”活动中涉及大量的个人信息，在收集、使用过程中，需要保护个人信息安全。

技术分析

互联网已经深刻嵌入社会生活的方方面面，成为人们生活的一个新空间，信息安全和网络社会责任感是个体在网络社会中对自己所属群体及相应社会角色所承担义务和过失的自觉态度。促进个人网络社会责任感的提升，有助于网络行为规范和保护个人信息安全。

知识与技能

一、信息安全与自主可控

（一）信息安全的定义

信息安全是指信息的保密性、完整性、可控性、可用性和不可否认性，是一个关系国家安全和主权、社会稳定、民族文化继承和发扬的重要问题。国际标准化组织（International Organization for Standardization，ISO）将信息安全定义为：为数据处理系统建立和采用的技术、管理上的安全保护，为的是保护计算机硬件、软件、数据不因偶然和恶意的原因而遭到破坏、更改和泄露。

（二）影响信息安全的因素

信息安全受到威胁的因素很多，主要影响因素有以下几个方面。

（1）硬件及物理因素：系统硬件及环境的安全性。例如，机房设施、计算机主体、存储系统、辅助设备、数据通信设施以及存储介质的安全性。

（2）软件因素：系统软件及环境的安全性，软件的非法删改、复制与窃取都可能造成系统损失、泄密等情况。例如，计算机病毒就是以软件为手段侵入系统造成破坏。

（3）人为因素：人为操作、管理的安全性，包括工作人员的素质、责任心，严密的行政管理制度、法律法规等。

（4）数据因素：数据信息在存储和传递过程中的安全性。数据因素是计算机犯罪的核心途径，也是信息安全的重点。

（5）其他因素：信息和数据传输通道在传输过程中产生的电磁波辐射，可能被检测或接收，造成信息泄露，同时空间电磁波也可能对系统产生电磁干扰，影响系统的正常运行。此外，一些不可抗力的自然因素也可能对系统的安全造成威胁。

（三）自主可控

网络空间已成为国家继陆、海、空、天四个疆域之后的第五疆域，与其他疆域一样，网络空间也需要体现国家主权，保障网络空间安全也就是保障国家主权。

自主可控是保障网络安全、信息安全的前提。能自主可控意味着信息安全容易治理，产品和服务一般不存在恶意后门并可以不断改进或修补漏洞；反之，不能自主可控就意味着具有“他控性”，会受制于人，其后果是信息安全难以治理，产品和服务一般存在恶意后门并难以不断改进或修补漏洞。

自主可控是我们国家信息化建设的关键环节，是保护信息安全的重要目标之一，在信息安全方面意义重大，包含以下四个层面的含义。

1. 知识产权

在当前的国际竞争格局下，知识产权自主可控十分重要，做不到这一点就一定会受制于人。如果所有知识产权都能自己掌握，当然最好，但实际上不一定能做到，这时，如果部分知识产权能完全买断，或能买到有足够自主权的授权，也能达到自主可控。然而，如果只能买到自主权不够充分的授权，如某项授权在权利的使用期限、使用方式等方面具有明显的限制，就不能达到知识产权自主可控。目前国家一些计划对所支持的项目，要求首先通过知识产权风险评估，才能给予立项，这种做法是正确的、必要的。标准的自主可控可归入这一范畴。

2. 技术能力

技术能力自主可控，意味着要有足够规模的、能真正掌握该技术的科技队伍。技术能力可以分为一般技术能力、产业化能力、构建产业链能力和构建产业生态系统能力等层次。产业化能力的自主可控要求使技术不能停留在样品或试验阶段，而应能转化为大规模的产品和服务。构建产业链能力的自主可控要求在实现产业化的基础上，围绕产品和服务，构建一个比较完整的产业链，以便不受产业链上下游的制约，具备足够的竞争力。构建产业生态系统能力的自主可控要求能营造一个支撑该产业链的生态系统。

3. 发展

有了知识产权和技术能力的自主可控，一般是能自主发展的。发展的自主可控，也是非常必要的，要着眼于今后相当长的时期，对相关技术和产业而言，都能不受制约地发展。

例如，前些年我国通过投资、收购等，曾经拥有了CRT电视机产业完整的知识产权和构建整个生态系统的技术能力。但是，外国跨国公司将CRT的技术都卖给中国后，立即转向了LCD平板电视，使中国的CRT电视机产业变成淘汰产业。

信息领域技术和市场变化迅速，要防止出现类似事件。如果某项技术在短期内效益较好，但从长期看做不到自主可控，一般说来也是不可取的。

4. 国产资质

一般说来，"国产"产品和服务容易符合自主可控要求，因此实行国产替代对于达到自主可控是完全必要的。不过现在对于"国产"还没有统一的界定标准。为了防止出现"假国产"，可以对产品和服务实行"增值"评估，防止进口硬件通过"贴牌"或"组装"变成"国产"；防止进口软件和服务通过国产系统集成商将它们集成在国产解决方案中，变成"国产"软件和服务。

二、网络社会责任

（一）社会责任

对一个组织来说，社会责任是指一个组织对社会应负的责任，通常是指组织承担的高于组织自己目标的社会义务。它超越了法律与经济对组织所要求的义务，社会责任是组织管理道德的要求，完全是组织出于义务的自愿行为。

对个人来说，社会责任意识是公民的世界观、人生观、价值观在社会中的具体体现，是公民在社会实践过程中逐步形成的。

（二）增强网络社会责任

随着计算机网络的普及，互联网的应用已经遍及世界的每个角落。由于互联网的开放性、自由性和隐蔽性，导致一些不负责任的网站在网络上发布虚假信息，甚至传播不健康的色情信息，严重危害了未成年人的健康成长。因此，需要在发展互联网的过程中加以规范，加强网络道德的宣传与教育，增强网络社会责任意识，使之更好地为大众服务。

例如，1990年9月，我国颁布了《中华人民共和国著作权法》，把计算机软件列为享有著作权保护的作品；1991年6月颁布的《计算机软件保护条例》规定：计算机软件是个人或者团体的智力产品，同专利、著作一样受法律的保护，任何未经授权的使用、复制都是非法的，要受到法律的制裁。

公民社会责任意识的培养，离不开正确的教育策略和良好的环境机制。就教育策略而言，只有通过家庭、学校、社会实践三者的有效整合与互动才能逐渐形成。就环境机制而言，公平正义的制度环境可以为公民有序地参与国家的经济、政治、文化、生活提供政策条件和法律保障；健康良好的文化环境可以弘扬正气，为公民营造一个是非分明、扶正祛邪的社会氛围；诚信友爱的道德环境是公民道德取向获得普遍认可和接受的必要条件。

（三）网络社会公民社会责任的培养

随着信息化时代的到来和信息技术的高速发展，网络逐渐进入了人们的社会生活，人们会经常通过网络了解社会信息，进行社会交往，开展网上交易，发表个人见解，网络已成为人们与社会联系的一种重要形式。网络社会的虚拟性，也使人们的生活方式、交往方式、思维方式等传统的中介环节发生了根本改变，致使在原有体制下公民社会责任意识赖以依附的社会基础和个体的主体基础发生了质的变化，人们对社会责任的承担脱离了与他人的行为联系，个体承担社会责任的交往基础受到冲击。

社会转型时期，我国传统社会制度发生深刻的变革，对人的生活方式、交往方式，思想观念产生了全方位的影响，公民对自己与社会之间关系的评价深刻影响了公民主动承担社会责任的内心要求和信念，造成了公民社会责任意识的缺失，这是社会发生深刻变革必然要付出的代价，也符合马克思主义的社会存在决定社会意识的基本观点。伴随着市场经济体制的建立和不断稳固，应尽快使全社会迅速从社会责任意识缺失的震荡中稳定下来，形成新的历史条件下的公民社会责任意识。

三、相关法律法规

（一）《中华人民共和国个人信息保护法》

2021年8月20日，十三届全国人大常委会三十次会议表决通过《中华人民共和国个人信息保护法》，自2021年11月1日起施行，是为了保护个人信息权益，规范个人信息处理活动，促进个人信息合理利用而制定的法律。

（二）《中华人民共和国数据安全法》

《中华人民共和国数据安全法》由中华人民共和国第十三届全国人民代表大会常务委员会第二十九次会议于2021年6月10日通过，自2021年9月1日起施行，是为了规范数据处理活动，保障数据安全，促进数据开发利用，保护个人、组织的合法权益，维护国家主权、安全和发展利益而制定的法律。

（三）《中华人民共和国网络安全法》

《中华人民共和国网络安全法》由中华人民共和国第十二届全国人民代表大会常务委员会第二十四次会议于2016年11月7日通过，自2017年6月1日起施行，是为了保障网络安全，维护网络空间主权和国家安全、社会公共利益，保护公民、法人和其他组织的合法权益，促进经济社会信息化健康发展而制定的法律。

（四）《中华人民共和国著作权法》

《中华人民共和国著作权法》于1990年9月7日由第七届全国人民代表大会常务委员会第十五次会议通过，根据2001年10月27日第九届全国人民代表大会常务委员会第二十四次会议《关于修改〈中华人民共和国著作权法〉的决定》第一次修正，根据2010年2月26日第十一届全国人民代表大会常务委员会第十三次会议《关于修改〈中华人民共和国著作权法〉的决定》第二次修正，根据2020年11月11日第十三届全国人民代表大会常务委员会第二十三次会议《关于修改〈中华人民共和国著作权法〉的决定》第三次修正。本法是为保护文学、艺术和科学作品作者的著作权，以及与著作权有关的权益，鼓励有益于社会主义精神文明、物质文明建设的作品的创作和传播，促进社会主义文化和科学事业的发展与繁荣，根据《中华人民共和国宪法》制定。

（五）《中华人民共和国专利法》

《中华人民共和国专利法》于1984年3月12日由第六届全国人民代表大会常务委员会第四次会议通过，2020年10月17日，第十三届全国人民代表大会常务委员会第二十二次会议通过修改《中华人民共和国专利法》的决定，自2021年6月1日起施行。是为了保护专利权人的合法权益，鼓励发明创造，推动发明创造的应用，提高创新能力，促进科学技术进步和经济社会发展，特制定的法律。

（六）《信息网络传播权保护条例》

《信息网络传播权保护条例》于2006年5月18日以中华人民共和国国务院令第468号公布，根据2013年1月30日中华人民共和国国务院令第634号《国务院关于修改〈信息网络传播权保护条例〉的决定》修订，自2013年3月1日起施行，是为保护著作权人、表演者、录音录像制作者的信息网络传播权，鼓励有益于社会主义精神文明、物质文明建设的作品的创作和传播，根据《中华人民共和国著作权法》制定的条例。

（七）《计算机软件保护条例》

《计算机软件保护条例》于2001年12月20日以中华人民共和国国务院令第339号公布，根据2011年1月8日《国务院关于废止和修改部分行政法规的决定》第一次修订，根据2013年1月30日中华人民共和国国务院令第632号《国务院关于修改〈计算机软件保护条例〉的决定》第二次修订。本法是为了保护计算机软件著作权人的权益，调整计算机软件在开发、传播和使用中发生的利益关系，鼓励计算机软件的开发与应用，促进软件产业和国民经济信息化的发展，根据《中华人民共和国著作权法》所制定。

（八）《中华人民共和国计算机信息系统安全保护条例》

《中华人民共和国计算机信息系统安全保护条例》由中华人民共和国国务院于1994年2月18日发布实施，2011年1月8日进行修订，是为了保护计算机信息系统的安全，促进计算机的应用和发展，保障社会主义现代化建设的顺利进行制定的条例。

（九）《计算机软件著作权登记办法》

为贯彻《计算机软件保护条例》，制定《计算机软件著作权登记办法》，该办法适用于软件著作权登记、软件著作权专有许可合同和转让合同登记，自2002年2月20日发布之日起施行。

（十）《计算机信息网络国际联网安全保护管理办法》

《计算机信息网络国际联网安全保护管理办法》于1997年12月11日由中华人民共和

国国务院批准，公安部于 1997 年 12 月 16 日公安部令（第 33 号）发布，于 1997 年 12 月 30 日实施，根据 2011 年 1 月 8 日《国务院关于废止和修改部分行政法规的决定》修订，是为了安全保护计算机信息网络国际联网而制定的管理办法。

（十一）《互联网电子公告服务管理规定》

《互联网电子公告服务管理规定》于 2000 年 10 月 8 日由第四次部务会议通过，是为了加强对互联网电子公告服务的管理，规范电子公告信息发布行为，维护国家安全和社会稳定，保障公民、法人和其他组织的合法权益，根据《互联网信息服务管理办法》的规定制定。

（十二）《全国人民代表大会常务委员会关于维护互联网安全的决定》

《全国人民代表大会常务委员会关于维护互联网安全的决定》于 2000 年 12 月 28 日由第九届全国人民代表大会常务委员会第十九次会议通过，是为了兴利除弊，促进我国互联网的健康发展，维护国家安全和社会公共利益，保护个人、法人和其他组织的合法权益而制定的法规。

（十三）《互联网信息服务管理办法》

《互联网信息服务管理办法》于 2000 年 9 月 20 日由中华人民共和国国务院第 31 次常务会议通过，于 2000 年 9 月 25 日公布施行，是为了规范互联网信息服务活动，促进互联网信息服务健康有序发展制定的办法。

（十四）《计算机病毒防治管理办法》

《计算机病毒防治管理办法》于 2000 年 3 月 30 日由公安部部长办公会议通过，是为了加强对计算机病毒的预防和治理，保护计算机信息系统安全，保障计算机的应用与发展，根据《中华人民共和国计算机信息系统安全保护条例》的规定而制定的办法。

（十五）《中华人民共和国计算机信息网络国际联网管理暂行规定实施办法》

《中华人民共和国计算机信息网络国际联网管理暂行规定实施办法》于 1998 年 2 月 13 日颁布并施行，是为了加强对计算机信息网络国际联网的管理，保障国际计算机信息交流的健康发展，根据《中华人民共和国计算机信息网络国际联网管理暂行规定》而制定的法规。

（十六）《中国公用计算机互联网国际联网管理办法》

《中国公用计算机互联网国际联网管理办法》于 1996 年 4 月 9 日由原中华人民共和国邮电部发布，是为加强对中国公用计算机互联网国际联网的管理，促进国际信息交流的健康发展，根据《中华人民共和国计算机信息网络国际联网管理暂行规定》而制定的办法。

四、树立正确的职业行为规范

（1）遵守《中华人民共和国计算机信息网络国际联网安全保护管理办法》《中国互联网行业自律公约》。

（2）任何组织或者个人不得利用计算机信息系统从事危害国家利益、集体利益和公民合法利益的活动，不得危害计算机信息系统的安全。

（3）计算机信息网络直接进行国际联网，必须使用中华人民共和国原邮电部国家公用电信网提供的国际出入口信道。任何单位和个人不得自行建立或者使用其他信道进行国际联网。

（4）从事国际联网业务的单位和个人，应当遵守国家有关法律、行政法规，严格执行安全保密制度，不得利用国际联网从事危害国家安全、泄露国家秘密等违法犯罪活动，不得制作、查阅、复制和传播妨碍社会治安和淫秽色情等信息。

（5）任何组织或个人，不得利用计算机国际联网从事危害国家安全、泄露国家秘密等犯罪活动；不得利用计算机国际联网查阅、复制、制造和传播危害国家安全、妨碍社会治安和淫秽色情的信息。发现上述违法犯罪行为和有害信息后，应及时向有关主管机关报告。

（6）任何组织或个人，不得利用计算机国际联网从事危害他人信息系统和网络安全，侵犯他人合法权益的活动。

（7）国际互联网用户应当服从接入单位的管理，遵守用户守则；不得擅自进入未经许可的计算机系统，篡改他人信息；不得在网络上散发恶意信息，冒用他人名义发出信息，侵犯他人隐私；不得制造、传播计算机病毒及从事其他侵犯网络和他人合法权益的活动。

（8）任何单位和个人发现计算机信息系统泄密后，应及时采取补救措施，并按有关规定及时向上级报告。

案例实现

针对案例1-2中的“群”信息泄露问题，作为青年学生应提高信息安全意识，了解相关法规，遵守职业行为规范，保护个人和集体信息安全。信息社会给我们带来了各种便利，虚拟世界削弱了现实生活中树立起来的道德和行为规范，个人隐私、信息安全、知识产权、信息共享等问题的纷纷出现，使网络社会责任教育显得尤为重要。加强社会责任意识建设，树立正确的网络社会责任意识，提高人们的网络文明和网络道德水平，才能够在信息社会中更好地规范行为，承担起相应的社会责任。

知识和能力拓展

养成使用计算机的行为规范

1. 知识产权

（1）应该使用正版软件，坚决抵制盗版软件，尊重软件作者的知识产权。

（2）不对软件进行非法复制。

（3）不要为了保护自己的软件资源而制造病毒保护程序。

（4）不要擅自篡改他人计算机内的系统信息资源。

2. 计算机安全

（1）不要蓄意破坏和损伤他人的计算机系统设备及资源。

（2）不要制造病毒程序，不要使用带病毒的软件，更不要有意传播病毒给其他计算机系统。

（3）要采取预防措施，在计算机内安装防病毒软件，定期检查计算机系统内文件是否有病毒，如发现病毒，应及时用杀毒软件清除。

（4）维护计算机的正常运行，保护计算机系统数据的安全。

（5）被授权者对自己享用的资源负有保护责任，口令密码不得泄露给外人。

3. 网络行为

（1）不要利用电子邮件作广播性的宣传。

（2）不要未经许可使用别人的计算机资源。

（3）不要利用计算机去伤害别人。

（4）不要窥探别人计算机中的资料。

（5）不要破译别人的口令密码。

单元练习 1.2

一、填空题

1. 信息安全是指信息的__________、__________、__________、可用性和不可否认性，是一个关系国家安全和主权、社会稳定、民族文化继承和发扬的重要问题。

2. __________是保障网络安全、信息安全的前提。

3. 影响信息安全的因素有硬件及物理因素、__________、__________、__________和其他因素。

二、单选题

1.（　　）是为了保护计算机软件著作权人的权益，调整计算机软件在开发、传播和使用中发生的利益关系，鼓励计算机软件的开发与应用，促进软件产业和国民经济信息化的发展制定的法律法规。

A.《计算机软件保护条例》　　B.《计算机软件著作权登记办法》

C.《中华人民共和国著作权法》　　D.《中华人民共和国专利法》

2.（　　）是为保护著作权人、表演者、录音录像制作者的信息网络传播权，鼓励有益于社会主义精神文明、物质文明建设的作品的创作和传播制定的法律法规。

A.《信息网络传播权保护条例》　　B.《计算机软件著作权登记办法》

C.《中华人民共和国数据安全法》　　D.《互联网电子公告服务管理规定》

3.（　　）是为了加强对计算机病毒的预防和治理，保护计算机信息系统安全，保障计算机的应用与发展，根据《中华人民共和国计算机信息系统安全保护条例》的规定制定。

A.《中华人民共和国计算机信息系统安全保护条例》

B.《计算机病毒防治管理办法》

C.《中华人民共和国数据安全法》

D.《计算机信息系统保密管理暂行规定》

4.（　　）是为了保护个人信息权益，规范个人信息处理活动，促进个人信息合理利用制定的法律法规。

A.《计算机病毒防治管理办法》　　B.《互联网信息服务管理办法》

C.《中华人民共和国数据安全法》　　D.《中华人民共和国个人信息保护法》

5.（　　）是为了保护专利权人的合法权益，鼓励发明创造，推动发明创造的应用，提高创新能力，促进科学技术进步和经济社会发展，特制定的法律。

A.《计算机软件保护条例》　　B.《计算机软件著作权登记办法》

C.《中华人民共和国专利法》　　D.《中华人民共和国著作权法》

三、判断题

1. 任何组织或者个人不得利用计算机信息系统从事危害国家利益、集体利益和公民合法利益的活动，不得危害计算机信息系统的安全。（　　）

2. 计算机信息网络直接进行国际联网，必须使用原中华人民共和国邮电部国家公用电信网提供的国际出入口信道。任何单位和个人不得自行建立或者使用其他信道进行国际联网。（　　）

3. 发现计算机信息系统泄密后，应及时采取补救措施，不用向上级报告。（　　）

4. 不得利用计算机国际联网从事危害他人信息系统和网络安全，侵犯他人合法权益的活动。（　　）

5. 可以进入未经许可的计算机系统，篡改他人信息。（　　）

四、简答题

1. 什么是信息安全？

2. 简述影响信息安全的因素。

五、操作题

根据实际情况填写表 1-2，检验自己是否具备信息安全意识和社会责任意识。

表 1-2　信息安全和社会责任意识测试

行　　为	是 否 正 确	正确的做法
将网络账号、密码设置为自己的出生日期		
重要资料定期备份		
使用共享文档收集学生的身份证、银行卡信息		
访问网页中具有诱惑性的广告链接		
在官网下载程序安装包		
连接公共场所的 Wi-Fi 进行银行卡转账操作		

模块二　图文处理技术

在当今信息化的时代，随着计算机教育的普及和计算机技术的发展，社会对信息的需求越来越大，同时对人们的信息处理能力提出了更高的要求。在日常生活和实际办公中，最常见的信息处理就是图文信息处理。计算机的图文信息处理技术是利用计算机对文字、图片、图像、图形等资料进行录入、编辑、排版和文档管理的技术。掌握图文处理技术，有助于更规范、更有效率地完成日常文字处理工作。

本模块主要介绍文档的基本编辑、图片的插入和编辑、表格的插入和编辑、样式与模板的创建和使用、多人协同编辑文档等内容，以便快速、高效地完成图、文、表等编辑排版，使文档更加专业、美观并易于阅读。本模块以 Microsoft Word 2021 作为工具来介绍如何进行图文信息处理。

本模块知识技能体系如图 2-1 所示。

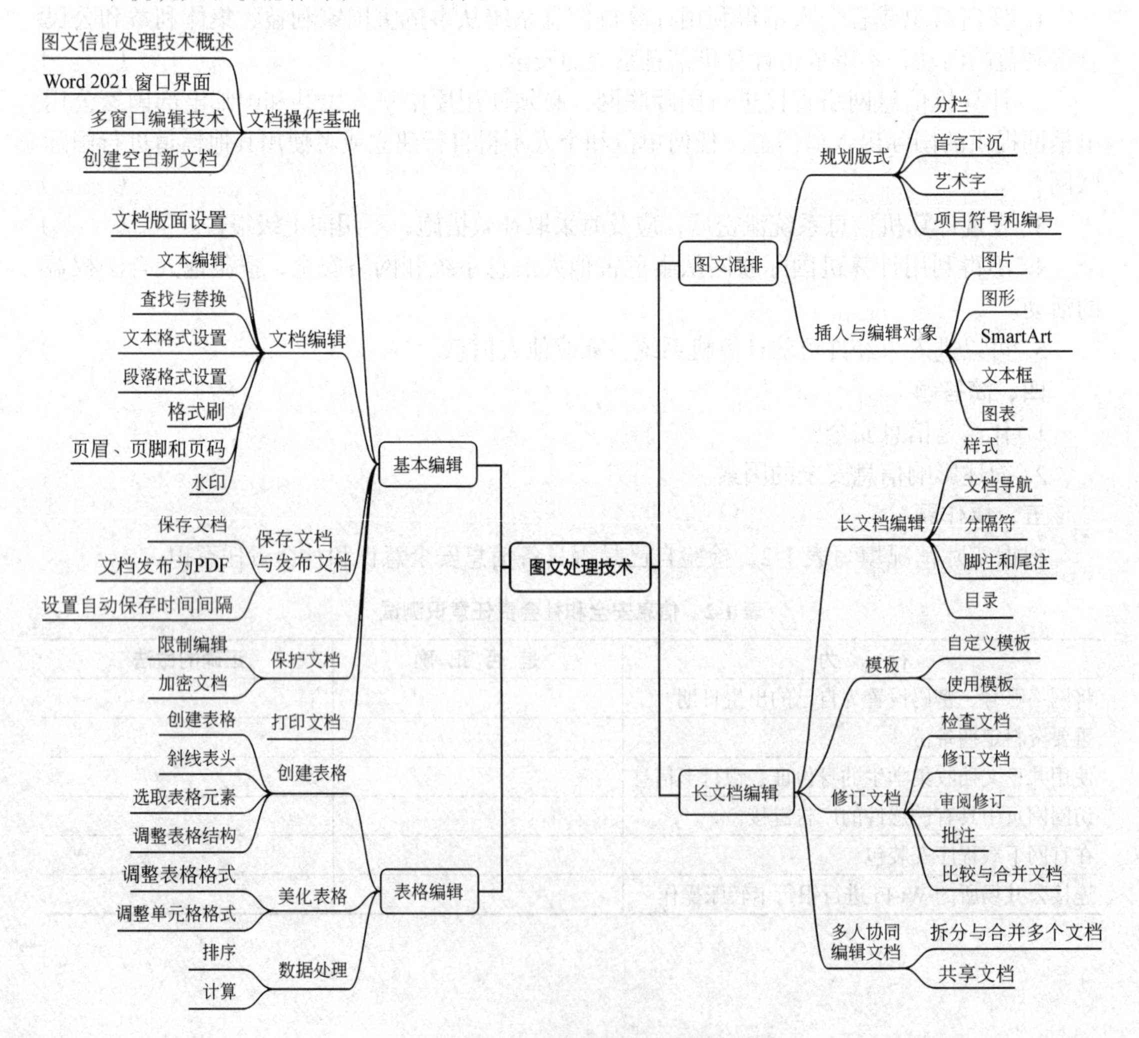

图 2-1　图文处理技术知识技能体系

1. 中共中央办公厅 . 党政机关公文格式：GB/T 9704—2012[S].2012.

2. 国家市场监督管理总局 . 学术论文编写规则：GB/T 7713.2—2022[S].2022.

3. 中国国家标准化管理委员会 . 信息与文献 参考文献著录规则：GB/T 7714—2015[S].2015.

4. 国家技术监督局 . 校对符号及其用法：GB/T 14706—1993[S].1993.

单元 2.1　文档基本编辑技术

学习目标

➢ 知识目标

1. 了解 Word 的基本功能和运行环境；
2. 掌握视图、页边距、段落缩进等基本概念；
3. 了解 PDF 文件格式。

➢ 能力目标

1. 掌握文档的基本操作，如打开、复制、保存等；
2. 熟悉自动保存文档、联机文档、保护文档、检查文档、将文档发布为 PDF 格式、加密发布 PDF 格式文档、打印文档等操作；
3. 掌握文本编辑、文本查找和替换、段落的格式设置等操作。

➢ 素养目标

1. 能使用文档处理软件对信息进行加工和处理；
2. 能够从信息化角度分析、解决问题，形成自主开展数字化学习的能力和习惯。

工作任务

任务 2-1　会议通知排版

某教育学会要组织高职院校专业建设研讨会，需要草拟会议通知，由领导审核后通过邮箱发送给参加培训的学校和教师，如图 2-2 所示。

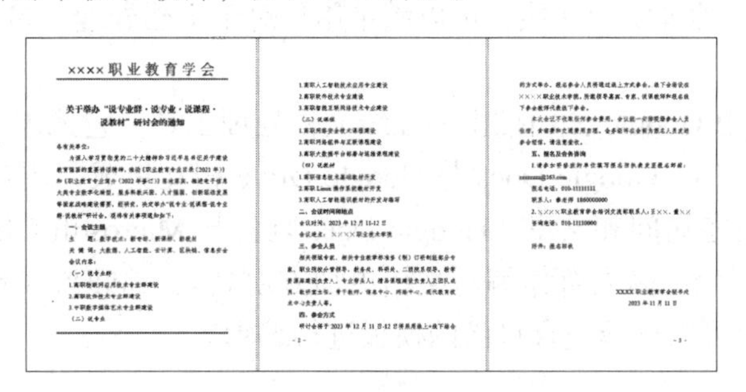

××××职业教育学会

关于举办“说专业群·说专业·说课程·说教材”研讨会的通知

图 2-2　会议通知排版效果

任务 2-1　会议通知排版

技术分析

完成本任务涉及文档基本编辑技术，包括三个方面：一是文档的建立与保存、文本的输入；二是文档的编辑与美化；三是文档的打印输出。

知识与技能

一、文档操作基础

（一）图文信息处理技术概述

图文信息处理技术是将文字、图片信息按要求进行加工和再现的技术。图文信息处理的过程大致分为图文的输入、图文的处理和图文的输出三个过程。图文的输入是将构成作品的文字、符号、图形、图像等以二进制数字编码方式存入计算机。文字和通用性较高的一般符号可直接用键盘输入，偶尔也采用光电扫描识别方式输入，但有一定误差，还可以通过软件将语音直接转换为文字。图形一般可借助相应软件用键盘配合鼠标输入，或用数字化仪输入。图像常用扫描方式输入，偶尔也利用视频捕获卡将视频文件中的画面截取并输入。图文信息处理过程中常用的工具有 Microsoft Office、WPS Office 等。图文信息的输出是将计算机中制作好的图像和文字通过打印机等设备进行打印操作。

目前在计算机上常用到的图文编辑软件如下。

1. Microsoft Office

Microsoft Office 是目前全球主流的文档处理软件，由微软公司开发。它包括了多个常用的办公软件，如 Word、Excel、PowerPoint 等。Microsoft Office 拥有强大的功能和丰富的模板库，可以满足各种办公需求。其界面友好、操作简单，支持多平台使用，具有良好的兼容性。此外，Microsoft Office 还提供了云端服务，用户可以随时随地进行文档编辑和共享，方便实用。

2. WPS Office

WPS Office 是金山软件公司开发的一款办公软件套装。它包含了 Writer、Spreadsheets 和 Presentation 三个主要组件，与 Microsoft Office 具有较高的兼容性。WPS Office 操作简单，界面简洁美观，同时还集成了海量的 Office 模板，方便用户使用。与此同时，WPS Office 提供了 PDF 转换和压缩等实用功能，可以满足用户对于文档处理的多种需求。

3. Google Docs

Google Docs 是由 Google 公司推出的在线文档处理工具。它无须下载安装，只需在浏览器中打开就可以使用。Google Docs 与 Google Drive 相互集成，用户可以将文档直接存储在云端，方便多设备访问和共享。Google Docs 具备与 Microsoft Office 相当的功能，支持协同编辑和实时评论，多人合作编写文档更加方便高效。同时，Google Docs 还提供了各种文档模板，用户可以选择适合自己的模板进行编辑。

4. iWork

iWork 是以 Mac 方式创建文档、电子表格和演示文稿的最轻松途径，适用于 iPad、iPhone 和 iPod touch，可与 Microsoft Office 兼容，是深受用户欢迎的苹果办公自动化套装软件。在 iWork '09 中，包括三个部件：文字处理与排版软件 Pages、电子表单软件 Numbers 和幻灯片制作展示软件 Keynote。

（二）Word 2021 窗口界面

Word 2021 窗口由快速访问工具栏、标题栏、功能区、编辑区、状态栏、文档视图工具栏、显示比例控制栏、滚动条等部分组成，如图 2-3 所示。

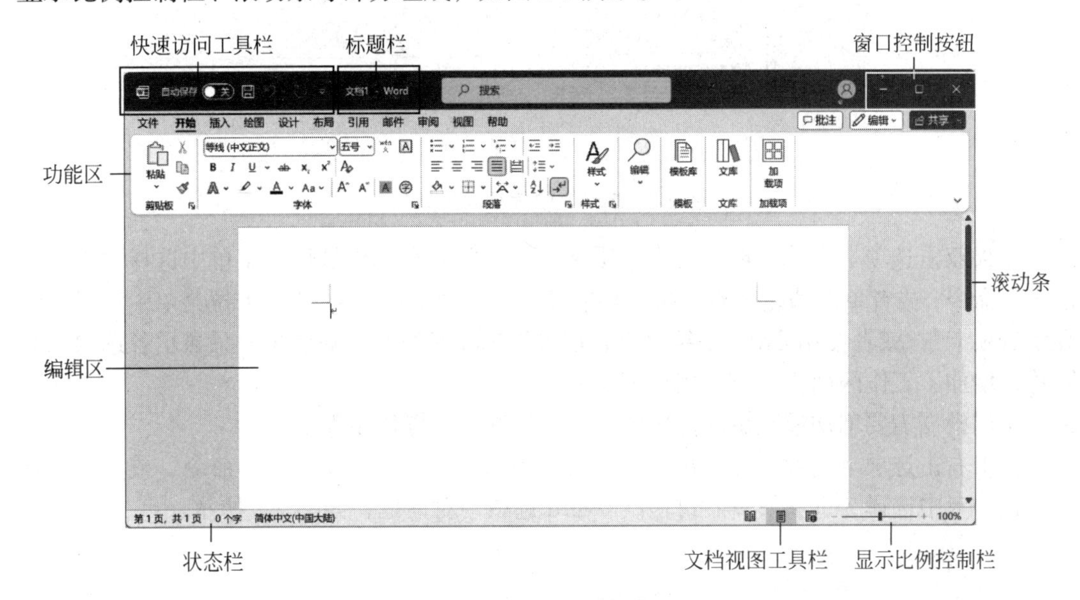

图 2-3　Word 2021 窗口

1. 快速访问工具栏

快速访问工具栏中可以放置用户常用的一些命令，如“自动保存”“保存”“撤销”“恢复”等。用户可以根据需要，通过“自定义快速访问栏”命令按钮对该工具栏中的命令按钮进行增删。操作方法如下。

（1）单击“自定义快速访问工具栏”按钮，在弹出的快捷菜单中选择需要显示在快速访问工具栏中的命令即可添加。

（2）如果要添加没有在快捷菜单中出现的命令，可以在快捷菜单中选择“其他”命令，或者右击“快速访问工具栏”，在弹出的快捷菜单中选择“自定义快速访问工具栏”命令，打开“Word 选项”对话框。在该对话框中添加需要的命令，如“打印预览和打印”命令，单击“添加”按钮，将其添加至“自定义快速访问工具栏”命令列表中，如图 2-4 所示。

2. 功能区

Word 功能区有“文件”“开始”“插入”“绘图”“设计”“布局”“引用”“邮件”“审阅”“视图”“帮助”等选项卡。“文件”选项卡提供了一组文件操作命令，如“新建”“打开”“另存为”“打印”等。除“文件”选项卡外，每个选项卡均分为若干个组。

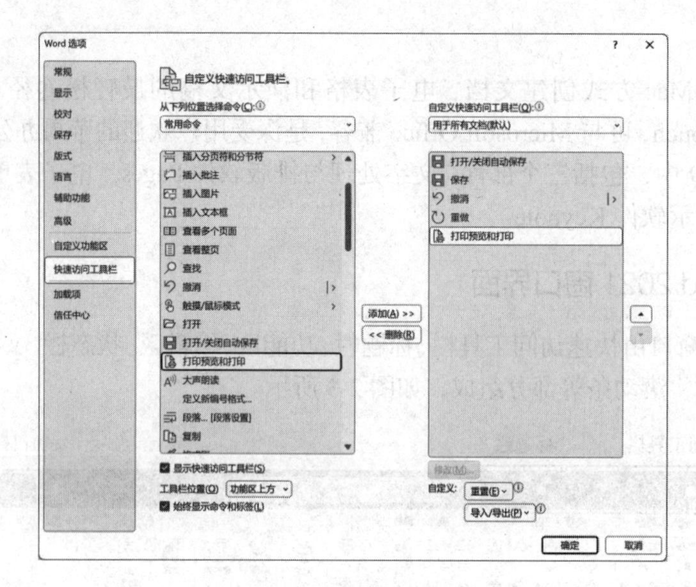

图 2-4　自定义快速访问工具栏

如果双击选项卡名称，或者右击选项卡任意位置并在弹出的快捷菜单中选择“折叠功能区”命令，或者单击功能区右下角“功能区显示选项”按钮 ∨ 并在下拉菜单中选择“仅显示选项卡”，或者使用 Ctrl+F1 组合键，均可将选项卡暂时隐藏起来，只显示各选项卡的名称，增加了工作区面积，方便用户编辑文档。

可以根据需要增加或减少功能区中选项卡的数量。操作步骤如下。

（1）右击选项卡名称，在弹出的快捷菜单中选择“自定义功能区”命令，或者在“开始”选项卡中选择“选项”，均可打开“Word 选项”对话框，如图 2-5 所示。

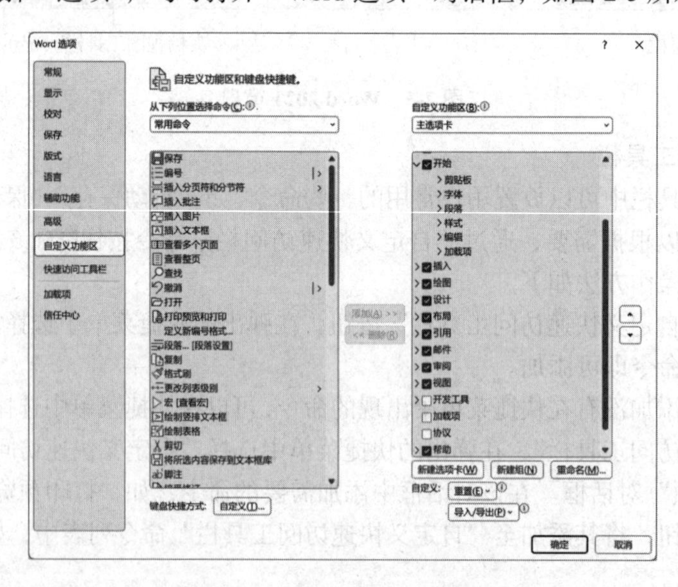

图 2-5　“Word 选项”对话框

（2）在“Word 选项”对话框的“自定义功能区”的“主选项卡”列表中选中或者取消选中某个选项卡后单击“确定”按钮，可以添加或减少功能区中选项卡的数量。

3. 文档视图

视图是查看文档的方式。Word 有 5 种视图：页面视图、阅读视图、Web 版式视图、大纲视图和草稿视图。在“视图”选项卡的“视图”组中单击各视图按钮，可以按相应视图模式显示文档。

（1）页面视图。页面视图是最常用的视图模式，主要用于版式设计。用户看到的文档显示样式即是打印效果，主要包括页眉、页脚、图形对象、分栏设置、页面边距等元素，即“所见即所得”。

（2）阅读视图。阅读视图适于阅读长篇文章，在字数多时会自动分成多屏。进入阅读视图后，窗口中的所有工具都隐藏了，没有页的概念，也不显示页眉和页脚，在屏幕的顶部显示文档当前的屏数和总屏数。在该视图下不能编辑或修改文档。

（3）Web 版式视图。Web 版式视图可以查看 Web 页在 Web 浏览器中的效果。Web 版式视图不显示页码和章节号信息，超链接显示为带下画线文本，适用于发送电子邮件和创建网页。

（4）大纲视图。大纲视图主要用于设置文档和显示层级结构，并可以方便地折叠和展开各种层级的文档，也可以对大纲中的各级标题进行“上移”或“下移”、“提升”或“降低”等调整结构的操作。大纲视图适用于具有多重标题的文档，可以按照文档中标题的层次来查看文档。

（5）草稿视图。草稿视图仅显示文档的标题和正文，是最节省计算机硬件资源的视图方式。

4. 沉浸式阅读模式

沉浸式阅读模式可以提高阅读的舒适度以及方便阅读有障碍的人，如可以调整文档页面色彩、页面宽幅等，如果浏览时间比较久还能使用“讲述人”功能，直接将文档的内容读出来。

在“视图”选项卡“沉浸式”组中有“专注”和“沉浸式阅读器”两个按钮。如果单击“专注”按钮将会全屏显示文档内容，有利于消除干扰信息，如任务栏通知等；如果单击“沉浸式阅读器”按钮，沉浸式阅读器将推出全屏体验。此时可以从“沉浸式阅读器”选项卡（见图 2-6）中选择合适沉浸式阅读器选项，更改页面样式，按需求进行调整。

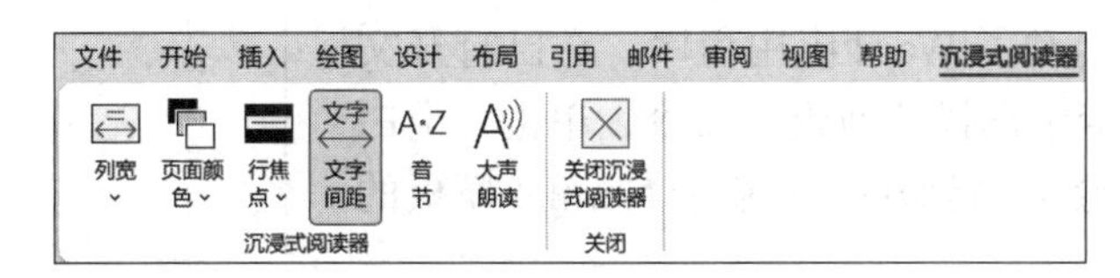

图 2-6　“沉浸式阅读器”选项卡

图 2-6 中各项说明如下。

- 列宽：可以更改行的长度，便于用户集中注意力和理解。
- 页面颜色：可以使文本易于浏览，减轻眼疲劳。
- 行焦点：调整焦点以在视图中一次放入一行、三行或五行。可消除干扰，以便可以逐行阅读文档。
- 文字间距：增加字词、字符和行的间距。
- 音节：可以显示音节划分，有助于改进字词识别和改善发音。

• 大声朗读：可以自动语音朗读浏览的文件，朗读时突出显示每个阅读的单词。

（三）多窗口编辑技术

1. 窗口的拆分

Word 的文档窗口可以拆分为两个窗口，在两个子窗口中可以同时查看一个文档的两个不同部分，也可以分别进行编辑、排版操作。拆分窗口的操作步骤如下。

（1）在“视图”选项卡“窗口”组中单击“拆分”按钮，Word 当前窗口即被一条双线型水平线条分割为上下相等的两个子窗口。

（2）窗口拆分后，如果想调整窗口大小，将光标移到窗口分割线上，当光标变成上下箭头时，拖曳鼠标可以随时调整窗口的大小。

如果要将拆分后的窗口重新合并为一个窗口，单击“视图”选项卡“窗口”组中的“取消拆分”按钮，或者双击窗口分割线即可。

2. 并排查看

Word 可以将两个文档窗口并排查看，方便进行文档比较。操作方法如下。

（1）在“视图”选项卡“窗口”组中单击“并排查看”按钮，两个文档进入“同步滚动”状态，当滚动鼠标滚轮时，两个文档将同时翻动，方便查找修改痕迹。

（2）单击“视图”→“窗口”→“同步滚动”按钮，可以取消同步滚动功能，分别查看每个文档。

（四）创建空白新文档

创建空白的新文档方法如下。

（1）在 Windows 桌面任务栏，选择“开始”菜单中的 Word 选项，打开 Word 应用程序窗口，选择模板后，系统自动创建文档编辑窗口，并用“文档 1”命名。

（2）在文件资源管理器中右击空白处，在弹出的快捷菜单中选择“新建”→“Microsoft Word 文档”命令，会在相应文件夹中新建一个默认文件名为“新建 Microsoft Word 文档”的文档。

（3）如果已经启动了 Word 应用程序，在已打开文档的“文件”选项卡中选择“新建”命令，单击“空白文档”选项，系统会自动创建一个基于 Normal 模板的空白文档。

二、编辑与美化文档

（一）文档版面设置

页面设置功能对文档的纸张方向、大小、页边距等页面布局进行调整。其中页边距是页面中正文部分到页面四周的距离（见图 2-7），可以在页边距内部的可打印区域中插入文字和图形，也可以将某些项目放置在页边

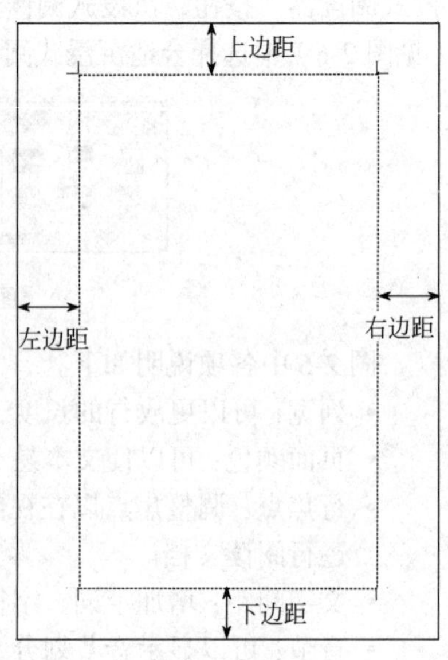

图 2-7　页边距

距区域中（如页眉、页脚和页码等）。

不同类型的文档对页面有不同的要求。在对页面有特殊要求或者页面内有特殊对象（如表格、图形、公式等）的文档排版时，应先进行页面设置，可以简化后期排版工作。页面设置的操作如下。

在“布局”选项卡的“页面设置”组中可以通过单击“文字方向”“页边距”“纸张方向”和“纸张大小”按钮设置文档的页面。也可以单击“页面设置”组中右下角的箭头按钮，在打开的“页面设置”对话框中进行相应的设置。

（二）文本编辑

1. 输入普通文本

新建空白文档后，就可以输入文本了。在文本编辑区域中将会出现一个闪烁的光标，称为“插入点”，表明目前文档输入位置。输入文本时，插入点自动后移。当输入到每行的末尾时，不必按 Enter 键，Word 会自动换行。只有单设一个新段落时才需要按 Enter 键。

Word 中既可以输入汉字，也可以输入英文。输入英文单词时有三种书写格式：首字母大写、其余小写，全部大写或全部小写。选中英文单词或句子，反复按 Shift+F3 组合键，可以在三种格式之间转换。

按 Insert 键可以实现当前输入状态在“插入”和“改写”状态之间转换。如果当前输入状态为“插入”状态，则输入的内容将插入在插入点处；如果当前输入状态为“改写”状态，则输入的内容会替换文档中已有的内容。

2. 回车符与换行符

在每个自然段输入结束后，按 Enter 键会显示回车符↵，再输入的内容为另一自然段内容。如果想要另起一行，但不另起一段，可以按 Shift+Enter 组合键，此时会显示换行符↓。

3. 插入特殊符号

在 Word 文档中输入文本时，有时需要输入键盘上没有的特殊符号，方法如下。

1）利用 Word 插入特殊符号

在“插入”选项卡“符号”组中单击“符号”按钮，在下拉菜单中选择“其他符号”命令，打开“符号”对话框。在“符号”选项卡中可以查看特殊字符。在“特殊字符”选项卡中也包含一些特殊符号，如图 2-8 所示。

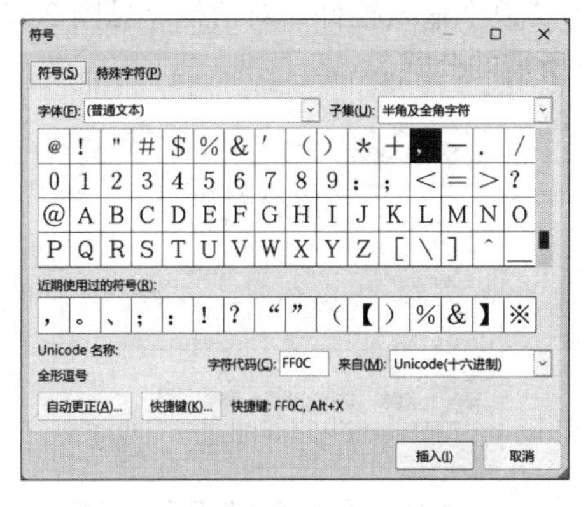

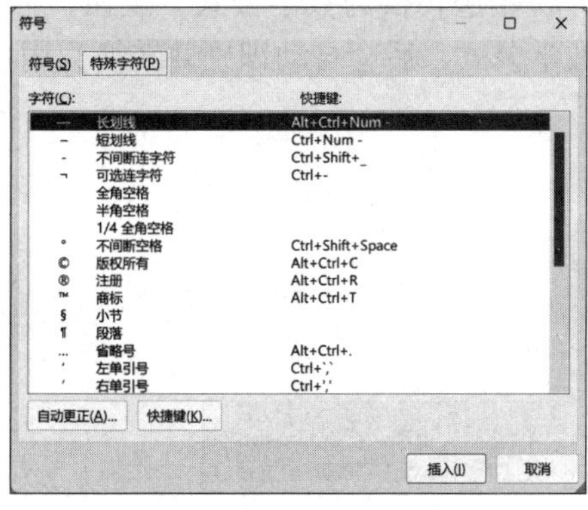

图 2-8 “符号”对话框

2）利用输入法插入特殊字符

以搜狗拼音输入法为例，说明插入特殊字符的操作步骤。

单击输入法工具栏上的“输入方式”按钮，在弹出的菜单中选择“符号大全”按钮（见图 2-9），打开“符号大全”对话框，选择需要的特殊符号，如图 2-10 所示。

图 2-9　搜狗拼音输入法的输入方式

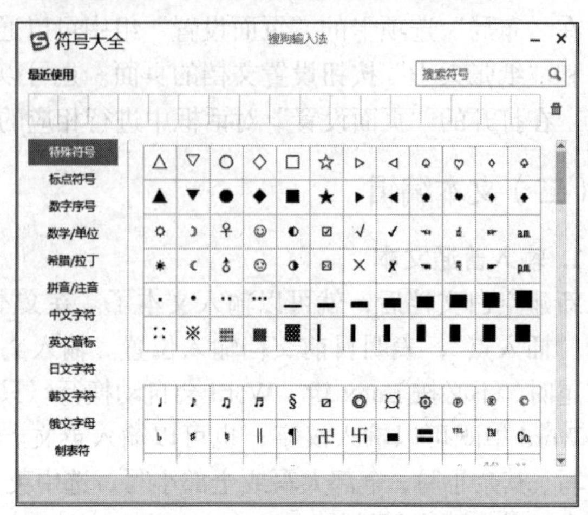

图 2-10　“符号大全”对话框

或者在图 2-9 中单击“软键盘”按钮，在弹出的软键盘上再单击“软键盘”按钮，选择需要输入的特殊符号相应的软键盘，然后在软键盘上单击需要的特殊符号。

4. 插入数学公式

从 Word 2010 开始，功能区中新增了公式功能，其中预置了大量常用的公式样本，用户既可以直接将它们插入文档中，也可以手动输入公式的各部分。在 Word 中插入数学公式的步骤如下。

（1）在“插入”选项卡“符号”组中单击“公式”按钮，在下拉菜单中选择已内置的数学公式。如果没有需要的，可以选择“插入新公式”命令。

（2）此时文档中会出现用于输入公式的公式编辑框，如图 2-11 所示。同时功能区会出现“公式”选项卡，该选项卡包含用于编辑公式的工具。利用此工具既可以进行公式编辑，也可以在刚才的下拉菜单中选择“墨迹公式”命令，或者单击“绘图”选项卡“转换”组中的“将墨迹转换为数学公式”按钮，弹出“数学输入控件”对话框（见图 2-12），手写输入数学公式，后会自动识别并转换为用户所需的公式。

图 2-11　公式编辑框

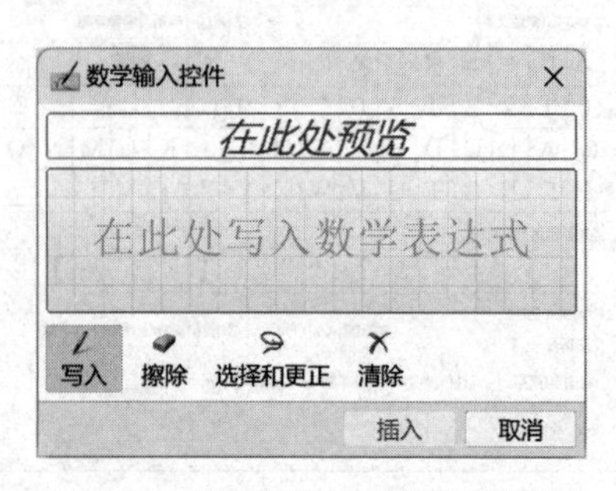

图 2-12　“数学输入控件”对话框

5. 选择文本

文本的选择可以单独通过鼠标或键盘实现，也可以鼠标和键盘结合使用，选择后的文本内容以高亮状态显示。选择文本的方法如表 2-1 所示。

表 2-1　选择文本的方法

选择样式	操作方法
选定一个词语	将光标移动到要选定的词语上，双击
选定一个句子	按住 Ctrl 键，然后单击要选定的句子
选择一行	将光标移动到该行的左侧，光标变为斜向右上方的箭头时，单击
选择一个段落	将光标移动到该行的左侧，光标变为斜向右上方的箭头时，双击
选择任意连续的文本	将光标移动到要选择文本的开始位置，按住鼠标左键不放，拖曳到选择文本的结束位置
选择不相邻的多段文本	选择第一段文本后按住 Ctrl 键，再依次拖曳鼠标到选择的其他文本
选择垂直文本	按住 Alt 键不放，拖曳鼠标，可以按列选择矩形区域的文本
选择整篇文档	将光标移动到该行的左侧，光标变为斜向右上方的箭头时，三次单击。或者按 Ctrl+A 组合键

6. 移动与复制文本

在编辑文档的过程中，常常需要移动或复制文本内容，方法如下。

（1）使用剪贴板移动、复制文本。选中要移动（或复制）的文本，在“开始”选项卡“剪贴板”组中单击“剪切”按钮（或“复制”按钮）；或者按 Ctrl+X（或 Ctrl+C）组合键，然后将光标移动至新位置，在“开始”选项卡“剪贴板”组中单击“粘贴”按钮；或者按 Ctrl+V 组合键，将文本移动（或复制）至新位置。

（2）使用命令移动、复制文本。选中要移动（或复制）的文本，右击，在弹出的快捷菜单中选择“剪切”（或复制）命令；再将光标移动至新位置，右击，在弹出的快捷菜单中选择“粘贴”命令，将文本移动（或复制）至新位置。

（3）使用鼠标移动、复制文本。选中要移动（或复制）的文本，单击，并拖曳鼠标至新位置，松开鼠标，即可移动文本。如果在移动鼠标的同时按住 Ctrl 键，即可复制文本。

7. 选择性粘贴

选择性粘贴是一种粘贴选项，通过使用选择性粘贴，能够将剪贴板中的内容粘贴为不同于内容源的格式，此功能在跨文档之间进行粘贴时非常实用。操作方法如下。

复制选中文本后，将光标移动至目标位置，在“开始”选项卡“剪贴板”组中单击“粘贴”按钮下方的三角箭头，在下拉菜单中选择粘贴选项或者“选择性粘贴”命令，在弹出的“选择性粘贴”对话框中选择需要的粘贴选项，单击“确定”按钮即可，如图 2-13 所示。

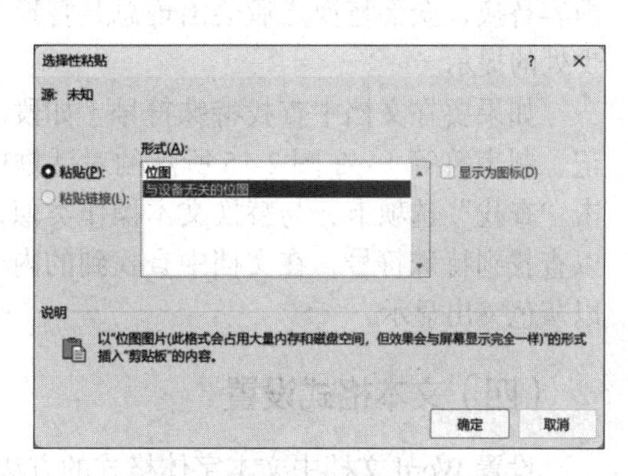

图 2-13　“选择性粘贴”对话框

（三）查找与替换

1. 查找文本

查找文本操作如下。

在“开始”选项卡“编辑”组中单击“查找”按钮，在文档左侧会出现“导航”窗格。在窗格中输入要查找的内容后，窗格下方会显示查找结果，同时在文档中会将查找到的内容以黄色突出显示出来，如图 2-14 所示。

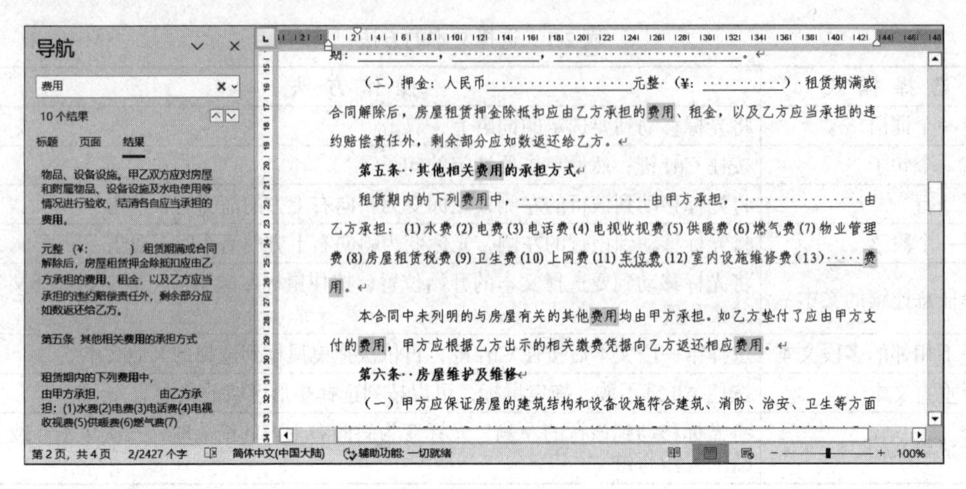

图 2-14 查找文本

2. 替换文本

替换文本操作步骤如下。

（1）在“开始”选项卡“编辑”组中单击“替换”按钮，弹出“查找和替换”对话框。

（2）如果进行查找，单击“查找”选项卡；如果进行替换，单击“替换”选项卡。在“查找内容”和“替换为”文本框中输入要查找的内容和要替换的内容。如果是要查找或替换为特殊符号，则单击“更多”按钮，在下拉菜单中进行选择。例如，将换行符替换为回车符，则将光标置于查找内容中，选择“特殊格式”下拉菜单中的“手动换行符”，然后将光标置于替换内容中，选择“特殊格式”下拉菜单中的“段落标记”，如图 2-15 所示。

（3）单击“查找和替换”对话框中的“查找下一处”按钮，会选中文档中的查找内容，单击“替换”按钮，将其替换。如果单击“全部替换”按钮可以一次将文档中所有查找到的内容替换，全部替换之后会出现总共替换了多少处的提示。

如果要在文档中查找特殊符号（如段落标记、制表符等），在图 2-15 所示的对话框中单击“查找”选项卡，与替换文本操作类似，可以查找到特殊符号，在文档中查找到的内容会以灰色突出显示。

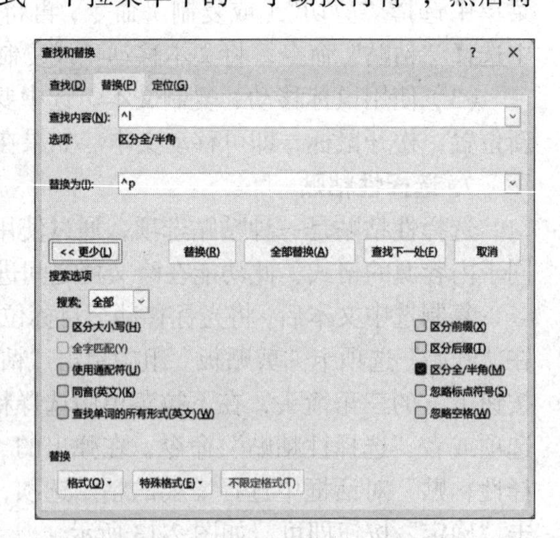

图 2-15 “查找和替换”对话框

（四）文本格式设置

设置 Word 文档中文本字体格式的方法有以下三种。

（1）通过“开始”选项卡“字体”组设置。选中要设置格式的文本，在“开始”选项卡的“字体”组中单击相应的按钮可以设置文本的字体、字号、颜色、加粗、阴影等效果。

（2）通过“字体”对话框设置。选中要设置格式的文本，单击“开始”选项卡“字体”组右下角的箭头按钮，打开“字体”对话框。在该对话框的“字体”选项卡中可以设置字体、字形、字号、颜色、效果等，也可以为文档中的中文字符和英文字符设置不同的字体格式。在该对话框的“高级”选项卡中可以设置字符间距、字符水平位置等，如图 2-16 所示。

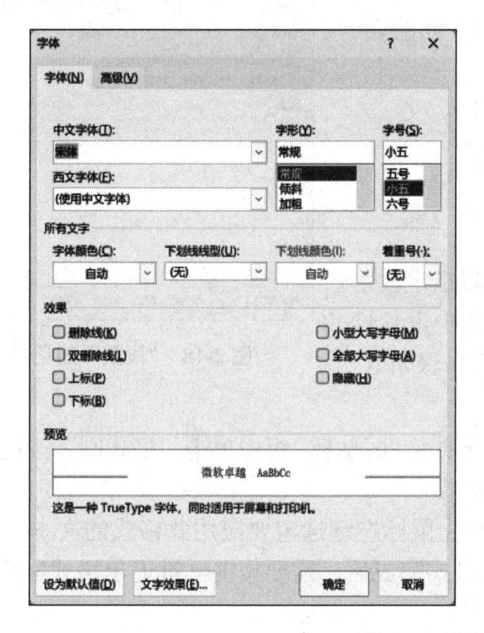

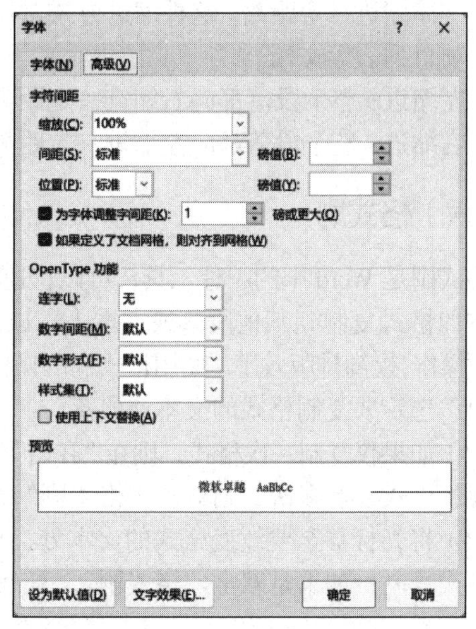

图 2-16　“字体”对话框

（3）通过“浮动工具栏”设置。选中要设置格式的文本，此时在文本右上侧会出现一个若隐若现的“浮动工具栏”，光标越靠近它，它就显示得越清晰，直至完全清晰地显示出来。在“浮动工具栏”中提供了常用的字体格式化命令（见图 2-17），根据需要单击相应按钮即可将设置快速应用到选中字体上。

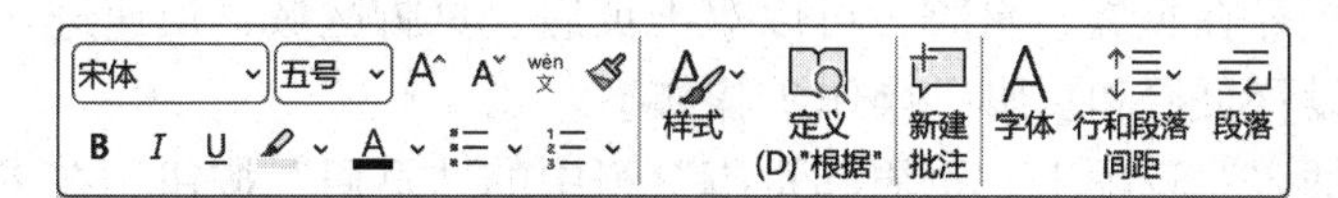

图 2-17　“浮动工具栏”

（五）段落格式设置

设置 Word 文档文本段落格式的方法有以下两种。

（1）通过“开始”选项卡“段落”组设置。选中要设置格式的段落，在“开始”选项卡“段落”组中单击相关按钮可以设置段落的对齐方式、行距、底纹等格式。

（2）通过“段落”对话框设置。选中要设置格式的段落，单击“开始”选项卡“段

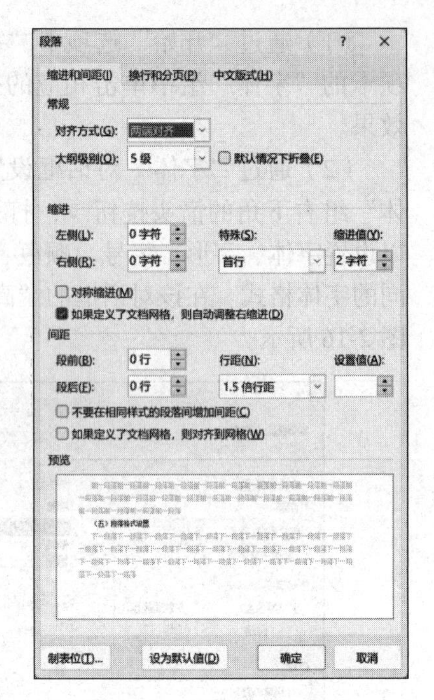

图 2-18 “段落”对话框

落”组右下角的箭头按钮，打开“段落”对话框（见图 2-18），在其中可以进行对齐方式、行距、段前和段后间距等设置。

其中段落缩进是指文档中为了突出某个段落而设置的在段落两侧留出的空白位置，包括以下四种缩进方式。

- 首行缩进：每个段落中第一行第一个字符缩进若干空格位。中文段落普遍采用首行缩进两个字符。
- 悬挂缩进：段落的首行起始位置不变，其余各行一律缩进一定距离。这种缩进方式常用于词汇表、项目列表等文档。
- 左缩进：整个段落都向右缩进一定距离。
- 右缩进：整个段落都向左缩进一定距离。

（六）格式刷

格式刷是 Word 中的一种工具，可以快速将指定段落或文本的格式复制到其他段落或文本上，以减少重复性的排版操作，提高排版效率。使用格式刷的操作步骤如下。

（1）选定要复制格式的文本或段落。

（2）如果仅复制一次格式，则在“开始”选项卡“剪贴板”组中单击“格式刷”按钮；如果要将格式复制多次，则双击“格式刷”按钮。

（3）将光标移至要改变格式的文本处，按住鼠标左键选定要应用此格式的文本，即可完成格式复制。如果是双击“格式刷”，复制格式完成后，需要按 Esc 键退出格式刷模式。

（七）页眉、页脚和页码

1. 页眉和页脚

页眉位于一页的顶部，通常用于设置整个文档的名称或某页文档的名称；页脚位于一页的底部，通常用于设置文档的页码、文档作者的姓名、文档写作的日期等。页眉和页脚只有在页面视图和打印预览方式中才能看到。

如果文档已经存在页眉、页脚，可以双击页眉、页脚区域，快速进入页眉、页脚编辑区。如果是首次设置页眉和页脚，操作步骤如下。

（1）单击“插入”选项卡“页眉和页脚”组中的“页眉”按钮，在下拉菜单中选择所需页眉版式，或者“编辑页眉”命令。

（2）当前页的页眉进入编辑状态，输入页眉内容。此时功能区会出现“页眉和页脚”选项卡，对页眉样式进行编辑，如图 2-19 所示。

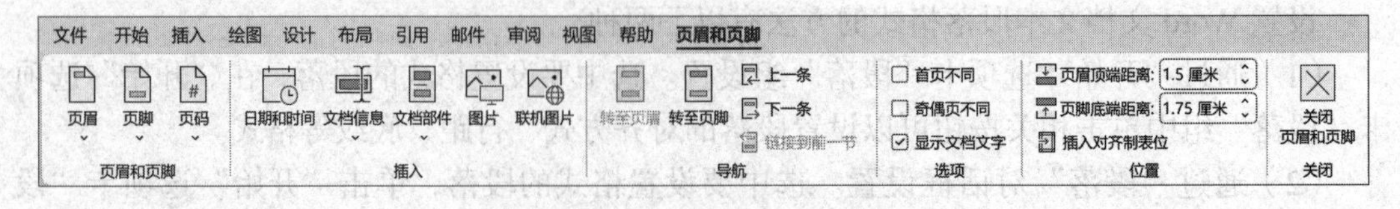

图 2-19 “页眉和页脚”选项卡

（3）编辑完成后单击“关闭页眉和页脚”按钮即退出页眉和页脚编辑状态。

（4）与页眉类似，页脚的操作方法是：单击“插入”→“页眉和页脚”→“页脚”按钮，即可进行一系列页脚设置。

2. 插入页码

可以在页眉或页脚中插入页码，操作步骤如下。

（1）在“插入”选项卡“页眉和页脚”组中单击“页码”按钮，在下拉菜单中选择页码的位置和版式，即可在页眉或页脚中插入页码。

（2）此时进入页眉和页脚的编辑状态，在“页眉和页脚”选项卡“页眉和页脚”组中单击“页码”按钮，在下拉菜单中选择“设置页码格式”命令，弹出“页码格式”对话框，可以在其中设置页码格式，如图 2-20 所示。

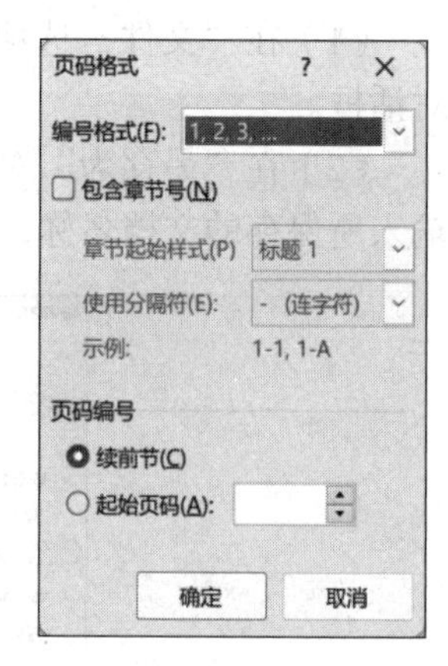

图 2-20　“页码格式”对话框

（八）水印

Word 水印功能可以给文档中添加任意的图片和文字作为背景图片。通过水印告诉别人这篇文档是保密的，或者是谁制作，或者需要紧急处理等。如果将水印设置为图片也可以美化文档。添加水印的操作步骤如下。

（1）在“设计”选项卡“页面背景”组中单击“水印”按钮，在下拉菜单中可以选择已经定义好的水印。

（2）如果自定义水印，在下拉菜单中选择“自定义水印”命令，在弹出的“水印”对话框中设置水印，如图 2-21 所示。添加水印后的效果如图 2-22 所示。

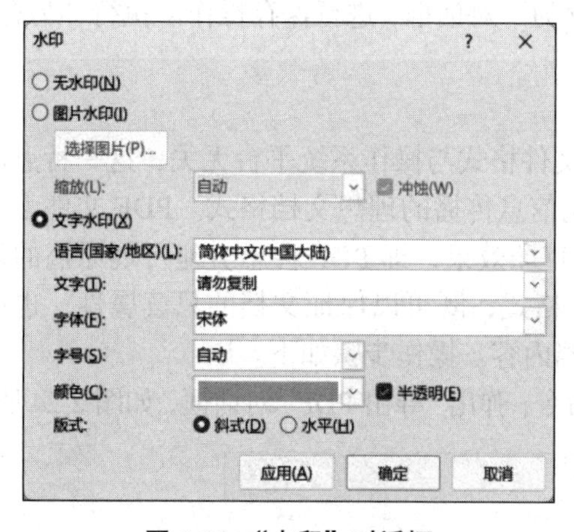

图 2-21　“水印”对话框

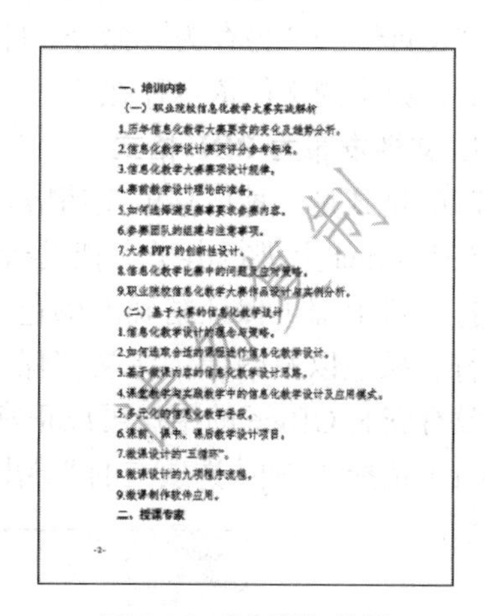

一、培训内容

（一）职业院校信息化教学大赛实战解析

1.历年信息化教学大赛要求的变化及趋势分析。

2.信息化教学设计赛项评分参考标准。

3.信息化教学大赛赛项设计规律。

4.赛前教学设计理论的准备。

5.如何选择满足赛事要求参赛内容。

6.参赛团队的组建与注意事项。

7.大赛 PPT 的创新性设计。

8.信息化教学比赛中的问题及应对策略。

9.职业院校信息化教学大赛作品设计与实例分析。

（二）基于大赛的信息化教学设计

1.信息化教学设计的理念与策略。

2.如何选取合适的课题进行信息化教学设计。

3.基于微课内容的信息化教学设计思路。

4.课堂教学与实践教学中的信息化教学设计及应用模式。

5.多元化的信息化教学手段。

6.课前、课中、课后教学设计项目。

7.微课设计的“三循环”。

8.微课设计的九项程序流程。

9.微课制作软件应用。

二、授课专家

-2-

图 2-22　“水印”效果

三、保存与打印文档

（一）保存文档与将文档发布为 PDF 格式

1. 保存文档

在退出 Word 前，要将已经输入或修改完毕的文档进行保存。对新建文档且首次保存文档的操作步骤如下。

（1）在“文件”选项卡中选择“保存”命令，或按下 Ctrl+S 组合键，打开“另存为”对话框。

（2）在“另存为”对话框左侧选择文档的保存位置，在“文件名”下拉列表中选择或输入所保存的文档名称，在“保存类型”下拉列表中选择合适的类型，如图 2-23 所示。

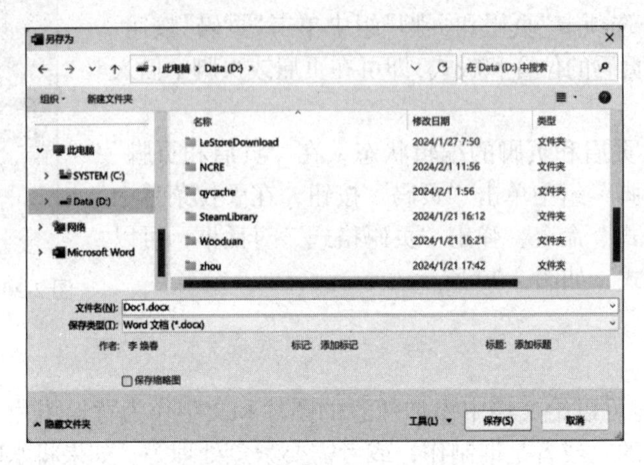

图 2-23 “另存为”对话框

（3）单击“保存”按钮完成保存。

保存文档后，Word 窗口标题栏上的文件名称会随之更改，保存后的文档窗口不会关闭，仍可继续录入或编辑该文档。

如果要把正在编辑的文档以另外的名字保存起来，则要执行“另存为”操作，方法为：选择“文件”→“另存为”命令，打开“另存为”对话框，进行保存操作。执行“另存为”操作后，原来的文件依然存在。

2. 文档发布为 PDF 格式

PDF 格式是一种可移植文档格式。这种文件格式与操作系统平台无关，这一特点使它成为在 Internet 上进行电子文档发行和数字化信息传播的理想文档格式。PDF 文件无论在哪种打印机上都可保证精确的颜色和准确的打印效果，即 PDF 会忠实地再现原稿的每一个字符、颜色以及图像。将文档保存为 PDF 格式，既可以保证文档的只读属性，也可以确保没有安装 Office 的用户可以正常浏览文档内容。操作步骤如下。

（1）选择“文件”选项卡的“导出 PDF”命令，弹出“导出 PDF”对话框，如图 2-24 所示。

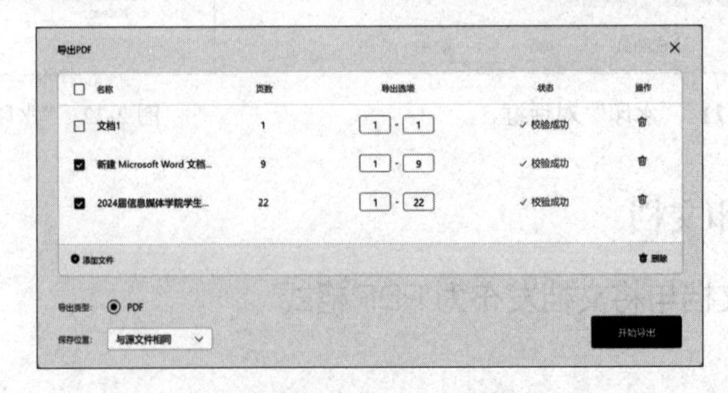

图 2-24 “导出 PDF”对话框

（2）在“导出 PDF”对话框中可以添加 Word 文档，校验成功后，选中要导出 PDF 的 Word 文档，单击“开始导出”按钮，即可将选择的文档一起导出为 PDF 文档。

也可以单击“文件”→“导出”→“创建 PDF 或 XPS 文档”→“创建 PDF 或 XPS”按钮，或者在“另存为”对话框的“保存类型”中选择“PDF（*.pdf）”，也可以将 Word 文档转换为 PDF 文档。

3. 设置自动保存时间间隔

在输入或修改一个较大的文档时，由于所耗时间较长，为避免计算机故障或其他因素导致的前功尽弃，应随时对文档进行保存操作。此外，也可以通过设置自动保存时间间隔的方法来进行自动保存，操作步骤如下。

（1）选择“文件”选项卡“选项”命令，弹出“Word 选项”对话框。

（2）在“Word 选项”对话框中的左侧选择“保存”选项，在右侧选中“保存自动恢复信息时间间隔”复选框，在复选框后设置自动保存时间间隔，如图 2-25 所示。

（3）单击“确定”按钮完成设置。

（二）保护文档

1. 限制编辑

当需要保护文档不被修改，只能查看时，可以使用限制编辑功能，操作步骤如下。

（1）单击“审阅”选项卡“保护”组中的“限制编辑”按钮，打开“限制编辑”窗格，如图 2-26 所示。

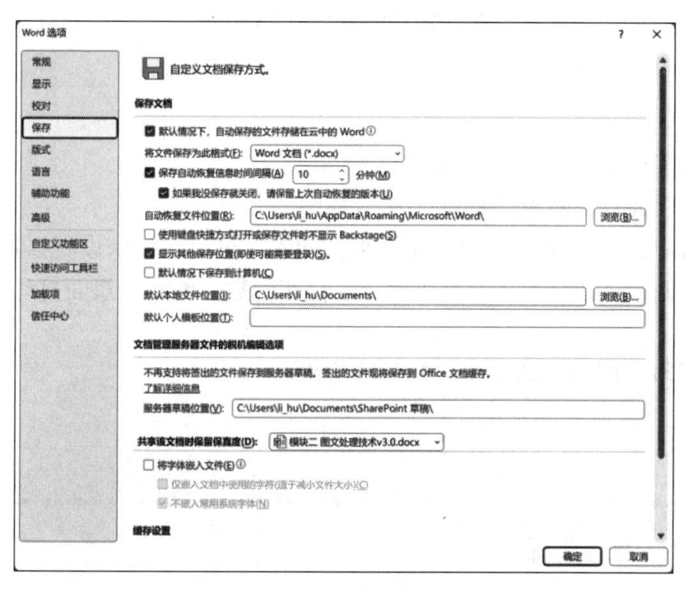

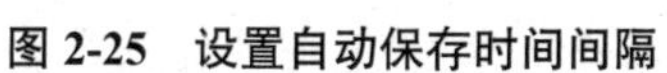
图 2-25　设置自动保存时间间隔

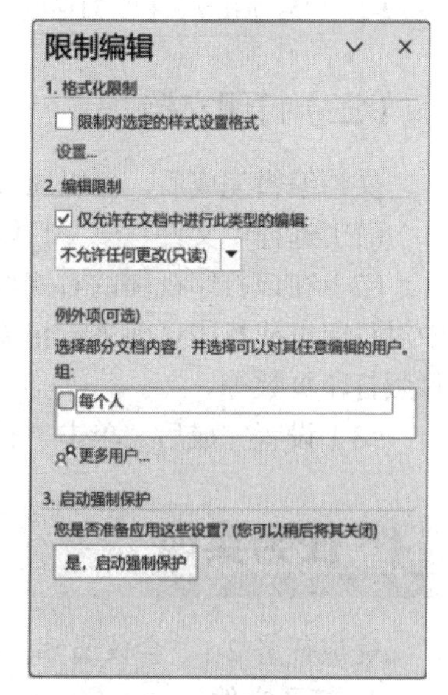

图 2-26　“限制编辑”窗格

（2）在“限制编辑”窗格中选中“仅允许在文档中进行此类型的编辑”复选框，并在下拉列表中选择一项，然后单击“是，启动强制保护”按钮，打开“启动强制保护”对话框，如图 2-27 所示。在该对话框中输入密码，单击“确定”按钮。

设置完成后，对于被保护的文档内容，只能进行上述选定的编辑操作。

2. 加密文档

（1）在“另存为”对话框中，单击“工具”按钮，在下拉菜单中选择“常规选项”命令，弹出“常规选项”对话框。

（2）在“常规选项”对话框中，如果选中“建议以只读方式打开文档”复选框，则将文档属性设置为“只读”，即不能对文件进行修改。在该对话框中还可以设置打开文件时的密码和修改文件时的密码，如图 2-28 所示。

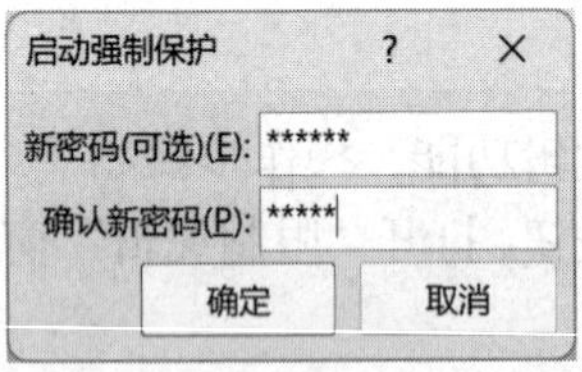

图 2-27 “启动强制保护”对话框

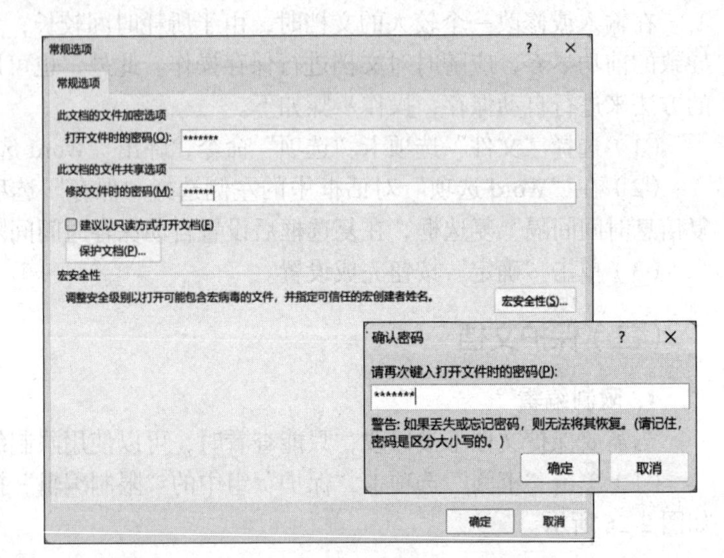

图 2-28 “常规选项”对话框

（三）打印文档

文档编辑完成后，可以通过下列步骤进行打印操作。

（1）选择“文件”→“打印”命令，打开“打印”后台视图。

（2）在该打印视图的右侧可以即时预览文档的打印效果。同时，可以在打印设置区域中对打印机或打印页面进行相关调整，如页边距、纸张大小、打印份数、单面或双面打印、每版打印页数等。

（3）设置完成后，单击“打印”按钮，即可将文档打印输出。

任务实现

完成任务 2-1“会议通知排版”操作步骤如下。

1. 打开文件

打开素材文件，或新建空白文档，输入会议通知内容。

2. 调整页面布局

打开“页面设置”对话框进行如下设置，如图 2-29 所示。

调整页边距，上边距为 3.7 厘米，下边距为 3.5 厘米，左边距为 2.8 厘米，右边距为 2.6 厘米；纸张大小为 A4（210mm × 297mm）；页脚距边界为 2.5 厘米，奇偶页不同。

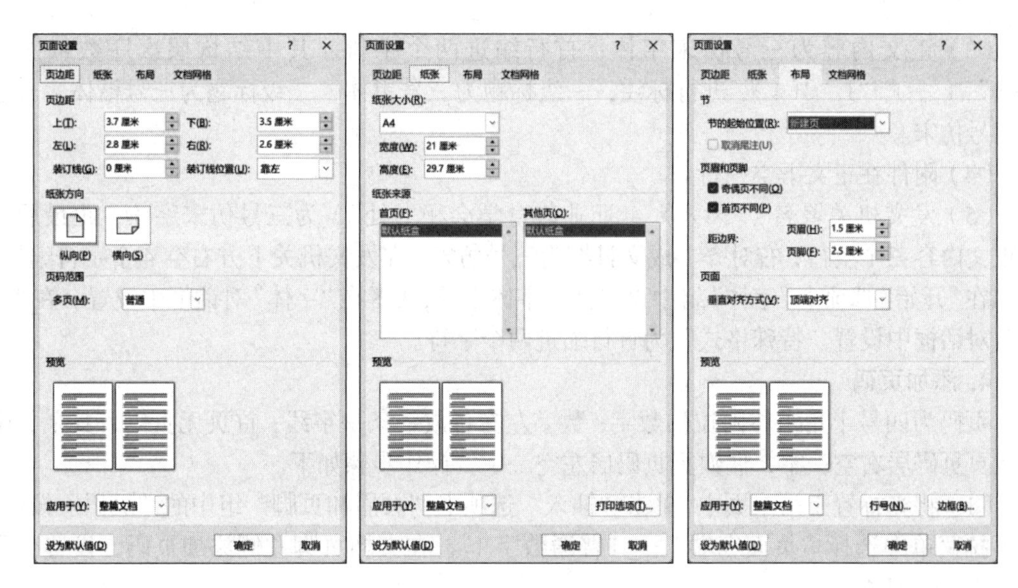

图 2-29　页面设置 1

另外要求每面排 22 行，每行排 28 个字，并撑满版心。

为保证撑满版心，单击“页面设置”对话框的“文档网格”选项卡中的“字体设置”按钮，在弹出的“字体”对话框中设置字体为仿宋、字号为三号。再在“页面设置”对话框的“文档网格”选项卡中设置行数和列数，如图 2-30 所示。

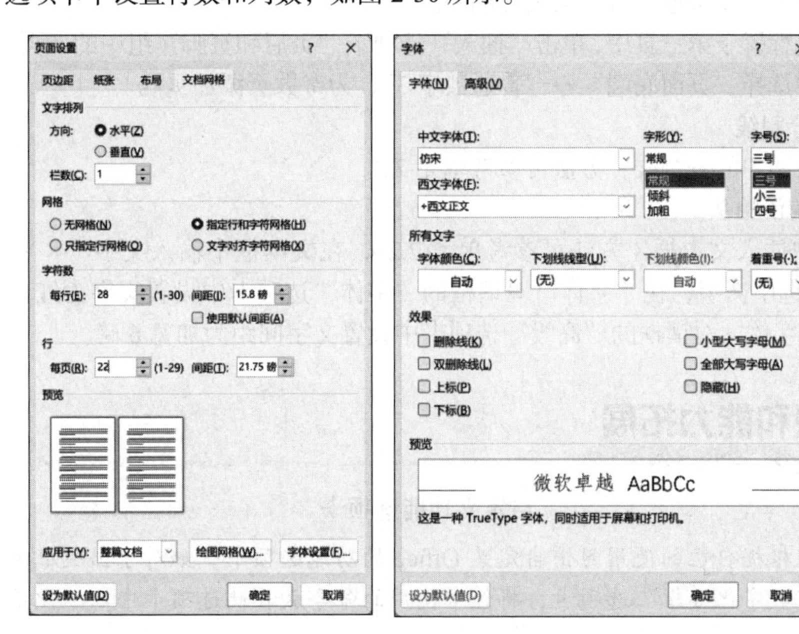

图 2-30　页面设置 2

3. 字体与段落格式

（1）标题（“关于……的通知”）前空两行，此标题设置为方正小标宋简体二号，居中。默认情况下字体中没有“方正小标宋简体”字体，需要下载安装使用。

（2）标题下空一行为主送机关（“各有关单位”），设置为三号仿宋字体，居左顶格。

（3）正文内容为三号仿宋字体，首行缩进两个字符。其中结构层次序数依次用“一、”“(一)”“1.”“(1)”进行标注，一级标题为三号黑体，二级标题为三号楷体，其余为三号仿宋。

（4）附件在正文下空一行。

（5）发文机关署名（“××××职业教育学会秘书处”）为三号仿宋字体，距最后一行正文内容三个空行，右对齐。成文日期为三号仿宋，在发文机关下方右空4个字符编排。

在“开始”选项卡“字体”组中设置文字字体字号,或者在“字体”对话框中设置。在“段落”对话框中设置“特殊格式”为首行缩进两个字符。

4. 添加页码

页码为四号半角宋体阿拉伯数字；数字左右各放一条一字线；首页无页码，其余页中奇数页页码居右空一字，偶数页页码居左空一字。操作步骤如下。

（1）将光标置于第二页中,单击“插入”选项卡“页眉和页脚”组中的“页码”按钮，在下拉菜单中选择“页面底端”→“普通数字1”，在文档页脚左侧添加页码，设置页码格式为四号宋体字。

（2）在页眉页脚编辑状态下，单击“页眉和页脚”选项卡“页眉和页脚”组中的“页码”按钮，在下拉菜单中选择“设置页码格式”命令，在弹出“页码格式”对话框中设置页码格式为“-1-, -2-, -3-,…”的形式。

（3）在页眉页脚编辑状态下,选中“页眉和页脚”选项卡“选项”组中的“首页不同”和“奇偶页不同”复选框，将首页页码删除。

（4）将光标置于第三页中,单击“插入”选项卡“页眉和页脚”组中的“页码”按钮，在下拉菜单中选择“页面底端”→“普通数字3”，为奇数页添加页码。

5. 绘制分割线

绘制效果图中的分割线，方法可参考单元2.2。

6. 设计信函抬头

在文档中插入文本框（方法可参考单元2.2），在文本框中输入文字“××××职业教育学会”。选中文字，在“字体”对话框的“字体”选项卡中设置文字为红色小初号华文中宋；在“字体”对话框的“高级”选项卡中设置文字间距为加宽6磅。

知识和能力拓展

自定义功能选项卡

用户可以根据自己的使用习惯自定义Office的功能选项卡。如对于出版社编辑，可以自定义一个“数字化编辑”选项卡，将经常使用的命令放在此选项卡中以方便操作。操作步骤如下。

(1)右击选项卡空白处,在弹出的快捷菜单中选择“自定义功能区”命令；或者选择“文件”→“选项”命令，打开“Word选项”对话框。

（2）在“Word选项”对话框的左侧选择“自定义功能区”选项，再单击该对话框右下方的“新建选项卡”按钮，然后单击“重命名”按钮，在弹出的“重命名”对话框中输入新建选项卡名称，如“数字化编辑”，单击“确定”按钮，如图 2-31 所示。

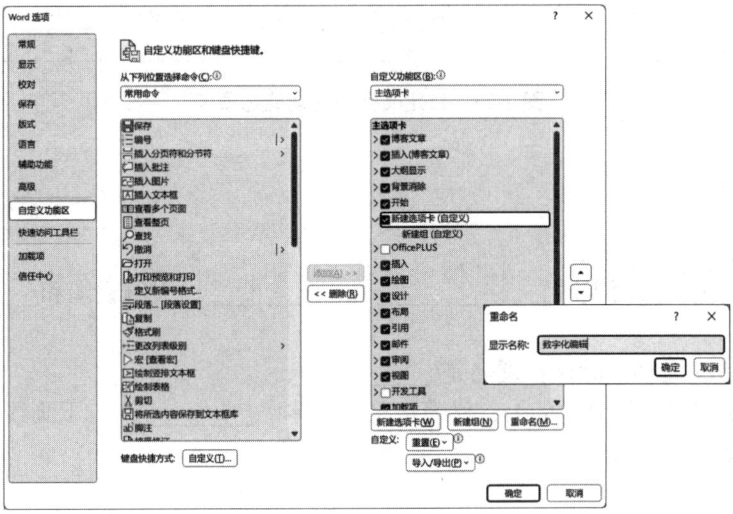

图 2-31　重命名新选项卡

（3）在“Word 选项”对话框中选中“新建组”，然后单击“重命名”按钮，给新建组重命名后，单击“确定”按钮。

（4）在“Word 选项”对话框中的“从下列位置选择命令”下拉列表中选择“主选项卡”选项，在下面的选项列表中依次选择“开始”→“字体”→“上标”选项，单击“添加”按钮，完成“上标”命令的载入，如图 2-32 所示。重复此步骤载入其他命令。

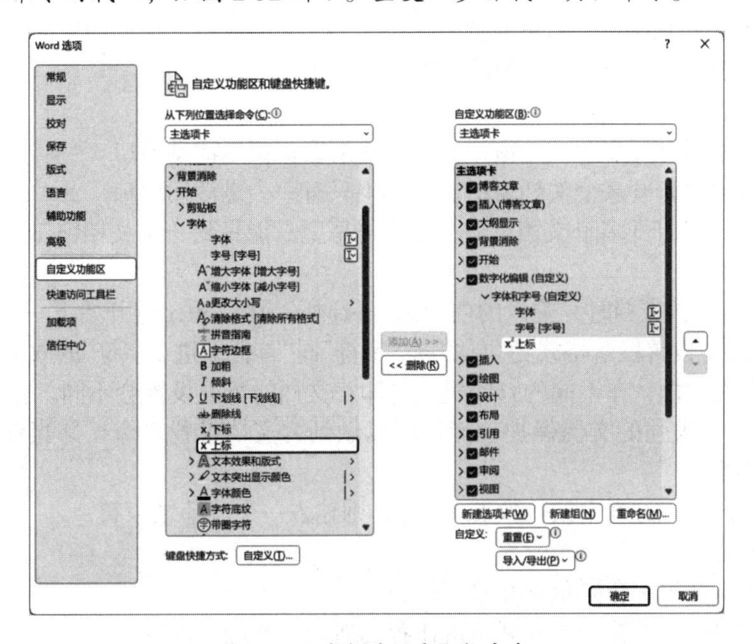

图 2-32　在新建组中添加命令

（5）重复步骤（3）和步骤（4），添加其他的组和命令。设置完成后，单击“确定”按钮，在功能区中将出现新定义的功能选项卡，如图 2-33 所示。

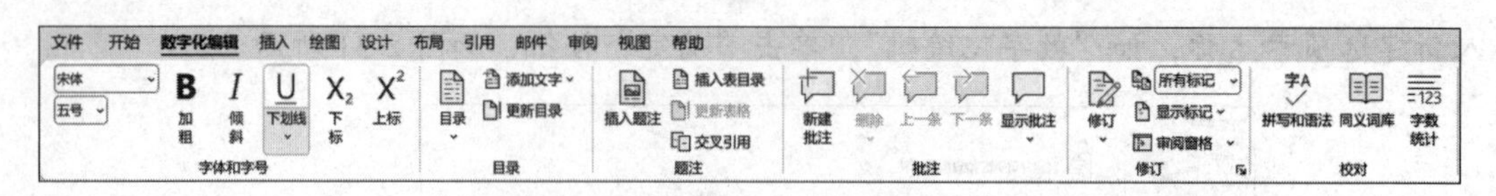

图 2-33　自定义完成的功能选项卡

单元练习 2.1

一、填空题

1. Word 提供了页面视图、__________、__________、大纲视图和__________五种视图方式。

2. Word 2021 文档的默认扩展名是__________。

3. Word 格式栏上的 B、*I*、U，代表字符的粗体、__________、下画线标记。

二、单选题

1. Word 是（　　）。

A. 文字编辑软件　　B. 系统软件　　C. 硬件　　D. 操作系统

2. 在 Word 中，假如在输入的文字或标点下面出现红色波浪线，表示（　　），可用“批阅”选项卡中的“拼写和语法”来检查。

A. 拼写和语法错误　　B. 句法错误　　C. 系统错误　　D. 其他错误

3. 启动 Word 后系统提供的第一个默认文件名是（　　）。

A. Word　　B. word1　　C. 文档　　D. 文档 1

4. 在 Word 文档中插入页眉、页脚、批注和脚注等后，可在（　　）中观察到这些设置。

A. Web 版式视图　　B. 页面视图　　C. 大纲视图　　D. 草稿视图

5. 下列关于 Word 文档窗口的说法中，正确的是（　　）。

A. 只能打开一个文档窗口

B. 可以同时打开多个文档窗口，被打开的窗口都是活动窗口

C. 可以同时打开多个文档窗口，但其中只有一个是活动窗口

D. 可以同时打开多个文档窗口，但在屏幕上只能见到一个文档窗口

三、判断题

1. 用 Word 编辑文档时，输入的内容满一行时必须按 Enter 键开始下一行。（　　）

2. 在 Word 中设置段落格式为“左缩进 2 字符”同“首行缩进 2 字符”的效果一致。（　　）

3. 同样一份文档，在不同的打印机上打印，文档的页面设置会不同。（　　）

4. Word 具有很强的文档保护功能，可以做到为文档设置口令，并当你忘记口令时，将不能打开文档。（　　）

5. 在文字的输入过程中按一次 Enter 键，则输入一个段落结束符。（　　）

四、操作题

1. 从网上下载租房合同范本并进行排版。

2. 练习撰写一个学校关于开展演讲比赛的通知，并进行排版。

五、思考题

1. 编辑文档的过程中，有可能会因为各种原因导致文档丢失或者损坏，从而让工作受影响。为避免这种情况的发生，可以为文档创建备份，如何创建 Word 备份文档？

2. 如果计算机突然发生故障，而此时正在编辑的文档却未保存，可以尝试借助于 Word 自动恢复功能找回未保存前的文档，如何操作？

单元 2.2　图文混排技术

学习目标

➢ **知识目标**

1. 了解项目符号和编号的作用和常用的形式；
2. 了解 SmartArt 图形的作用。

➢ **能力目标**

1. 掌握图片、图形、文本框等对象的插入、编辑和美化等操作；
2. 学会分栏、首字下沉、插入艺术字、添加项目符号和编号等操作。

➢ **素养目标**

1. 能以多种数字化方式对信息、知识进行展示交流；
2. 能创造性地运用数字化资源和工具解决实际问题。

工作任务

任务 2-2　制作宣传材料

随着信息技术的发展，某单位要为员工普及大数据基本知识，需要为员工制作相关宣传材料，如果不想使用太复杂的专业制作软件，也可以通过常用的大家较为熟悉的 Word 对宣传材料进行排版，效果如图 2-34 所示。

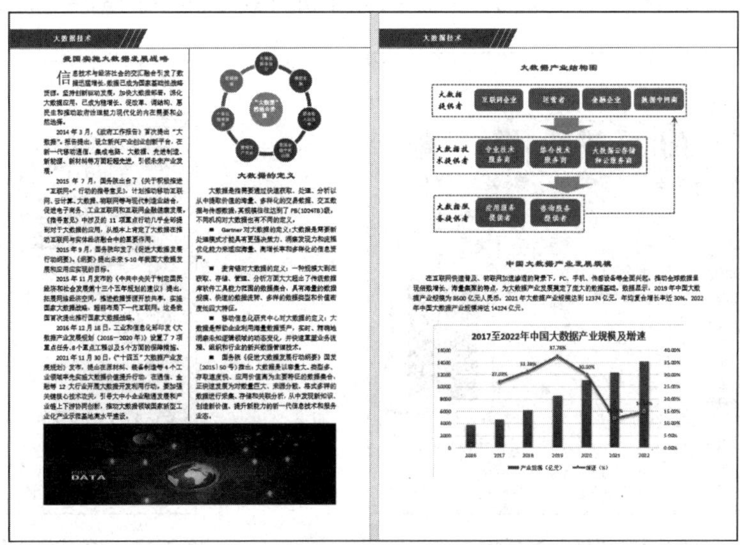

大数据技术

我国实施大数据发展战略

信息技术与经济社会的交汇融合引发了数据迅猛增长，数据已成为国家基础性战略资源，坚持创新驱动发展，加快大数据部署，深化大数据应用，已成为稳增长、促改革、调结构、惠民生和推动政府治理能力现代化的内在需要和必然选择。

2014 年 3 月，《政府工作报告》首次提出“大数据”。报告提出，设立新兴产业创业创新平台，在新一代移动通信、集成电路、大数据、先进制造、新能源、新材料等方面赶超先进，引领未来产业发展。

2015 年 7 月，国务院出台了《关于积极推进“互联网+”行动的指导意见》，计划推动移动互联网、云计算、大数据、物联网等与现代制造业结合，促进电子商务、工业互联网和互联网金融健康发展。《指导意见》中涉及的 11 项重点行动几乎全部提到对于大数据的应用，从根本上肯定了大数据在推动互联网与实体经济融合中的重要作用。

2015 年 9 月，国务院印发了《促进大数据发展行动纲要》，《纲要》提出未来 5-10 年我国大数据发展和应用应实现的目标。

2015 年 11 月发布的《中共中央关于制定国民经济和社会发展第十三个五年规划的建议》提出，拓展网络经济空间，推进数据资源开放共享，实施国家大数据战略，超前布局下一代互联网。这是我国首次提出推行国家大数据战略。

2016 年 12 月 18 日，工业和信息化部印发《大数据产业发展规划（2016—2020 年）》设置了 7 项重点任务、8 个重点工程以及 5 个方面的保障措施。

2021 年 11 月 30 日，《“十四五”大数据产业发展规划》发布，提出在原材料、装备制造等 4 个工业领域率先实施大数据价值提升行动，在通信、金融等 12 大行业开展大数据开发利用行动，要加强关键核心技术攻关，引导大中小企业融通发展和产业链上下游协同创新，推动大数据领域国家新型工业化产业示范基地高水平建设。

大数据的定义

大数据是指需要通过快速获取、处理、分析以从中提取价值的海量、多样化的交易数据、交互数据与传感数据，其规模往往达到了 PB(1024TB)级。不同机构对大数据也有不同的定义。

■ Gartner 对大数据的定义：大数据是需要新处理模式才能具有更强决策力、洞察发现力和流程优化能力来适应海量、高增长率和多样化的信息资产。

■ 麦肯锡对大数据的定义：一种规模大到在获取、存储、管理、分析方面大大超出了传统数据库软件工具能力范围的数据集合，具有海量的数据规模、快速的数据流转、多样的数据类型和价值密度低四大特征。

■ 移动信息化研究中心对大数据的定义：大数据是帮助企业利用海量数据资产，实时、精确地洞察未知逻辑领域的动态变化，并快速重塑业务流程、组织和行业的新兴数据管理技术。

■ 国务院《促进大数据发展行动纲要》国发〔2015〕50 号）指出：大数据是以容量大、类型多、存取速度快、应用价值高为主要特征的数据集合，正快速发展为对数量巨大、来源分散、格式多样的数据进行采集、存储和关联分析，从中发现新知识、创造新价值、提升新能力的新一代信息技术和服务业态。

大数据技术

大数据产业结构图

中国大数据产业发展规模

在互联网快速普及、物联网加速渗透的背景下，PC、手机、传感设备等全面兴起，推动全球数据量现倍数增长、海量集聚的特点，为大数据产业发展奠定了庞大的数据基础。数据显示，2019 年中国大数据产业规模为 8500 亿元人民币，2021 年大数据产业规模达到 12374 亿元，年均复合增长率近 30%，2022 年中国大数据产业规模将达 14224 亿元。

图 2-34　宣传材料效果

任务 2-2　制作宣传材料

技术分析

通过 Word 图文混排功能可以完成本任务，涉及文本框、图片、形状、图表等对象的插入与编辑操作。

知识与技能

一、规划版式与编辑

（一）分栏

在期刊、杂志和报纸的排版中经常会看到分栏的现象，分栏可以使版面更生动，阅读更方便。分栏的操作步骤如下。

（1）选中要分栏的文本内容。如果不选择，将对整个文档进行分栏设置。

（2）在“布局”选项卡“页面设置”组中单击“栏”按钮，从下拉菜单中选择相应的栏数。

（3）如果要进行精确设置，选择“更多栏”命令，在打开的“栏”对话框中，可以设置栏数、栏宽、间距、分隔线等，如图 2-35 所示。

（二）首字下沉

首字下沉是指文章段落的第一个字符放大显示，以使内容醒目。操作步骤如下。

（1）将插入点移至要设置首字下沉的段落的任意位置。

（2）在“插入”选项卡“文本”组中单击“首字下沉”按钮，从下拉菜单中选择下沉样式。

（3）或者选择下拉菜单中的“首字下沉选项”命令，打开“首字下沉”对话框。在该对话框中选择下沉的位置，设置下沉的首字的字体、下沉行数、距正文的距离等，如图 2-36 所示。

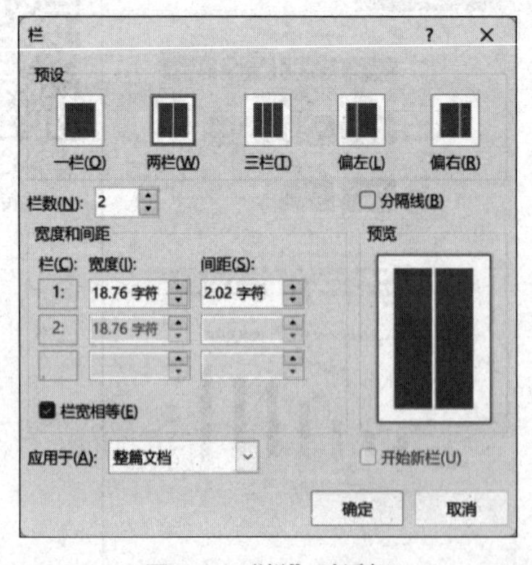

图 2-35 “栏”对话框

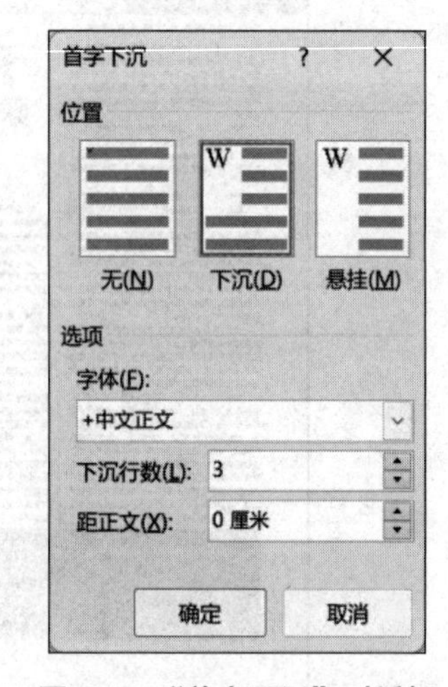

图 2-36 “首字下沉”对话框

（三）艺术字

以艺术字的效果呈现文本，可以有更亮丽的视觉效果。操作步骤如下。

（1）在文档中选择需要添加艺术字效果的文本，或者将插入点置于需要插入艺术字的位置。

（2）在“插入”选项卡的“文本”组中单击“艺术字”按钮，从下拉菜单中选择一个艺术字样式，即可在当前位置插入艺术字文本框。

（3）在艺术字文本框中输入或编辑文本，此时功能区中会出现“形状格式”选项卡，可以对艺术字的形状、样式、颜色、位置及大小进行设置。

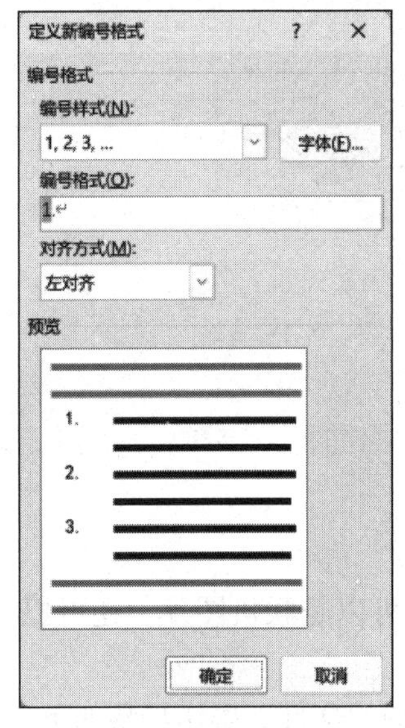

图 2-37　定义新编号格式

（四）项目符号和编号

在文档的某些段落前加上编号或者某种特定符号（即项目符号），可以提高文档的可读性。对于有顺序的段落应使用编号，而对于并列关系的项目则宜用项目符号。

1. 添加编号和项目符号

添加编号的操作步骤如下。

（1）在“开始”选项卡“段落”组中单击“编号”按钮旁的下三角按钮。在下拉菜单中提供了多种不同的编号样式。

（2）如果需要自定义编号样式，则在下拉菜单中选择“定义新编号格式”，弹出“定义新编号格式”对话框，在该对话框中设置编号样式、字体、对齐方式等，如图 2-37 所示。

（3）编辑完成后单击“确定”按钮。

添加项目符号的方法与添加编号的方法类似，单击“开始”→“段落”→“项目符号”按钮即可。

2. 撤销和停止自动编号

撤销自动编号的方法有以下三种。

（1）若要结束自动编号列表，可以按一次 Enter 键或两次 Backspace 键删除列表中最后一个编号。

（2）在输入编号 1 并按 Enter 键后，自动出现编号 2，此时在编号左侧出现“自动更正选项”按钮，单击此按钮，在下拉菜单中选择“撤销自动编号”命令可以撤销自动出现的编号 2。在下拉菜单中选择“停止自动创建编号列表”命令，则停止再次自动编号，如图 2-38 所示。

（3）选择“开始”→“选项”命令，打开“Word 选项”对话框。在该对话框中单击“校对”选项下的“自动更正选项”按钮。在打开的“自动更正”对话框的“键入时自动套用格式”选项卡中取消选中“自动编号列表”复选框，单击“确定”按钮，如图 2-39 所示。

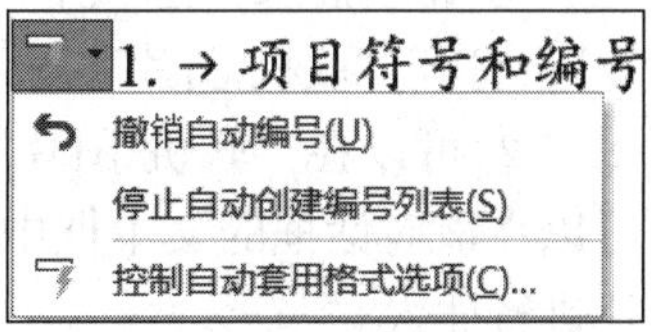

图 2-38　“自动更正选项”下拉菜单

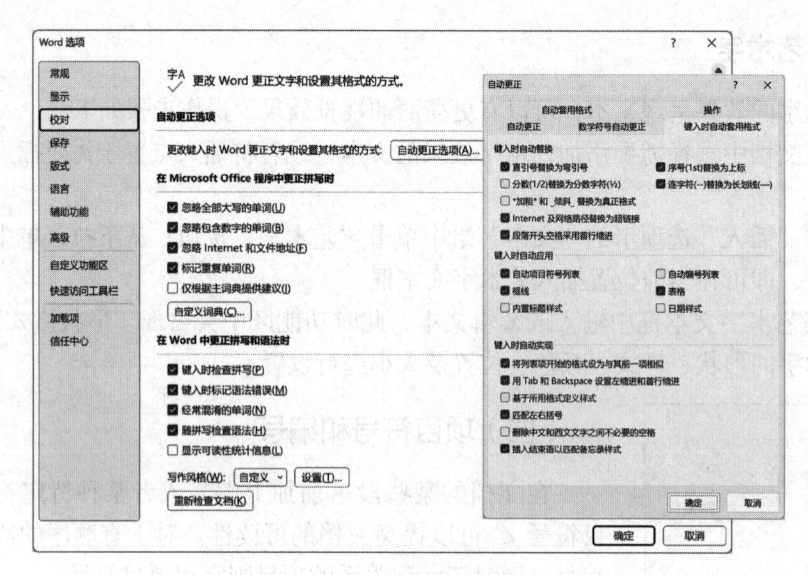

图 2-39 撤销自动编号

二、对象的插入与编辑

（一）图片的插入与编辑

1. 插入图片

在 Word 文档中插入的图片可以是来自外部的图片文件，也可以是联机图片，还可以是屏幕截图，丰富文档的表现力。

（1）插入来自文件的图片。在 Word 中可以插入各类格式的图片文件，操作步骤如下。

① 在“插入”选项卡“插图”组中单击“图片”按钮，在下拉菜单中选择“此设备”，打开“插入图片”对话框。

② 在“插入图片”对话框中选择图片所在的路径，找到并选中该图片，单击“插入”按钮，即可将图片插入文档。

也可以将图片选中后复制粘贴至 Word 文档中，或者将图片拖曳至 Word 中，都可以插入图片。

（2）插入联机图片。当连接了 Internet 时，用户可以直接在搜索引擎上按照关键词搜索图片并插入文档中。在 Word 文档中插入联机图片的操作步骤如下。

① 在“插入”选项卡“插图”组中单击“图片”按钮，在下拉菜单中选择“联机图片”，打开“联机 图片”对话框，如图 2-40 所示。

② 可以在“联机 图片”对话框中直接选择图片类型，然后选择具体的图片插入；也可以在该对话框的文本框中输入要搜索的关键词后按 Enter 键开启搜索，再选择需要的图片进行插入。

（3）插入屏幕截图。Office 具有屏幕图片捕获能力，可以方便地在文档中直接插入已经在计算机中开启的屏幕画面，并且可以按照选定的范围截取屏幕内容。插入屏幕画面的操作步骤如下。

① 在“插入”选项卡“插图”组中单击“屏幕截图”按钮,打开“可用的视窗”列表，如图 2-41 所示。列表中显示目前在计算机中开启的应用程序屏幕截图，单击某一图片缩略图即可将该窗口画面作为图片插入文档中。

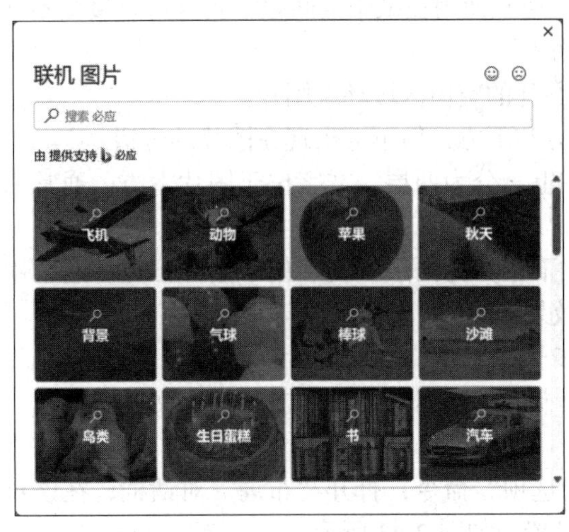

图 2-40　选择“联机图片”

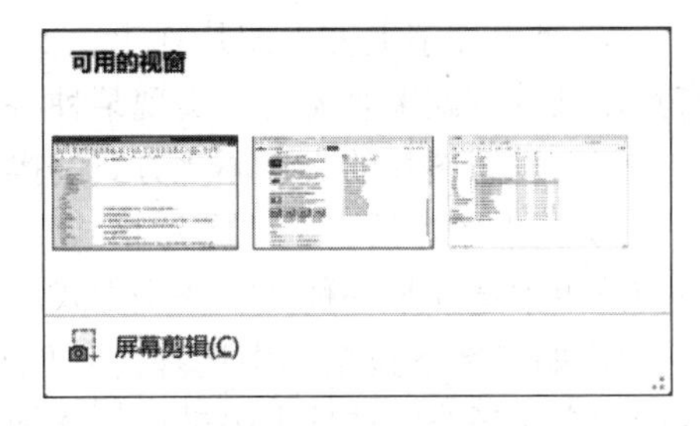

图 2-41　插入屏幕截图

② 如果需要截取窗口的一部分，可以选择下拉菜单中的“屏幕剪辑”命令，然后在屏幕上用鼠标拖曳选择某一屏幕区域作为图片并插入文档中。

2. 调整图片格式

在文档中插入图片并选中图片后，功能区会出现“图片格式”选项卡，通过该选项卡可以调整图片的大小、样式等。

1）调整图片样式

可以将图片应用预设图片样式，也可以自定义图片样式。

（1）应用预设图片样式。在“图片格式”选项卡的“图片样式”组中单击“快速样式”按钮▼，在展开的图片样式库中可以选择系统已定义好的图片样式并快速应用到当前图片上。

（2）自定义图片样式。在“图片格式”选项卡的“图片样式”组中,通过“图片边框”“图片效果”“图片版式”命令按钮和“调整”组中的“更正”“颜色”“艺术效果”命令按钮调整图片的效果。

也可以选中图片后右击，在弹出的快捷菜单中选择“设置图片格式”命令,会在文档右侧出现“设置图片格式”任务窗格，可以对图片的颜色、效果等格式进行设置，如图 2-42 所示。

图 2-42　“设置图片格式”任务窗格

2）设置图片的文字环绕方式

默认情况下，图片作为字符插入 Word 文档中时，其位置会随着其他字符的改变而改变，用户不能自由移动图片。而通过为图片设置文字环绕方式，则可以自由移动图片的位置。

（1）Word 中提供 7 种文字环绕方式。

① 嵌入型。将图片插入文字中，只能从一个段落标记移动到另一个段落标记。通常使用在简单文档和正式报告中。

② 四周型环绕。不管图片是否为矩形图片，文字都以矩形方式环绕在图片四周。通常使用在带有大片空白的新闻稿和宣传单中。

③ 紧密型环绕。如果图片是矩形，则文字以矩形方式环绕在图片周围；如果图片是不规则图形，则文字将紧密环绕在图片四周。通常使用在纸张空间很宝贵且可以接受不规则形状（甚至希望使用不规则形状）的出版物中。

④ 穿越型环绕。文字可以穿越不规则图片的空白区域环绕图片。

⑤ 上下型环绕。文字环绕在图片的上方和下方，但不会出现在图片的旁边。

⑥ 衬于文字下方。图片在下、文字在上，分为两层，文字位于图片上方。通常用作水印或页面背景图片。

⑦ 浮于文字上方。图片在上、文字在下，分为两层，文字位于图片下方。通常用在有意用某种方式来遮盖文字实现某种特殊效果。

（2）设置图片的文字环绕方式的操作步骤如下。

① 选中图片后，在“图片格式”选项卡的“排列”组中单击“环绕文字”按钮，在下拉菜单中选择某一种文字环绕方式。

② 如果在下拉菜单中选择“其他布局选项”命令，打开“布局”对话框，在该对话框的“文字环绕”选项卡中进行更详细的设置，如图 2-43 所示。

3）裁剪图片

当图片中的某部分多余时，可以将其裁减掉，操作步骤如下。

（1）选中图片后，在“图片格式”选项卡的“大小”组中单击“裁剪”按钮。

（2）此时，图片周围出现裁剪标记，拖曳图片四周的裁剪标记，调整到适当的图片大小。

（3）调整完成后，在图片外任意位置单击或者按 Esc 键退出裁剪操作。

如果单击“裁剪”按钮下方的下三角箭头，在打开的下拉菜单中选择“裁剪为形状”命令，可以将图片按指定的形状进行剪裁。

实际上，在裁剪完成后，图片的多余区域依然保留在文档中，只不过看不到而已。如果希望彻底删除图片中被裁剪的部分，可以单击“调整”组中的“压缩图片”按钮，在打开的“压缩图片”对话框（见图 2-44）中，选中“删除图片的裁剪区域”复选框，单击“确定”按钮即可。

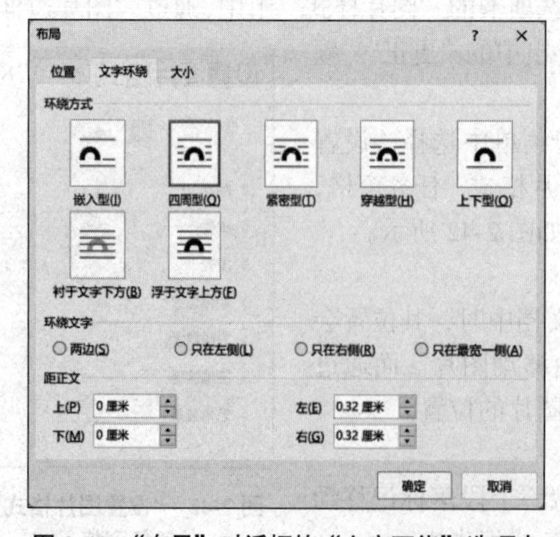

图 2-43 “布局”对话框的“文字环绕”选项卡

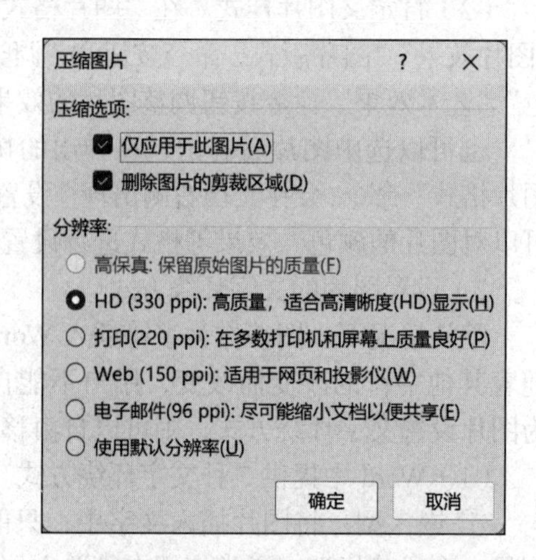

图 2-44 “压缩图片”对话框

4）调整图片的大小和位置

调整图片大小的操作步骤如下。

（1）选中图片后，图片四周会出现调整点，用鼠标拖曳图片边框上的圆形调整点可以快速调整图片大小。调整点用来旋转图形。当光标变为时，拖曳鼠标即可移动形状至合适的位置。

（2）如果要精确调整图片大小，单击“图片格式”选项卡“大小”组右下角的箭头按钮，在弹出的“布局”对话框的“大小”选项卡中对图片大小进行精确调整。

在使用鼠标调整图片大小时，如果要锁定图片的长宽比例，在拖曳鼠标的同时按住Shift键；如果要固定图片的中心位置，在拖曳鼠标的同时按住Ctrl键；如果要固定图片的中心并且锁定图片长宽比例，可在拖曳鼠标的同时按住Shift+Ctrl组合键。

（二）图形的绘制与编辑

1. 绘制图形

绘制图形的操作步骤如下。

（1）添加绘图画布。绘图画布可用来绘制和管理多个图像对象。使用绘图画布，可以将多个图形对象作为一个整体，也可以对其中的单个图形对象进行格式化操作。

在“插入”选项卡“插图”组中单击“形状”按钮，在下拉菜单中选择“新建画布”命令，在文档中插入绘图画布。选中画布，拖曳画布四周的调整点可以调整画布大小。

（2）插入形状。单击“插入”→“插图”→“形状”按钮，在下拉菜单中选择需要的形状，可以绘制直线、箭头、星形等各种图形，当光标变成“十”字时，拖曳鼠标即可绘制图形。

（3）图形大小和位置的调整与图片大小与位置的调整类似，此处不再赘述。

（4）在形状中添加文字。选中需要添加文字的图形，右击后在弹出的快捷菜单中选择“添加文字”命令，插入点移至图形内部，输入相应的文字。

（5）设置形状的效果。选中形状后，功能区会出现“形状格式”选项卡，通过相应的命令按钮设置形状效果。或者右击选中的形状，在弹出的快捷菜单中选择“设置形状格式”命令，打开“设置形状格式”任务窗格中进行设置。

2. 调整图形的叠放次序

当两个或多个图形对象重叠在一起时，最近绘制的图形会覆盖原来的图形，可以通过调整图形的叠放次序得到不同的效果。如图2-45所示，左侧图中月亮在云彩的上层，右侧图中月亮在云彩的下层。

要调整图形的叠放次序，选中要调整的图形后，单击“形状格式”选项卡“排列”组中的“上移一层”或“下移一层”按钮。或者右击要调整的图形，在弹出的快捷菜单中选择“置于顶层”或“置于底层”命令中的子命令。

图2-45 图形的叠放次序

3. 图形的组合

当利用多个简单的图形组成一个复杂的图形时，每一个简单图形都是独立的对象，如果要移动整个图形需要单独移动每一个简单图形，移动起来非常困难，而且还可能破坏刚刚构成的图形结构。Word可以将多个图形组合成一个整体，进行移动或旋转等操作。组合图形的操作步骤如下。

选定要组合的所有图形对象后，在“形状工具”选项卡“排列”组中单击“组合”按钮，在下拉菜单中选择“组合”命令可以组合图形，选择“取消组合”命令可以取消刚才的组合。

或者右击选中图形，在弹出的快捷菜单中选择“组合”→“组合”命令即可组合图形。选择“组合”→“取消组合”命令即可取消图形的组合。

（三）智能图形 SmartArt

SmartArt 是 Microsoft Office 2007 中新加入的特性，用户可在 Word、Excel、PowerPoint 中使用该特性创建各种图形图表。SmartArt 图形是信息和观点的视觉表示形式，可以通过从多种不同布局中进行选择来创建 SmartArt 图形，从而快速、轻松、有效地传达信息。

添加 SmartArt 智能图形的操作步骤如下。

（1）在“插入”选项卡“插图”组中单击 SmartArt 按钮，打开“选择 SmartArt 图形”对话框。在该对话框中列出了所有 SmartArt 图形的分类，以及每个 SmartArt 图形的外观预览效果和详细的使用说明信息，如图 2-46 所示。

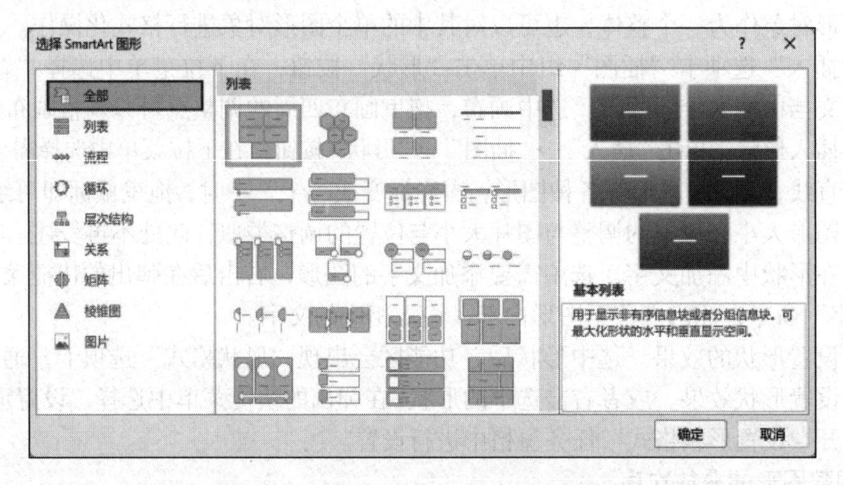

图 2-46 “选择 SmartArt 图形”对话框

（2）插入 SmartAtr 图形后，在功能区会出现“AmartArt 设计”和“格式”选项卡，可以对插入的 SmartArt 图形的布局、样式、颜色、轮廓等格式进行设置。

（四）文本框的插入与编辑

文本框是一种独立的对象，其中的文字和图片可随文本框移动，可以很方便地放置到指定位置，而不必受到段落格式、页面设置等因素的影响。插入文本框的操作步骤如下。

（1）在“插入”选项卡“文本”组中单击“文本框”按钮，在弹出的下拉菜单中的“内置”的文本框样式中选择合适的文本框类型，也可以自由绘制横排或竖排文本框。如果绘制横排（或竖排）文本框，在下拉菜单中选择“绘制横排（竖排）本文框”命令，然后在文档中合适位置拖曳鼠标即可绘制一个文本框。

（2）调整文本框格式与调整形状格式的方法类似。

（五）图表的插入与编辑

可以在 Word 中插入图表，如果数据源发生变化，则图表相应地发生变化。插入图表的操作步骤如下。

（1）在“插入”选项卡“插图”组中单击“图表”按钮，打开“插入图表”对话框。在该对话框中选择要插入图表的类型，单击“确定”按钮，自动进入“Microsoft Word 中的图表”窗口。

（2）在指定的数据区域中输入生成图表的数据源，拖曳数据区域的右下角可以改变数据区域的大小。同时 Word 文档中显示相应的图表，如图 2-47 所示。

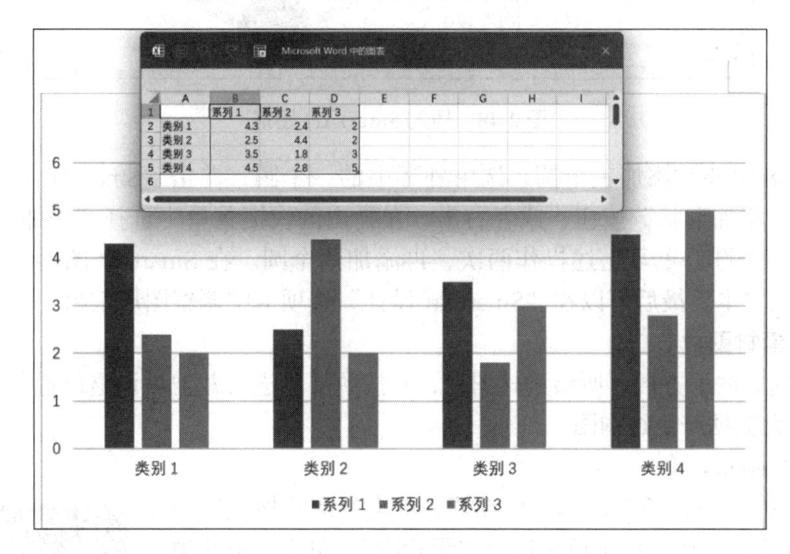

图 2-47　插入图表

（3）在功能区会出现“图表设计”和和“格式”两个选项卡，可以对插入的图表进行格式设置。

任务实现

完成任务 2-2“制作宣传材料”操作步骤如下。

1. 基本格式设置

（1）打开素材文件后，设置页面上、下、左、右页边距均为 2 厘米。

（2）将“大数据产业结构图”前面的内容进行分栏，分为两栏，栏宽相等，有分割线。

（3）将第一段设置为首字下沉，下沉两行。

（4）将标题“我国实施大数据发展战略”“大数据的定义”“大数据产业结构图”“中国大数据产业发展规模”设置为艺术字，字体为隶书，字号为三号。

（5）为大数据定义中的内容添加项目符号。

2. 绘制大数据商业价值图

在“大数据的定义”前插入 SmartArt 中“循环”的“射线循环”图。在文档中会出现相应的 SmartArt 图形和文本窗格，但此时图形没有具体的信息，只有占位符文本的框架，如图 2-48 所示。

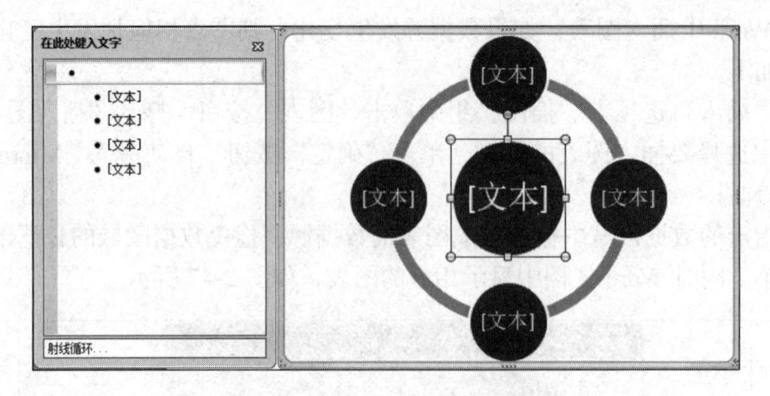

图 2-48　插入 SmartArt 图形

在图 2-48 中外环添加三个圆。选中外环中的一个圆，单击“SmartArt 设计”→“创建图形”→“添加形状”按钮，或者右击，在弹出的快捷菜单中选择“添加形状”命令，即可以添加一个圆。重复上述操作两次，再添加两个圆。在 SmartArt 图形上的文字编辑区内直接输入文本。最后可以在“SmartArt 设计”选项卡中调整图形效果。

3. 插入素材图片

在分栏内容的下方插入所给素材图片，并按照样例进行裁剪后调整位置和大小。

4. 绘制大数据产生结构图

（1）绘制画布。

（2）在画布中插入形状“圆角矩形”。单击“形状格式”→“形状轮廓”按钮，在下拉菜单中选择“无轮廓”。单击“形状填充”按钮，修改形状颜色。选中“圆角矩形”后右击，在弹出的快捷菜单中选择“添加文字”命令，输入相应的文本内容，如图 2-49 所示。其他相同形状可以进行复制。

图 2-49　圆角矩形

其他形状的绘制与编辑方法相似。

（3）修改矩形和直线的宽度和线形。方法如下：绘制直线后，选中直线并右击，在弹出的快捷菜单中选择“设置形状格式”命令。在弹出的“设置形状格式”任务窗格中设置“宽度”为“1.5 磅”，“短画线类型”选择虚线，如图 2-50 所示。

（4）文本框的插入与编辑。在本任务中需要插入无填充无边框的文本框，方法如下：选中文本框后，单击“形状格式”→“形状填充”按钮，在下拉菜单中选择“无填充颜色”命令，再单击“形状轮廓”按钮，在下拉菜单中选择“无轮廓”，则可设置无轮廓无填充的文本框。

5. 绘制中国大数据产业发展规模图表

在本任务中插入图表时选择“组合图”，“系列 1”为“簇状柱形图”，“系列 2”为“带数据标记的折线图”，选中“次坐标轴”复选框，如图 2-51 所示。

系统会自动打开 Excel 模块和图表模板。如果修改 Excel 表中的数据，图表也会随之而改变，如图 2-52 所示。

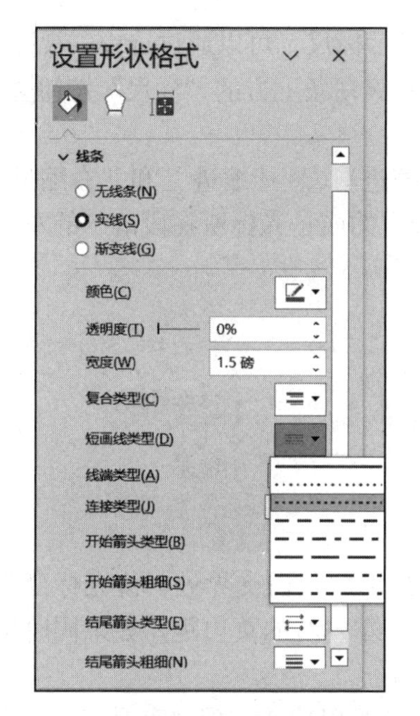

图 2-50　“设置形状格式”任务窗格

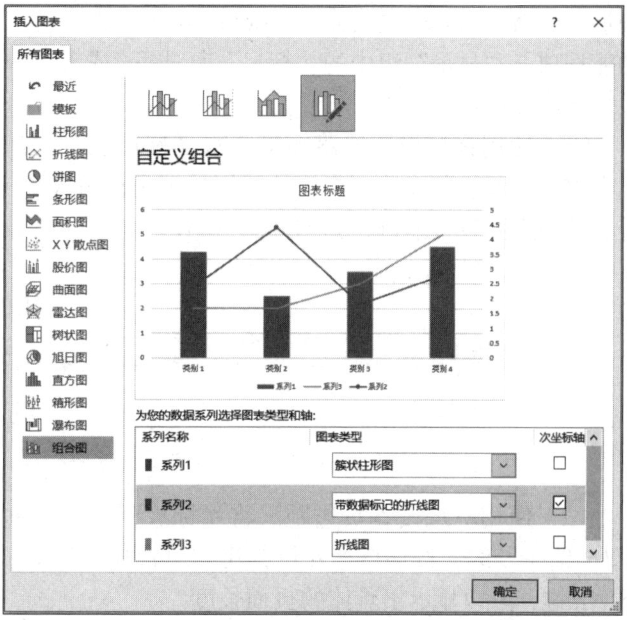

图 2-51　“插入图表”对话框

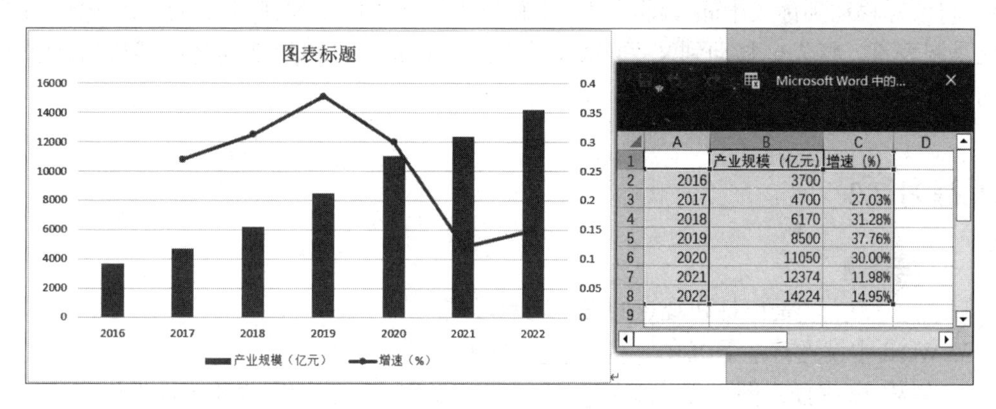

	A	B	C	D
1		产业规模（亿元）	增速（%）	
2	2016	3700		
3	2017	4700	27.03%	
4	2018	6170	31.28%	
5	2019	8500	37.76%	
6	2020	11050	30.00%	
7	2021	12374	11.98%	
8	2022	14224	14.95%	
9				

图 2-52　生成图表

数据输入完成后，关闭 Excel 模块，输入图表标题。

选中“产业规模”系列，在“图表设计”功能选项卡的“图表布局”组中单击“添加图表元素”按钮，在弹出的下拉菜单中选择“数据标签”→“数据标签外”命令，为系列添加数据标签。

6. 保存文档

（略）

知识和能力拓展

标尺的使用

Word 中标尺分别有水平标尺和垂直标尺。标尺的作用常常用于对齐文档中的文本、图形、表格和其余一些元素。Word 的界面默认情况下不显示标尺，可以通过选中“视图”功能选项卡“显示”组中的“标尺”复选框，或者单击垂直滚动条上方的“标尺”按钮，显示或隐藏标尺。

（1）使用标尺设置段落缩进。水平标尺上有“首行缩进”“悬挂缩进”和“右缩进”三个滑块，通过移动这三个滑块可以快速地设置段落（选定的或是光标所在段落）的左缩进、右缩进和首行缩进，如图 2-53 所示。

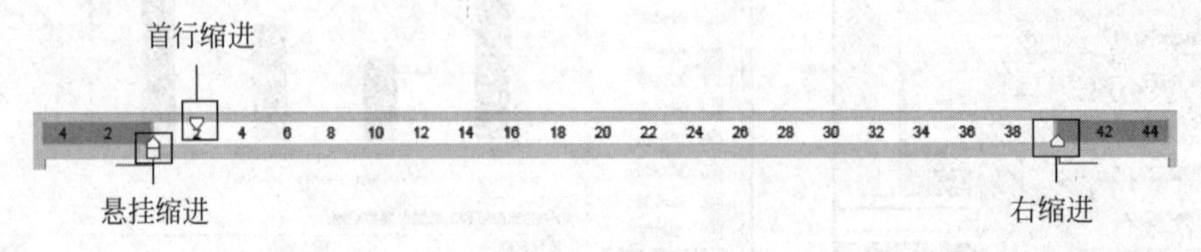

图 2-53 水平标尺

（2）使用标尺设置页边距。将光标放到水平和垂直标尺的灰白交界处，待光标变为“双向箭头”时，按住鼠标左键拖曳，可快速调整上、下、左、右的页边距。如果同时按下 Alt 键，可以显示出具体的页面长度。

（3）使用标尺的制表符功能。利用标尺的制表符功能还可以快速实现文字对齐。选中内容，将鼠标移动到标尺中间（即需对齐的位置），按住鼠标左键，此时，将出现一个 L 形状，这就是制表符。将光标移动到文字前面，并按下 Tab 键，就可以快速将内容移动到刚才设置的位置上。

单元练习 2.2

一、填空题

1. ＿＿＿＿＿是信息和观点的视觉表示形式。
2. Word 中设置首字下沉在＿＿＿＿＿选项卡。
3. 在 Word 中插入图表后，如果＿＿＿＿＿发生变化，则图表相应地发生变化。

二、单选题

1.（　　）可以确保绘制的直线一定是水平或垂直的。
   A. 绘制直线时，按下鼠标左键拖曳鼠标
   B. 绘制直线时，按下 Shift 键同时按下左键拖曳鼠标
   C. 绘制直线时，按 Ctrl 键同时按下左键拖曳鼠标
   D. 绘制直线时，按下鼠标右键并拖曳
2. 关于 Word 的文本框，下列说法正确的是（　　）。
   A. Word 中提供了横排和竖排两种类型的文本框
   B. 在文本框中不可以插入图片
   C. 在文本框中不可以使用项目符号
   D. 通过改变文本框的文字方向不可以实现横排和竖排的转换
3. 以下关于 Word 中 SmartArt 图形的说法，正确的是（　　）。
   A. 它是一种图示库，用于创立具有专业水准的文字插图

B. 它包括组织结构图、维恩图、循环图等多种类型

C. 它是一种用来创立艺术文字的配色方案

D. 它可以用来导入 Word 程序外的图像文件

4. 以下关于 SmartArt 功能的说法中，错误的是（　　）。

A. SmartArt 是 Microsoft Office 2007 中新加入的特性

B. SmartArt 图形是信息和观点的视觉表示形式

C. 用户只能在 Word 中使用该特性创建各种图形图表

D. SmartArt 图形类型包括“流程”“层次结构”“循环”“关系”等

5. 在 Word 中项目符号和编号是对于（　　）来添加的。

A. 整篇文档　　B. 段落　　C. 行　　D. 节

三、判断题

1. Word 中的分栏命令分出的都是等宽的栏。（　　）

2. 嵌入式对象不能放置到页面的任意位置，只能放置到文档插入点的位置。（　　）

3. 借助 SmartArt 可以迅速实现文字或图片的可视化排版。（　　）

4. Word 中的 SmartArt 可以实现各种流程图，还可以自由地添加形状。（　　）

5. 在 Word 文档中，文字与图形混合编排时，图形与文字不能层叠。（　　）

四、操作题

1. 利用 Word 图文混排的功能为自己家乡的春节民俗制作一张活动页。

2. 利用 Word 图文混排的功能制作一份宣传页，介绍一首古诗词。

五、思考题

1. 在 Word 中可以给不认识的汉字添加拼音吗？如何操作？

2. 如何快速将 Word 文档中所有的图片统一排版？如统一将图片居中对齐或者统一图片大小。

单元 2.3　表格编辑技术

学习目标

➢ **知识目标**

1. 了解表、行、列、单元格的概念；
2. 掌握表格中数据处理的方法。

➢ **能力目标**

1. 掌握在文档中插入和编辑表格的方法；
2. 能够对表格进行美化；
3. 能够灵活应用公式对表格中数据进行处理。

➢ **素养目标**

1. 培养良好的审美观，提高解决问题的能力；
2. 培养创新意识，能够将信息技术创新应用于日常生活、学习和工作中。

工作任务

任务 2-3　制作差旅费审批单

单位的财务人员需要规范财务日常审批、报销管理的制度与流程，然后根据规范的流程制作报销单、审批单等单据。如何制作如图 2-54 所示的差旅费报销单呢？

任务 2-3　制作差旅费审批单

差旅费报销单

姓名			部门					填表日期		
出差起止日期自_____年____月____日起至_____年____月____日止，共____天，附单据____张										
日期		出发地	目的地	交通方式	交通费金额	住宿宾馆	住宿费金额	其他费用金额	备注栏	财务确认栏
月	日									
交通费合计					住宿费合计					
其他费用合计					出差补贴合计					
总计金额人民币（大写）___万___仟___佰___拾___元___角___分；总计金额（小写）￥______										
备注栏说明										
报销人签名					上级主管签名					
行政经理签名					财务主管签名					

★ 1、报销流程：填写《差旅费用报销单》→将《差旅费用报销单》与《工作日报》提交至上级领导签名→行政经理复核→财务部核实并报销。

2、请全部将相关发票粘贴在《差旅费用报销单》背面。无发票或发票与实际情况不符时，一律不予报销。

图 2-54　差旅费报销单效果

技术分析

要完成此任务，需要创建表格、编辑与美化并进行表格数据处理。

知识与技能

一、表格的创建

（一）Word 表格相关术语

Word 中表格的术语与 Excel 中的有关术语一致，如图 2-55 所示。

（1）单元格。表格中容纳数据的基本单元称为单元格。

（2）表格的行与列。表格中横向的所有单元格组成一行，行号以 1、2、3……命名；竖向的单元格组成一列，列号以 A、B、C……命名。

（3）单元格名字。行列交叉点处单元格的列号和行号组成了该单元格的名字，如 3 行 B 列交叉点单元格的名字是 B3。

（4）表格的标题栏和项目栏。位于表格上部，用来输入表格各栏名称的一行称为表格的标题栏，表格左侧的一列是表格的项目栏。

（二）创建表格

在 Word 中创建表格的方法有以下五种。

1. 即时预览创建表格

（1）在“插入”选项卡“表格”组中单击“表格”按钮。

（2）在下拉菜单中用滑动鼠标的方式指定表格的行数和列数。此时，用户可以在文档中实时预览到表格的大小变化。选定表格的行数和列数后，单击即可在文档中插入指定行列数的表格。

2. 使用“插入表格”命令创建表格

（1）单击“插入”→“表格”按钮，在下拉菜单中选择“插入表格”命令。

（2）打开“插入表格”对话框，在该对话框中可以设置表格的行数、列数、列宽等属性，如图 2-56 所示。

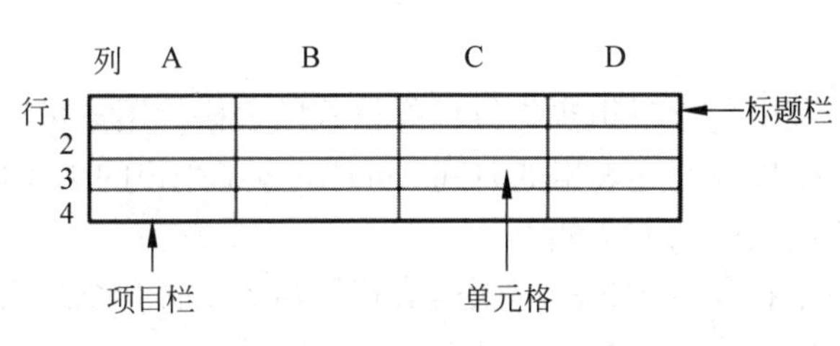

图 2-55　表格的结构

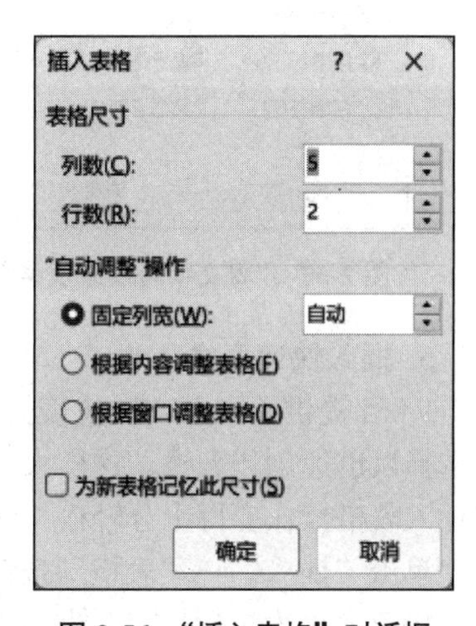

图 2-56　“插入表格”对话框

3. 手动绘制表格

如果要创建不规则的复杂表格，可以采用手动绘制表格的方法，操作步骤如下。

（1）单击“插入”→“表格”按钮，在下拉菜单中选择“绘制表格”命令。

（2）此时光标将变成铅笔状，进入绘制模式。将光标移至需要绘制表格的位置，按住鼠标左键拖曳会出现表格框虚线，放开鼠标左键后，出现实线表格外框。如果水平拖曳光标，则可以绘制出直线；如果垂直拖曳光标，则可以绘制出垂直线。

4. 文本与表格的互相转换

将文本转换为表格的操作步骤如下。

（1）选定要制作成表格的文本。

（2）单击“插入”→“表格”按钮，在下拉菜单中选择“文本转换成表格”命令。在弹出的“将文字转换成表格”对话框中输入表格列数，在“文字分隔位置”选项中选择相应的分隔标记，如图 2-57 所示。

（3）单击“确定”按钮，可将选中的文字自动转换成表格形式。

将 Word 中的表格转换为文本的操作步骤如下。

（1）将插入点移至表格某单元格内，或选中整个表格。

（2）在“布局”选项卡“数据”组中单击“转换为文本”按钮，弹出“表格转换成文本”对话框，选择使用的文字分隔符，单击“确定”按钮，可将表格转换成文本，如图 2-58 所示。

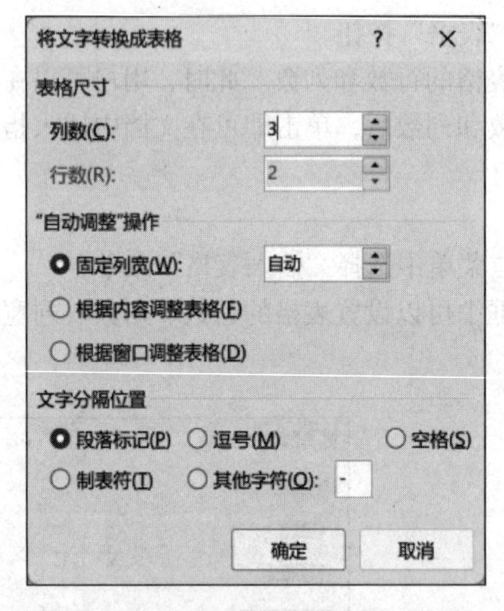

图 2-57 “将文字转换成表格”对话框

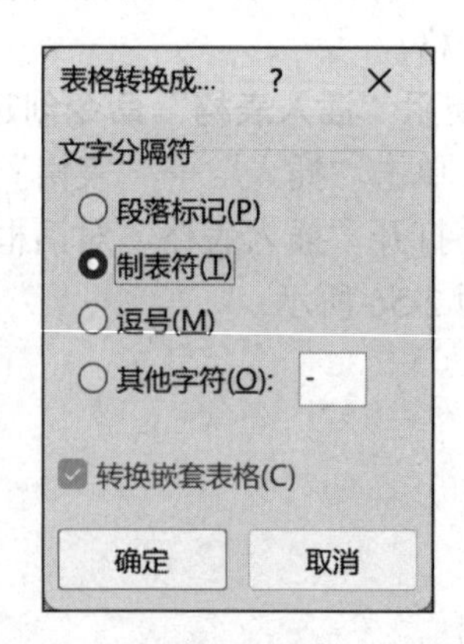

图 2-58 “表格转换成文本”对话框

5. 插入快速表格

Word 提供了一个“快速表格库”，其中包含一组预先设计好格式的表格，用户可以从中选择以迅速创建表格。这样大大节省了用户创建表格的时间，同时减少了用户的工作量，使插入表格操作变得十分轻松。使用快速表格的方法如下。

单击“插入”→“表格”按钮，在下拉菜单中选择“快速表格”命令，打开系统内置的“快速表格库”，其中以图示化的方式为用户提供了许多不同的表格样式，用户可以根据实际需要进行选择。

插入表格后，功能区会出现“表设计”和“布局”两个选项卡，通过选项卡的相应按钮可以对表格进行编辑美化。

（三）绘制斜线表头

在插入表格时，经常需要绘制斜线的表头。

1. 绘制单斜线表头

绘制单斜线表头的操作步骤如下。

（1）将插入点置于绘制斜线表头的单元格中。

（2）在“表设计”选项卡“边框”组中单击“边框”按钮⊞▾，在下拉菜单中选择“斜下框线”命令，即可在当前单元格中添加斜线。

（3）在表头单元格中输入文字，通过空格键和Enter键控制到适当的位置，如图2-59所示。

2. 绘制多斜线表头

绘制多斜线表头的操作步骤如下。

（1）在“插入”选项卡“插图”组中单击“形状”按钮，在下拉菜单中选择“直线”。

（2）根据需要绘制相应的斜线。设置绘制的斜线样式与表格匹配，如图2-60所示。

（3）在表头单元格中输入文字，通过空格键和Enter键控制到适当的位置。

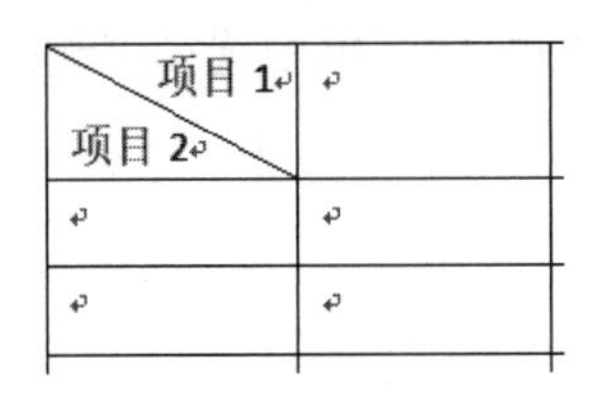

图2-59　单斜线表头

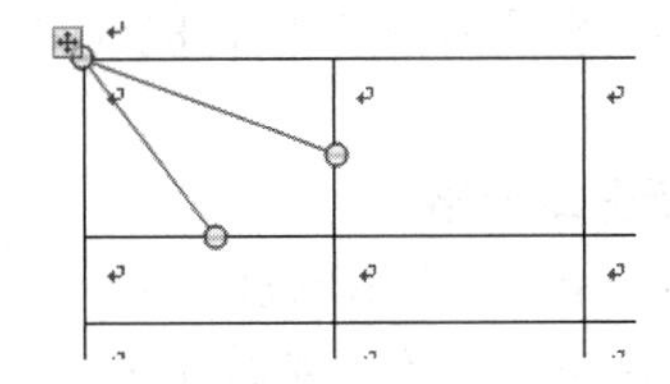

图2-60　多斜线表头

（四）表格元素的选取

（1）选择整个表格。将光标停留在表格上，直到表格的左上角出现表格移动控点⊞，单击此控点即可选中整个表格。

（2）选择一行。将光标移至该行的左边，光标变成一个斜向上的空心箭头↗，单击即可选中该行。按住鼠标左键拖曳则可选择多行。

（3）选择一列。将光标移至该列顶部的上边框上，光标变成一个竖直朝下的实心箭头⬇时，单击即可选中该列。按住鼠标左键拖曳则可选择多列。

（4）选择一个单元格。将光标移至该单元格的左下角，光标变成一个斜向上的实心箭头➚，单击即可选中该单元格。按住鼠标左键拖曳则可选择多个单元格。

（5）选择连续的单元格区域。在区域的左上角单击后，按住鼠标左键拖曳到区域的右下角松开。

（6）选择分散的多个单元格。先选中第1个单元格或单元格区域，按住Ctrl键再选中其余单元格或单元格区域。

（五）调整表格结构

1. 插入行、列或单元格

插入行、列或单元格的方法有以下三种。

（1）在“布局”选项卡“行和列”组中单击相应按钮，即可插入行或列。

（2）单击“布局”选项卡“行和列”组中右下角的箭头按钮，弹出“插入单元格”对话框，进行相应的选择，如图 2-61 所示。

（3）选中单元格后右击，在弹出的快捷菜单中选择“插入”命令，在下级菜单中选择相应的命令。

如果将插入点移至要插入行的表格后面（表格外光标处），按 Enter 键可以在当前行下方增加一行。如果将插入点置于表的最后一行最后一个单元格时，按 Tab 键将产生一行新行。

2. 删除行、列或单元格

删除行、列和单元格的方法如下。

在“布局”选项卡“行和列”组中单击“删除”按钮，在下拉菜单中选择相应的命令，即可删除行、列或单元格。如果选中“删除单元格”命令，将会弹出“删除单元格”对话框，如图 2-62 所示。

或者右击选中的单元格，在弹出的快捷菜单中选择“删除单元格”命令，同样会弹出“删除单元格”对话框。

选中要删除的行及此行外的回车符，右击，在弹出的快捷菜单中选择“删除行”命令即可删除整行。

3. 拆分单元格

拆分单元格的操作步骤如下。

（1）将插入点置于要拆分的单元格内。

（2）在“布局”选项卡“合并”组中单击“拆分单元格”按钮。或者右击，在弹出的快捷菜单中选择“拆分单元格”命令，弹出“拆分单元格”对话框，如图 2-63 所示。

（3）在“拆分单元格”对话框中设置要拆分成的行数和列数，单击“确定”按钮。

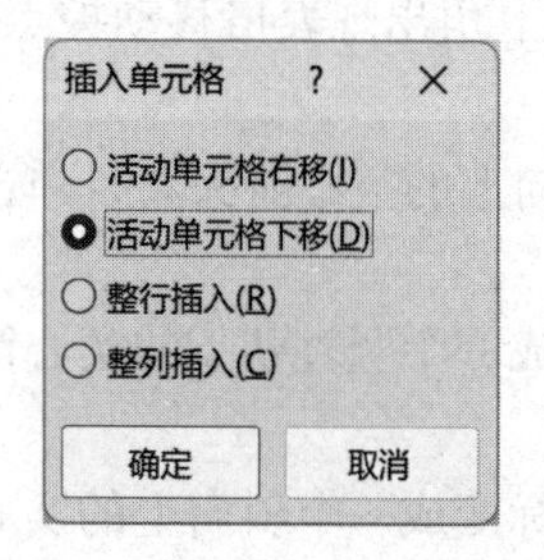

图 2-61 “插入单元格”对话框

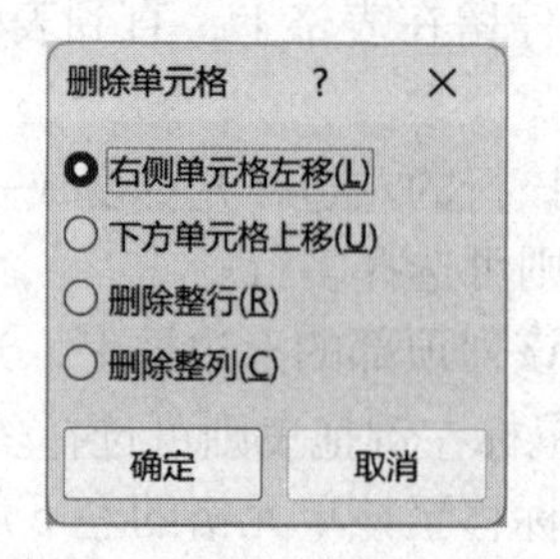

图 2-62 “删除单元格”对话框

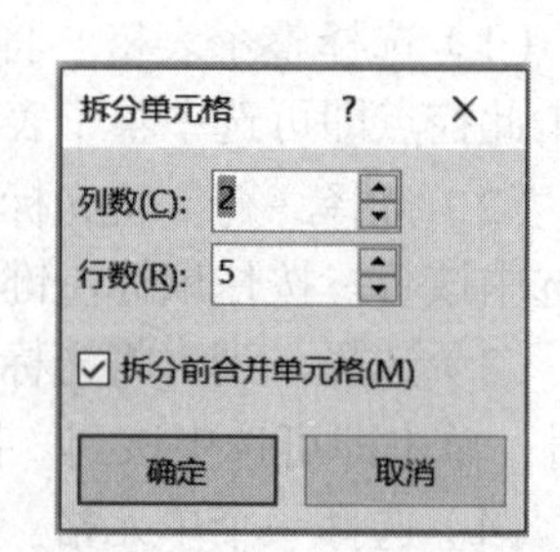

图 2-63 “拆分单元格”对话框

4. 合并单元格

合并单元格的操作步骤如下。

选中要合并的单元格，在“布局”选项卡“合并”组中单击“拆分单元格”按钮。或者右击，在弹出的快捷菜单中选择“合并单元格”命令，即可将选中的单元格合并。

二、表格外观的美化

（一）调整表格格式

1. 自动套用表格样式

在 Word 中除了采用手动的方式设置表格中的字体、颜色、底纹等表格格式以外，使用 Word 表格的“自动套用格式”功能可以快速将表格设置为较为专业的 Word 表格格式。在“表设计”选项卡的“表格样式”组中，选择内置的表格样式即可将表格自动套用该样式。

2. 设置表格行高与列宽

设置表格行高与列宽的方法有以下五种。

（1）直接拖曳表格表框线，改变行高和列宽。将光标置于要改变的行或列的边框线上，当光标外观变为双向箭头时，按住鼠标左键将行或列的边框线拖曳到目标位置即可。若要精确调节，可以在按住 Alt 键的同时拖曳鼠标。

（2）使用标尺拖曳改变行高和列宽。将光标置于表格中任意位置，在标尺中将出现表格的列调节标志和行调节标志，将光标置于要调节的行或列的调节标志上，当光标外观变为双向箭头时，拖曳到目标位置即可。若要精确调节，可以在按住 Alt 键的同时拖曳鼠标。

（3）使用表格属性菜单改变行高和列宽。选中要修改行高（列宽）的行（列）。然后在“布局”选项卡“表”组中单击“属性”按钮，弹出“表格属性”对话框。或者单击“单元格大小”组右下角的箭头按钮，也会弹出“表格属性”对话框，设置相应的行高或列宽即可，如图 2-64 所示。

（4）通过表格的自动调整改变行高和列宽。单击“布局”选项卡“单元格大小”组中“自动调整”按钮，在弹出的下拉菜单中选择“根据内容自动调整表格”“根据窗口自动调整表格”或“固定列宽”命令。

（5）设置等行高或等列宽的各行。在“布局”选项卡的“单元格大小”组中单击“平均分布各行”或“平均分布各列”按钮，则所选的各行或各列变为相等行高或列宽。

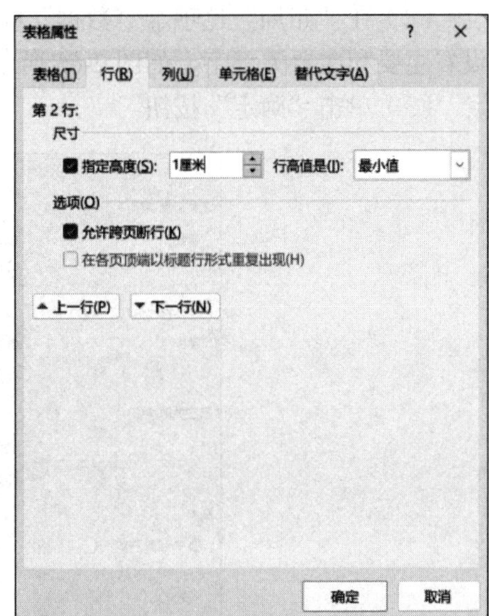

图 2-64　“表格属性”对话框

3. 设置单元格边框和底纹

设置单元格边框的操作步骤如下。

（1）选中需设置的单元格或表格。

（2）在“表设计”选项卡中的“边框”组中单击“边框”按钮，在下拉菜单中选择已定义好的边框，也可以在下拉菜单中选择“边框和底纹”命令，打开“边框和底纹”对话框。在该对话框的“边框”选项卡中可以设置边框样式，在“底纹”选项卡中可以设置底纹样式。

设计单元格底纹，单击“表设计”→“底纹”按钮，在下拉菜单中选择相应的颜色即可。

4. 设置标题行跨页重复

如果文档中表格较大，有可能会出现跨页，此时如果希望每一页都出现表格的标题，操作步骤如下。

（1）将插入点移至表格标题行中的任意位置。

（2）在“布局”选项卡“数据”组中单击“重复标题行”按钮，即可跨页重复出现标题行。

（二）调整单元格格式

设置单元格对齐方式的方法如下。

（1）在“布局”选项卡“对齐方式”组中,可以设置“靠上两端对齐”“靠上居中对齐”“靠上右对齐”等九种单元格对齐方式。

（2）在“布局”选项卡“对齐方式”组中单击“文字方向”按钮，可以将选中单元格的文字方向进行调整，如调整为竖向。

三、数据的处理

（一）排序

对表格中的数据进行排序的操作步骤如下。

（1）将插入点移至要排序的表格中。

（2）在“布局”选项卡“数据”组中单击“排序”按钮，在弹出的“排序”对话框中设置主要和次要关键字，如图 2-65 所示。

（3）单击“确定”按钮。

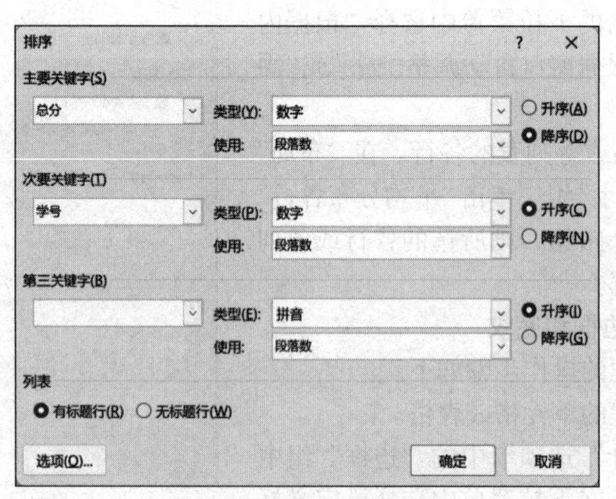

图 2-65 “排序”对话框

（二）计算

函数由函数名和参数组成，具体格式如下。

```
函数名(参数1, 参数2, ...)
```

其中，函数名说明了函数要执行的运算；参数是函数用以生成新值或完成运算的数值或单元格区域地址；返回的结果称为函数值。

对表格中数据进行计算的操作步骤如下。

（1）将插入点移至需计算的单元格中。

（2）在“布局”选项卡“数据”组中单击“公式”按钮，弹出“公式”对话框。

（3）在“公式”对话框的“公式”文本框中输入公式，如“=SUM（LEFT）”。函数名也可以在“粘贴函数”下拉列表中进行选择。在“编号格式”文本框中选择相应的格式，如图 2-66 所示。

（4）单击“确定”按钮。

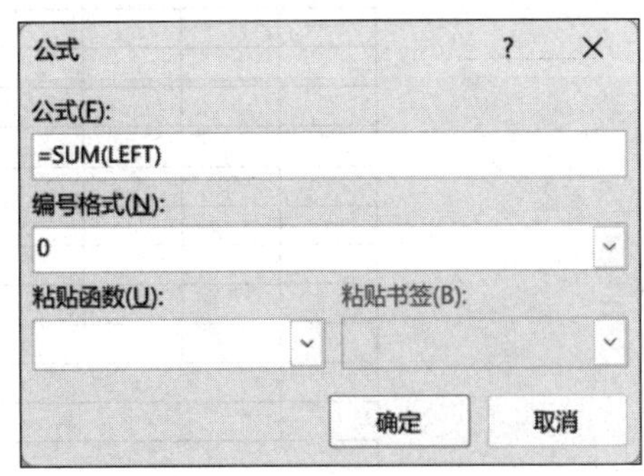

图 2-66　“公式”对话框

任务实现

完成任务 2-3“制作差旅费审批单”操作步骤如下。

1. 绘制表格

新建 Word 文档后，创建一个 20 行 10 列的表格。

2. 调整表格布局

（1）合并第一行第二列和第三列单元格，第一行第五列到第七列单元格，第一行第九列和第十列单元格。

（2）合并第二行、第十六行、第二十行所有单元格。

（3）将第三行第一列的单元格拆分成两行一列的单元格，再将拆分后下方单元格拆分为一行两列的单元格。

（4）合并第十四行第二列到第五列单元格，第七列到第十列单元格。第十五行、第十八行、第十九行操作相同。

（5）合并第十七行第二列到第十列单元格。

调整后的表格如图 2-67 所示。

F4 键可以重复最后一次操作。当需要多次重复相同的操作时，可以使用这个快捷键提高操作效率。这个快捷键在 Office 各套件中均可使用。例如，在合并一次单元格后，需要再次合并单元格时，首先选中要合并的单元格，然后按 F4 键即可重复刚才的操作。

3. 调整表格格式

（1）按照样例在表格的单元格中输入相应的文字。

（2）根据文字内容，调整表格的行高、列宽和单元格大小。

（3）添加边框线。在“边框和底纹”对话框的“边框”选项卡中左侧设置区域选择“自定义”选项，中间的样式选择“单实线”，宽度选择“2.25 磅”。在右侧“预览”中先单击上边框按钮，取消框线，再单击一次上框线按钮，上框线变为粗的单实线，同样将下、左、右框线均变为粗的单实线。再次选择宽度为“1.0 磅”，将中间框线变为细单实线，如图 2-68 所示。

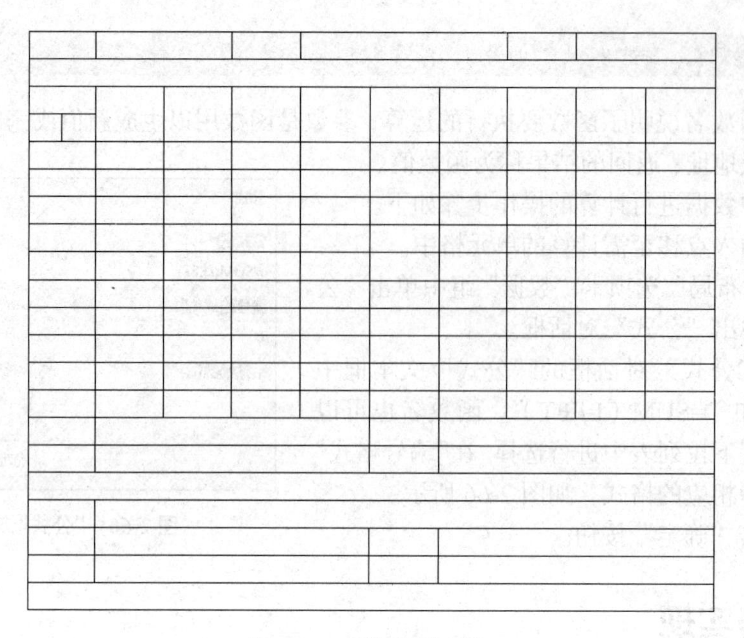

图 2-67　调整后的表格

（4）添加底纹。选中第 5、7、9、11、13 行，在“边框和底纹”对话框的“底纹”选项卡中设置单元格填充颜色为浅蓝色，如图 2-69 所示。

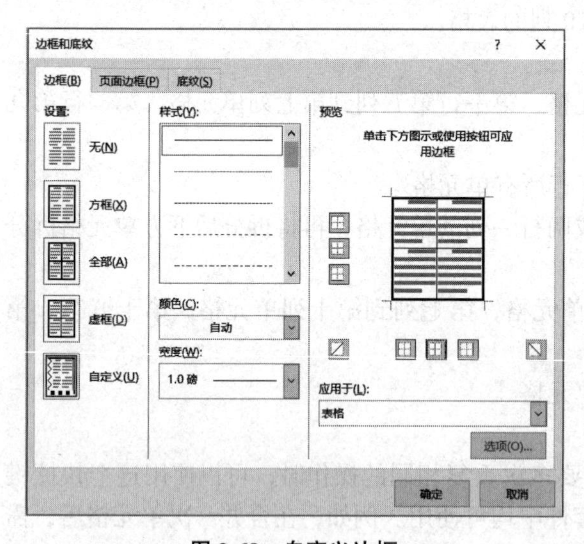

图 2-68　自定义边框

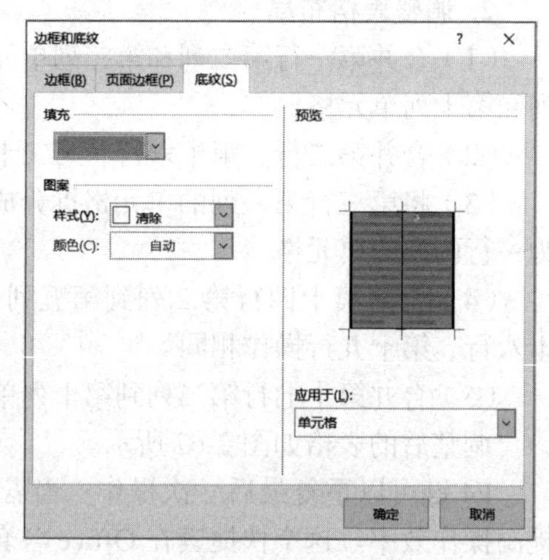

图 2-69　修改底纹

单元练习 2.3

一、填空题

1. 表格中容纳数据的基本单元称为__________。
2. 位于表格上部，用来输入表格各栏名称的一行称为表格的__________。
3. 在 Word 的表格操作中，求和的函数是__________。

二、单选题

1. 下面关于表格中单元格的叙述错误的是（　　）。
   A. 表格中行和列相交的格称为单元格
   B. 在单元格中既可以输入文本，也可以输入图形
   C. 可以以一个单元格为范围设定字符格式
   D. 表格的行才是独立的格式设定范围，单元格不是独立的格式设定范围
2. 当插入点在表的最后一行最后一单元格时，按 Tab 键，将（　　）。
   A. 在同一单元格里建立一个新行
   B. 产生一个新列
   C. 将插入点移到新的一行的第一个单元格
   D. 将插入点移到第一行的第一个单元格
3. 在 Word 的编辑状态下选择了整个表格，然后按 Delete 键，则（　　）。
   A. 整个表格被删除　　B. 表格中一列被删除
   C. 表格中的一行被删除　　D . 表格中的字符被删除
4. 在 Word 编辑状态下，若想将表格中连续三列的列宽调整为 1 厘米，应该先选中这三列，然后在（　　）对话框中设置。
   A.“行和列”　　B.“表格属性”　　C.“套用格式”　　D. 以上都不对
5. 使用 Word 制作表格时，使用插入表格命令后，生成的表格线（　　）。
   A. 不经设置就是虚线　　B. 设置成虚线后，才是虚线
   C. 设置之后，就是实线　　D. 不经设置，就是实线

三、判断题

1. 在对旧表进行自动套用格式时,只需要把插入点放在表格里,不需要选定表。(　　)
2. 在 Word 表格中，每条边的样式都可以是不同的。(　　)
3. 在 Word 中，表格和文本不可以相互转换。(　　)
4. 文本框中不能插入表格。(　　)
5. 可以给表格设置艺术型边框。(　　)

四、操作题

1. 制作本班课程表。
2. 利用 Word 表格也可以制作宣传海报，请尝试使用 Word 表格制作一份宣传海报。

五、思考题

1. 如果更改了 Word 表格中的数据，如何让相关单元格的数据自动重算并更新?
2. 如何在 Word 表格中直接批量输入序号?

单元 2.4　长文档编辑技术

学习目标

➢ **知识目标**

1. 了解脚注与尾注的作用；

2. 了解分隔符的类型及作用。

➢ **能力目标**

1. 熟悉分页符和分节符的插入操作；
2. 掌握样式和模板的创建和使用；
3. 掌握目录的制作方法；
4. 掌握多人协同编辑文档的方法和技巧。

➢ **素养目标**

1. 能够利用信息系统进行分享与合作；
2. 能使用文档处理软件工具对信息进行加工、处理。

工作任务

任务 2-4　毕业论文排版

任务 2-4　毕业论文排版

学院要求学生在毕业前撰写毕业论文。撰写毕业论文后小王要按学校对毕业论文格式的要求进行排版，毕业论文属于长文档，如何利用 Word 对长文档进行编辑？又有哪些技巧能够提高长文档编辑的速度呢？毕业论文排版效果如图 2-70 所示。

图 2-70　毕业论文排版效果

技术分析

要完成此任务涉及长文档编辑，一是长文档编辑技巧，二是文档排版完成后对文档的修订与共享。

知识与技能

一、长文档编辑

（一）样式

样式是系统或用户定义并保存的字符和段落格式，包括字体、字号、字形、行距、对齐方式等。样式可以帮助用户在编排重复格式时，无须重复进行格式化操作，而直接套用样式即可。此外，样式可以用来生成文档目录。

1. 新建样式

如果系统预定义的样式不能满足文档需求，可以新建样式。操作步骤如下。

（1）单击“开始”选项卡“样式”组右下角的箭头按钮，打开“样式”任务窗格，如图 2-71 所示。

（2）单击“样式”任务窗格左下角的“新建样式”按钮，打开“根据格式化创建新样式”对话框，在该对话框中对新建样式的格式进行设置，如图 2-72 所示。

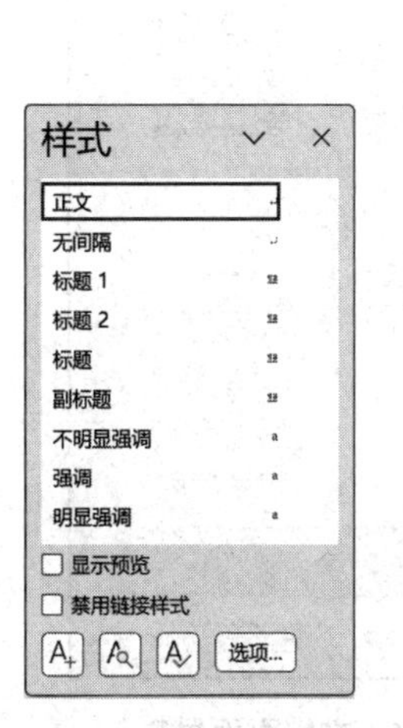

图 2-71　“样式”任务窗格

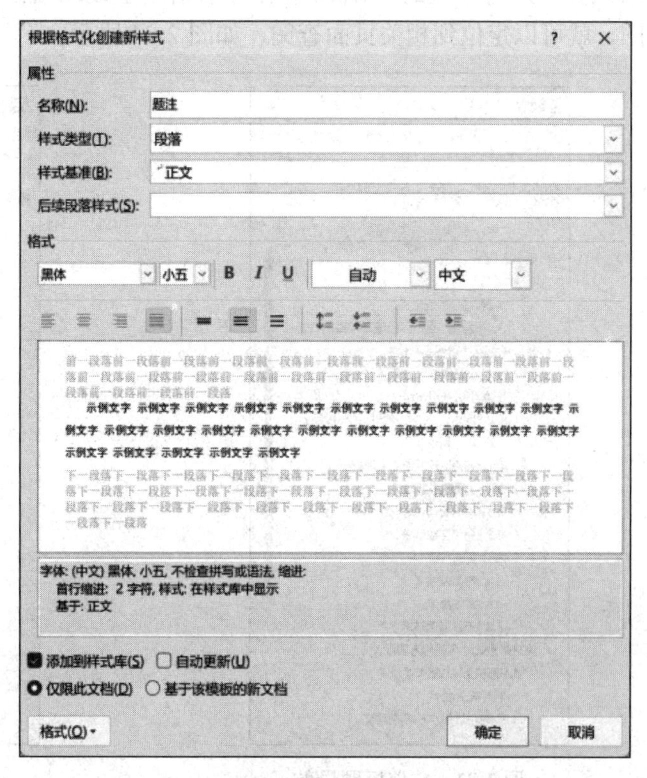

图 2-72　“根据格式化创建新样式”对话框

2. 修改样式

如果系统预定义的样式不能满足文档需求，也可以对当前已有的样式进行修改。操作步骤如下。

（1）在“开始”选项卡“样式”组中右击样式名称，如“标题 1”，或者在“样式”任务窗格中右击样式名称，在弹出的快捷菜单中选择“修改”命令。

（2）在打开的“修改样式”对话框中对样式进行修改。修改方法与新建样式一致。

3. 套用样式

设置好样式后，将插入点置于要使用样式的行中，单击“开始”选项卡“样式”列表中的样式名称，或单击“样式”任务窗格中的样式名称，即可将其样式套用到相应的段落中。

（二）文档导航

在“视图”选项卡“显示”组中选中“导航窗格”复选框后，在文档左侧会出现“导航”任务窗格。

（1）文档标题导航。Word 会对文档进行智能分析，并将文档标题在导航窗格中列出，只要单击标题，就会自动定位到相关段落，如图 2-73 所示。但是在使用文档标题导航前必须事先设置标题。如果没有设置标题，就无法用文档标题进行导航。

（2）文档页面导航。用 Word 编辑文档会自动分页，文档页面导航是根据 Word 文档的默认分页进行导航的，Word 会在导航窗格上以缩略图形式列出文档分页。单击分页缩略图，就可以定位到相关页面查阅，如图 2-74 所示。

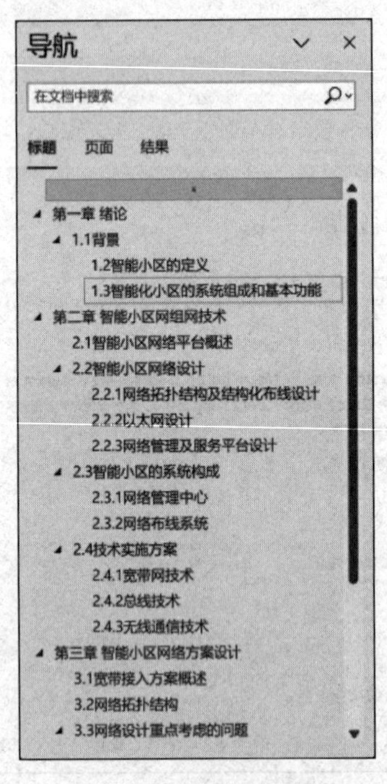

图 2-73　文档标题导航

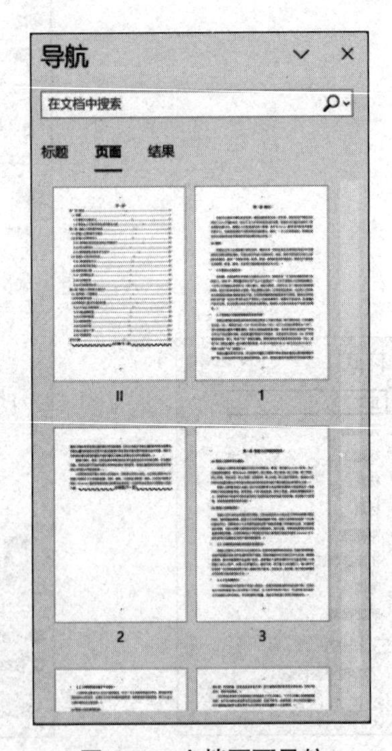

图 2-74　文档页面导航

（3）关键字（词）导航。在“导航”任务窗格的搜索框中输入关键字（词），在“标题”中会将包含此关键字（词）的节以黄色标识，在“结果”中会列出包含关键字（词）的导航链接，单击这些导航链接，就可以快速定位到文档的相关位置。

（4）特定对象导航。一篇完整的文档往往包含图形、表格、公式、批注等对象，Word 导航功能可以快速查找文档中的这些特定对象。单击搜索框右侧放大镜后面的下三角按钮，在下拉菜单中选择查找栏中的相关选项，就可以快速查找文档中的图形、表格、公式和批注等对象，如图 2-75 所示。

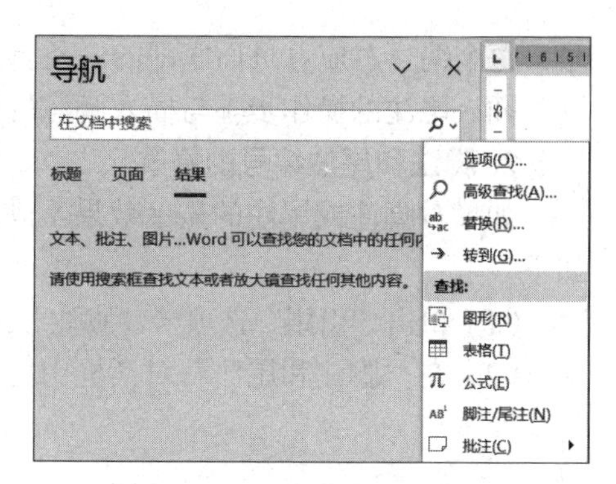

图 2-75　搜索下拉菜单选项

（三）分隔符

文档中的分隔符有分页符和分节符两大类。

1. 分页符

分页符包括以下三类。

（1）分页符：标记一页终止并开始下一页的点。

（2）分栏符：指示分栏符后面的文字将从下一栏开始。

（3）自动换行符：分隔网页上的对象周围的文字，如分隔题注文字与正文。

2. 分节符

Word 文档的最小单位为“字”，许多“字”组成“行”，许多“行”组成“段”，许多“段”组成“页”，在许多“页”的基础上，整个 Word 文档可分隔成一个节或多个节，便于一页之内或多页之间采用不同的版面布局。节是 Word 文档设计中页面设置的基本单位。

分节符主要包括以下几种。

（1）下一页。插入分节符，并在下一页上开始新节。当不同的页面采用不同的页码样式、页眉和页脚或页面的纸张方向等时使用。

（2）连续。插入分节符，并在同一页上开始新的一节。

（3）偶数页。插入分节符，并在下一个偶数页上开始新的一节。

（4）奇数页。插入分节符，并在下一个奇数页上开始新的一节。

在“布局”选项卡“页面设置”组中单击“分隔符”按钮，在下拉菜单中可以选择相应分隔符类型。

系统默认情况下会将分隔符标记隐藏，此时插入分隔符后，不会出现分隔符标记。可以在“开始”选项卡“段落”组中单击“显示 / 隐藏编辑标记”按钮，即可显示分隔符。

（四）脚注和尾注

在文档中，有时需要给文档内容加上一些注释、说明或补充，这些内容如果出现在当前页面的底部，称为“脚注”；如果出现在文档末尾，则称为“尾注”。

1. 插入脚注和尾注

插入脚注的操作步骤如下。

（1）将插入点置于要添加注释的文字后。

（2）在“引用”选项卡“脚注”组中单击“插入脚注”按钮，在当前页面底部出现一条横线，横线下面有脚注编号，在编号后输入注释内容即可，如图 2-76 所示。

如果在同一页中添加多个脚注，每次出现的脚注编号会自动排序，默认情况下脚注编号为阿拉伯数字 1，2，3，…添加脚注后，在设置脚注的正文处，会出现一个类似上标的编号，每个编号对应着页面底部的一条脚注内容。

插入尾注的操作步骤与插入脚注的操作步骤类似，此处不再赘述。

2. 脚注和尾注编号的修改

如果对脚注或尾注的显示效果不满意，可以调整脚注或尾注的编号格式。其操作步骤如下。

（1）单击“引用”选项卡“脚注”组右下角的箭头按钮，打开“脚注和尾注”对话框。

（2）在“脚注和尾注”对话框中可以修改编号格式、起始编号等属性，如图 2-77 所示。

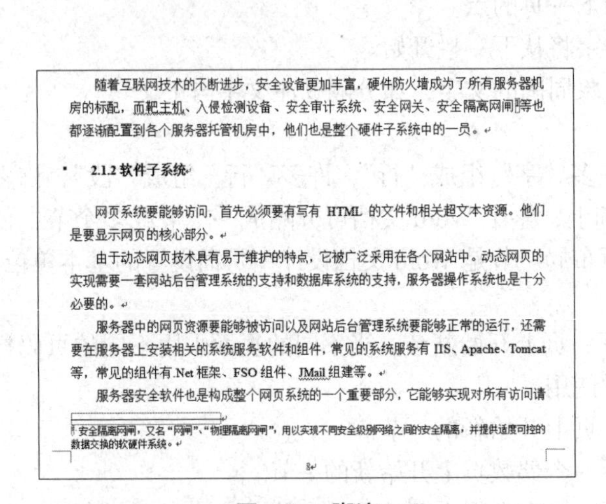

随着互联网技术的不断进步，安全设备更加丰富，硬件防火墙成为了所有服务器机房的标配，而靶主机、入侵检测设备、安全审计系统、安全网关、安全隔离网闸[1]等也都逐渐配置到各个服务器托管机房中，他们也是整个硬件子系统中的一员。

2.1.2 软件子系统

网页系统要能够访问，首先必须要有写有 HTML 的文件和相关超文本资源。他们是要显示网页的核心部分。

由于动态网页技术具有易于维护的特点，它被广泛采用在各个网站中。动态网页的实现需要一套网站后台管理系统的支持和数据库系统的支持，服务器操作系统也是十分必要的。

服务器中的网页资源要能够被访问以及网站后台管理系统要能够正常的运行，还需要在服务器上安装相关的系统服务软件和组件，常见的系统服务有 IIS、Apache、Tomcat 等，常见的组件有.Net 框架、FSO 组件、JMail 组建等。

服务器安全软件也是构成整个网页系统的一个重要部分，它能够实现对所有访问请

[1] 安全隔离网闸，又名“网闸”、“物理隔离网闸”，用以实现不同安全级别网络之间的安全隔离，并提供适度可控的数据交换的软硬件系统。

8

图 2-76　脚注

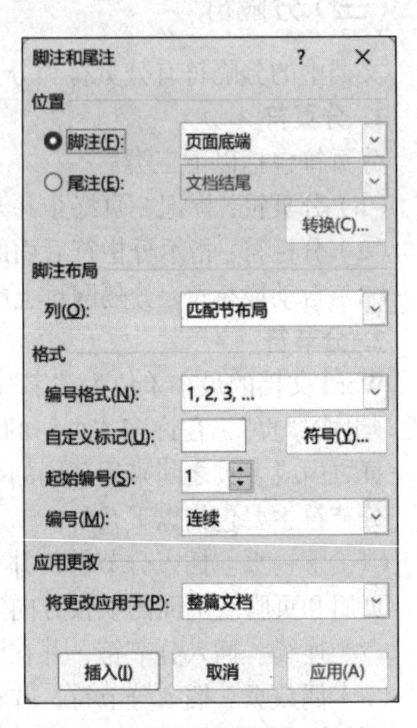

图 2-77　“脚注和尾注”对话框

3. 删除脚注和尾注

要删除脚注（尾注），只需要删除文中的脚注（尾注）序号即可，这样下方的脚注（尾注）序号和脚注（尾注）内容就会自动删除。

（五）目录

目录是文档中各级标题的列表，旨在方便阅读者快速地检阅或定位到感兴趣的内容，同时比较容易了解文章的纲目结构。创建目录前，应对文档中各级标题实现样式的应用。

1. 创建目录

对长文档格式排版好后，Word 可以自动生成目录。自动生成目录后，按住 Ctrl 键同时单击目录中章节标题，可自动连接到此节内容，帮助文档阅读者快速查找内容。创建目录的操作步骤如下。

（1）在“引用”选项卡“目录”组中单击“目录”按钮，在弹出的下拉菜单中可以选择内置的目录样式。或者选择“自定义目录”命令，打开“目录”对话框。

（2）在“目录”对话框中选择“目录”选项卡，单击“选项”按钮，打开“目录选项”

对话框，可以对目录的有效标题样式进行设置，单击“确定”按钮，返回到“目录”对话框。如果在“目录”对话框中单击“修改”按钮，可以打开“样式”对话框，对每级目录格式进行设置，如图 2-78 所示。

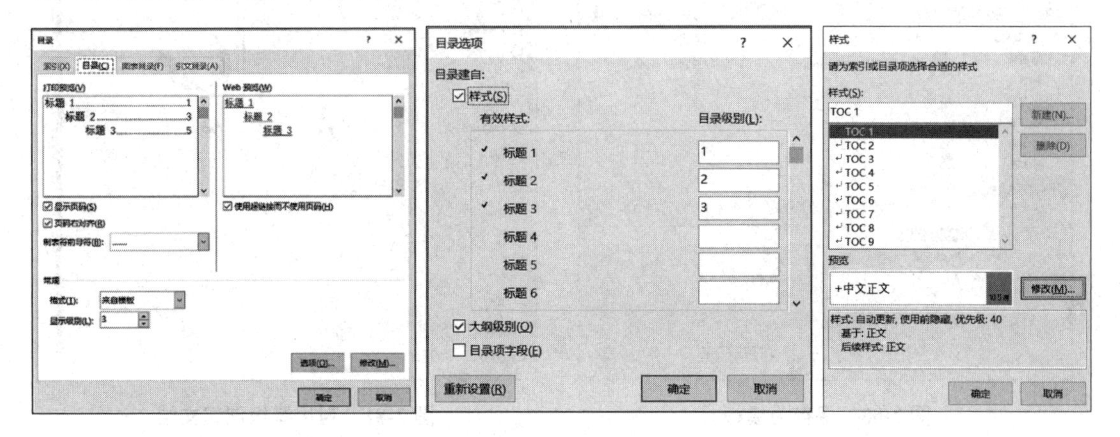

图 2-78　插入目录

2. 更新目录

如果在创建好目录后，又添加、删除或更改文档中的标题或其他目录项，需要更新目录，操作步骤如下。

（1）在“引用”选项卡“目录”组中单击“更新目录”按钮，或者在目录处右击，在弹出的快捷菜单中选择“更新域”命令，打开“更新目录”对话框，如图 2-79 所示。

（2）在“更新目录”对话框中选中“只更新页码”或“更新整个目录”单选按钮，单击“确定”按钮即可按照要求更新目录。

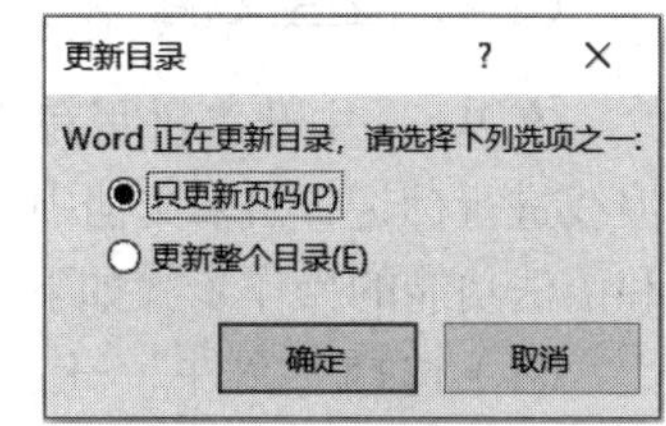

图 2-79　更新目录

二、模板

Word 模板是指 Microsoft Word 中内置的包含固定格式设置和版式设置的模板文件，用于帮助用户快速生成特定类型的 Word 文档。在 Word 中有通用型的空白文档模板、书法模板等内置模板，Office 网站还提供了证书、奖状、名片、简历等特定功能模板，也可以自定义模板。

1. 自定义模板

将文档编辑后保存时，在“另存为”对话框中选择文件类型为“Word 模板 (*.dotx)”，即可将文档保存为模板，后缀名为 .dotx，如图 2-80 所示。

2. 使用模板

使用模板创建文档的操作步骤如下。

（1）选择“文件”→“新建”命令。

（2）在页面中单击要使用的模板，如果使用的是用户创建的模板，选择“个人”，单击创建的模板，即可根据模板创建文档，如图 2-81 所示。

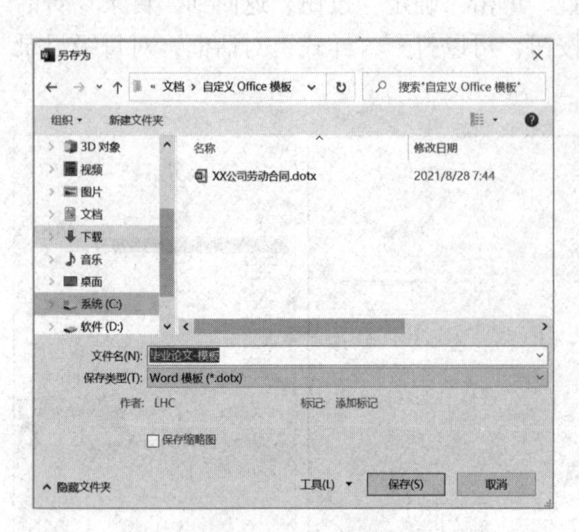

图 2-80　保存为模板

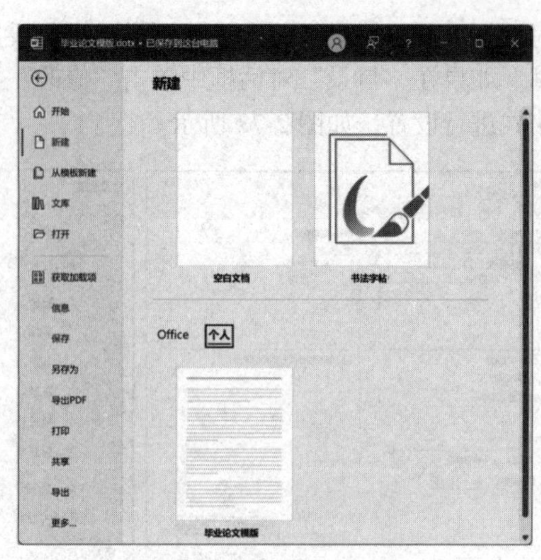

图 2-81　利用模板创建文档

三、修订文档

（一）检查文档

在 Word 中开启拼写和语法功能后，如果文档中出现拼写错误，则系统自动用红色波浪线进行标记；如果文档中出现语法错误，则系统自动用绿色波浪线进行标记。开启拼写和语法功能的操作步骤如下。

（1）选择"文件"→"选项"命令，弹出"Word 选项"对话框。

（2）在"Word 选项"对话框的左侧列表中选择"校对"，在右侧选中"键入时检查拼写"和"键入时标记语法错误"复选框，如图 2-82 所示。

（3）单击"确定"按钮。

图 2-82　开启在文档中检查拼写和语法功能

（二）修订文档

当用户在修订文档状态下修改文档时，Word 应用程序将跟踪文档中所有内容的变化状况，同时会把用户在当前文档中修改、删除、插入的每一项内容标记下来。

打开所要修订的文档，在"审阅"选项卡"修订"组中单击"修订"按钮，则可进入修订状态。用户在修订状态下直接插入的文档内容会通过颜色和下画线标记出来，删除的内容可以在右侧的页边空白处显示出来。

Word 能记录不同用户的修订记录，用不同的颜色表示出来。这个功能为以电子方式审阅书稿、总结归纳不同用户的意见提供了很大的方便。

（三）审阅修订

对修订意见可以接受也可以拒绝，方法如下：将插入点移到当前修订的位置并右击，在弹出的快捷菜单中根据需要选择“拒绝修订”或者“接受修订”；或单击“审阅”→“更改”→“接受”或“拒绝”按钮，在弹出的下拉菜单中选择“接受并移至下一条”或“拒绝并移至下一条”命令。

（四）批注

将文档初步排版完成后，可根据需要将文档发送给有关人员审阅。如果遇到一些不能确定是否要更改的地方，可以通过插入批注的方法暂时做记号。

“批注”与“修订”的不同之处在于，“批注”并不在原文上进行修改，而是在文档页面的空白处添加相关的注释信息，并用有颜色的方框括起来。

在 Word 文档中添加批注的操作步骤如下。

选中需要进行批注的文字，在“审阅”选项卡的“批注”组中单击“新建批注”按钮，此时被选中的文字就会添加一个用于输入批注的编辑框，并且该编辑框和所选文字显示为粉红色。在编辑框中可以输入要批注的内容，如图 2-83 所示。

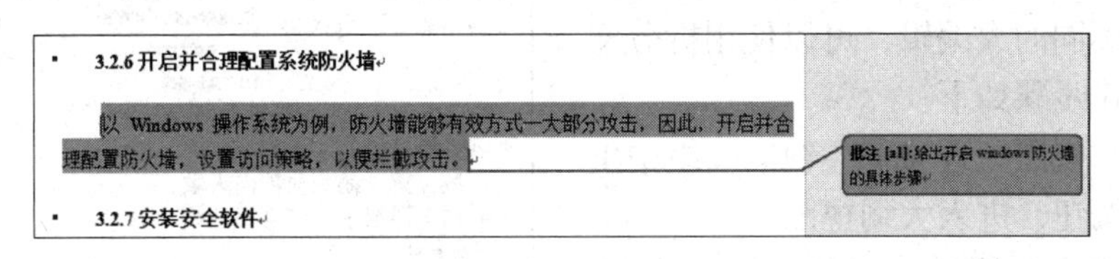

图 2-83　新建批注

如果要删除某处批注，右击此批注框，在弹出的快捷菜单中选择“删除批注”命令，即可将其删除。或者单击“审阅”→“批注”→“删除”按钮，在下拉菜单中选择删除当前批注还是文档中所有批注。

（五）比较与合并文档

如果审阅者没有在修订状态下修改文档，可以使用 Word 提供的比较文档功能，精确对比两个文档的差异，并将两个版本合并为一个。

（1）比较文档的操作步骤如下。

① 在“审阅”选项卡“比较”组中单击“比较”按钮，在下拉菜单中选择“比较”命令，打开“比较”对话框。

② 在“比较”对话框的“原文档”区域中，通过浏览找到原始文档。在“修订的文档”区域中，通过浏览找到修订完成的文档。单击“更多”按钮，展开全部功能，可以看到修订默认显示在一个新文档中，如图 2-84

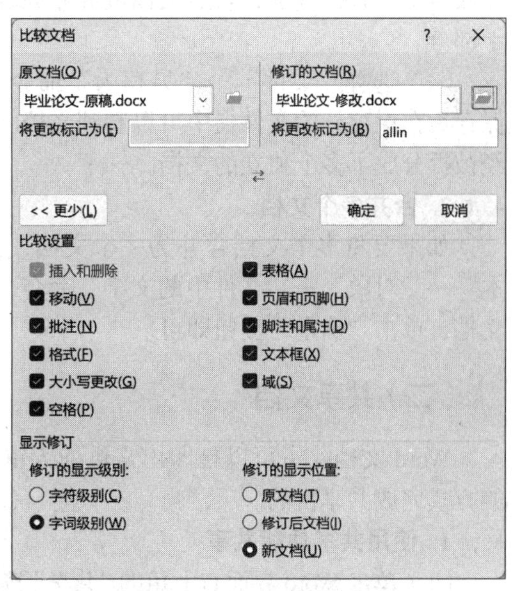

图 2-84　“比较文档”对话框

所示。

③ 单击“确定”按钮，将会新建一个比较结果的文档，其中突出显示两个文档之间的不同之处以供查阅。在“审阅”选项卡上的“修订”组中单击“审阅窗格”按钮，会显示审阅窗格，自动统计原文档与修订文档之间的具体差异情况。

（2）合并文档可以将多位作者的修订内容合并到一个文档中。其操作步骤如下。

① 选择“审阅”→“比较”→“合并”命令，打开“合并文档”对话框。

② 在“合并文档”对话框中进行相应设置后，单击“确定”按钮，将会新建一个合并结果文档。

③ 在合并结果文档中审阅修订，决定接受还是拒绝有关修订内容。

四、多人协同编辑文档

（一）拆分与合并多个文档

1. 拆分为多个文档

在 Word 中，要想将一个文档拆分为多个文档并给不同的人编辑，可以使用拆分文档功能，操作步骤如下。

（1）在“视图”选项卡“视图”组中单击“大纲”按钮，进入大纲视图。

（2）将需要进行拆分部分的标题选中，设置大纲级别为“1 级”，如图 2-85 所示。

（3）选中整篇文档后单击“大纲显示”→“显示文档”→“创建”按钮，文字会被若干个方框包围，表示文档被拆分成若干部分。

（4）选择“文件”→“另存为”命令，保存后在保存到的文件夹中可以看到文档已经被拆分成了多个独立的文档。

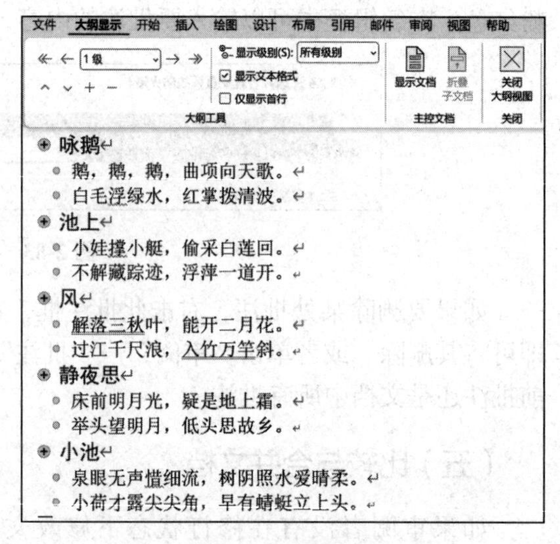

图 2-85　大纲视图

2. 合并多个文档

如果要将多个文档合并为一个文档，只需打开其中一个文档，选择“插入”→“文本”→“对象”→“文件中的文字”命令，在打开的“插入文件”对话框中选择要合并的文档，单击“确定”按钮即可。

（二）共享文档

Word 文档除了可以打印出来供他人审阅外，也可以根据不同的需求通过多种电子化的方式完成共享目的。

1. 使用共享功能共享

（1）单击 Word 界面右上角的“共享”按钮，或者选择“文件”选项卡中的“共享”命令。

（2）在弹出的“发送链接”对话框（见图 2-86）中，从列表中选择要共享的人员，或者输入姓名或电子邮件地址。添加消息（可选），然后单击“发送”按钮。

如果文件尚未保存到 OneDrive，系统会提示将文件上传到 OneDrive 以进行共享。

（3）共享文档后，可以与其他人同时处理该文件。为获得最佳体验，可在 Word 网页版中协同工作，查看实时更改。在“共享”下，可看到正在编辑该文件的其他人员的姓名。彩色标志会向你精确显示每个人在文档中进行处理的位置。

图 2-86　“发送链接”对话框

2. 通过云端共享文档

共享文档是一种允许多个人同时编辑和查看的文件，而不必通过传统的文件传输方式来进行共享。共享文档通常存储在云端，可以随时随地访问。金山文档、腾讯文档、石墨文档、有道云笔记等软件都可以进行多人协同编辑文档。使用腾讯文档进行多人协作编辑的操作步骤如下。

（1）登录腾讯文档首页，然后进入个人腾讯文档页面，如图 2-87 所示。

（2）可以新建或导入本地文件，打开文件后，单击“分享”按钮，选择分享的权限与分享的方法，即可将文档发送给其他人进行协同编辑，如图 2-88 所示。

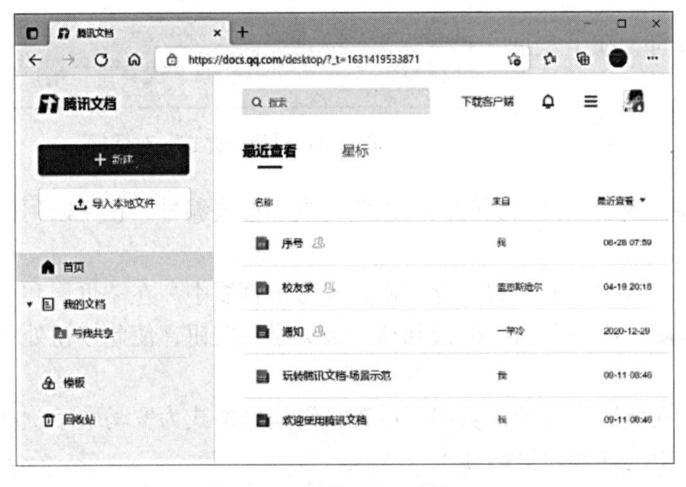

图 2-87　个人腾讯文档页面

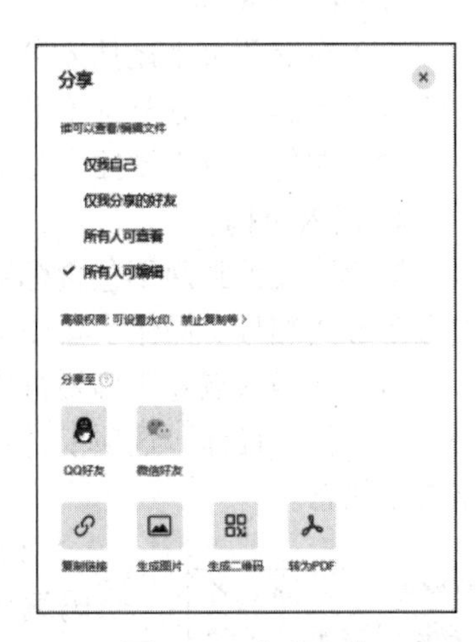

图 2-88　分享文档

任务实现

完成任务 2-4“毕业论文排版”操作步骤如下。

1. 页面设置

打开素材文档,在页面布局中设置上边距和左边距为 2.5 厘米,下边距和右边距为 2 厘米。

2. 设置样式

（1）设置“正文”样式为小四号宋体，1.5 倍行距，首行缩进 2 个字符，段前段后距离 0 行。

（2）设置“标题 1”样式为三号黑体，居中，单倍行距，段前段后距离 0.5 行。

（3）设置“标题 2”样式为四号黑体，靠左，单倍行距，段前段后距离 0.5 行。

（4）设置“标题 3”样式为小四号黑体，首行缩进 2 个字符，单倍行距，段前段后距离 0.5 行。

设置完样式后，对素材内容应用相应样式。

默认情况下，在“开始”选项卡“样式”组或“样式”任务窗格中不显示“标题 2”和“标题 3”的样式，此时可以单击“样式”任务窗格中的“管理样式”按钮，在弹出的“管理样式”对话框的“推荐”选项卡中，选中“10　标题 2（使用前隐藏）”，单击“显示”按钮，选中“10　标题 3（使用前隐藏）”，单击“显示”按钮，再单击“确定”按钮，即可在“样式”组和“样式”任务窗格中显示“标题 2”和“标题 3”样式，如图 2-89 所示。

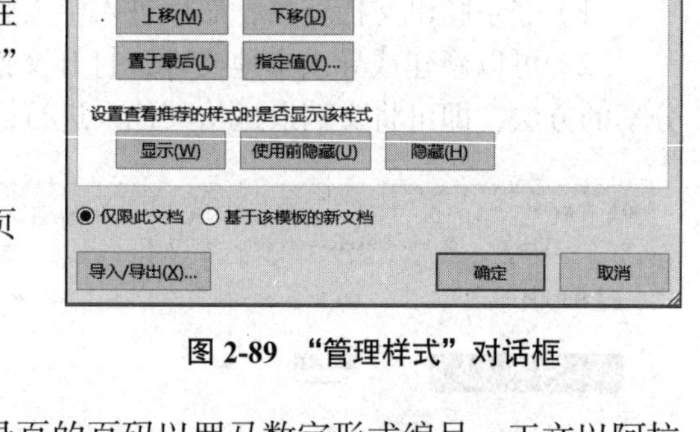

图 2-89　“管理样式”对话框

3. 插入分隔符

（1）在摘要页末尾插入分页符，在下一页中输入目录后插入分节符（下一页）。

（2）在每一章末尾插入分页符。

4. 插入页码

毕业论文的封面不包含标题，摘要和目录页的页码以罗马数字形式编号，正文以阿拉伯数字形式编号。操作步骤如下。

（1）将插入点置于摘要页中，双击页眉位置，此时插入点移至页眉中。在“页眉和页脚工具”的“设计”选项卡“导航”组中单击“链接到前一条页眉”按钮，使此按钮处于未选中状态。

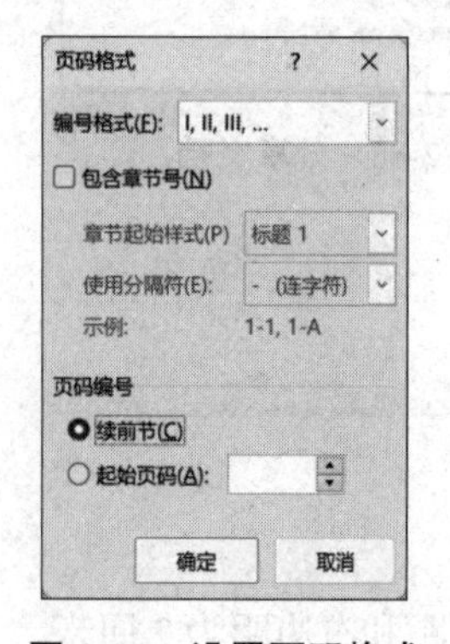

图 2-90　设置页码格式

（2）在页脚中部插入页码，设置页码编号格式为罗马数字，在页码编号中选择起始页码为 1。

（3）将插入点置于目录页的页脚的页码处，设置页码编号格式为罗马数字，页码编号选择“续前节”，这样目录页的页码随着前一节编号，如图 2-90 所示。

（4）正文的页码格式设置类似，此处不再赘述。

5. 自动生成目录

自动生成目录到三级标题。

6. 制作论文封面

在摘要页前插入一个空白页，按学校要求制作论文封面。

7. 转换成 PDF 文档格式

将排好版的 Word 论文转换为 PDF 格式。

8. 打印毕业论文

知识和能力拓展

题注和交叉引用

在 Word 中，针对图片、表格、公式一类的对象，为它们建立的带有编号的说明段落，即称为“题注”。添加了题注之后，可为图片、表格和公式自动进行编号，如果删除或添加带题注的图片、表格和公式，所有图片、表格和公式的编号会自动改变，以保持编号的连续性。

1. 插入题注

例如，插入“图 1”样式题注的操作步骤如下。

（1）在“引用”选项卡“题注”组中单击“插入题注”按钮，打开“题注”对话框。

（2）在“题注”对话框中的“标签”下拉列表中选择标签。如果没有需要的，可以单击“新建标签”按钮，在弹出的“新建标签”对话框中输入标签名。单击“题注”对话框中“编号”按钮，弹出“题注编号”对话框，选中“包含章节号”复选框，如图 2-91 所示。

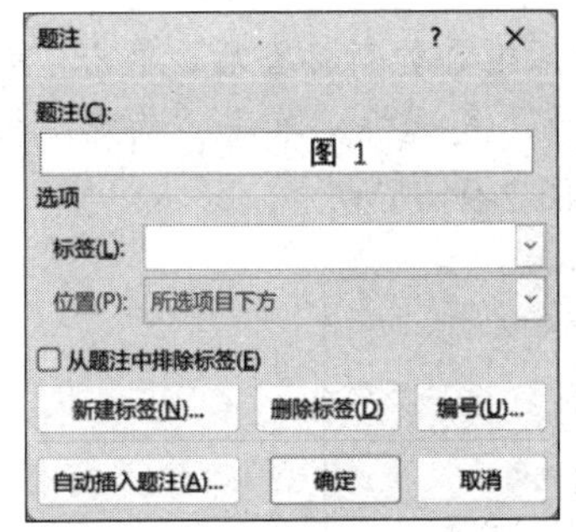

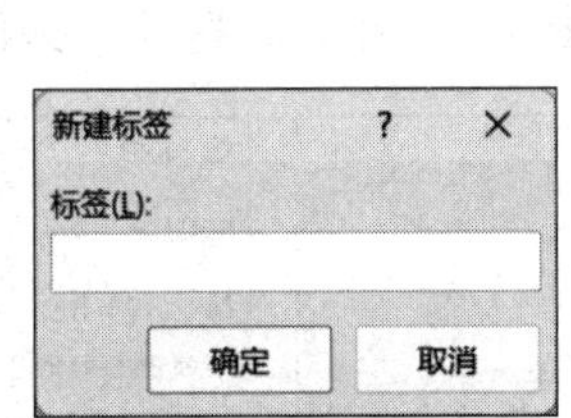

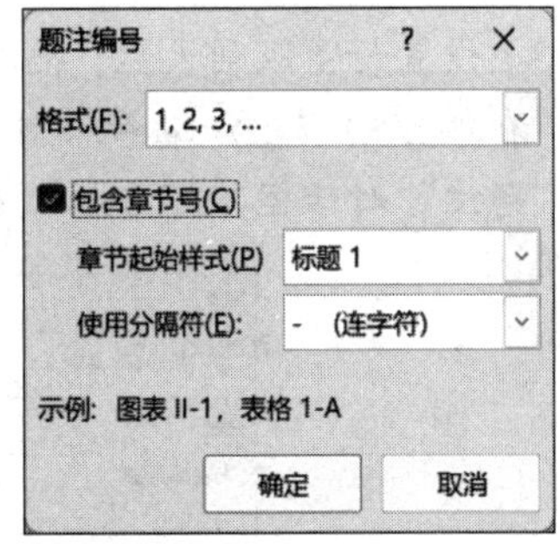

图 2-91　插入题注

2. 交叉引用

添加题注后，还要在正文中设置引用说明，引用说明文字和图片、表格等是相互对应的，这一引用关系称为“交叉引用”。在插入题注后，就可以利用编号做交叉引用了。操作步骤如下。

（1）将插入点置于要插入图表题注或编号的位置。

（2）在“引用”功能选项卡“题注”组中单击“交叉引用”按钮，弹出“交叉引用”对话框。在该对话框中选择引用类型、引用内容和引用哪一个题注，单击“确定”按钮，如图 2-92 所示。

3. 多级列表

如果要为图、表或公式设置带有章节的编号，如“图 1-1”的编号，需要在插入题注前为文档标题设置多级列表。步骤如下。

（1）在“开始”选项卡“段落”组中单击“多级列表”按钮，在下拉菜单中选择“定义新的多级列表”命令，弹出“定义新多级列表”对话框。

（2）在“定义新多级列表”对话框中单击“更多”按钮，可以设置级别对应的样式，如让级别 1 链接到标题 1，编号格式为“第 1 章”，如图 2-93 所示。

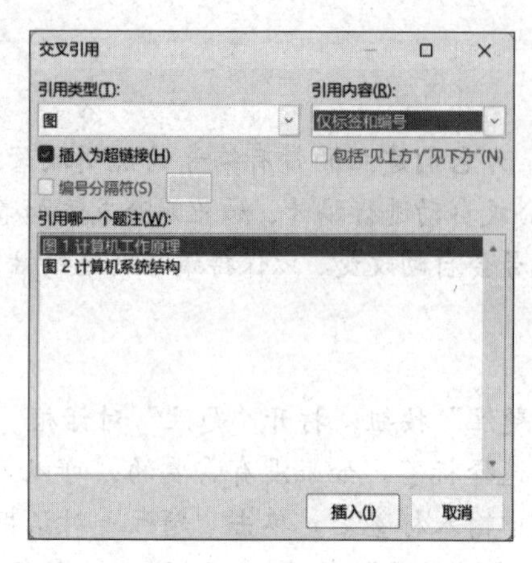

图 2-92 “交叉引用”对话框

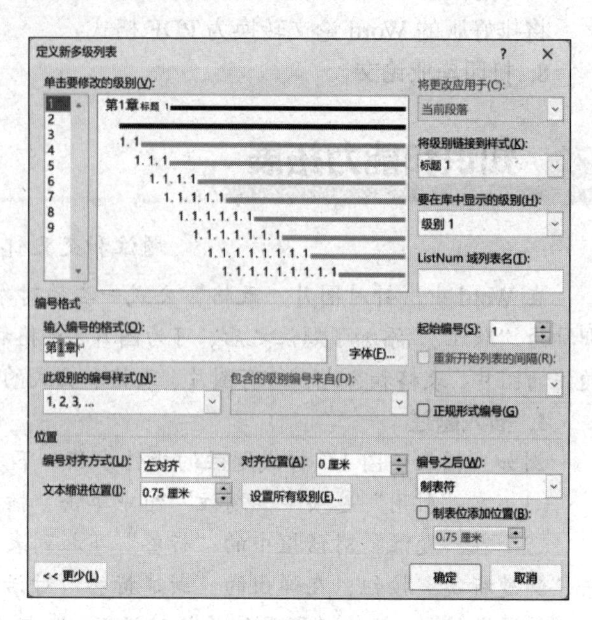

图 2-93 “定义新多级列表”对话框

（3）设置好多级列表后，插入题注时，在“题注”对话框添加新标签后，单击“编号”按钮，在弹出的“题注编号”对话框中选中“包含章节号”复选框，单击“确定”按钮，返回“题注”对话框，可添加“图 1-1”样式的题注，如图 2-94 所示。

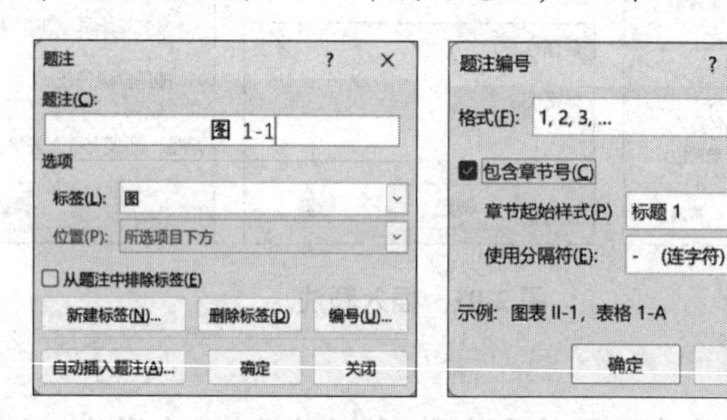

图 2-94 添加带有章节编号的题注

单元练习 2.4

一、填空题

1. __________是系统或用户定义并保存的字符和段落格式。

2. __________是指 Microsoft Word 中内置的包含固定格式设置和版式设置的模板文件，用于帮助用户快速生成特定类型的 Word 文档。

3. 在文档中，有时需要给文档内容加上一些注释、说明或补充，这些内容如果出现在当前页面的底部，称为__________。

二、单选题

1. 关于分节，下面描述不正确的是（　　）。

A. 插入分节符后文档内容不能从下页开始

B. 每一节可根据需要设置不同的页面格式

C. 默认方式下 Word 将整个文档视为一节

D. 可以根据需要插入不同的分节符，如不同部分下一页、连续、偶数页、奇数页开始

2. 一篇文档中有三部分内容，包括纸张大小、页眉、页脚等在内的排版格式统一，要求打印出来时是每部分之间要分页，则最好是插入（　　）进行分隔。

A. 2 个分节符　　B. 2 个分页符　　C. 1 个分页符　　D. 1 个分节符

3. 创建文档目录时，下面描述正确的是（　　）。

A. 选用自动目录时对文档中的格式设置无要求

B. Word 不能自定义目录

C. 一般情况下插入目录后会自动分节

D. 选用自动目录时要求文档应用了内置标题样式

4. 关于样式，下面描述正确的是（　　）。

A. 样式基准是指当前创建的样式以哪个样式为基础来创建

B. 后续段落样式是指下一个段落不再自动套用该样式

C. 样式只针对段落和字符

D. 新建的样式只能在当前文档中使用

5. 关于脚注和尾注，下面描述正确的是（　　）。

A. 脚注和尾注的字体大小和正文一样

B. 脚注只能在指定文字的下方

C. 脚注和尾注可对指定内容输入说明性或补充性的信息

D. 尾注只能在文档的结尾处

三、判断题

1. 如果要在文档中指定地方插入目录，应单击“开始”功能选项卡的“目录”组中的“目录”按钮。（　　）

2. 页码是一个 Word“域”而不是固定的数字，可以自动更新变化。（　　）

3. 一般情况下，插入目录后会自动分节。（　　）

4. 格式化文档时使用的预先定义好的多种格式的集合，称为母版。（　　）

5. 一篇文档中需要插入分节符，可使用“应用”选项卡的“分隔符”按钮。（　　）

四、操作题

1. 对自己所学专业进行调研，撰写一份调研报告。

2. 利用 Word 中的模板制作个人简历。

五、思考题

1. 当排版多篇样式相同的文档，或者想在新建的文档中使用以前文档或模板的某些样式时，可以将已有文档或模板中的样式复制到当前文档中，如何操作？

2. 在编辑较长文章时，常会有重复性的长条词语，如人物名称、公司名称、联系电话等，如果每次都输入会耗费时间，可以使用 Word 中提供的自动图文集功能存储需要重复使用的文字、段落、图片、表格等，如何使用自动图文集功能？

模块三　电子表格技术

电子表格由一系列行和列构成，形成一个个网格，一个网格就是一个单元格，单元格可以存放文本、数值、公式等元素。电子表格软件广泛应用于管理、统计、财经、金融等领域，可以制作各种复杂的表格文档；可以利用函数和公式进行数据的计算；可以对输入的数据进行统计运算，然后显示为可视性极佳的表格；可以将大量枯燥无味的数据转换为形象的彩色商业图表，极大地增强数据的可视性；还可以将各种统计报告和统计图打印出来。

市面上的电子表格软件有很多，如 Microsoft Excel、金山 WPS Excel、Google Sheets 等，其中 Microsoft Excel 是使用最广泛、影响最大的电子表格软件。在本模块中，将以 Excel 2021 为例，介绍 Excel 的基本操作，公式、函数、图表以及数据处理等内容。本模块知识技能体系如图 3-1 所示。

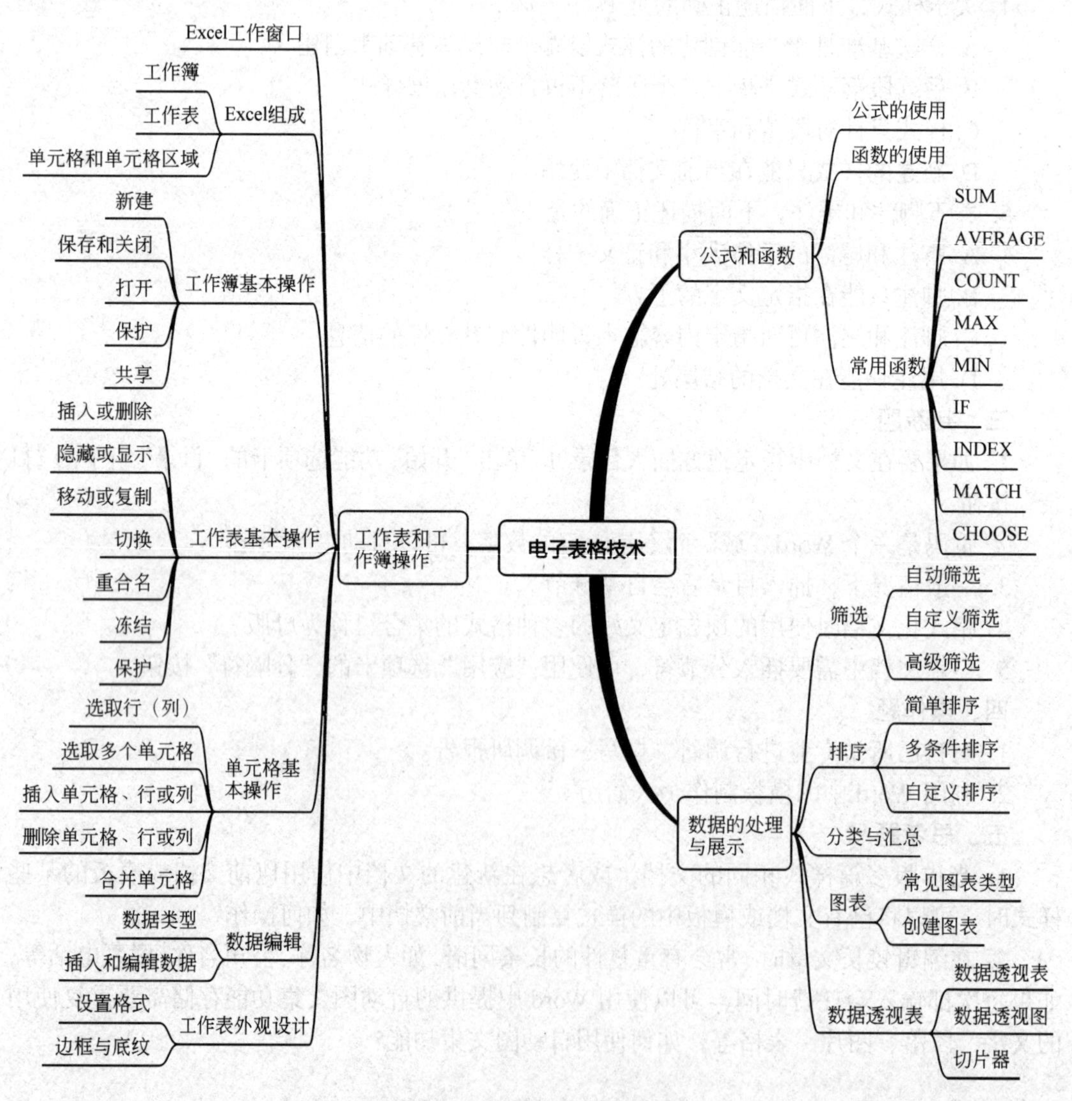

图 3-1　电子表格技术知识技能体系

1. 国家知识产权局．表格格式和代码标准：ZC 0004—2001[S]. 2001.
2. 国家新闻出版署．学术出版规范 表格：CY/T 170—2019[S]. 2019.

单元 3.1　工作表和工作簿操作

学习目标

➢ 知识目标

1. 了解电子表格的应用场景；
2. 熟悉相关工具的功能和操作界面；
3. 了解电子表格的外观设置相关的工具功能；
4. 掌握边框、底纹、样式、对齐方式等基本概念。

➢ 能力目标

1. 掌握新建、保存、打开和关闭工作簿；
2. 掌握切换、插入、删除、重命名、移动、复制、冻结、显示及隐藏工作表等操作；
3. 掌握数据的编辑方法；
4. 掌握数据录入的技巧，如快速输入特殊数据、使用自定义序列填充单元格、快速填充和导入数据，掌握格式刷、边框、对齐等常用格式设置。

➢ 素养目标

1. 能够从信息化角度进行数据的存放与管理；
2. 能够按照用户需求设置表格样式，设置工作表的外观，改变指定数据单元格样式，帮助用户理解数据，提高数据可读性。

工作任务

任务 3-1　制作企业信息管理表

某部门的工作人员接到主管交办的任务，要制作企业信息管理表，要求在表中显示单位名称、法定代表人、联系方式等基本信息，并对表格格式进行设置，使表格信息清晰明了，如图 3-2 所示。

企业信息管理表

序号	单位名称	专业	行政区划代码	乡镇	法定代表人	联系方式	行业代码	主要业务活动
1	临水市凤溪镇人民政府	投资	'613181106007	613181106	刘春彦	13749226704	9221	综合事务管理机构
2	临水市富水镇人民政府	投资	613181114230	613181114	尹涛	13833010021	9221	综合事务管理
3	临水市清岩镇人民政府	投资	'613181110004	613181110	王红霞	15962365243	9221	综合事务管理
4	临水市交通运输局	投资	613181002003	613181002	廖琳	13544629250	9224	综合事务管理
5	临水市利民采油设备有限公司	工业	613181102228	经开区	谢清	18466397748	3512	生产石油钻采设备
6	临水市鑫汇公司	服务业	613181001005	613181001	罗晓娟	15254598876	7263	劳务派遣
7	临水市光明科创新材料有限公司	工业	613181102228	经开区	马庆国	13388103300	2929	吸塑
8	洪都科新科技有限公司	工业	613181102229	613181102	唐丽丽	13642988664	3091	生产销售碳素制品
9	洪都奥声置业有限责任公司	房地产业	613181001002	613181001	张天天	13730588993	7010	房地产开发
10	洪都华文文广投资有限公司	投资	613181001006	613181001	李果	13822306655	7212	项目投资

图 3-2　企业信息管理表效果

任务 3-1　制作企业信息管理表

技术分析

完成本任务涉及的电子表格的基本操作：①学习 Excel 的启动与退出，熟悉 Excel 的工作界面；②学习工作簿的基本操作，掌握工作簿、工作表、单元格的基本操作；③掌握数据的输入；④设置表格的样式。

知识与技能

一、Excel 的工作窗口与组成

（一）Excel 工作窗口

Excel 窗口由标题栏、菜单栏、功能区、工作区、状态栏，以及滚动条等部分组成，如图 3-3 所示。重点介绍如下。

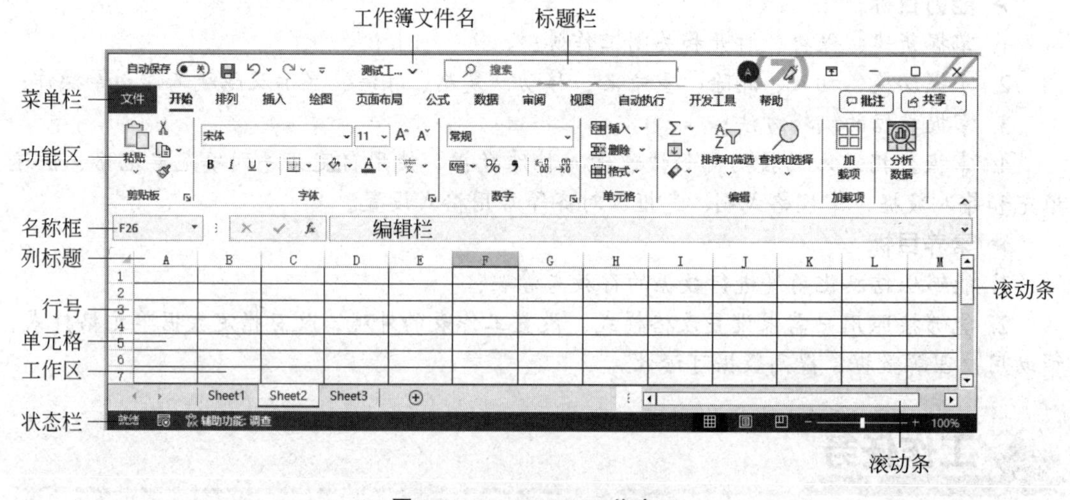

图 3-3　Excel 2021 工作窗口

1. 功能区

功能区位于菜单栏下方，包括快速访问功能区和格式功能区两个部分。快速访问功能区可以自定义常用的命令按钮，方便快速访问。格式功能区包括字体、字号、颜色、对齐方式、边框、填充等多个格式选项，可以对单元格进行格式设置。功能区的选项可以通过单击或快捷键进行选择，是 Excel 操作的一个重要入口。

2. 工作区

工作区是 Excel 窗口中央的部分，是用户进行数据输入、编辑、计算和分析的主要区域。工作区由多个单元格组成，每个单元格可以输入文本、数字、日期、公式等内容。工作区的单元格可以进行格式设置、合并拆分、复制粘贴、填充、数据排序、筛选、透视表制作等操作。工作区是 Excel 最核心的部分，也是用户进行数据处理和分析的主要场所。

3. 名称框

名称框用于显示（或定义）活动单元格或区域的名称（地址）。单击名称框旁边的下拉按钮可弹出一个下拉菜单，列出所有已自定义的名称。

4. 编辑栏

编辑栏用于显示当前活动单元格中的数据或公式，可在编辑栏中输入、删除或修改单元格的内容，编辑栏中显示的内容与当前活动单元格的内容相同，单击编辑栏右侧的下拉按钮以显示多行信息。

（二）工作簿、工作表和单元格

工作簿、工作表和单元格是构成 Excel 的三大主要元素，也是 Excel 主要的操作对象。在 Excel 中，工作表是处理数据的主要场所，工作表由多个单元格组成，一个或多个工作表组成工作簿。工作簿、工作表和单元格的关系如图 3-4 所示。

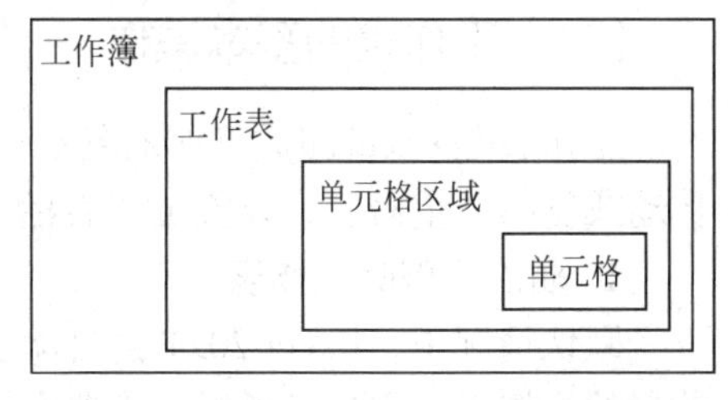

图 3-4　工作簿、工作表和单元格的关系

1. 工作簿

工作簿是 Excel 用来储存并处理工作数据的文件，一个工作簿就是一个 Excel 文件，Excel 2021 工作簿使用 .xlsx 作为文件扩展名。启动 Excel 2021 并建立一个空白的工作簿后，系统自动将该工作簿命名为“工作簿 1”。

2. 工作表

工作簿由若干张工作表组成，默认情况下 Excel 2021 工作簿有一个以“Sheet1”命名的工作表，单击工作表标签右侧的“+”按钮可以新建工作表，通过单击工作簿窗口底部的工作表标签可以切换工作簿中的各工作表。

3. 单元格和单元格区域

单元格是组成 Excel 表格的最小单位，每个工作表中，可以最大拥有 1048576×16384 个单元格，单元格中可以存放数值、公式或文本。每个单元格都有一个固定的地址，地址编号由列号和行号组成，如 A1、B2 等。为了方便操作，可以选定一组相邻或不相邻的单元格，称为区域。对一个区域的操作就是对区域内所有的单元格执行相同的操作。

二、Excel 的基本操作

（一）工作簿的基本操作

Excel 的操作就是对工作簿的操作。用户要使用电子表格，首先需要新建一个工作簿，完成对表格的编辑后，需要保存工作簿以备下次使用。一个工作簿由若干张工作表组成，对工作簿的编辑实际上就是对各工作表的编辑。对工作表的基本操作通常包括工作表的插入、删除、重命名、复制、移动等。

（1）新建工作簿。方法与 Word 创建空白的新文档方法类似。

（2）保存和关闭工作簿。创建新工作簿以后，就可以编辑表格、进行数据计算和数据分析了，完成对工作簿的操作后，可以将工作簿保存起来，以便下次查看与使用。保存工作簿可以分为保存新建的工作簿、保存已有的工作簿和自动保存工作簿三种情况，方法与 Word 中的操作类似。

（3）打开工作簿。可以使用 Windows 资源管理器打开工作簿，也可以选择“文件”→“打开”→“浏览”命令打开，还可以选择“文件”→“打开”命令，在右边的“最近”列表中打开。方法与 Word 中的操作类似。

（4）保护工作簿。为保护数据安全，可以对工作簿设置密码进行保护，既可以对工作簿的结构设置密码，也可以对工作簿的打开和修改设置密码。方法与 Word 中保护文档的操作类似。

（5）与其他人共享工作簿。Excel 可以实现多人同时编辑的功能。方法与 Word 中多人协同编辑文档的操作类似。

（二）工作表的基本操作

工作表是 Excel 完成工作的基本单位，用户可以对工作表进行插入或删除、隐藏或显示、移动或复制、重命名、设置工作表标签颜色以及保护工作表等基本操作。

1. 插入或删除工作表

默认情况下，Excel 2021 会自动创建一个工作表，但在实际操作过程中可能需要不同数量的工作表，用户可以根据需要在工作簿中插入或者删除工作表。

（1）插入工作表。

① 在主界面下方的工作表标签上右击，在弹出的快捷菜单中选择“插入”命令。

② 打开“插入”对话框，在“常用”功能选项卡中选择“工作表”选项，然后单击“确定”按钮。单击“新工作表”按钮或按 Shift+F11 组合键，可以直接插入空白工作表。

（2）删除工作表。在工作簿中右击工作表标签，在弹出的快捷菜单中选择“删除”命令，即可将当前的工作表从工作簿中删除。

2. 隐藏或显示工作表

如果用户不希望被他人看到工作表中的数据，可以将工作表隐藏起来。

（1）隐藏工作表。选择需要隐藏的工作表标签，右击，在快捷菜单中选择“隐藏”命令，选中的工作表即会被隐藏。

（2）显示工作表。当工作簿中存在隐藏的工作表时，快捷菜单中的“取消隐藏”命令可用，选择“取消隐藏”命令，在弹出的“取消隐藏”对话框中选择要显示的已隐藏工作表即可。

3. 移动或复制工作表

移动或复制工作表是日常工作中常用的操作，用户可以在同一工作簿中移动或复制工作表，也可以在不同工作簿中移动或复制工作表。

（1）移动工作表。要移动工作表的位置，可以使用命令，也可以直接用鼠标拖曳。使用鼠标拖曳的方法移动工作表具有方便快捷的优点。具体操作如下：单击要移动的工作表标签，然后按住鼠标左键将其拖曳到要移动的位置上，释放鼠标即可。

（2）复制工作表。要复制工作表，可以使用命令，也可以直接用鼠标进行拖曳。具体操作如下：单击要复制的工作表标签，然后按住 Ctrl 键不放，再按住鼠标左键将其拖曳到希望其显示的位置上。

4. 切换工作表

打开 Excel 工作簿，工作簿中会有多个工作表功能选项卡，每个功能选项卡代表一个工作表，可以单击工作表标签进行工作表之间的切换，这是最基本的切换方法。

5. 重命名工作表

在工作簿中，每个工作表的名称默认是 Sheet1、Sheet2、Sheet3 等，可以通过双击工作表标签来修改工作表的名称，也可以右击工作表标签，选择“重命名”命令，然后输入新名称。

6. 冻结工作表

当数据比较多时，我们可以使用冻结窗口功能来独立地显示并滚动工作表中的不同部分，方便数据的查看。操作步骤如下。

（1）冻结首行：选择“视图”→“冻结窗格”→“冻结首行”命令，可以冻结首行，如图 3-5 所示。

（2）冻结首列：和冻结首行差不多，选择“视图”→“冻结窗格”→“冻结首列”命令，如图 3-6 所示。

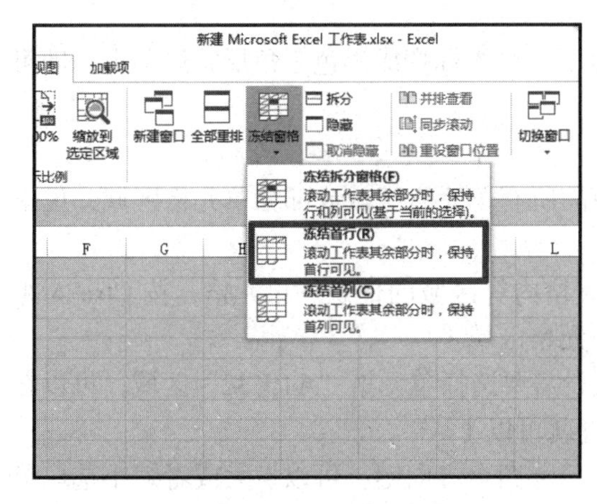

图 3-5　冻结首行

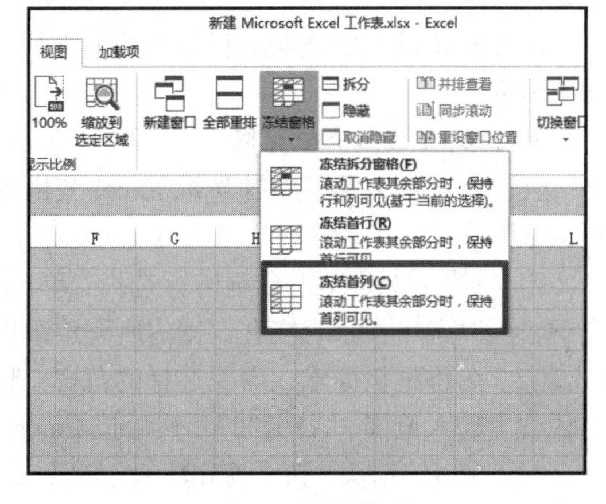

图 3-6　冻结首列

如果想行列都进行冻结，先选中行列交叉的那个单元格，然后选择“视图”→“冻结窗格”→“冻结拆分窗格”命令即可；如果想取消冻结，选择“视图”→“冻结窗格”→“取消冻结窗格”命令。

7. 保护工作表

假设你拥有团队状态报告工作表，在该工作表中，你希望团队成员仅可在特定单元格中添加数据且无法修改任何其他内容。通过使用工作表保护，你可以使工作表的特定部分可编辑，而用户将无法修改工作表中任何其他区域中的数据。

（1）保护工作表。

① 单击“审阅”功能选项卡“更改”组的“保护工作表”按钮，在弹出的对话框中，选中“保护工作表及锁定的单元格内容”复选框，在“取消工作表保护时使用的密码”文

本框中输入密码，然后在“允许此工作表的所有用户进行”列表中选中“选定锁定单元格”和“选定未锁定单元格”复选框，单击“确定”按钮。

② 在弹出的“确认密码”对话框的“重新输入密码”文本框中输入刚才输入的密码，单击“确定”按钮完成设置。

（2）撤销对工作表的保护。单击“审阅”功能选项卡中“更改”组的“撤销工作表保护”按钮。在弹出的对话框中的“密码”文本框中输入之前设置的密码，单击“确定”按钮即可撤销对工作表的保护。

（三）单元格的基本操作

单元格是组成工作表的基本元素，对工作表的操作实际上就是对单元格的操作。单元格主要包括单元格插入与删除、合并与拆分、单元格的行列选择等基本操作。

1. 选取单元格

单击某个单元格即可选取该单元格，在名称框中会显示当前选中的单元格或单元格区域名称。

2. 选择行、列

将光标移动至要选取的目标行的左侧行号上，当光标变成黑色三角形状后单击，即可选定该行。

将光标移动至要选取的目标列的上方列号上，当光标变成黑色三角形状后单击，即可选定该列。

3. 快速选取多个单元格

在工作，如果需要快速选取 Excel 表格中的所有单元格区域或部分单元格区域，可以用以下方法。

（1）使用 Ctrl+A 组合键进行选择：单击表格内容区域的任意一单元格，按 Ctrl+A 组合键，可以选中整张表格有数据的所有连续单元格区域。

（2）名称框里面输入需要选择的范围：假设需要选择单元格“A1:K32”区域，可以在名称框里输入范围“A1:K32”，然后按 Enter 键就可以了。

（3）Shift+ 箭头：按下 Shift+ ←、↑、↓、→ 四个方向键，可以扩大或者缩小选取范围。例如，先选中“C4:C18”这片区域，然后同时按下 Shift+ →组合键，每单击一次右箭头，区域即向右扩充一列。

（4）Shift+ ←：通常是先选择区域的四个顶角中的一个，然后按住 Shift 键，再选择区域斜对角的单元格。

（5）Ctrl+ ←：按住 Ctrl 键，再单击连续或非连续的多个单元格，可以选中连续或非连续的多个单元格。

4. 插入单元格、行或列

Excel 报表在编辑过程中需要不断地更改，就需要插入单元格或行、列，具体操作如下。选中要在其前面或上面插入单元格的单元格，单击“开始”选项卡“单元格”组中的“插入”按钮下方的下拉按钮，在打开的下拉菜单中进行选择，可以插入单元格、行、列或工作表。或者右击选中的单元格，在弹出的快捷菜单中选择“插入”命令，打开“插入”对话框，选择插入的方式，完成插入单元格、行、列。

5. 删除单元格、行或列

删除单元格、行或列也是工作中对表格调整、编辑过程中的常见操作。删除方法如下：选中要删除的单元格，单击“开始”选项卡中“单元格”组的“删除”按钮下方的下拉按钮，选择“删除单元格”命令。或者右击选中的单元格，在弹出的快捷菜单中选择“删除”命令，打开“删除”对话框，选择删除的方式，然后单击“确定”按钮。

6. 合并单元格

在表格的编辑过程中经常需要将多个单元格进行合并，可以将多行合并为一个单元格、多列合并为一个单元格、多行多列合并为一个单元格。合并单元格方法如下：选中要合并的多个单元格，单击“开始”选项卡“单元格”组中的“格式”按钮，在打开的下拉菜单中选择打开“设置单元格格式”对话框，在“对齐”选项卡中选中“合并单元格”复选框，单击“确定”按钮，如图 3-7 所示。

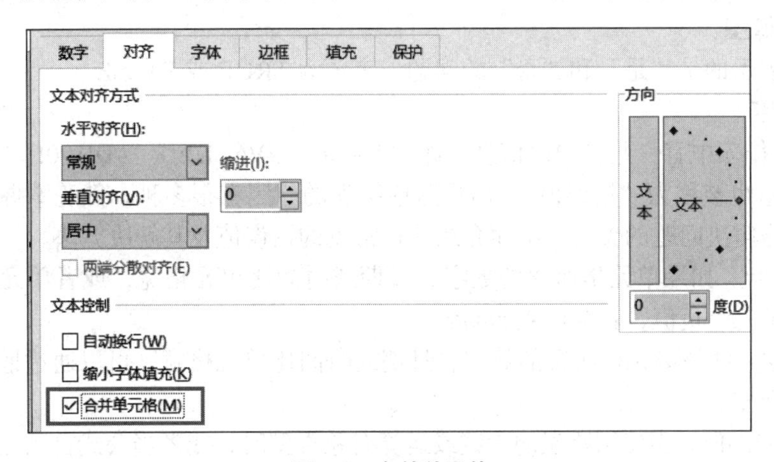

图 3-7　合并单元格

三、Excel 的数据编辑

创建 Excel 工作表以后，就需要输入相关的数据。要直接输入数据，可以在 Excel 工作表中单击某一单元格，在单元格或编辑框中输入数据，结束时按 Enter 键、Tab 键或单击编辑栏的“输入”按钮，如果要放弃输入，按 Esc 键或单击编辑栏中的“取消”按钮即可。

Excel 处理的数据类型有文本型、数字型、日期和时间型、货币型、公式和函数等。在输入的过程中，系统会自行判断所输入的数据是哪一种类型，并进行适当的处理，所以在输入数据的时候，一定按照 Excel 的规则进行，否则可能会出现不正确的结果。

（一）数据类型

1. 文本型

文本型是指键盘上任意可以输入的字符，包括字符或者文字。文本数据类型用于存储文本信息，如姓名、地址、电话号码等。在默认的情况下，所有字符型数据在单元格中都是左对齐的。在 Excel 中，对于数字形式的文本型数据，如邮编、身份证号等，则应以单引号开头，以区分于数值类型。例如，要输入邮编 610030，应输入 '610030；要输入身份证号 510107201503083927，应输入 '510107201503083927。

2. 数值型

任何由数字组成的单元格输入项均被视为数值。

数值型数据除了由数字 (0~9) 组成的字符串外，还包括 +、−、E、$、% 及小数点（.）和千位分隔符（,）。在默认状态下，所有数值型数据在单元格中均靠右对齐。

3. 日期和时间型

Excel 把日期和时间视为特殊类型的数值，一般情况下，日期输入可用 “/” 或 “-” 分隔符，如 2023/10/08、2023-10-08；时间输入用冒号 “:” 分隔，如 “21:56”。在默认状态下，日期和时间型数据在单元格中靠右对齐。输入时应注意：若在单元格中既要输入日期又要输入时间，中间必须用空格隔开。

4. 逻辑值型

逻辑值表示的是 “是” 和 “否” 的问题，表示为 TRUE 或 FALSE。

5. 错误值

Excel 工作表中有一些错误值信息，如 “#####”“#VALUE!”“#DIV/0!”“#N/A!” 等，这些错误信息也被称为 “错误值”。出现这些错误的原因有很多种，熟练掌握解决这些错误值的方法是解决问题的关键。下面介绍几种常见的错误值及其解决方法。

（1）#####。如果单元格所含的数字、日期或时间比单元格宽，或者单元格的日期时间公式产生了一个负值，就会产生 #####。

解决方法：如果单元格所含的数字、日期或时间比单元格宽，可以通过拖曳列之间的宽度来修改列宽。

（2）#VALUE!。当使用错误的参数或运算对象类型时，或者当公式自动更正功能不能更正公式时，将产生错误值 “#VALUE!”。这其中主要包括以下原因。

① 在需要数字或逻辑值时输入了文本，Excel 不能将文本转换为正确的数据类型。

解决方法：确认公式或函数所需的运算符或参数正确，并且公式引用的单元格中包含有效的数值。例如，如果单元格 A1 包含一个数字，单元格 A2 包含文本，则公式“="A1+A2"”将返回错误值“#VALUE!”。可以用 SUM 工作表函数将这两个值相加（SUM 函数忽略文本），即 “=SUM（A1:A2）”。

② 将单元格引用、公式或函数作为数组常量输入。

解决方法：确认数组常量不是单元格引用、公式或函数。

③ 赋予需要单一数值的运算符或函数一个数值区域。

解决方法：将数值区域改为单一数值。修改数值区域，使其包含公式所在的数据行或列。

（3）#DIV/0!。当公式被零除时，将会产生错误值 “#DIV/0!”，在具体操作中主要表现为以下原因。

① 在公式中，除数使用了指向空单元格或包含零值单元格的单元格引用（如果运算对象是空白单元格，Excel 将此空值当作零值）。

解决方法：修改单元格引用，或者在用作除数的单元格中输入不为零的值。

② 输入的公式中包含明显的除数零，如公式 “=1/0”。

解决方法：将零改为非零值。

（4）#N/A。当函数或公式中没有可用数值时，将产生错误值 #N/A。

解决方法：如果工作表中某些单元格暂时没有数值,可以在这些单元格中输入“#N/A”，当公式在引用这些单元格时将不进行数值计算，而是返回 #N/A。

（二）输入和编辑数据

作为专业的数据处理和分析办公软件，Excel 中的所有高级功能包括图表分析等都建立在数据处理的基础之上，数据的输入通常是在单元格中进行的。

1. 在单元格中输入数据

在单元格中输入数据，首先需要选定单元格，然后向其中输入数据，所输入的数据将会显示在编辑栏和单元格中。在单元格中可以输入的内容包括文本、数字、日期和公式等，任何由数字组成的单元格输入项都被当作数值，在默认情况下，Excel 将数字沿单元格右对齐，数值里也可以包含以下 7 种特殊字符。

（1）正号：如果数值前面带有一个正号“+”，Excel 会认为这是一个正数（正号不显示），但输入正数时可不输入正号。

（2）负号：如果数值前面带有一个负号“-”，或将数字输在圆括号中，Excel 会认为这是一个负数。

（3）分数：输入分数时，应在分数前输入 0 及一个空格。例如，要输入 1/3 ，应该输入 0 1/3，如果直接输入，则系统会把所输入的数据作为日期处理。

（4）百分比符号：如果数值后面有一个百分比符号“%”，Excel 会认为这是一个百分数，并且自动应用百分比格式，系统默认保留小数点后两位。

（5）千位分隔符：如果在数字里包含了一个或者多个系统可以识别的千位分隔符（如逗号），Excel 会认为这个输入项是一个数字，并采用数字格式来显示千位分隔符。

（6）货币符号：假如数值前面有系统可以识别的货币符号（如 $），Excel 会认为这个输入项是一个货币值，并且自动变成货币格式，为数字插入千位分隔符。

（7）科学记数符：如果数值里包含了字母 E，Excel 会认为这是一个科学记数符，如 1.5E5 会被当作 1.5×10^5。

2. 日期和时间的输入

在单元格中输入的日期或时间数据采取右对齐的默认对齐方式，如果系统不能识别输入的日期或时间格式，则输入的内容将被视为文本，并在单元格中左对齐。

（1）输入日期。在 Excel 中允许使用破折号、斜线、文字以及数字组合的方式来输入日期。如果要输入系统当前日期，可以按 Ctrl+“；”组合键显示当前系统日期。

在 Excel 工作表中，用户可以设置日期格式，选择需要转换日期显示格式的单元格或单元格区域，右击，在弹出的快捷菜单中选择“设置单元格格式”命令，选中“数字”选项卡，在“分类”中单击“日期”，并选择需要的日期类型，单击“确定”按钮。

（2）输入时间。时间由时、分和秒三个部分构成，在输入时间时要以冒号“:”将这三个部分隔开。在输入时间时，系统默认按 24 小时制输入，因此如要按照 12 小时制输入时间，就要在输入的时间后键入一个空格，并且上午时间要以字母 AM 或者 A 结尾，下午时间要以 PM 或 P 结尾。可以按下 Ctrl+Shift+“；”组合键，显示当前系统时间。用户要设置时间格式，可以单击“设置单元格格式”中“数字”功能选项卡的“时间”按钮，进行设置。

3. 快速输入

（1）记忆式输入。当输入的字符与同列中已输入的内容相匹配时，系统将自动填写剩余字符，这时按 Enter 键即可，如图 3-8 所示。

（2）下拉列表式输入。选择单元格后，右击并在快捷菜单中选择“从下拉列表中选择”命令，或者按 ALT+↓组合键，在下拉列表中选择需要的输入项即可，如图 3-9 所示。

4. 自动填充数据

（1）相同数据的快速填充。在工作表特定的区域中输入相同的数据时，可以使用数据填充功能快速输入相同的数据。

① 使用“填充”功能输入相同数据。在起始单元格中输入第一个数据（如在 A1 单元格中输入 1），选中需要进行填充的单元格区域“A1:A10”（包含已经输入数据的单元格）。切换至“开始”功能选项卡，在“编辑”选项组中，单击“填充”按钮，从打开的下拉菜单中选择填充方向，此处为“向下”，如图 3-10 所示。

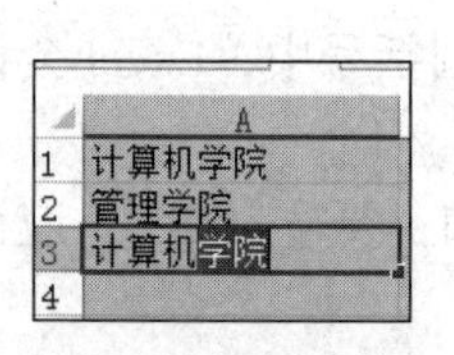

图 3-8　记忆式输入

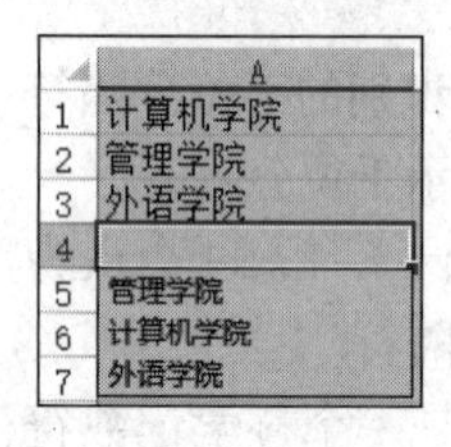

图 3-9　下拉列表式输入

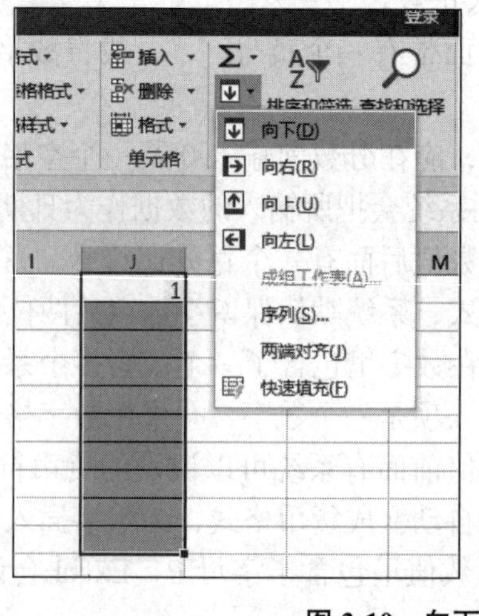

图 3-10　向下填充

② 使用鼠标拖曳的方法输入相同数据。在起始单元格中输入第一个数据（如在 A1 单元格中输入 1），将光标定位到此单元格右下角的“填充柄”上，当光标变成十字形状，按住鼠标左键不放，向下拖曳至填充结束的位置，松开鼠标左键，拖曳过的位置上都会出现与 A1 单元格中相同的数据，如图 3-11 所示。

（2）有规则数据的填充。通过填充功能可以实现一些有规则数据的输入，如输入序号、日期、星期数、月份等。要实现有规律数据的填充，需要至少选择两个单元格作为填充源，Excel 可以根据当前选中填充源的规律来完成数据的填充。

在单元格 A1 和 A2 中分别输入前两个序号。选中单元格区域“A1:A2”，将光标移至该单元格区域的右下角的“填充柄”上，当光标变成十字形状，按住鼠标左键不放，

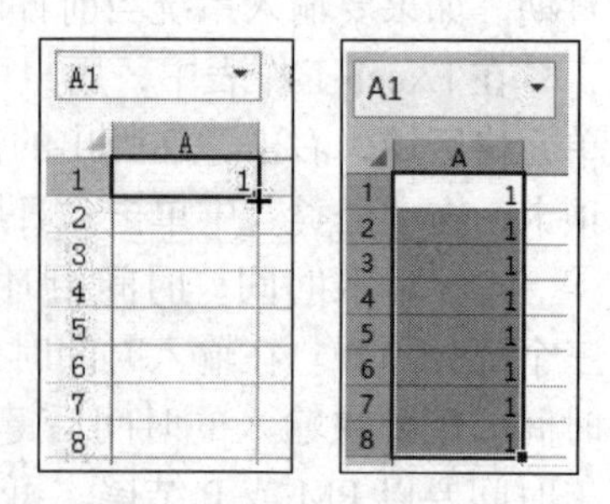

图 3-11　使用填充柄输入相同数据

向下拖曳到填充结束的位置，松开鼠标左键，拖曳过的位置上即会按特定的规则完成序号的输入。例如，进行日期填充的方法如下。

① 少量日期填充：在输入第一个日期后，以拖曳单元格的方式进行填充，可以单击右下角的填充选项，选择日期填充的方式。

② 多个日期填充：在输入第一个日期后，选择菜单栏上的“开始”→“填充”命令，打开“序列填充”窗口，在“日期单位”里选择合适的选项，在下方的“步长值”输入框中输入间隔天数，在“终止值”输入框里输入终止日期，注意日期格式的正确输入，如图 3-12 所示。单击“确定”按钮，根据设置填充上对应的日期。

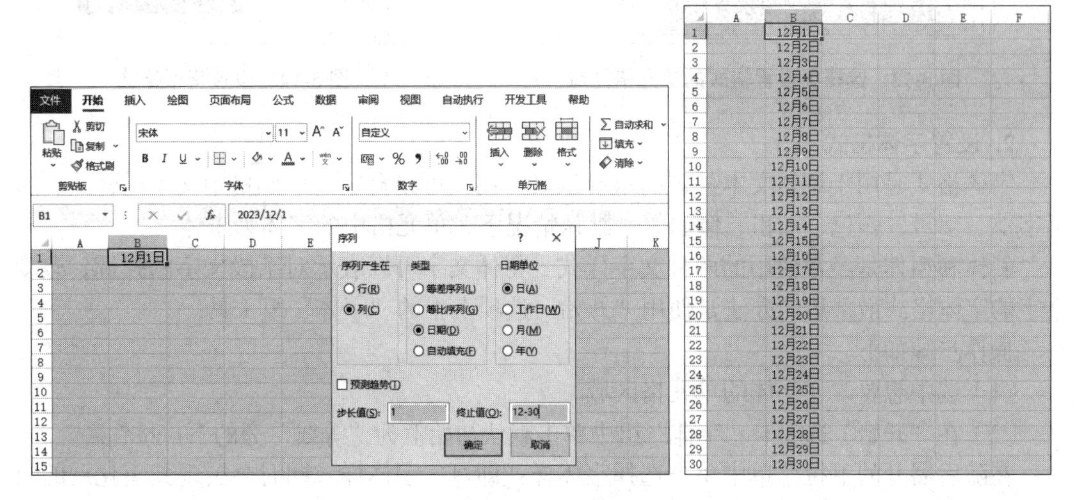

图 3-12　序列填充

5. 为单元格添加批注

批注是指附加在单元格中，对单元格的内容进行的说明、注释。通过批注，可以使用户更加清晰地了解单元格中数据的含义。要给单元格添加批注，首先选中需要添加批注的单元格，然后单击“审阅”选项卡中“批注”组的“新建批注”按钮，或者右击目标单元格并选择“新建批注”命令。

四、工作表的外观设计

（一）设置格式

设置格式是对单元格进行个性化设置的重要手段，其包括数字、对齐、字体、边框、图案以及保护等方面的设置。可以帮助用户更好地理解和分析数据，提高数据的可读性。

1. 设置数字格式

（1）选择要设置格式的单元格区域。

（2）单击“开始”选项卡“数字”组中的“箭头”按钮，如图 3-13 所示（或直接按 Ctrl+1 组合键）。

（3）在弹出的“设置单元格格式”对话框的“分类”下拉列表中选择数字的“分类”，

如此处选择“货币”格式，如图3-14所示，还可以依照用户需求设置国家、地区。

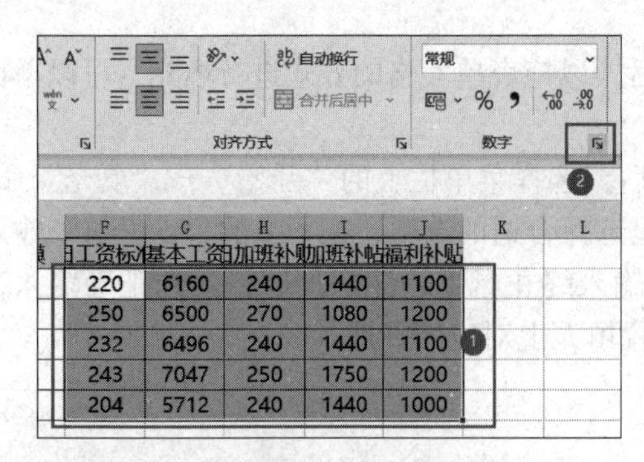

图 3-13　选择要设置格式的单元格区域

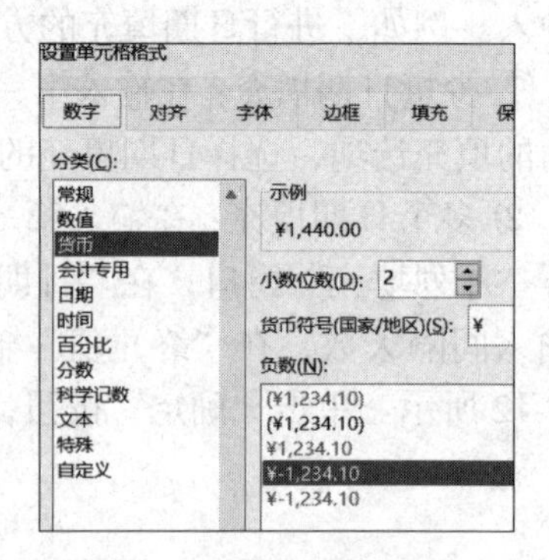

图 3-14　设置货币格式

2. 设置字体格式

字体格式是用于调整文本外观的重要工具。用户可以自定义单元格中文本的样式，包括字体、字号、颜色、加粗、倾斜等。默认情况下，单元格中的字体为宋体。

斜体和粗体是经常使用的两种文字样式，粗体文字可以表示对某段文字的强调，改变文字的字体格式最常用的办法是使用“开始”选项卡中的“字体”组工具。

操作步骤如下。

（1）选中想要改变字体的单元格区域。

（2）在“开始”选项卡“字体”组中单击默认初始值为“等线”旁的下拉按钮⌄。在随后展开的下拉菜单中单击选择字体样式即可，字体样式同时会展现其美化后的效果。在选定之前，文本会随着光标箭头指向不同的字体样式而生成预览效果，单击“确定”按钮修改为该样式。

（3）如果要改变文字的字号，和设置字体的方法类似，在“字号”的下拉列表中选择字体大小的数值即可。

（4）依次单击 **B** *I* U 图标的按钮，可以在选中的文字上依次应用粗体、斜体、下画线样式效果。

（5）如果想修改文字的颜色，可以单击“字体”组中的 A 按钮，即可以将文字设置成图表里字符A下面短横线的颜色，若不想要这个颜色，则单击该按钮旁的下拉箭头，随后弹出颜色面板，在其中选择颜色即可。

（6）也可以使用“设置单元格格式”对话框的“字体”选项卡来设置文本的字体、字号、样式、颜色等。

3. 设置行宽、列高

（1）选择一行 / 列或某一区域中的行或列。单击“开始”选项卡“单元格”组中的“格式”按钮，选择“行高”或“列宽”命令，再输入对应数值即可修改，如图3-15所示。

（2）可用鼠标直接拖曳对应目标行或目标列的分割线来直接调整行高 / 列宽，完成拖曳后，行高 / 列宽就会改变。

4. 设置对齐方式

在Excel中，有几种常见的对齐方式，包括水平对齐和垂直对齐。一般常用的方式为选择单元格区域后，右击，在弹出的快捷菜单中选择“设置单元格格式”命令，在新弹出

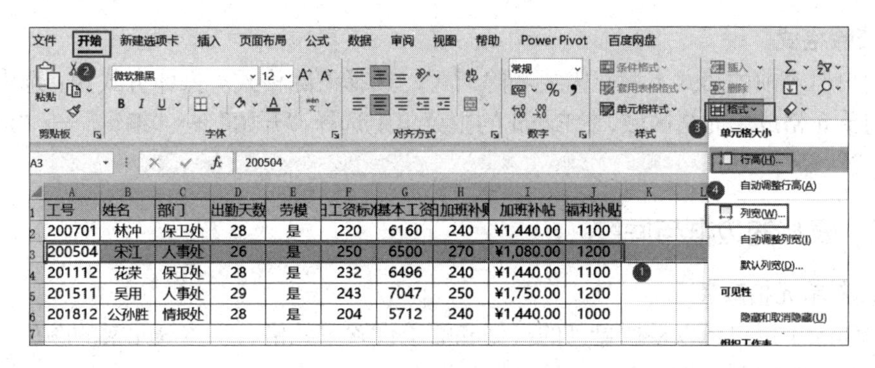

图 3-15　设置行高、列宽

的“设置单元格格式”对话框中选中“对齐”选项卡，在其中设置对齐格式。

可单击“开始”选项卡“对齐方式”组中对应图标设置对其方式。

（1）水平对齐方式。居中对齐：将内容居中显示。左对齐：将内容靠左显示。右对齐：将内容靠右显示。

（2）垂直对齐方式。居中对齐：将内容在单元格中垂直居中显示。顶部对齐：将内容在单元格中靠顶部显示。底部对齐：将内容在单元格中靠底部显示。

（3）两端对齐。适用于文本对齐，与左对齐基本上相似，文本在水平方向上均匀分布在单元格的左右两侧边界之间。区别是设置两端对齐后，长文本会自动换行。

（4）其他对齐方向。单元格的文本不仅可以选择水平排列和垂直排列，还可以旋转。即在“对齐”选项卡中，选择“方向”选项栏，选择文本指向的方向，或者在微调框中通过鼠标拖曳文本方向箭头或者手动输入角度的方式来调整，设置文本方向及效果，如图 3-16 所示。

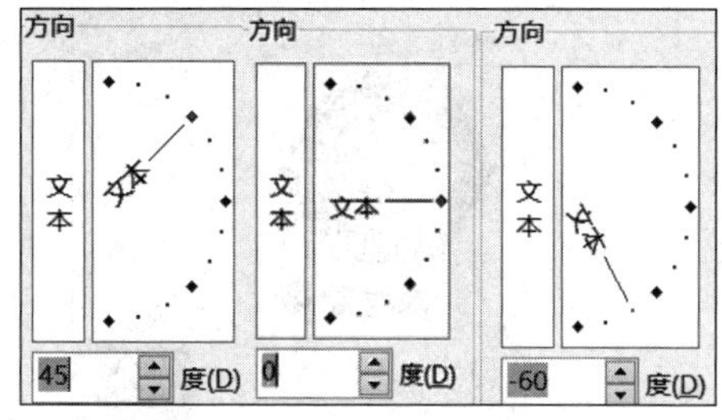

图 3-16　设置不同的对齐方向

5. 设置条件格式

条件格式可以突出显示特定数据和数据之间的关系。选择单元格区域后，单击“开始”→“样式”→“条件格式”按钮，可以使用条件格式，如图 3-17 所示。

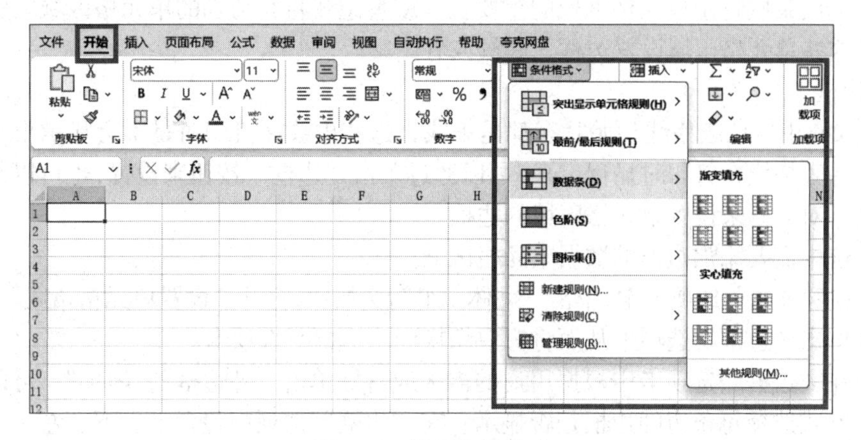

图 3-17　设置条件格式

6. 清除格式

当用户对当前的格式不满意需要删除时可以选择清除格式。操作方式为：选中需要清除格式的单元格或单元格区域，在 Excel 的主菜单中选择“开始”→“编辑”→“清除”→“清除格式”命令即可。

（二）表格的边框与底纹

1. 设置单元格颜色

在工作表中用户可以根据自己的喜好和需求设置单元格、字体等元素的颜色。也可以使用条件格式中的颜色规则来突出显示特定数据。

操作步骤如下。

（1）选中文本后，单击“开始”选项卡“字体”组中的A按钮旁边的下拉按钮，选择用户需求的颜色。

（2）若不满意当前列表选色，则选择“其他颜色”命令进行选择。其主要有两种设置方式：一种是“标准”选项卡，单击后如图 3-18 所示；另一种是“自定义”选项卡，单击后如图 3-19 所示，用户选择想要的颜色后单击“确定”按钮即可。

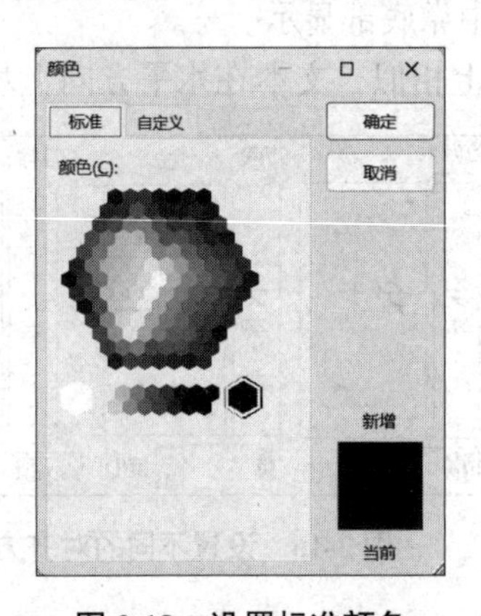

图 3-18　设置标准颜色

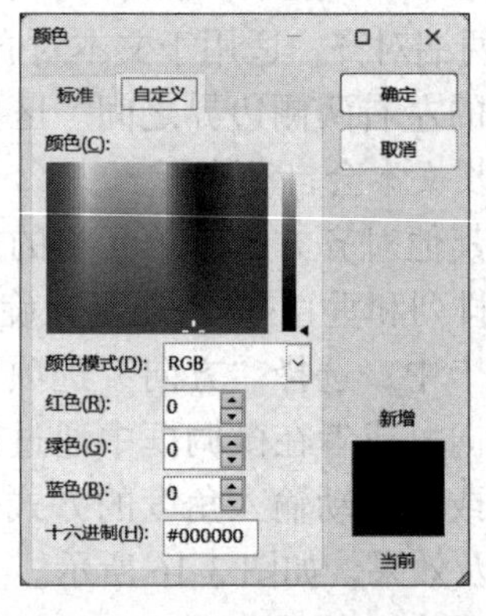

图 3-19　设置自定义颜色

2. 设置边框和底纹

为了突出某些特定单元格区域的重要程度或者想要将其与别的单元格区域区别开，用户可以为这些单元格区域设置边框、底纹或者图案。

1）边框

在 Excel 中默认表格线初始状态都是虚线，这些虚线在打印时是不会显示出来的，如果要让这些表格线在打印时显现出来，可以通过单击“边框”按钮来设置，也可以使用“单元格格式”对话框来设置单元格区域的边框。

（1）选中需要添加边框的数据单元格区域。

（2）在“开始”选项卡中，单击“字体”组箭头按钮，打开“设置单元格格式”对话框。

（3）单击“边框”选项卡从而将窗口切换到“边框”选项卡。

（4）在“边框”选项卡中根据用户的需求或喜好单击“外边框”“内部”，可以通过单击按钮的方式选择每条边的边框是否显示。在“边框”选项中包含上、下、左、右、斜向上表头、斜向下表头。

（5）在“样式”列表中选择边框的样式，如图 3-20 所示。单击“颜色”下拉箭头，在弹出的颜色板中选择边框的颜色，如图 3-21 所示，如果不满意主题颜色，也可以选择“其他颜色”命令进一步设置。

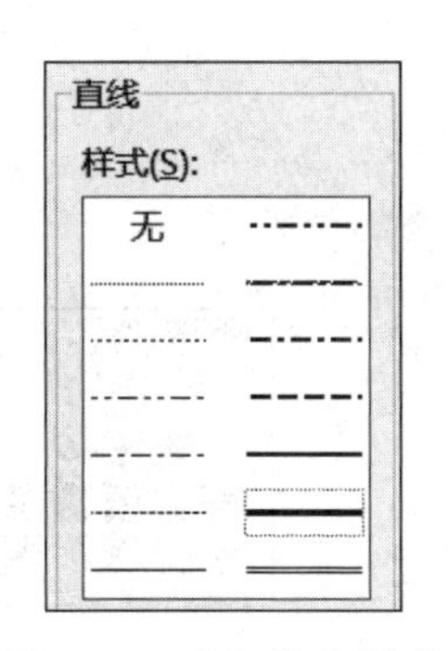

图 3-20　选择线条样式

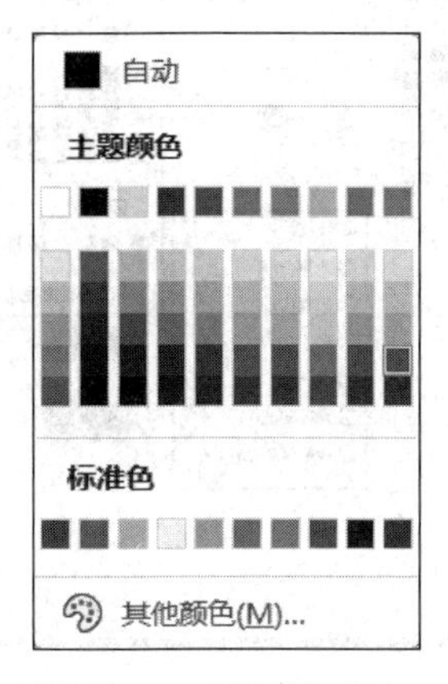

图 3-21　设置边框颜色

（6）选择样式和颜色后右下方的预览窗口会显示效果，最后单击“确定”按钮即可修改边框的样式。

2）设置底纹和图案

若用户想要为单元格填充纯色，可以使用“格式”工具栏上的“填充颜色”按钮，若想为单元格填充颜色，则需使用“设置单元格格式”对话框中的“填充”选项卡来完成。

操作步骤如下。

（1）选中要填充颜色的单元格数据区域。

（2）单击“开始”选项卡→“字体”组箭头按钮，打开“设置单元格格式”对话框。

（3）单击“填充”选项卡，在“背景色”区域中或单击“其他颜色”按钮选择需要的颜色。填充效果有水平、垂直、斜上、斜下等，可在右下角的“示例”区域预览填充效果，如图 3-22 所示，最后单击“确定”按钮即可。

（4）为单元格区域的背景设置底纹样式，在“图案样式”窗口中单击下三角按钮，选择想要的图案，这些图案称为“底纹样式”，如图 3-23 所示。单击“确定”按钮后，即可为所选的单元格区域设置底纹样式。

3）插入对象

（1）若要插入新建对象，则在 Excel“插入”功能选项卡下找到“文本”选项组单击“对象”按钮，如图 3-24 所示。单击要插入的对象类型后单击“确定”按钮即可，如图 3-25 所示。

（2）若要插入已有文件，则选中“由文件创建”选项卡，单击“浏览”按钮，选择要插入的文件。

（3）如果要在电子表格中插入图标而不是显示文件的内容，则在“对象”对话框中选中“显示为图标”复选框。如果未选中任何复选框，Excel 将显示文件的第一页。

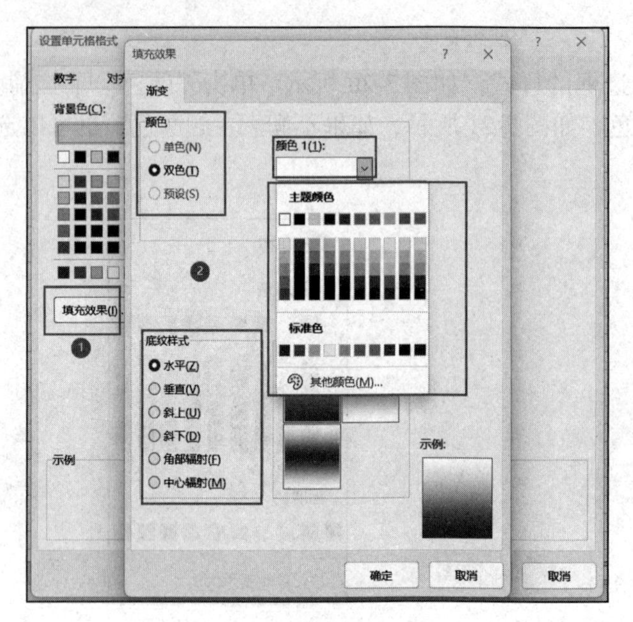

图 3-22　设置填充效果

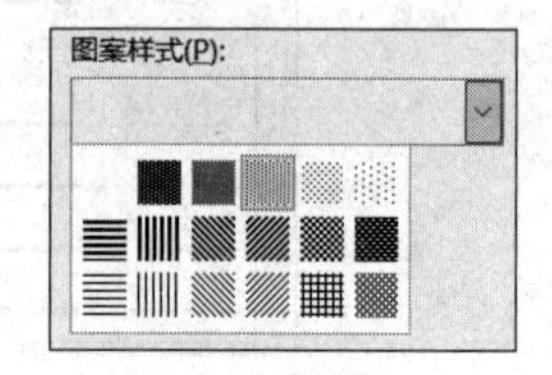

图 3-23　底纹样式

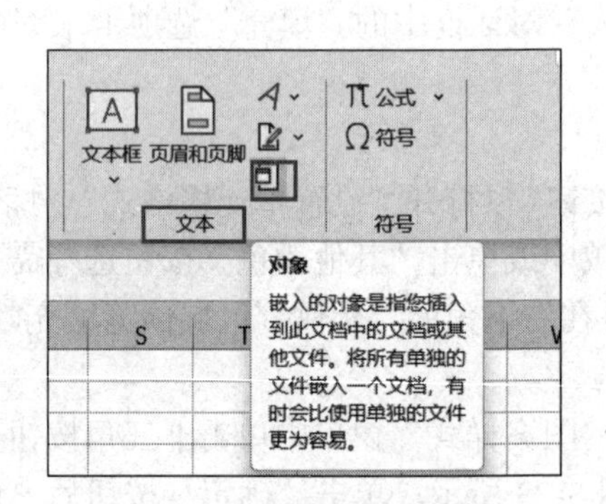

图 3-24　单击插入对象按钮

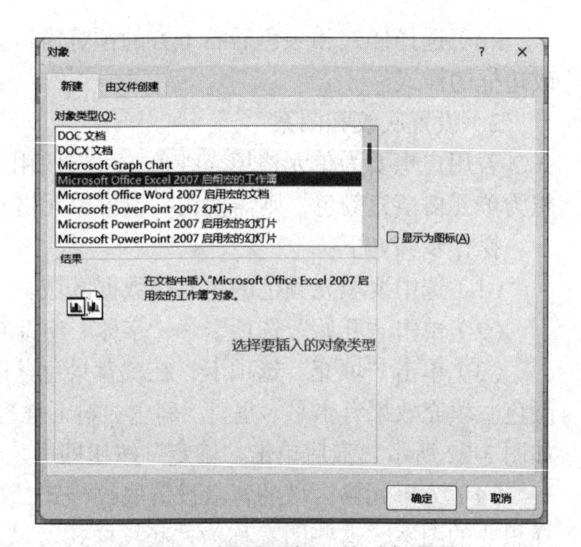

图 3-25　设置要插入的对象类型

4）使用样式

Excel 提供了丰富的样式选项，用户可以套用系统提供的已有样式，也可以根据自己的需求和喜好自定义样式，实现表格的个性化设置。样式可以确保在整个工作簿中保持一致的格式。当需要在多个工作表中应用相同的格式时，只需应用相同的样式即可，无须重复设置。

（1）使用自动套用格式。Excel 内置了许多自动格式，只需自动套用格式就能产生许多美观的格式。操作步骤如下。

选择想要设定格式的单元格区域，单击“开始”选项卡“样式”组中的“套用表格格式”按钮，在弹出的下拉菜单中单击选择一种格式即可，如在这里选择“中等色”的第二种表格样式，如图 3-26 所示。

（2）创建样式。样式是字体、字号和缩进等格式设置特征的组合，然后将这个组合作为一个整体来命名和存储。将一个单元格格式自定义成样式后，后续可直接套用该样式。操作步骤如下。

① 将想要定义为样式的单元格区域设置为想要的格式，如字体、边框、底纹、颜色、对齐方式等，如图 3-27 所示。

图 3-26　设置套用表格格式

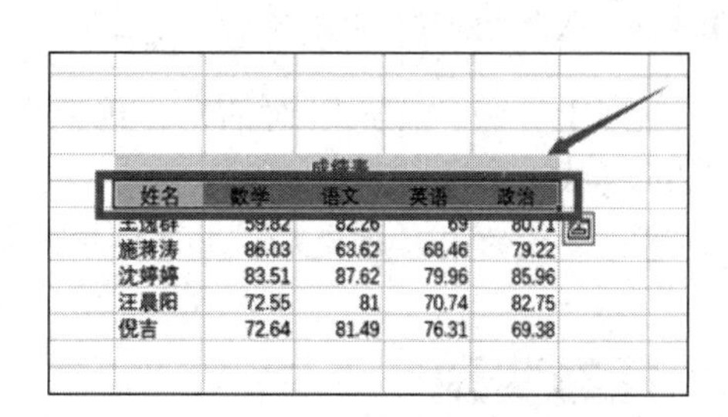

图 3-27　选择设定好样式的单元格

② 在“样式”组中单击“新建单元格样式”,在新打开的“样式”对话框中设置新的样式。

③ 在“样式名”文本框中输入样式的名称，如此处为“新样式 1”，如图 3-28 所示。

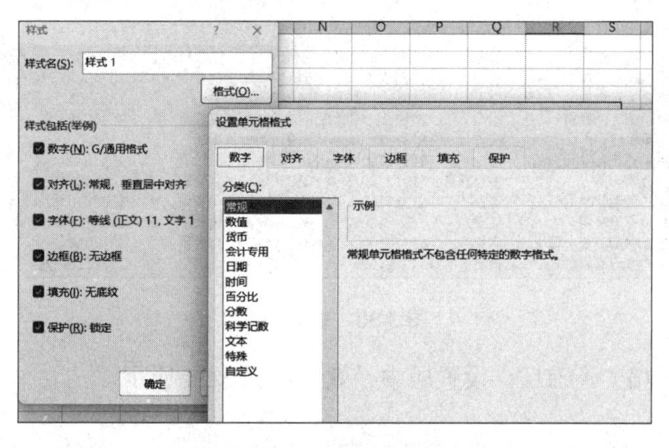

图 3-28　设置其他样式

④ 单击“格式”按钮,在弹出的“设置单元格格式”对话框中给新样式设置单元格格式，可以进一步设置字体、背景、边框等样式属性。此时默认设置状态是当前选中的单元格区域的样式，若要更改也可以重新设置，设置好后，单击“确定”按钮。

⑤ 设置好后，新的样式就可以被应用了。

（3）应用样式。将单元格的格式定义为样式后，就能将该样式套用到其他单元格上了，使其他单元格变成同样的样式。其操作步骤如下。

① 打开想要操作的表格，选中想要套用样式的单元格区域。

② 单击“开始”功能选项卡中“样式”组的“单元格样式”按钮，弹出“样式”对话框，从中选择想要套用的样式，就能将新样式应用于表格了。

（4）修改样式。样式定义好之后，如果不满意，可以进行修改。其操作步骤如下。

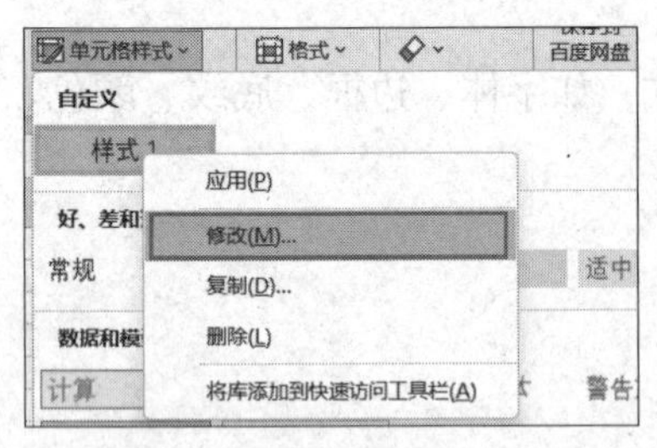

图 3-29　选择“修改”命令

① 打开目标表格文件。

② 单击“开始”功能选项卡中“样式”组的“单元格样式”按钮，在弹出的“样式”对话框中右击“自定义”下要修改的样式名称，在新弹出的快捷菜单中选择“修改”命令，如图 3-29 所示。

③ 在弹出的“样式”对话框中单击“格式”按钮。

④ 在弹出的“设置单元格格式”对话框中如同之前创建样式那样，自定义单元格样式，设置好后单击“确定”按钮，返回上一级“样式”对话框，再单击“确定”按钮即可关闭“样式”对话框且保存好修改的样式。

注意：样式的内容改变后，工作簿中此前套用该样式的所有单元格样式均会随之改变。

任务实现

完成任务 3-1“制作企业信息管理表”的操作步骤如下。

（1）新建一个空白的工作簿，手动输入以下内容，如图 3-30 所示。

	A	B	C	D	E	F	G	H	I
1	企业信息管理表								
2	序号	单位名称	专业	行政区划代码	乡镇	法定代表人	移动电话	行业代码	主要业务活动
3	1	临水市石羊镇人民政府	投资	'61318110	61318	刘春彦	1374922	9221	综合事务管理机构
4	2	临水市大观镇人民政府	投资	61318111	61318	尹涛	1383301	9221	综合事务管理
5	3	临水市青城山镇人民政府	投资	'61318111	61318	王红霞	1596236	9221	综合事务管理
6	4	临水市交通运输局	投资	61318100	61318	廖琳	1354462	9224	综合事务管理
7	5	临水市利民采油设备有限公司	工业	61318110	经开区	谢清	1846639	3512	生产石油钻采设备
8	6	临水市鑫汇公司	重点服务业	61318100	61318	罗晓娟	1525459	7263	劳务派遣
9	7	临水市光明科创新材料有限公司	工业	61318110	经开区	马庆国	1338810	2929	吸塑（PET、PS、PVC）
10	8	洪都科新科技有限公司	工业	61318110	61318	唐丽丽	1364298	3091	生产销售碳素制品
11	9	洪都奥声置业有限责任公司	房地产业	61318100	61318	张天天	1373058	7010	房地产开发
12	10	洪都华文文广投资有限公司	投资	61318100	61318	李果	1382230	7212	项目投资

图 3-30　输入内容

（2）合并单元格“A1:J1”，设置居中，效果如图 3-31 所示。

	A	B	C	D	E	F	G	H	I
1				**企业信息管理表**					
2	**序号**	**单位名称**	**专业**	**行政区划代码**	**乡镇**	**法定代表人**	**移动电话**	**行业代码**	**主要业务活动**
3	1	临水市石羊镇人民政府	投资	'61318110	61318	刘春彦	1374922	9221	综合事务管理机构
4	2	临水市大观镇人民政府	投资	61318111	61318	尹涛	1383301	9221	综合事务管理
5	3	临水市青城山镇人民政府	投资	'61318111	61318	王红霞	1596236	9221	综合事务管理
6	4	临水市交通运输局	投资	61318100	61318	廖琳	1354462	9224	综合事务管理
7	5	临水市利民采油设备有限公司	工业	61318110	经开区	谢清	1846639	3512	生产石油钻采设备
8	6	临水市鑫汇公司	重点服务业	61318100	61318	罗晓娟	1525459	7263	劳务派遣
9	7	临水市光明科创新材料有限公司	工业	61318110	经开区	马庆国	1338810	2929	吸塑（PET、PS、PVC）
10	8	洪都科新科技有限公司	工业	61318110	61318	唐丽丽	1364298	3091	生产销售碳素制品
11	9	洪都奥声置业有限责任公司	房地产业	61318100	61318	张天天	1373058	7010	房地产开发
12	10	洪都华文文广投资有限公司	投资	61318100	61318	李果	1382230	7212	项目投资

图 3-31　设置字体后效果

（3）选定标题所在单元格，设置标题“企业信息管理表”字体为“黑体，14 号，加粗”。

（4）按住 Ctrl 键，连续选中单元格“A2:I2”，同时对列名进行设置，字体为“黑体，12 号，加粗”，设置其余字体为“等线，11 号”。

（5）设置标题所在行的“行高”为 40。

（6）设置第 2 行行高为 25，其余行行高为 18，设置行高后效果如图 3-32 所示。

企业信息管理表

序号	单位名称	专业	行政区划代码	乡镇	法定代表人	移动电话	行业代码	主要业务活动
1	临水市石羊镇人民政府	投资	'61318110	61318	刘春彦	1374922	9221	综合事务管理机构
2	临水市大观镇人民政府	投资	61318111	61318	尹涛	1383301	9221	综合事务管理
3	临水市青城山镇人民政府	投资	'61318111	61318	王红霞	1596236	9221	综合事务管理
4	临水市交通运输局	投资	61318100	61318	廖琳	1354462	9224	综合事务管理
5	临水市利民采油设备有限公司	工业	61318110	经开区	谢清	1846639	3512	生产石油钻采设备
6	临水市鑫汇公司	重点服务业	61318100	61318	罗晓娟	1525459	7263	劳务派遣
7	临水市光明科创新材料有限公司	工业	61318110	经开区	马庆国	1338810	2929	吸塑（PET、PS、PVC
8	洪都科新科技有限公司	工业	61318110	61318	唐丽丽	1364298	3091	生产销售碳素制品
9	洪都奥声置业有限责任公司	房地产业	61318100	61318	张天天	1373058	7010	房地产开发
10	洪都华文文广投资有限公司	投资	61318100	61318	李果	1382230	7212	项目投资

图 3-32 设置行高和边框后的效果

（7）选定整个表格内容，右击，在打开的快捷菜单中选择“设置单元格格式”命令，打开“设置单元格格式”对话框，切换到“边框”选项卡，依次单击“外边框”和“内部”按钮。

（8）保存文件，文件名为“企业信息管理表 .xlsx”。

单元练习 3.1

一、填空题

1. 在 Excel 2021 中保存工作簿时默认的扩展名是__________。

2. 工作表内用于输入文字、公式的位置称为__________。

3. 如果要在电子表格中插入图标而非文件的内容，则在对话框中选中__________复选框。

二、单选题

1. 在 Excel 2021 工作表的单元格中，若想输入作为学号的数字字符串 1062021708，则应输入（　　）。

A. 1062021708　　B. '1062021708'　　C. "1062021708"　　D. '1062021708

2. 下面有关 Excel 工作表、工作簿的说法中，正确的是（　　）。

A. 一个工作簿可包含无限个工作表　　B. 一个工作簿可包含有限个工作表

C. 一个工作表可包含无限个工作簿　　D. 一个工作表可包含有限个工作簿

3. 在单元格中输入 12345.899 后，在单元格中显示一串“#”符号，这说明单元格的（　　）。

A. 公式有误　　　　B. 数据已经因操作失误而丢失

C. 显示宽度不够，调整即可　　　　D. 格式与类型不匹配，无法显示

4. 错误值的类型不包括以下（　　）。

A. #N/A　　B. #VALUE!　　C. #INVALID！　　D. #DIV/0!

5. 单元格中可以包含（　　）类型。

A. 只能包含数字　　　　B. 可以是数字、字符、公式等

C. 只能包含文字　　　　D. 以上都不是

6. 在使用自动套用格式来改变数据透视表报表外观时，应打开的菜单为（　　）。

A. 插入　　B. 格式　　C. 工具　　D. 数据

7. 用户要自定义排序次序，需要打开下面的（　　）菜单。

A. 插入　　B. 格式　　C. 工具　　D. 数据

三、判断题

1. 在 Excel 2021 中，电子表格软件是可以把二维表格制作成报表的应用软件。（　　）

2. 时间由时、分和秒三个部分构成，要以冒号“：”将这三个部分隔开。（　　）

3. 如果数值前面带有一个正号“+”，Excel 会认为这是一个正数，但输入正数时可不输入正号。（　　）

4. 数值型数据只能是由数字（0~9）组成的字符串。（　　）

5. 在 Excel 2021 单元格引用中，单元格地址不会随位移的方向与大小而改变的称为相对引用。（　　）

四、简答题

1. Excel 2021 新建工作簿有哪些方法？

2. 怎样冻结工作表？

3. 怎样保护工作表？

五、操作题

1. 制作班级课程表。

2. 制作教学活动作息时间表，如图 3-33 所示。

	A	B	C	D	E
1	教学活动作息时间表				
2	教学安排		上课铃时间	下课铃时间	上课时间段
3	上午	预备铃	08:20	-	-
4		第一节课	08:30	09:15	
5		第二节课	09:20	10:05	
6		第三节课	10:25	11:10	
7		第四节课	11:15	12:00	
8	下午	预备铃	13:50	-	-
9		第五节课	14:00	14:45	
10		第六节课	14:50	15:35	
11		第七节课	15:55	16:40	
12		第八节课	16:45	17:30	
13	晚上	预备铃	18:50	-	-
14		第九节课	19:00	19:45	
15		第十节课	19:50	20:35	
16		第十一节课	20:40	21:25	

图 3-33　教学活动作息时间表样表

单元 3.2　公式和函数的使用

学习目标

➢ **知识目标**

1. 理解单元格绝对地址、相对地址的概念和区别；
2. 熟悉相关工具的功能和操作界面。

➢ **能力目标**

1. 掌握相对引用、绝对引用、混合引用及工作表外单元格的引用方法；
2. 熟悉公式和函数的使用，掌握平均值、最大 / 最小值、求和、计数等常见函数的使用。

➢ **素养目标**

1. 能够通过使用公式和函数提高数据处理的效率；
2. 能以多种数字化方式对信息、知识进行展示、交流。

工作任务

任务 3-2　统计商品类型销售额

某超市，每个月要统计所有类型商品的销售总额，每半年要统计各个类型的销售总额。超市为了掌握每个类型商品的销售情况，设置了销售额合格标准。作为销售内勤或财务人员，要计算每个月各种产品的销售总金额；查询指定月份、指定类型的产品销售是否达标；使用 Excel 的公式与函数能够高效、准确地完成这项工作，如图 3-34 所示。

	A	B	C	D	E	F	G	H
1	产品类别	1月	2月	3月	4月	5月	6月	销售指标
2	洗涤	3400	3900	2800	3100	3300	3500	2500
3	生鲜水果	21620	28626	18530	20450	20450	26450	18000
4	休闲百货	11000	10020	98000	10700	89700	93070	9000
5	粮油	19700	22200	16300	17600	17600	18650	13000
6	酒水饮料	20800	26800	18300	22400	24300	26100	16000
7	休闲	8220	10220	7250	7920	6910	6720	5000
8	调料区	6210	7520	5830	6410	6720	6160	4000
9	家居	12000	17000	9500	11400	11030	10021	8000
10	合计销售额	102950	126286	176510	99980	180010	190671	
11								
12								
13				查询				
14				月份	2月			
15				产品类型	生鲜水果			
16				销售额	28626			
17				是否达标	完成			
18				小组奖励	1062.6			

图 3-34　商品类型销售额统计表效果

任务 3-2　通过公式和函数统计商品类型销售额

技术分析

该任务除了要录入销售人员的基本销售数据还要进行数据计算、信息分析。Excel 中有大量的公式、函数可以供用户选择，掌握公式与函数的概念和使用方法是运用 Excel 高级功能的基础，熟悉公式和函数的输入和编辑等基础操作，可以为 Excel 中各类函数的学习打下良好的基础。

知识与技能

一、公式与运算符

（一）公式

公式是单元格中的一系列值、单元格引用、名称或运算符的组合，可以执行某类计算，然后返回结果并显示在单元格中。公式使用各种运算符和工作表函数来处理数值和文本。在公式中使用的数值和文本可以位于其他单元格中，这样就可以轻松地更改数据，并为工作表赋予动态特性。

在 Excel 工作表中可以创建的公式分为算术公式、比较公式、文本公式和引用公式等几大类。在工作表的空白单元格中输入等号“=”，Excel 就默认该单元格将输入公式。

在等号后输入一个或者多个“操作数”，操作数之间使用一个或者多个“运算符”相连。操作数主要包括数值、文本、单元格引用、区域名或者函数名等，在单元格中输入公式后，单元格将显示公式计算的结果，当选择单元格时，公式自身会出现在编辑栏中。

1. Excel 公式的组成部分

公式可以包含函数、引用、常量和运算符的所有内容或其中之一。

公式的组成，如图 3-35 所示。

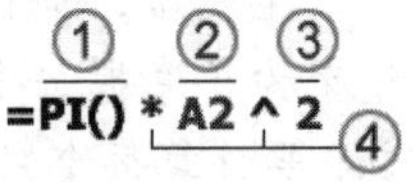

① ② ③
=PI() * A2 ^ 2 ④

图 3-35　公式的组成

（1）函数：PI( ) 函数返回 pi 值，即 3.1415……

（2）引用：A2 返回单元格 A2 中的值。

使用引用可以在一个公式中使用工作表不同部分中包含的数据，或者在多个公式中使用同一个单元格的值。默认情况下，Excel 使用“A1 引用样式”，此样式使用字母标识列（从 A 到 XFD，共 16384 列）以及数字标识行（从 1 到 1048576 行）。这些字母和数字被称为行号和列标。要引用某个单元格，需输入列标和行号。例如，B2 引用列 B 和行 2 交叉处的单元格。A1 引用样式如表 3-1 所示。

表 3-1　A1 引用样式

引　用	样　式
列 A 和行 10 交叉处的单元格	A10
在列 A 和行 10 到行 20 之间的单元格区域	A10:A20
在行 15 和列 B 到列 E 之间的单元格区域	B15:E15
行 5 中的全部单元格	5:5
行 5 到行 10 之间的全部单元格	5:10
列 H 中的全部单元格	H:H
列 H 到列 J 之间的全部单元格	H:J
列 A 到列 E 和行 10 到行 20 之间的单元格区域	A10:E20

（3）常量：直接输入公式中的数字或文本值，这里数字 2 即常量。

（4）运算符：^（脱字号）运算符表示数字的乘方，*（星号）运算符表示数字的乘积。

2. 创建引用其他单元格中值的公式

（1）选择单元格。输入等号“=”（注意，Excel 中的公式始终以等号开头）。选择一个单元格，或在所选单元格中输入其地址，如图 3-36 所示。

（2）输入运算符。例如，“-”代表相减。

（3）选择下一单元格，或在所选单元格中输入其地址，如图 3-37 所示。

（4）按 Enter 键。计算结果将显示在包含公式的单元格中。

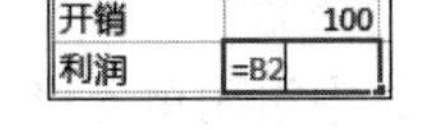

图 3-36　输入其他单元格地址

图 3-37　继续输入其他单元格地址

3. 创建包含内置函数的公式

（1）选择一个空单元格。输入一个等号“=”，然后输入函数。例如，用“=SUM”计算销售总额。输入左括号“(”，选择单元格区域，然后输入右括号“)”，如图 3-38 所示。

（2）按 Enter 键获取结果。

4. 查看公式

在单元格中输入公式时，该公式还会出现在编辑栏中。

若要查看编辑栏中的公式，请选择一个单元格，如图 3-39 所示。

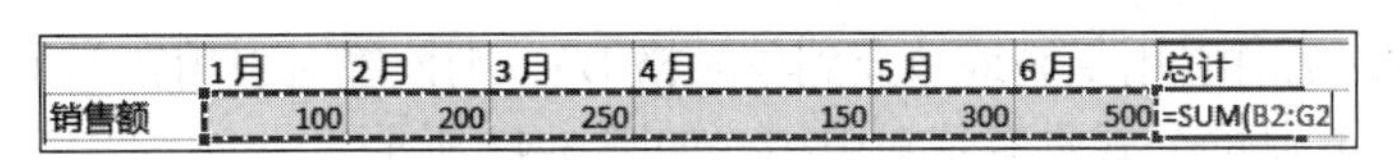

图 3-38　在单元格中输入内置函数

图 3-39　在编辑栏中查看公式

5. 编辑公式

（1）修改公式。Excel 提供了 3 种修改公式的方法：按 F2 键；双击单元格；单击编辑栏中的公式文本。输入公式后，如果出现错误可以对公式重新进行编辑。双击公式运算结果所在的单元格，即可重新显示输入的公式，也可以在编辑栏中重新编辑公式。

（2）复制公式。为了提高工作效率，当需要完成相同计算时，可以在单元格中输入公式后，使用拖曳或填充的方式将公式复制到其他单元格中。具体操作步骤如下。

① 打开 Excel 表格，选中要填充的单元格，在“开始”功能选项卡的“编辑”选项组中单击“填充”按钮，在弹出的下拉菜单中选择“向下”命令，如图 3-40 所示。

② 选中 F3 单元格，并将光标移至其右下角的“填充柄”上，当光标变成十字形状时，按住鼠标左键不放并向下拖曳，拖曳经过的单元格就显示了计算结果。选中任意复制了公式的单元格，在编辑栏中将显示应用的公式，填充结果如图 3-41 所示。

6. 公式中使用引用

在使用公式进行计算时，可以引用单元格或单元格区域来代替工作表中的一个或多个单元格中的具体数据，或者引用其他工作表中的单元格，也可以在多个公式中使用同一个

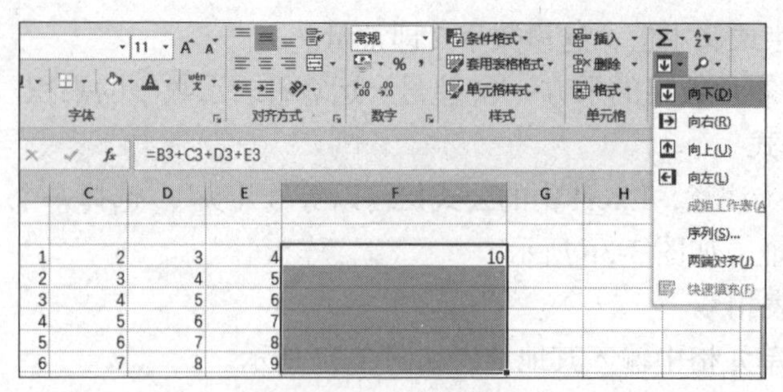

图 3-40　向下填充公式

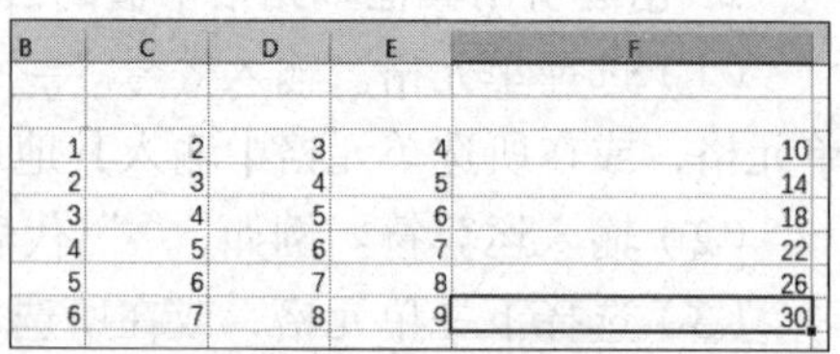

图 3-41　填充公式结果

单元格中的数据，以达到快速计算的目的。根据引用方式的不同，可分为相对引用、绝对引用和混合引用。

（1）相对引用。相对引用是指公式所在的单元格与公式中引用单元格之间的相对位置。公式中的相对单元格引用（如 A1）是基于包含公式和单元格引用的单元格的相对位置。如果公式所在单元格的位置改变，引用也随之改变。如果多行或多列地复制或填充公式，引用会自动调整。默认情况下，新公式使用相对引用。

例如，如果将单元格 B2 中的相对引用复制或填充到单元格 B3，将自动从“=A1”调整到“=A2”。复制的公式具有相对引用，如图 3-42 所示。

（2）绝对引用。公式中的绝对单元格引用（如 $A$1）总是在特定位置引用单元格。如果公式所在单元格的位置改变，绝对引用将保持不变。如果多行或多列地复制或填充公式，绝对引用将不做调整。默认情况下，新公式使用相对引用，因此可能需要将它们转换为绝对引用。

例如，如果将单元格 B2 中的绝对引用复制或填充到单元格 B3，则该绝对引用在两个单元格中一样，都是“=$A$1”。复制的公式具有绝对引用，如图 3-43 所示。

（3）混合引用。混合引用具有绝对列和相对行或绝对行和相对列。绝对引用列采用 $A1、$B1 等形式。绝对引用行采用 A$1、B$1 等形式。如果公式所在单元格的位置改变，则相对引用将改变，而绝对引用将不变。如果多行或多列地复制或填充公式，相对引用将自动调整，而绝对引用将不做调整。例如，如果将一个混合引用从单元格 B2 复制到 C3，它将从“=A$1”调整到“=B$1”。复制的公式具有混合引用，如图 3-44 所示。

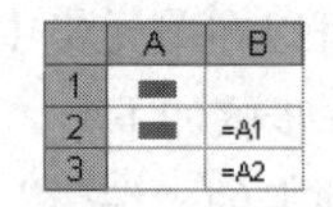

图 3-42　相对引用

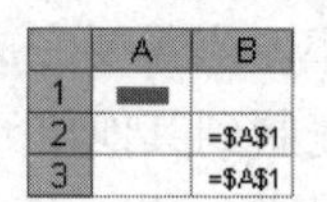

图 3-43　绝对引用

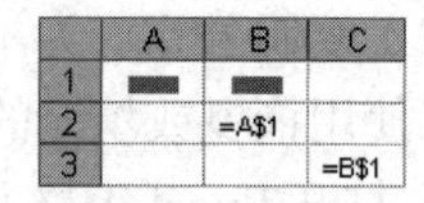

图 3-44　混合引用

（4）对其他工作表数据的引用。公式不但可以引用当前工作表中的单元格，还可以引用其他工作表中的单元格，甚至是其他工作簿中的单元格。如果要引用同一个工作簿不同工作表中的单元格，需要使用的格式为“工作表名称！单元格地址”，如图 3-45 所示。

如果要引用不同工作簿中的单元格，应该使用的格式为“[工作簿名称] 工作表名称！单元格地址”，如图 3-46 所示。

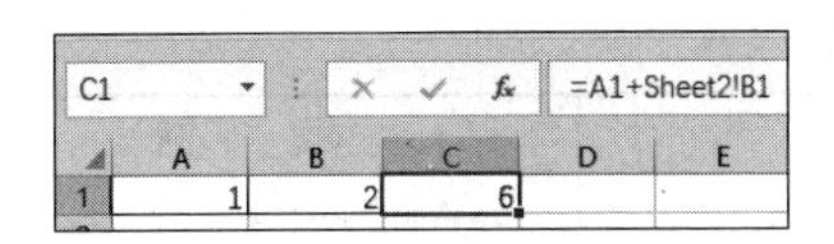

图 3-45　引用不同工作表中的单元格

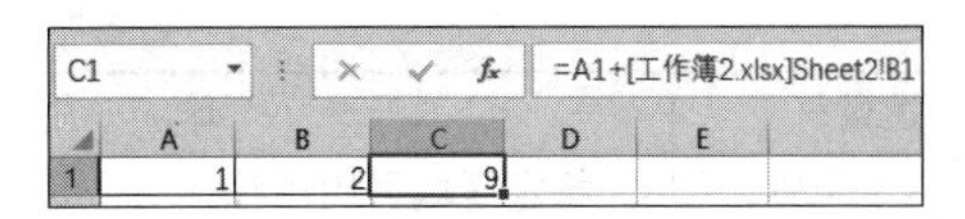

图 3-46　引用不同工作簿中的单元格

（二）运算符

1. 在 Excel 公式中使用计算运算符

运算符用于指定要对公式中元素执行的计算类型。Excel 遵循用于计算的常规数学规则，即括号、指数、乘法和除法以及加法和减法。使用括号可更改该计算顺序。Excel 有以下四种不同类型的计算运算符。

（1）算术运算符：若要进行基本的数学运算（如加法、减法、乘法或除法）、合并数字以及生成数值结果，可使用算术运算符，如表 3-2 所示。

表 3-2　算术运算符

运　算　符	作　　用	示　　例
+	加法运算	A1+.B1、1+2
−	减法运算	A1−B1、1−2
×	乘法运算	A1 × B1、1 × 2
÷	除法运算	A1 ÷ B1、1 ÷ 2
%	百分比运算	50%
^	乘幂运算	2^4

（2）比较运算符：可以使用下列运算符比较两个值。当使用这些运算符比较两个值时，结果为逻辑值 TRUE 或 FALSE，如表 3-3 所示。

表 3-3　比较运算符

运　算　符	作　　用	示　　例
=	等于运算	A1=B1
>	大于运算	A1>B1
<	小于运算	A1<B1
>=	大于或等于运算	A1>=B1
<=	小于或等于运算	A1<=B1
<>	不等于运算	A1<>B1

（3）文本连接运算符：可以使用与号（&）连接一个或多个文本字符串，以生成一段文本，如表 3-4 所示。

表 3-4　文本连接运算符

运　算　符	作　　用	示　　例
&	用于连接多个单元格中的文本字符串	A1&B1

（4）引用运算符：可以使用以下运算符对单元格区域进行合并计算，如表 3-5 所示。

表 3-5　引用运算符

运算符	作　用	示　例
:（冒号）	特定区域引用运算	A1:C4
,（逗号）	联合多个特定区域引用运算	SUM（A1:C4,C4:D8）
（空格）	对两个引用区域中共有的单元格进行交叉运算	SUM（A1:C4 C4:D8）

2. 运算符的优先级

当运算公式中使用了多个运算符时，Excel 可能不再按照从左向右的顺序进行运算，而是根据各运算符的优先级进行运算。对于同一级别的运算符，再按照从左至右的顺序计算，可见公式中运算符优先级的重要性，只有熟知各运算符的优先级别，才有可能避免公式编辑和运算中出现错误，运算符的优先级如表 3-6 所示。

表 3-6　运算符的优先级

优先级	符　号	说　明
1	:（冒号）,（逗号）（空格）	引用运算符
2	-	算术运算符：负号
3	%	算术运算符：百分比
4	^	算术运算符：乘幂
5	× 和 ÷	算术运算符：乘和除
6	+ 和 -	算术运算符：加和减
7	&	文本连接运算符：连接文本
8	=、>、<、>=、<=、<>	比较运算符：等于、大于、小于、大于或等于、小于或等于、不等于

括号的优先级高于表 3-6 中所有的运算符，可以利用括号来调整运算符的优先级，如果公式中使用了括号，则应该由最内层的括号逐级向外进行运算。

二、函数

（一）认识函数

Excel 中的函数就是一些预定义的公式，使用一些称为参数的特定数值按指定的顺序或结构进行计算。用户可以直接用这些特定数值对某个区域内的数值进行一系列的运算，如加减乘除、日期和时间的处理、计算平均值等，使用函数可以将公式大大简化，提高工作效率。

1. 函数的结构

函数的结构是以函数名称开始，后面是左圆括号、以逗号分隔的参数和右圆括号，如果函数以公式的形式出现，则需要在函数名称前面输入等号，如图 3-47 所示。

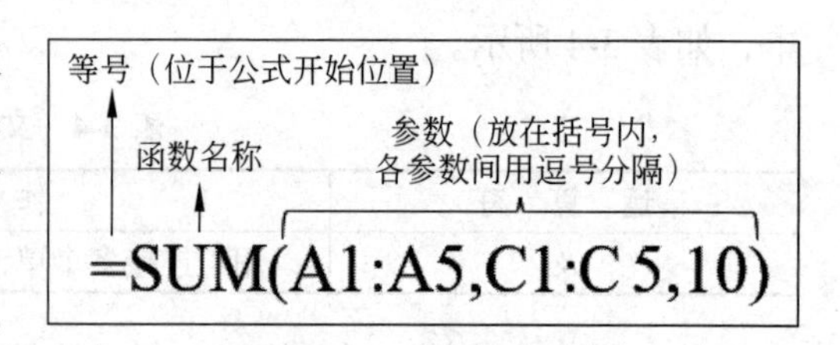

图 3-47　函数的结构

（1）函数名称：唯一标识一个函数，总是以大写字母表示，即使输入的函数为小写，

Excel 也会自动将函数名称转换为大写形式。

（2）参数：函数的输入数据，用于执行计算，多个函数之间要使用逗号分隔。参数可以是数字、文本、逻辑值、数组、单元格引用，甚至是形如 #N/A 的错误值，给定的参数必须能产生有效的值。参数也可以是常量、公式或其他函数，还可以是数组、单元格引用等。

2. 函数的种类

不同的函数可以达到不同的计算目的，Excel 提供了 300 多个内置函数，为满足不同的计算需求，划分了多个函数类别。

（1）财务函数：用于进行一般的财务计算。

（2）日期与时间函数：用于分析和处理日期值和时间值。

（3）数学与三角函数：用于处理简单的算数计算。

（4）统计函数：用于对选定区域的数据进行统计分析。

（5）查找与引用函数：用于在数据清单或工作表中查找特定的数据，或者查找某一单元格的引用。

（6）数据库函数：用于分析和处理数据清单（数据库）中的数据。

（7）文本函数：用于处理字符串。

（8）逻辑函数：用于进行真假值判断，或者进行复合检验。

（9）信息函数：用于确定存储在单元格中的数据类型。

（10）工程函数：用于工程分析。

（二）函数的使用

1. 输入函数的方法

所有的函数都必须在公式中，所以即使只使用函数本身，也要在前面加上等号。在公式中输入函数有以下两种基本方法。

（1）直接输入函数。用户可以直接将函数名输入需要使用的公式中，然后根据函数格式，在括号里填写所需的参数，如图 3-48 所示。

在输入函数时，还需要遵循以下原则。

① 无论使用大写还是小写方式输入函数名，Excel 都会自动转换为大写。

② 所有函数参数都必须放在括号中。

③ 使用逗号将参数分开，为提高函数参数的可读性，可以在逗号后加上一个空格，Excel 会自动忽略参数中多余的空格。

④ 可以将函数结果作为另一个函数的参数，这种使用方法称为函数嵌套。

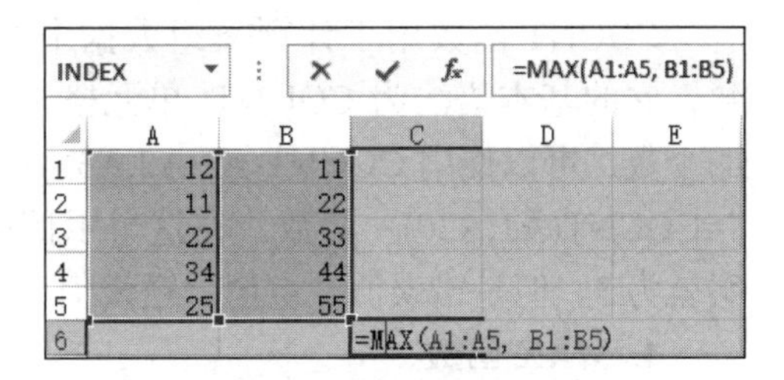

图 3-48　直接输入函数

（2）使用插入函数对话框输入。对于初学者或者使用不常见函数的时候，用户可能需要 Excel 提供帮助，Excel 提供了函数向导工具来帮助用户选择，选择需要插入函数的单元格，切换到“公式”功能选项卡，在“函数库”选项组单击“插入函数”按钮，或者直接单击编辑栏中左侧的“插入函数”按钮，打开“插入函数”对话框进行选择，如图 3-49 所示。

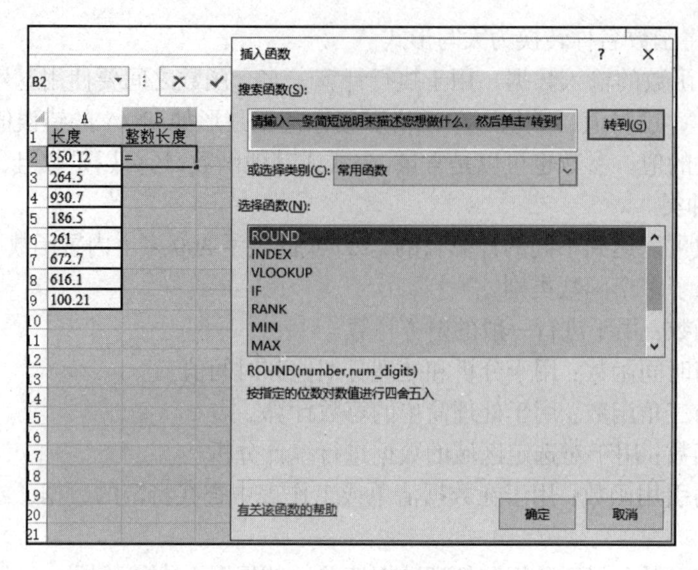

图 3-49 使用插入函数

2. 在函数中使用引用

方法和公式中使用引用的方法相同。

三、常用函数

1. SUM 函数

SUM 函数用于对一组数值求和。它的基本语法为 SUM(数字 1, 数字 2, ...)。例如，求 1、2、3 的和，可以使用“=SUM(1,2,3)”函数。求单元格“A2：A10”中的值，可以使用“=SUM(A2:A10)”函数。

2. AVERAGE 函数

AVERAGE 函数用来计算所有参数的算术平均值。它的基本语法为 AVERAGE(数字 1, 数字 2, ...)。例如,求“A1:A20”范围数字的平均值,可以使用“= AVERAGE (A1:A20)”函数。

3. COUNT 函数

COUNT 函数用于计算一组数据中包含数字的单元格个数以及参数列表中数字的个数，它的基本语法为 COUNT(单元格 1, 单元格 2, ...)。例如，计算 A1、A2、A3 中数字的个数，可以使用 COUNT(A1,A2,A3) 函数。求区域“A1:A20”中数字的个数，可以使用“=COUNT(A1:A20)”函数，在这个示例中，如果此区域中有 5 个单元格包含数字，则答案就为 5。但是错误值、空值、逻辑值、文字则被忽略。

4. MAX 函数

MAX 函数用来返回一组值或指定区域中的最大值。它的基本语法为 MAX(数字 1, 数字 2, ...)。例如，求 1、3、5 中的最大值，可以使用 MAX(1, 3, 5) 函数。

5. MIN 函数

MIN 函数用来返回一组值或指定区域中的最小值。它的基本语法为 MIN(数字 1, 数字 2, ...)。例如，求 1、3、5 中的最小值，可以使用 MIN(1, 3, 5) 函数。

6. IF 函数

1IF 函数用于根据一个判断条件返回不同的结果，它的基本语法为 IF(条件 , 值 1, 值 2)。例如，在 A1 中输入判断条件，如果条件成立则返回 B1 的值，否则返回 C1 的值，可以使用 IF(A1,B1,C1) 函数。

7. INDEX 函数

INDEX 函数用于返回一个范围内的单元格的值，它的基本语法为 : INDEX(范围 , 行数 , 列数)。例如，在“A1:E5”中输入一组数据，要返回第 3 行第 4 列的值，可以使用 INDEX(A1:E5,3,4) 函数。

8. MATCH 函数

MATCH 函数用于在一个数据范围中查找一个值，并返回该值在范围中的位置，它的基本语法为 :MATCH(查找值，表格范围，精确匹配)。例如，在 A1 中输入要查找的值，在“A2:A10”中输入数据范围，精确匹配方式为 1，可以使用 MATCH(A1,A2:A10,1) 函数。

9. CHOOSE 函数

CHOOSE 函数用于返回数值参数列表中的数值。它的基本语法为 CHOOSE(索引编号 , 值 1, [值 2], ...)。例如，“CHOOSE(2,A2,A3,A4,A5)”函数返回第二个列表参数的值 (单元格 A3 中的值)；“CHOOSE(3,”Wide”,115,”world”,8)”函数返回第三个列表参数的值 (“world”)。

任务实现

完成任务 3-2“统计商品类型销售额”的思路和步骤如下。

通过实例综合引用 Excel 公式与函数，求每月的销售总金额，可以通过对当月这个列求和得到；求每种商品半年的销售总和，可以通过对该类型商品这一行的销售金额求和得到；查询商品类型销售信息，可以使用引用函数，选择商品类别；判断是否合格，可以使用当月的销售额与销售额最低标准的差得到。

1. 建立工作簿

输入商品类型销售数据，如图 3-50 所示。

	A	B	C	D	E	F	G	H
1	产品类别	1月	2月	3月	4月	5月	6月	销售指标
2	洗涤	3400	3900	2800	3100	3300	3500	2500
3	生鲜水果	21620	28626	18530	20450	20450	26450	18000
4	休闲百货	11000	10020	98000	10700	89700	93070	9000
5	粮油	19700	22200	16300	17600	17600	18650	13000
6	酒水饮料	20800	26800	18300	22400	24300	26100	16000
7	休闲	8220	10220	7250	7920	6910	6720	5000
8	调料区	6210	7520	5830	6410	6720	6160	4000
9	家居	12000	17000	9500	11400	11030	10021	8000
10	合计销售额							
11								
12								
13				查询				
14				月份				
15				产品类型				
16				销售额				
17				是否达标				
18				小组奖励				

图 3-50 初始化表格

2. 设置月份选择菜单

选择单元格 E14，切换到“数据”选项卡，在“数据工具”组中单击“数据验证”选项，弹出“数据验证”对话框，在“验证条件”选项中，“允许”参数选择“序列”，“来源”参数选择姓名所在单元格区域“=$B$1:$G$1”，Excel 自动将所选单元格区域设置为绝对引用，如图 3-51 所示。

3. 设置产品类别选择菜单

单击“数据验证”选项，弹出“数据验证”对话框，在“验证条件”选项中，“允许”参数选择“序列”，“来源”参数选择产品名称所在单元格区域“=$A$2:$A$9”，Excel 自动将所选单元格区域设置为绝对引用，如图 3-52 所示。

图 3-51　设置月份选择菜单

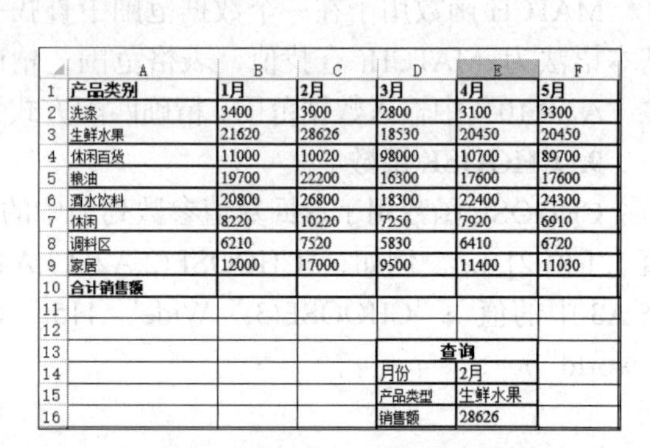

图 3-52　设置产品类别选择菜单

4. 计算

（1）设置公式查询某月某产品类型的销售额，需在单元格 E16 中输入公式“=INDEX(B2:G9,MATCH(E15,A2:A9,0),MATCH(E14,B1:G1,0))”，在单元格 E14 中选择月份，在单元格 E15 中选择要查询的产品类别，即可得到该月指定类型产品的销售额，如图 3-53 所示。

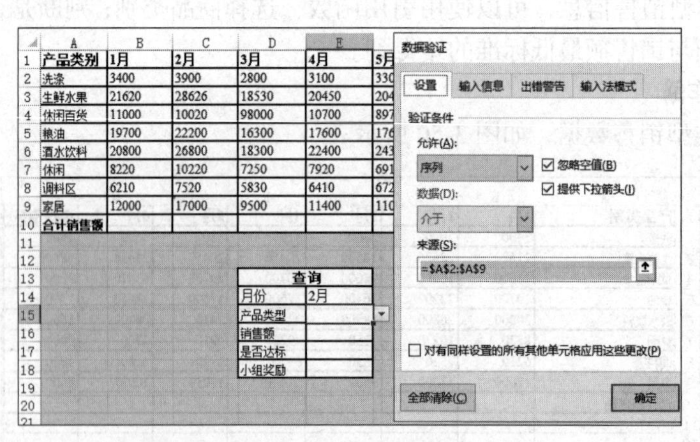

图 3-53　查询某月某产品类型的销售额

（2）单元格 E17 的文本用于判断产品类别的销售额是否达标，在单元格 E17 中输入公式“=CHOOSE(IF(INDEX(B2:H9,MATCH(E15,A2:A9,0),7)>E16,1,2),"未完成","完成")”，然后按 Enter 键，如图 3-54 所示。

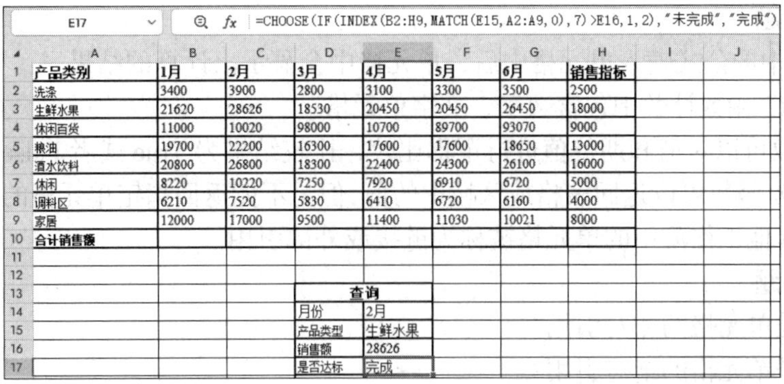

E17　=CHOOSE(IF(INDEX(B2:H9,MATCH(E15,A2:A9,0),7)>E16,1,2),"未完成","完成")

	A	B	C	D	E	F	G	H
1	产品类别	1月	2月	3月	4月	5月	6月	销售指标
2	洗涤	3400	3900	2800	3100	3300	3500	2500
3	生鲜水果	21620	28626	18530	20450	20450	26450	18000
4	休闲百货	11000	10020	98000	10700	89700	93070	9000
5	粮油	19700	22200	16300	17600	17600	18650	13000
6	酒水饮料	20800	26800	18300	22400	24300	26100	16000
7	休闲	8220	10220	7250	7920	6910	6720	5000
8	调料区	6210	7520	5830	6410	6720	6160	4000
9	家居	12000	17000	9500	11400	11030	10021	8000
10	合计销售额							
11								
12								
13				查询				
14				月份	2月			
15				产品类型	生鲜水果			
16				销售额	28626			
17				是否达标	完成			

图 3-54　判断产品类别的销售额是否达标

（3）计算每个月所有产品类别的合计销售额：在单元格 B10 中输入公式“=SUM(B2:B9)”，然后按 Enter 键，这时单元格 B10 中的结果就是 1 月份的合计销售额。接下来，把光标移动到单元格 B10 右下角，待出现黑色的十字光标，按住鼠标左键不放，并连续拖曳到单元格 G10，最后松开鼠标左键，这时我们看到“B10：G10”这个区间都自动计算出了每个月所有产品类别的合计销售额。

完成以上公式编辑后，用户选择任意月份、任意产品类型，将自动得到该月该类型产品的销售额，并判断其是否达标。

单元练习 3.2

一、填空题

1. Excel 中的“:”为区域运算符，对两个引用之间，包括两个引用在内的所有单元格进行引用，表示 A1 到 D5 所有单元格的引用为__________。

2. 将 A1+A4+B4 用绝对地址表示为__________。

3. 在工作表的空白单元格中输入__________符号，Excel 就默认该单元格将输入公式。

二、单选题

1. 在 Excel 中，函数 SUM（A1:B4）的功能是（　　）。

A. 计算 A1+B4　　B. 计算 A1+A2+A3+A4+B1+B2+B3+B4
C. 按行计算 A 列与 B 列之和　　D. 按列计算 1、2、3、4 行之和

2. 在 Excel 中，用来计算平均值的函数是（　　）。

A. SUM　　B. COUNT　　C. AVERAGE　　D. IF

3. 在 Excel 的一个工作表上的某一单元格中，若要输入计算公式 2017-2-5，则正确的输入为（　　）。

A. '2017-2-5　　B. "2017-2-5"　　C. =2017-2-5　　D. 2017-2-5

4. 如果将 B3 单元格中的公式“=C3+ $D5”复制到同一工作表的 D7 单元格中，该单元格公式为（　　）。

A. =C3+$D5　　B. =D7+$E　　C. =E7+$D9　　D. =E7+$D5

5. 常用的单元格引用方式不包括（　　）。

A. 数值引用　　B. 相对引用　　C. 绝对引用　　D. 混合引用

三、判断题

1. Excel 中的公式输入单元格中后，单元格中会显示出计算的结果。 （ ）
2. COUNT 函数计数中包含数字、文字单元格。 （ ）
3. IF 函数可以对值和期待值进行逻辑比较，比较结果为 True 或者 False。 （ ）
4. INDEX 函数可以返回表格或区域中的值,但是不能返回指定单元格的引用。（ ）
5. 引用其他工作簿中的单元格被称为链接或外部引用。 （ ）

四、简答题

1. 什么是单元格的相对引用?
2. 什么是单元格的绝对引用?
3. 请简述函数的种类有哪些。

五、操作题

计算图 3-55 中考勤工资表总工资、平均工资以及根据全勤计算平均工资。

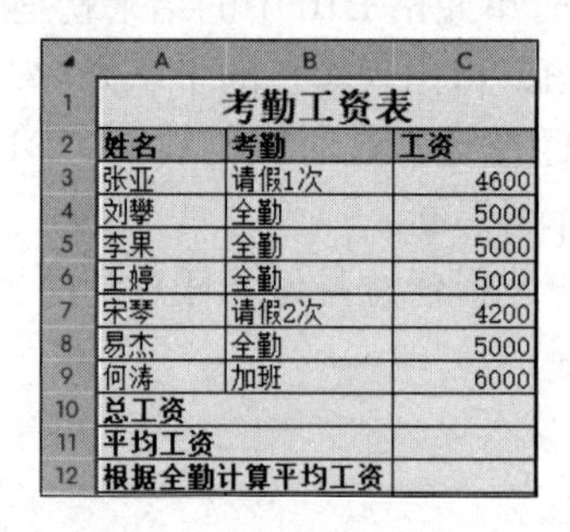

	A	B	C
1	考勤工资表		
2	姓名	考勤	工资
3	张亚	请假1次	4600
4	刘攀	全勤	5000
5	李果	全勤	5000
6	王婷	全勤	5000
7	宋琴	请假2次	4200
8	易杰	全勤	5000
9	何涛	加班	6000
10	总工资		
11	平均工资		
12	根据全勤计算平均工资		

图 3-55 考勤工资表

单元 3.3 数据的处理与展示

学习目标

➢ **知识目标**

了解电子表格数据处理的相关功能和概念。

➢ **能力目标**

1. 掌握各种常见数据筛选方式、排序方式、分类汇总等操作；
2. 理解数据透视表概念，掌握数据透视表的创建、更新数据、添加和删除字段。

➢ **素养目标**

能够使用各种数据处理方法对数据进行分析和展示。

工作任务

任务 3-3 制作数据透视展板

现有几类食品的销售数据汇总表，将其制作成数据透视展板以直观地展示各个产品的销售情况。需要设置一个数据透视表的展板，用来直观地展示商品销售的数据，并为年份和商品类型设置切片器，可以切换观看，用三种图表来对商品销售情况做一个数据透视展板，要求色调要一致。最后将其打印出来保存为纸质文档，效果如图 3-56 所示。

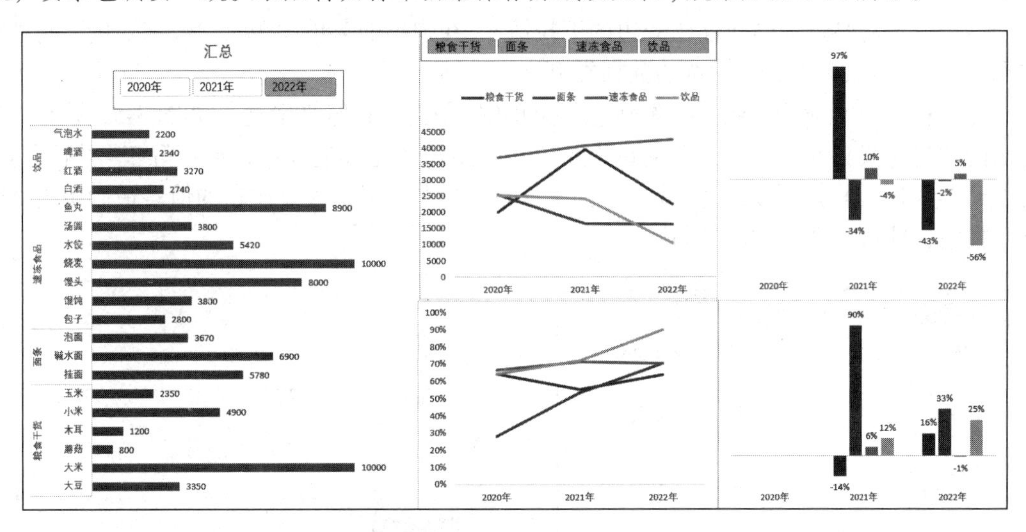

图 3-56　数据透视展板

技术分析

完成本单元任务需要掌握对数据进行排序、筛选、分类汇总、创建数据透视表、打印设置、页面布局等技能。

知识与技能

一、表格数据的分析与管理

（一）数据筛选

1. 自动筛选

（1）打开 Excel 文档，选中要进行筛选的工作表，选定包含数据的整个范围。可以单击并拖曳鼠标来选择数据，或者使用 Ctrl+A 组合键来选中整个工作表。单击“数据”选项卡，在“排查和筛选”组中单击“筛选”按钮，在数据的列标题上将会出现筛选箭头图标。

（2）然后每个列标题旁边都会出现一个下拉箭头图标。单击该图标，将弹出一个下拉菜单，其中列出了该列中的所有唯一数值或文本。可以选择要提取的特定值，也可以使用搜索框来快速查找。选择了筛选条件后，Excel 将仅显示与条件匹配的行。其他行将被隐藏，但并没有被删除，以便随时重新显示。

2. 自定义筛选

（1）拖曳鼠标选中需要进行筛选的单元格区域。单击“数据”选项卡“排序和筛选”组中的“筛选”按钮，此时在表格中每个列的标题旁边出现下拉箭头。

（2）单击需要筛选的列标题旁边的下拉箭头，在弹出的菜单中单击“数字筛选”或“文本筛选”，具体取决于需要筛选的数据类型。

（3）在“数字筛选”或“文本筛选”菜单中，单击“自定义筛选”，如图 3-57 所示。在弹出的“自定义自动筛选方式”对话框中，选择所需的比较运算符，如“等于”“不等于”“大于”“小于”等，如图 3-58 所示。然后在右侧的文本框中输入要比较的值。最后单击“确定”按钮，即可筛选出相应的行。

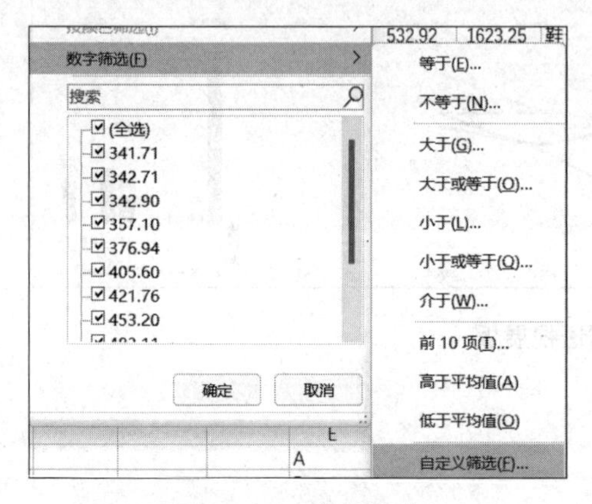

图 3-57　自定义筛选

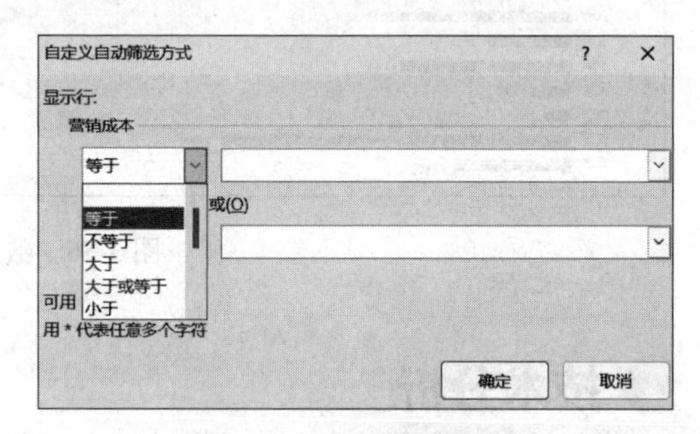

图 3-58　选择比较运算符

3. 高级筛选

高级筛选是一种可以根据多个条件筛选数据的功能，如筛选年龄在 18 到 35 之间的数据信息。

（1）创建高级筛选的区域，此处创建两个“年龄”列，在第一个“年龄”列下输入“>=18”，第二个“年龄”列下输入“<=35”，如图 3-59 所示。

（2）单击“数据”选项卡“排序和筛选”组中的“高级”按钮，默认在原数据范围显示筛选结果。

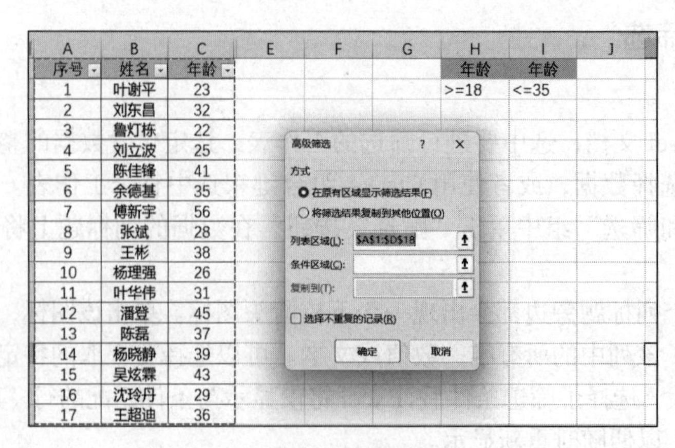

序号	姓名	年龄
1	叶谢平	23
2	刘东昌	32
3	鲁灯栋	22
4	刘立波	25
5	陈佳锋	41
6	余德基	35
7	傅新宇	56
8	张斌	28
9	王彬	38
10	杨理强	26
11	叶华伟	31
12	潘登	45
13	陈磊	37
14	杨晓静	39
15	吴炫霖	43
16	沈玲丹	29
17	王超迪	36

图 3-59　高级筛选

（3）此时可以选择切换到其他位置，用户也可以根据个人需求显示在原有区域。

（4）然后依次选择筛选范围，即“列表区域”“条件区域”以及存放筛选结果的第一个单元格，最后单击“确定”按钮。

（5）在指定区域得到新的结果，且原表格数据不变。

注意：高级筛选的筛选区域若是在一行区域，即为同时满足两个条件；若是在不同行，则表示满足任意一行都会被筛选出来。

（二）排序

排序是日常中使用频率非常高的功能，如成绩排序、业绩排序、放假排序等，排序后可快速获取最值。排序主要有以下方法。

1. 简单排序

排序时，只按照一个字段的值来作为排序的依据。其操作步骤如下。

单击要排序的数据所在列的任意一个单元格，再单击“数据”选项卡“排序和筛选”组中的“排序”按钮。设定完成后，会依照该字段数值重新排序。

2. 多条件排序

遇到关键字排序时，如果碰到相同的数据，可以采取设定第二个、第三个或更多的次要关键字，让排序更加准确地符合用户需求。其操作步骤如下。

（1）单击“数据”选项卡“排序和筛选”组中的“排序”按钮，如图 3-60 所示，弹出“排序”对话框，如图 3-61 所示。

图 3-60　单击“排序”按钮

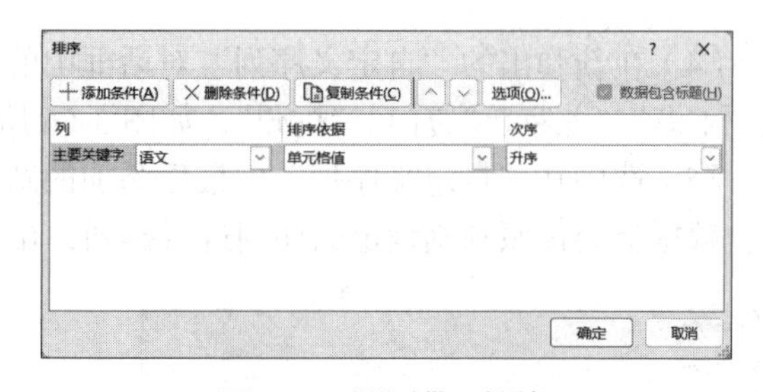

图 3-61　“排序”对话框

（2）在“主要关键字”下拉列表中选择“语文”，在“排序依据”下拉列表中选择“单元格值”，在“次序”下拉列表中选择“升序”，如图 3-62 所示。

（3）单击“添加条件”按钮，在“次要关键字”下拉列表中选择“数学”，在“排序依据”下拉列表中选择“单元格值”，在“次序”下拉列表中选择“升序”，如图 3-63 所示。

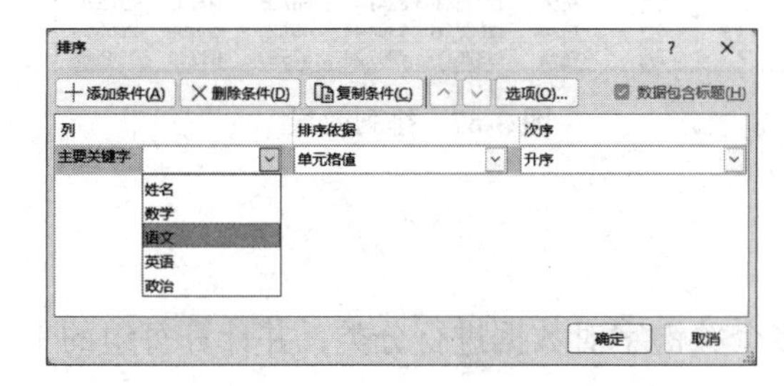

图 3-62　设定主要关键字排序

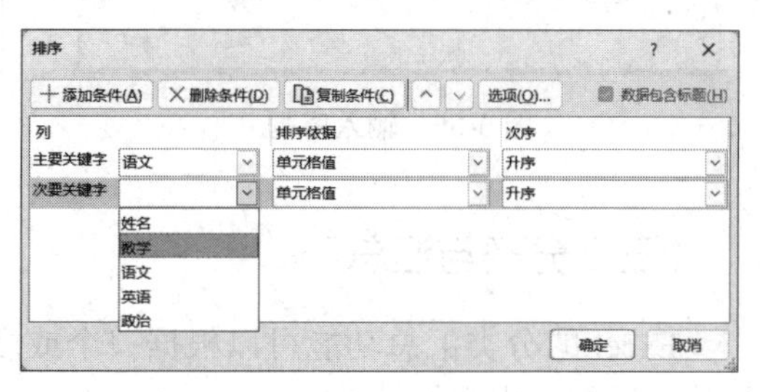

图 3-63　设定次要关键字排序

（4）单击“确定”按钮，结果显示如图 3-64 所示。

3. 自定义排序

自定义排序是让 Excel 按照用户想要的其他规则进行排序。例如，用户想对城市按照一个自定义的方式进行排序，既不是升序也不是降序，则在排序窗口的关键字是“城市”的条件行中的次序选择“自定义序列”。在“自定义序列”对话框里按照自己希望的顺序输入城市名并用回车换行符隔开，最后单击“确定”按钮即可。

其操作步骤如下。

（1）单击“数据”功能选项卡“排序和筛选”选项组中“排序”按钮。

（2）设置“主要关键字”为“城市”，设置“排序依据”为“单元格值”。

（3）在“排序”对话框中的“次要关键字”中的“次序”下拉列表中选择“自定义序列”，如图 3-65 所示。

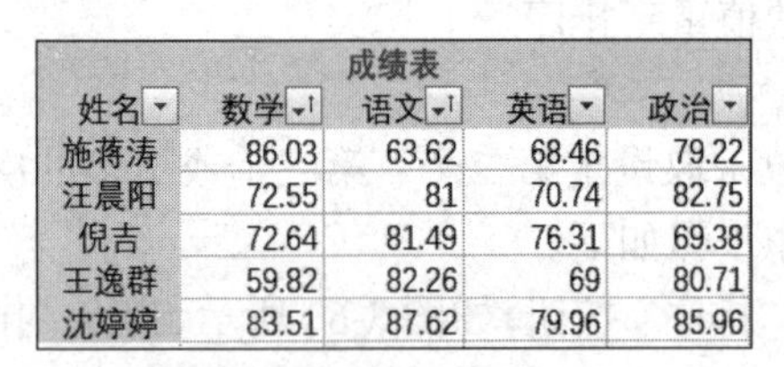

成绩表

姓名	数学	语文	英语	政治
施蒋涛	86.03	63.62	68.46	79.22
汪晨阳	72.55	81	70.74	82.75
倪吉	72.64	81.49	76.31	69.38
王逸群	59.82	82.26	69	80.71
沈婷婷	83.51	87.62	79.96	85.96

图 3-64　多条件排序结果

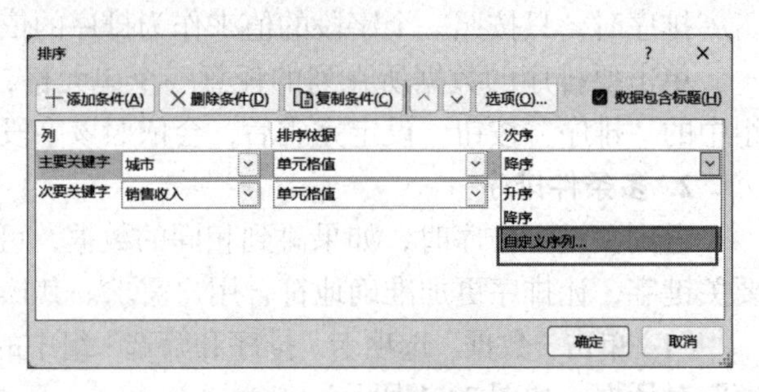

图 3-65　自定义排序

（4）在新弹出的“自定义序列”对话框中的右侧“输入序列”的空白框中依次隔行输入“上海”“北京”“厦门”“杭州”，如图 3-66 所示，单击“确定”按钮。

（5）选中在“自定义序列”中最后添加的新序列，单击“确定”按钮后设定完成，此时，数据就会按照刚刚设定的序列进行排列，排列效果如图 3-67 所示。

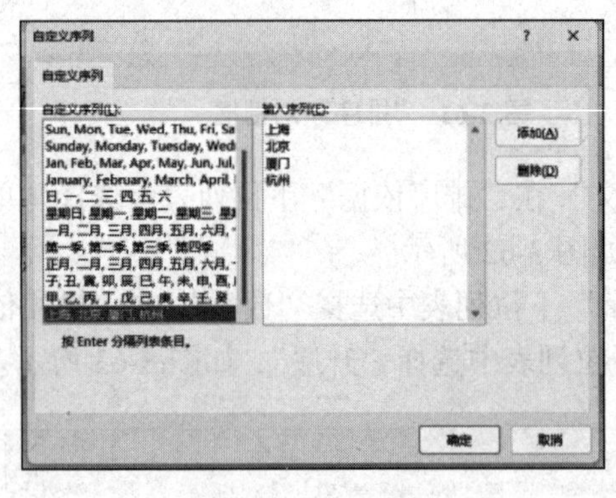

图 3-66　输入序列

序号	月份	城市	销售收入	营销成本	人力资本	渠道税金	销售利润
4	4月	上海	9863.00	7261.50	405.60	563.24	1380,81
12	12月	上海	9827.00	7087.32	376.94	342.89	2045.87
5	5月	上海	9763.00	7281.60	421.76	356.91	1673.12
11	11月	北京	9621.00	7232.50	341.71	365.76	1576.78
9	9月	北京	8635.00	6572.60	574.92	245.61	1126.75
10	10月	北京	8066.00	6232.60	342.71	223.43	1217.97
2	2月	厦门	10956.00	8021.50	342.90	547.42	1946.92
1	1月	厦门	10652.00	7952.50	357.10	301.22	2096.76
6	6月	厦门	10521.00	7983.80	483.11	532.92	1623.25
8	8月	杭州	12735.00	8341.40	687.35	805.32	2765.93
3	3月	杭州	11528.00	8354.40	453.20	668.59	2053.54
7	7月	杭州	11325.00	7997.20	575.83	689.11	2045.66

图 3-67　排列效果

（三）分类与汇总

Excel 的分类汇总功能可以根据一个或多个关键字对数据进行分类，并计算每组的平均值、计数、求和等。

使用 Excel 分类汇总的方法如下。

（1）准备好要进行分类汇总的数据，并将其整理到一个工作表中。确保数据已经按照要进行分类的列进行了排序。

（2）选中包含数据的单元格区域，然后单击“数据”功能选项卡中“分级显示”选项组的“分类汇总”按钮，如图 3-68 所示。

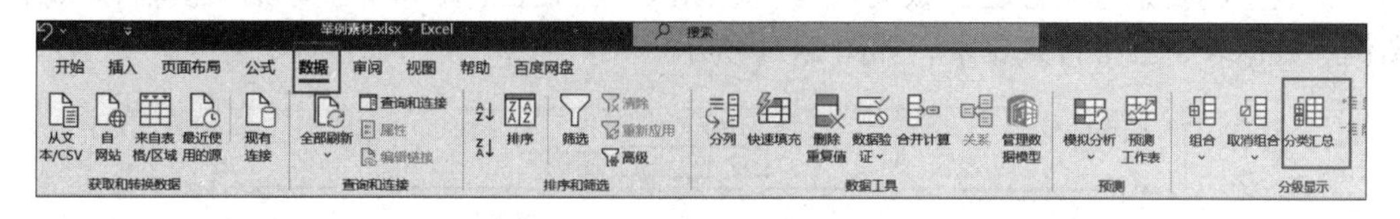

图 3-68　“分类汇总”按钮位置

（3）在弹出的“分类汇总”对话框中，选择要作为分类依据的列。可在“列”下拉列表中选择一个或多个列作为分类依据。

（4）在“汇总方式”下拉列表中选择要使用的汇总函数。常见的汇总函数包括“平均值”“计数”“求和”等。如果选择了多个分类依据，可以单击“更多选项”按钮，然后选中“按多个字段进行汇总”复选框。可以对每个唯一的分类组合进行汇总。最后单击“确定”按钮即可实现分类汇总。

（5）完成分类汇总后，可以通过单击数字旁边的三角形按钮来展开或折叠相应的汇总数据。

例如，以“企业销售表”为例，分地区统计人力资本的总计。

① 通过“排序”的步骤操作，将数据按照城市名称排序。

② 单击“分类汇总”按钮，在弹出的“分类汇总”对话框中，选择“分类字段”为“城市”，选择“汇总方式”为“求和”，选择“选定汇总项”为“人力资本”，如图 3-69 所示，最终结果如图 3-70 所示。

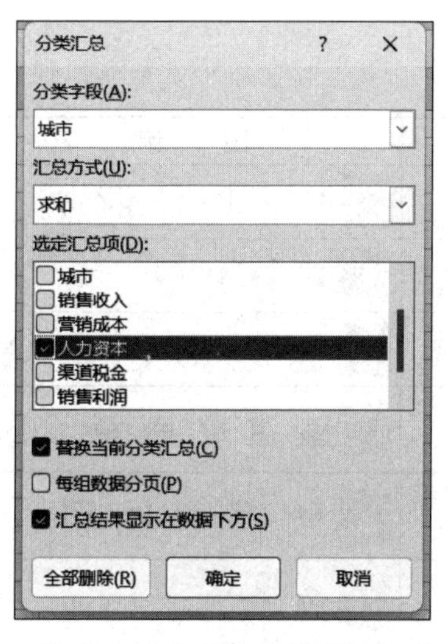

图 3-69　分区统计人力资本

序号	月份	城市	销售收入	营销成本	人力资本	渠道税金	销售利润	商品类型
9	9月	北京	8635.00	6572.60	574.92	245.61	1126.75	文具
10	10月	北京	8066.00	6232.60	342.71	223.43	1217.97	服装
11	11月	北京	9621.00	7232.50	341.71	365.76	1576.78	鞋子
		北京 汇总			1259.34			
3	3月	杭州	11528.00	8354.40	453.20	668.59	2053.54	服装
7	7月	杭州	11325.00	7997.20	575.83	689.11	2045.66	文具
8	8月	杭州	12735.00	8341.40	687.35	805.32	2765.93	鞋子
		杭州 汇总			1716.38			
1	1月	厦门	10652.00	7952.50	357.10	301.22	2096.76	服装
2	2月	厦门	10956.00	8021.50	342.90	547.42	1946.92	文具
6	6月	厦门	10521.00	7983.80	483.11	532.92	1623.25	鞋子
		厦门 汇总			1183.11			
4	4月	上海	9863.00	7261.50	405.60	563.24	1380.81	服装
5	5月	上海	9763.00	7281.60	421.76	356.91	1673.12	文具
12	12月	上海	9827.00	7087.32	376.94	342.89	2045.87	鞋子
		上海 汇总			1204.30			
								总计
		总计			5363.13			

图 3-70　统计结果

注意：若未先按城市分类则达不到想要的分类汇总。

二、数据展示

（一）图表

1. 图表的八要素

图表中的要素包括标题、数据系列、绘图区、图表区、*X* 和 *Y* 坐标轴（横轴和纵轴）、图例、数据表、三维背景要素，如图 3-71 所示。

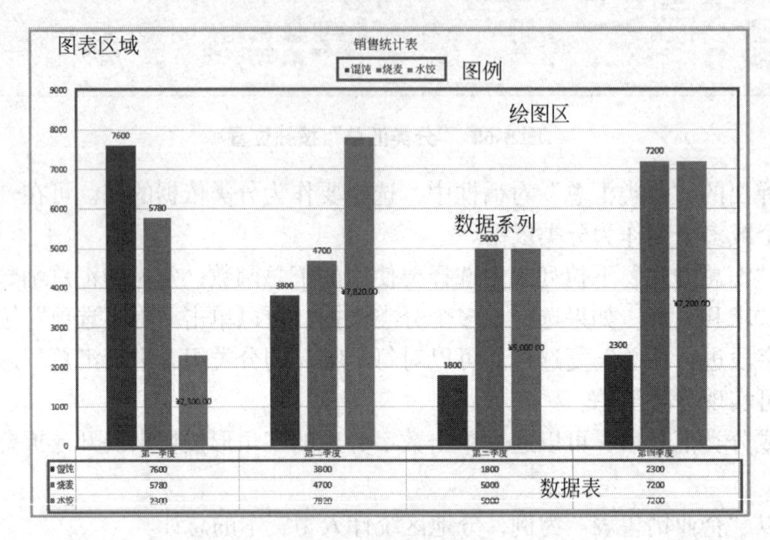

图 3-71 图表要素

三维背景要素是由基座和背景墙组成的 3D 效果的立体图，它是图表的第八要素。

2. 常见图表类型

Excel 中一般按照图表的展示图形来划分类型，图表分为折线图、饼图、雷达图、曲面图等多个图表种类，如表 3-7 所示。

表 3-7 常见图表类型

类型	作 用	图 例
折线图	适用于显示随着时间变化而变化的连续的数据	
饼图	显示该组成数据系列的数值在该系列总体中所占的比例	
散点图	主要用来比较在不均匀的时间或测量间隔上数据的变化趋势	
条形图	显示各个数据项目之间的对比，与柱形图相似，不同的是其分类的轴设置在纵轴上，而柱形图设置在横轴上	
面积图	用于显示不同数据系列之间的对比关系，同时也显示各数据系列与整体的比例关系	
雷达图	可以将几个数据系列进行比较，显示出各个数值相对于中心位置的变化	
曲面图	用于在连续的曲面山跨越了两个维度显示数据的变化趋势	

续表

类型	作　　用	图　　例
股价图	用于显示股票价格及其变化的情况，也可以用于显示类似于气象数据的科学数据变化	
组合图	不同类型的图表组合在一起	

3. 图表的创建

（1）选中需要将其中数据绘制成图表的单元格。

（2）单击“插入”选项卡后，在“图表”组中选择具体图表类型样式，如此处选择折线图，如图 3-72 所示。

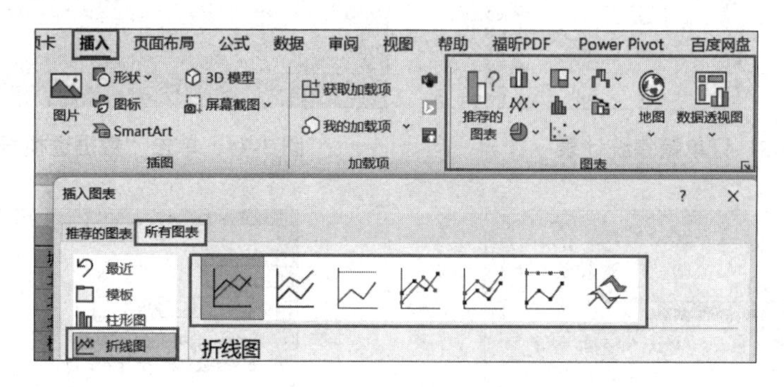

图 3-72　创建图表

（二）数据透视表

数据透视表是一种对大量数据快速进行汇总和建立交叉关联列表的动态工作表，数据透视表有转换行和列、查看数据源的不同汇总效果、显示单元格数据区域中的细节数据、通过显示不同的页面来筛选数据、链接图标等功能。数据透视表的元素包括：数据项、项目、行字段、分页字段、列字段等。

1. 创建数据透视表

在创建数据透视表时，首先要选定数据透视表要使用的数据类型。例如，已知有一个“订单销售统计表”，如图 3-73 所示，现在要求计算每一名销售员销售的手机数量是多少。操作步骤如下。

（1）按住 Ctrl+A 组合键或使用鼠标拖曳选择所有数据单元格，单击“插入”→“表格”→“数据透视表”按钮，如图 3-74 所示。

（2）弹出“创建数据透视表”对话框，单击“确定”按钮即可创建新的表格。“选择一个表或区域”中默认为之前选择的区域，如图 3-75 所示；“选择放置数据透视表的位置”处选择“新工作表”，选择后会进入新界面，如图 3-76 所示。

（3）此时打开右侧的“数据透视表字段”，在该任务窗格的“选择要添加到报表的字段”列表中选择要添加的字段，因为此时我们的目标是看每个销售员的销售产品数量，所以我们从中选择“销售员”，此时新表格的“销售员”被拖动到下区域“行”的空白处，如图 3-77 所示。此时新表格就会将销售员的姓名作为表头的一列，如图 3-78 所示。

（4）将“数量”用鼠标拖动到值的空白处，即可知道每个销售员的销售商品数量。

	A	B	C	D	E	F	G
1	日期	销售员	型号	数量	单价	订单金额	订单状态
2	44451	小张	白色	1	199	199	交易成功
3	44452	小李	黑色	5	199	995	交易成功
4	44453	小孙	红色	5	172	860	交易成功
5	44454	小李	红色	3	172	516	交易成功
6	44455	小李	红色	4	172	688	交易成功
7	44456	小孙	红色	2	172	344	交易成功
8	44457	小孙	红色	6	172	1032	交易成功
9	44458	小李	黑色	7	199	1393	交易成功
10	44453	小张	白色	5	199	995	已发货
11	44454	小李	白色	1	199	199	交易成功
12	44455	小李	黑色	2	199	398	交易成功
13	44456	小张	白色	1	199	199	已发货
14	44457	小孙	黑色	3	199	597	已发货
15	44458	小孙	白色	1	199	199	交易成功
16	44459	小张	白色	4	199	796	已退货
17	44460	小孙	黑色	2	199	398	交易成功
18	44453	小孙	黑色	2	199	398	交易成功
19	44454	小张	黑色	4	199	796	交易成功
20	44456	小孙	黑色	1	199	199	交易成功
21	44457	小张	白色	6	199	1194	交易成功
22	44458	小孙	白色	3	199	597	交易成功
23	44459	小孙	白色	2	199	398	交易成功
24	44456	小张	白色	1	199	199	已发货
25	44457	小孙	黑色	3	199	597	已发货
26	44454	小李	红色	3	172	516	交易成功
27	44455	小李	红色	4	172	688	交易成功
28	44454	小张	黑色	4	199	796	交易成功
29	44455	小孙	黑色	1	199	199	已退货
30	44456	小孙	黑色	1	199	199	交易成功
31	44457	小张	白色	6	199	1194	交易成功

图 3-73 订单销售统计表

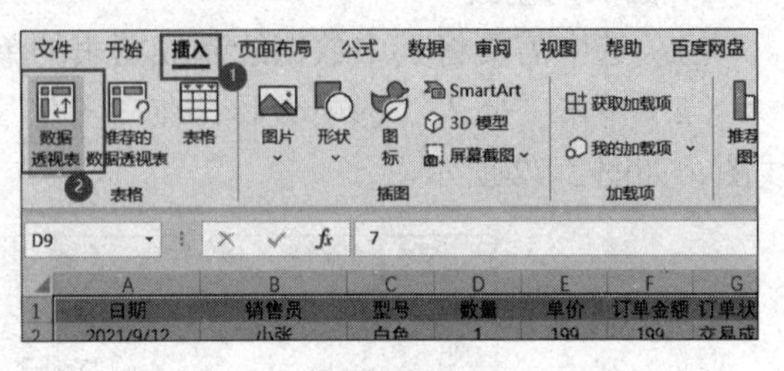

图 3-74 单击“数据透视表”按钮

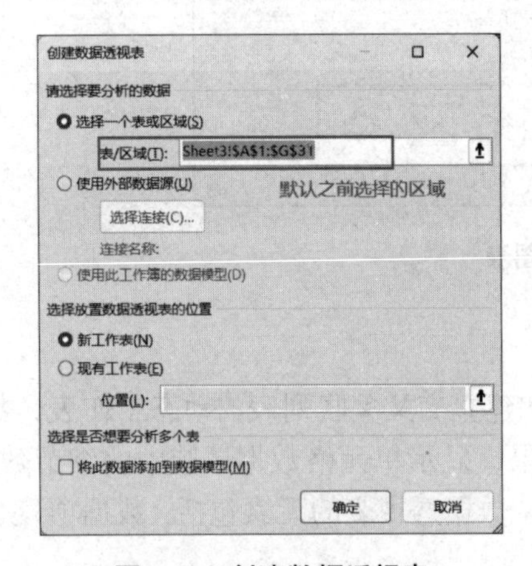

图 3-75 创建数据透视表

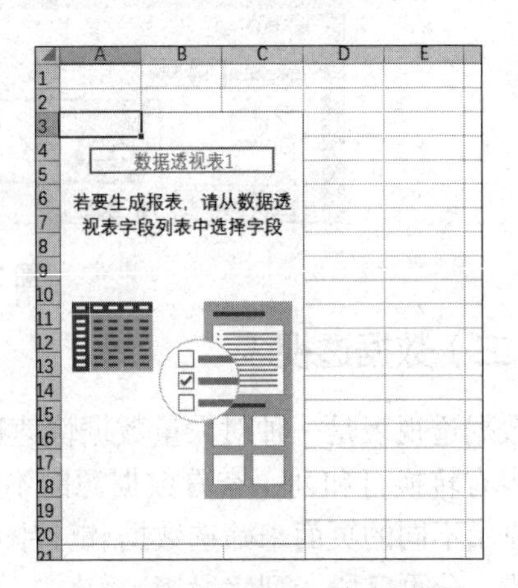

图 3-76 选择数据透视表区域

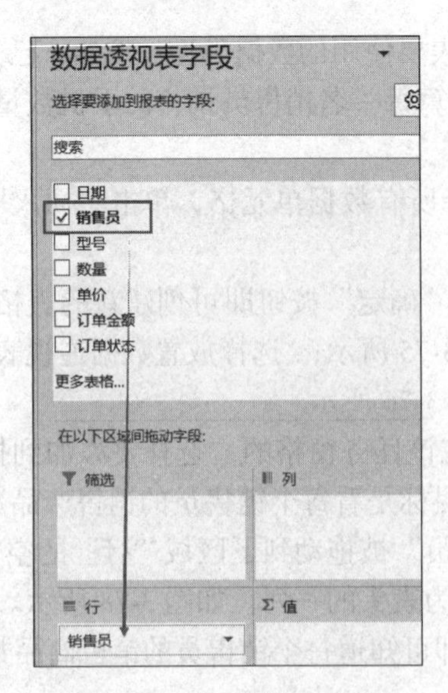

图 3-77 添加销售员字段

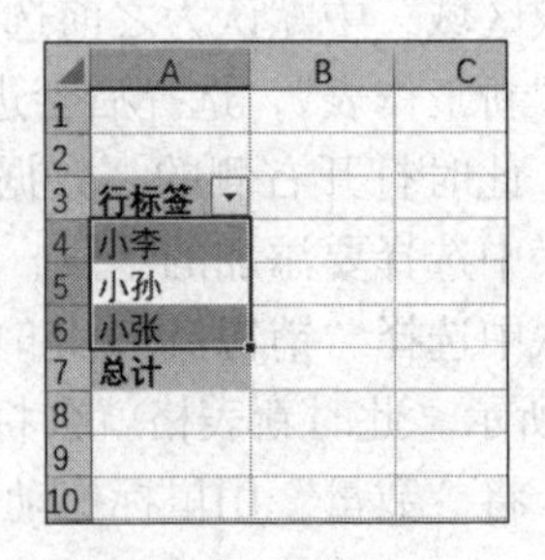

图 3-78 显示效果

（5）按同样的方法，可以根据自身的需求将不同字段拖曳到行或列中，制作不同的透视表。例如，此时若要统计每个销售员销售不同型号商品的数量，可以将要添加的字段“型号”“数量”“销售员”拖曳到“在以下区域间拖曳字段”的“列”区域中，如图 3-79 所示，此时表格显示如图 3-80 所示。

2. 更新数据

（1）若原表格的值发生变化，则只需右击透视表格任意单元格，在弹出的快捷菜单表中选择“刷新”命令，即可使新数据表格随之一起变化。

（2）单击“数据”→“连接”→“全部刷新”按钮即可，如图 3-81 所示。

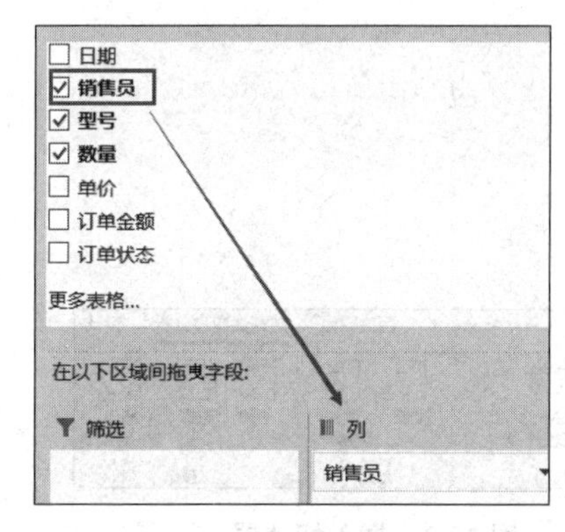

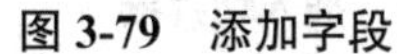
图 3-79　添加字段

2					
3	求和项:数量	列标签			
4	行标签	小李	小孙	小张	总计
5	白色	1	6	24	31
6	黑色	14	13	8	35
7	红色	14	13		27
8	总计	29	32	32	93

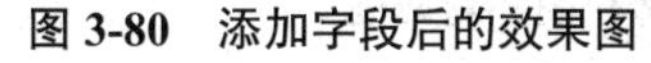
图 3-80　添加字段后的效果图

图 3-81　更新数据

3. 查看数据明细

（1）双击行字段下的任意一个汇总品类即可查看该数据明细。

（2）若未开启数据明细显示，则右击透视表任意单元格，选择“数据透视表选项”命令，在弹出的“数据透视表选项”对话框中单击“数据”选项卡，选中“启用显示明细数据”（默认选中），单击“确定”按钮即可设置成功，此时再次双击透视表对应数值位置即可进入源汇总数据。

4. 建立数据透视图

数据透视表是数据透视的前提和基础，数据透视图是在数据透视表的基础上建立的。因此，在生成数据透视图的同时也会产生一个数据透视表。其操作步骤如下。

（1）按住鼠标左键不动，拖曳选择单元格数据区域，单击“插入”→“图表”→“数据透视图”按钮，打开“创建数据透视图”对话框，如图 3-82 所示。

（2）在“创建数据透视图”对话框中单击“确定”按钮，Excel 此时会创建出新的表格。

（3）在新表格右侧的“数据透视表字段”的“选择要添加到报表的字段”列表中单击选择要添加的字段，即可生成数据透视表和数据透视图。

5. 删除数据透视表

如果想要删除数据透视表，操作步骤为右击要删除的数据透视表对应的工作表标签，然后从弹出的快捷菜单中选择“删除”命令即可。

6. 切片器

切片器就是在数据透视表中实现动态查看数据的工具。以下是使用切片器的步骤。

（1）创建数据透视表，并选择需要使用切片器的数据区域。

（2）单击数据透视表内任意单元格，然后单击“数据透视表分析”→“筛选”→“插入切片器”按钮，如图 3-83 所示。在弹出的“插入切片器”对话框中，单击选择需要筛选的列的字段“字段 1”“字段 2”等，最后单击“确定”按钮，选择几个字段就会有几个切片器。

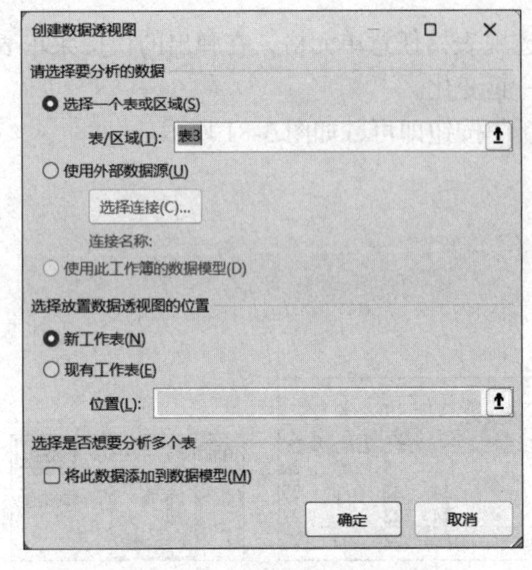

图 3-82 “创建数据透视图”对话框

图 3-83 插入切片器

（3）在生成的切片器中，选择需要筛选的项，表格会自动显示对应的数据，除了使用默认的切片器样式，用户还可以通过右击切片器，从而对“切片器样式”进行自定义设置。此外，可以通过按住 Ctrl 键同时选择多个切片器，对多个列进行筛选。

三、工作表的共享与打印

（一）工作表的共享

Excel 工作表的共享操作方法与 Word 中的操作类似。

（二）页面布局

Excel 的页面布局操作方法与 Word 中的操作类似。

（三）打印

打印工作表的操作方法与 Word 中的操作类似。

任务实现

完成任务 3-3“制作数据透视展板”的步骤如下。

（1）使用 Ctrl+T 组合键将表格变成超级表，如图 3-84 所示，然后单击“插入”→

“图表”→“数据透视表”按钮，将“种类”“产品”拖动到“行”区域，将“销售额”拖动到“值”区域，如图 3-85 所示。

年份	种类	产品	销售额	评价
2020年	速冻食品	水饺	700	10%
2020年	速冻食品	馄饨	8300	98%
2020年	速冻食品	包子	10020	90%
2020年	速冻食品	烧麦	580	85%
2020年	速冻食品	汤圆	1200	5%
2020年	速冻食品	馒头	9900	90%
2020年	速冻食品	鱼丸	6300	90%
2020年	面条	泡面	8900	35%
2020年	面条	碱水面	7500	22%
2020年	面条	挂面	8940	27%
2020年	饮品	气泡水	12000	48%
2020年	饮品	啤酒	7600	86%
2020年	饮品	白酒	3800	73%
2020年	饮品	红酒	1800	50%
2020年	粮食干货	大米	2300	37%
2020年	粮食干货	大豆	500	78%
2020年	粮食干货	小米	2300	77%

图 3-84　超级表

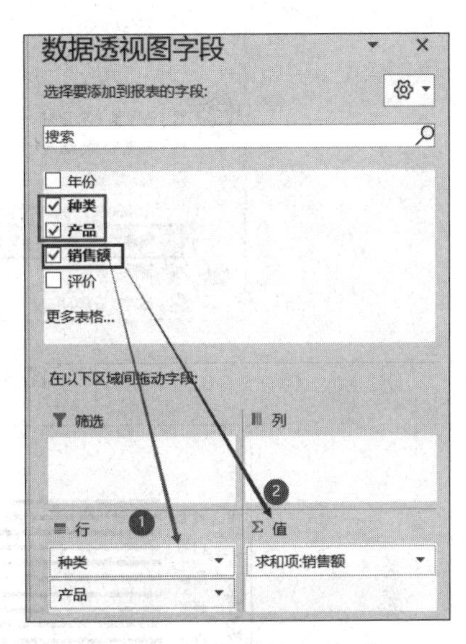

图 3-85　设置数据透视表

（2）得到透视表以后，单击表中任意一格，如图 3-86 所示，然后单击“插入”功能选项卡，单击选择图表中用户需要的数据图形，此处选择条形图，如图 3-87 所示。

行标签	求和项:销售额
⊟粮食干货	82280
大豆	9270
大米	17300
蘑菇	18030
木耳	13900
小米	12230
玉米	11550
⊟面条	58290
挂面	17520
碱水面	18200
泡面	22570
⊟速冻食品	120420
包子	17820

图 3-86　透视表

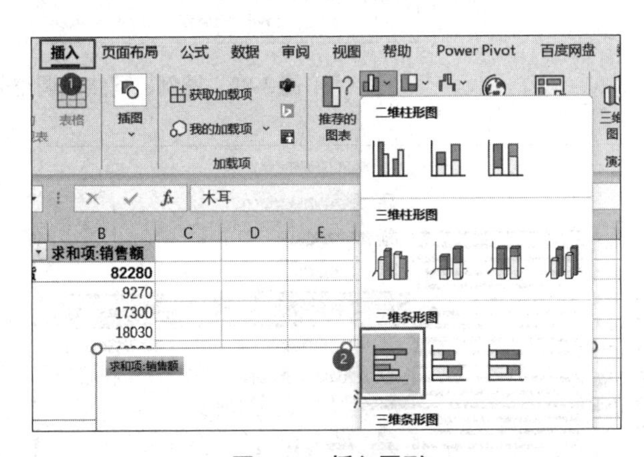

图 3-87　插入图形

（3）可以把右侧的字段按钮进行隐藏，如图 3-88 所示。图例、网格线等也可按照用户需求进行删除或调整、添加数据标签，效果如图 3-89 所示。

（4）要添加数据标签，需选中图形后右击选择“添加数据标签”，如图 3-90 所示，此处用户选择删除横坐标轴、图例、网格线等，只需选择元素然后直接删除。此处若想加粗条形，就单击一个条形图，选择“设置数据系列格式”命令，如图 3-91 所示。将“间隙宽度”值改小，如图 3-92 所示，即可将条形变宽，修改后效果如图 3-93 所示。

（5）单击“数据透视图分析”→“筛选”→“插入切片器”按钮，弹出“插入切片器”对话框，用户根据需求选择字段，此处单击选择“年份”，如图 3-94 所示。

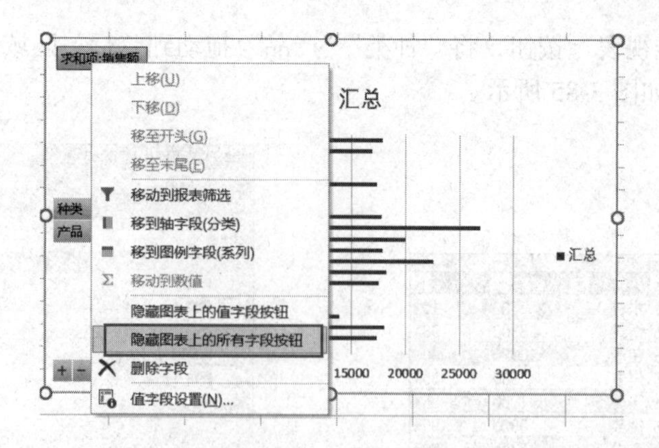

图 3-88　隐藏字段

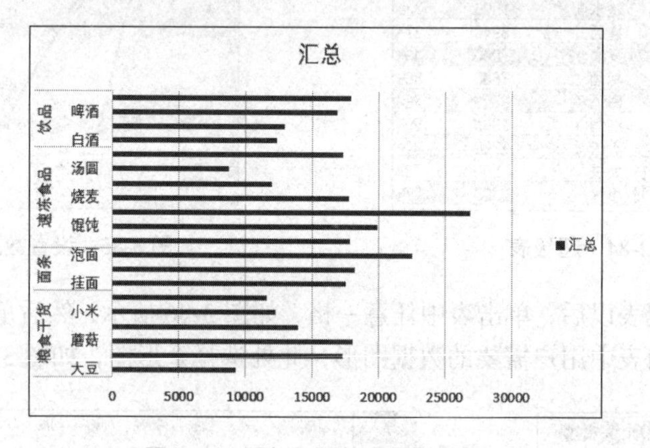

图 3-89　图例、网络线调整效果

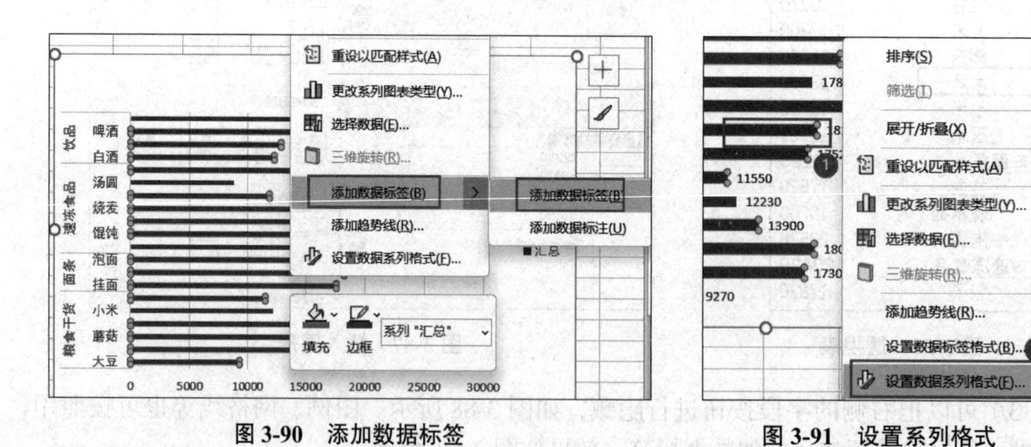

图 3-90　添加数据标签　　　　图 3-91　设置系列格式

（6）此时可以修改切片器每行元素个数和排版，如图 3-95、图 3-96 所示。

（7）单击选中“插入切片器”对话框中的复选框会显示出对应的数据透视图，如选中“种类”，如图 3-97、图 3-98 所示，种类条形图如图 3-99 所示。也可进行各种切片器的外观设置。例如，隐藏切片器页眉，右击“切片器设置”，取消选中“显示页眉”的复选框即可。在单击一个切片器复选框后，按住 Ctrl 键再单击同一复选框可以将数据恢复到未选择复选框的初始状态。

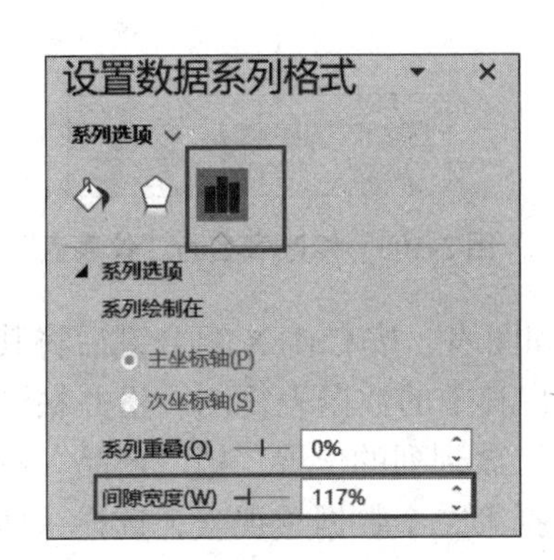

图 3-92　设置“间隙宽度”

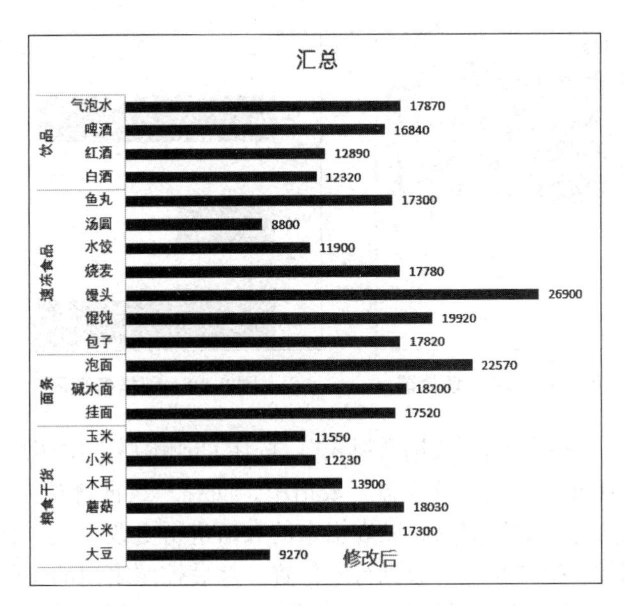

图 3-93　修改条形宽度后效果

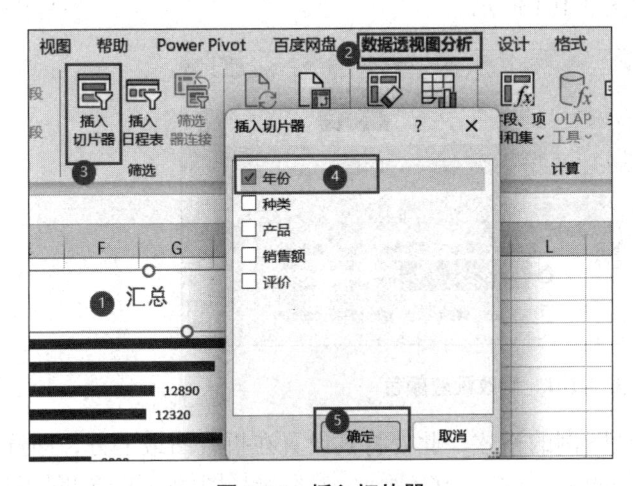

图 3-94　插入切片器

图 3-95　设置切片器 1

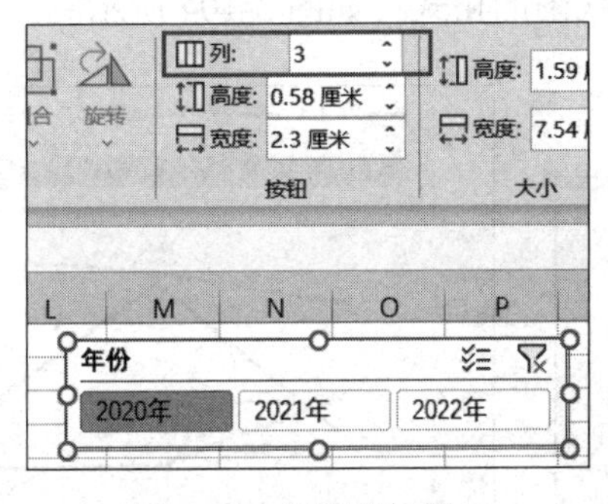

图 3-96　设置切片器 2

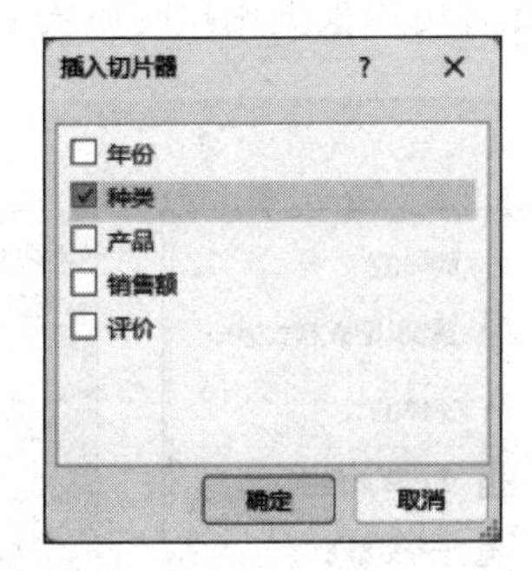

图 3-97　插入切片器

（8）将当前表格命名为“数据透视表”，再创建新表格并命名为“仪表盘”，如图 3-100 所示，方便操作。

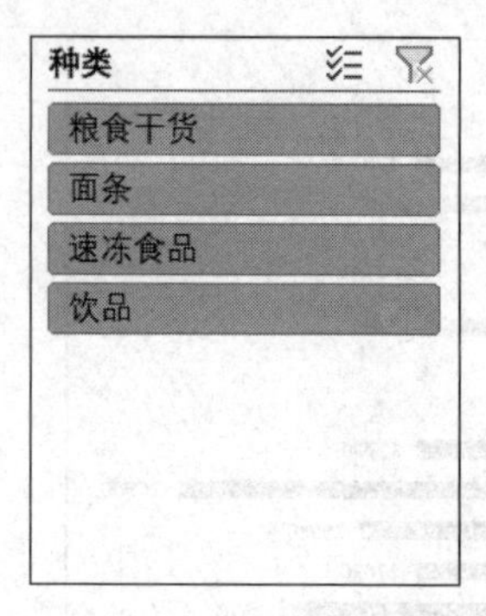

图 3-98　种类切片器

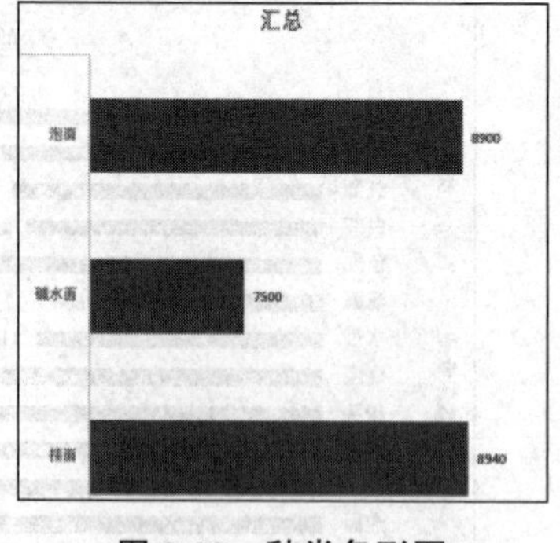

图 3-99　种类条形图

图 3-100　修改表名为“仪表盘”

（9）回到“数据透视表”，按住 Ctrl 键后选中切片器和图表，按 Ctrl+X 组合键后将其剪切并粘贴到“仪表盘”表格中，回到“数据透视表”，将其中的数据表复制一份并粘贴在旁边，随后对新粘贴表格中的数值进行更改，把“种类”放到列的位置，把“产品”取消掉，把“年份”放到行的位置。然后按照之前的步骤选择第二个数据透视表，选择“插入”，选择折线图，也可以修改色系，即选中透视表，单击“设计”→“图表样式”→“更改颜色”按钮，选择配套颜色，如图 3-101 所示。

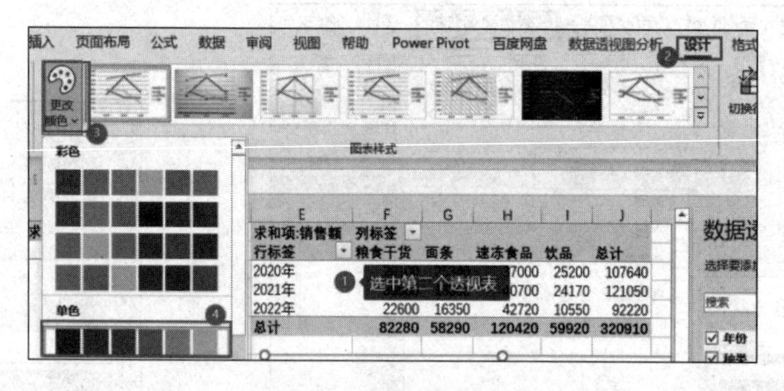

图 3-101　修改配套颜色

（10）设计折线图样式，还包括图例的格式，此处将其设置在折线图最上方，即选中图例后右击，选择“设置图例格式”命令，如图 3-102 所示，然后选择图例位置，如图 3-103 所示，此处可以根据用户的审美需求随意调整折线图的格式，如图 3-104 所示。

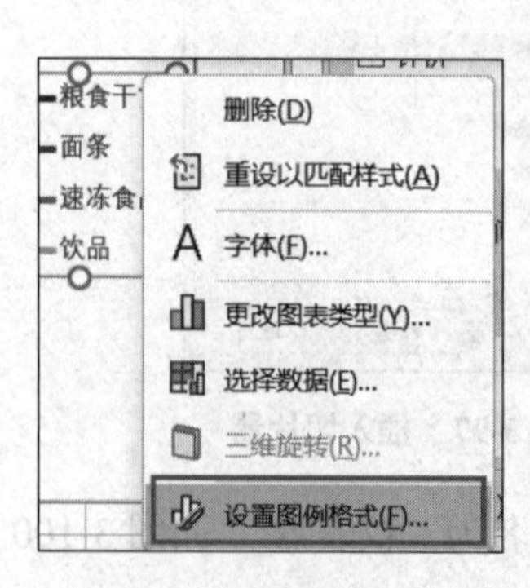

图 3-102　设置图例格式

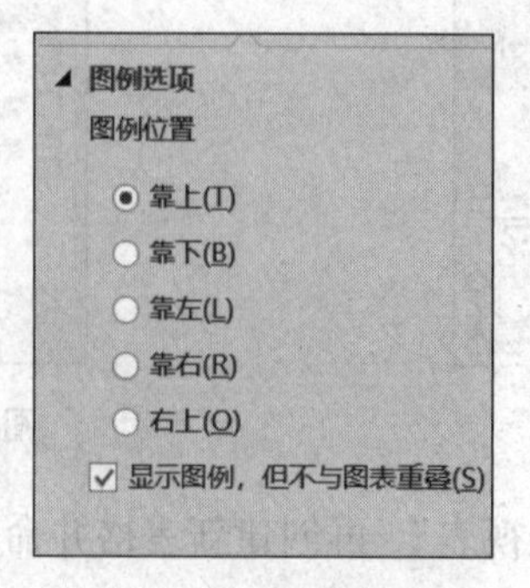

图 3-103　设置图例位置

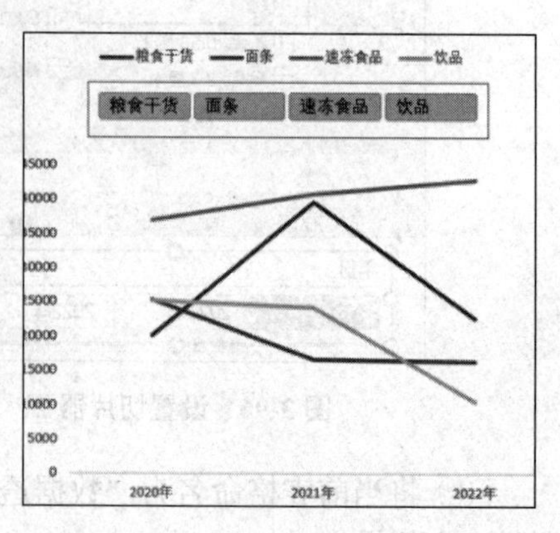

图 3-104　调整折线图格式后的效果图

（11）在设计好折线图后，在“插入切片器”对话框中选中“种类”复选框，随后同样将其剪切到“仪表盘”表格中。

（12）再次使用之前相同的操作制作第三个数据透视表，此时将“数据透视表字段”中的值修改为“评价”，因为在数据源中“评价”数据为百分数，所以结果显示不符合用户预期，此处需求的是平均值，因此右击任意数值，再选择“值汇总依据”→“平均值”命令，如图 3-105 所示。

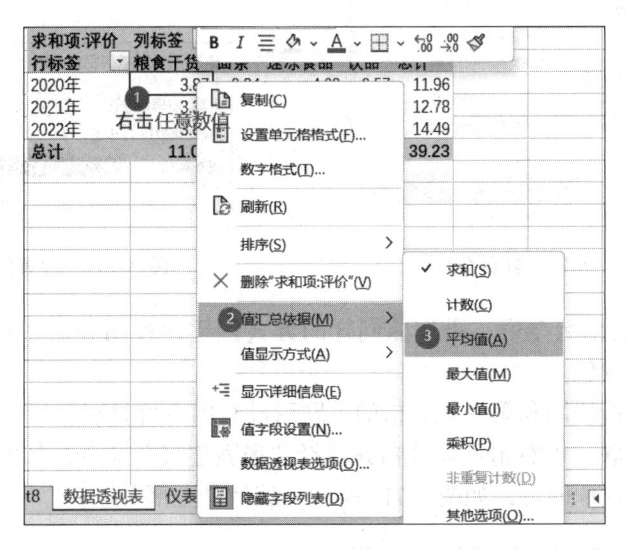

图 3-105　设置平均值

（13）选择数据区域，单击“开始”→“数字”→ % 按钮，随即透视表修改为百分比形式，如图 3-106、图 3-107 所示。

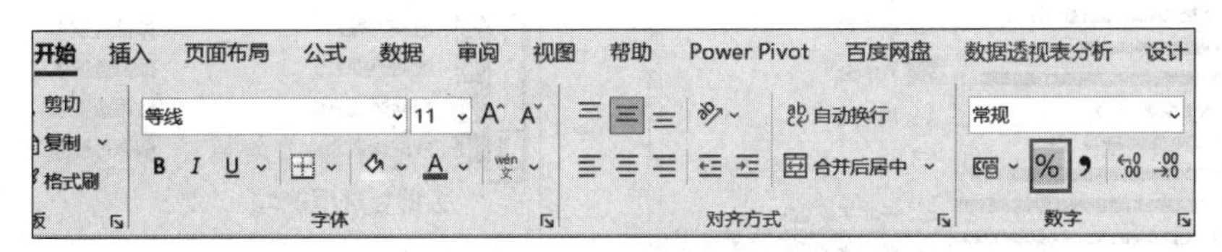

图 3-106　选择数字格式

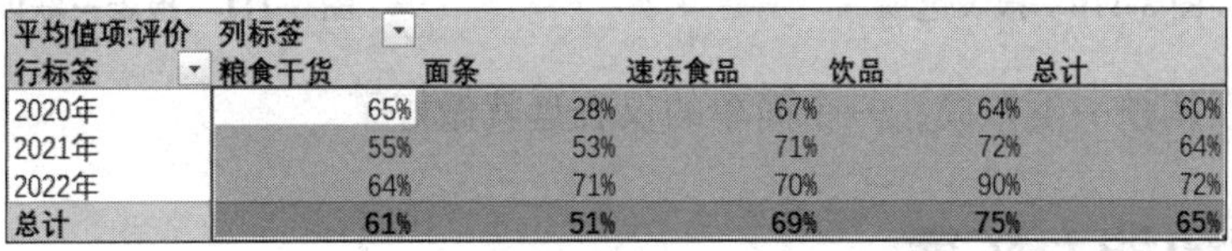

平均值项:评价	列标签				
行标签	粮食干货	面条	速冻食品	饮品	总计
2020年	65%	28%	67%	64%	60%
2021年	55%	53%	71%	72%	64%
2022年	64%	71%	70%	90%	72%
总计	61%	51%	69%	75%	65%

图 3-107　修改格式后的效果图

（14）将第三个透视图设置为折线图，添加切片器，然后剪切至仪表盘。

用户需要体现销售额和评价的同比情况，此时回到数据透视表，复制、粘贴销售额表和评价表，右击数据中的任意单元格，选择“值显示方式”→“差异百分比”命令，如图 3-108 所示。在“值显示方式（求和项：销售额）”对话框中将“基本项”修改为“（上一个）”，再单击“确定”按钮，如图 3-109 所示，此时表示的是该值与上一项的差异。单

击工具栏 $\leftarrow_{.00}^{.0}$ 按钮将小数点进行收缩。

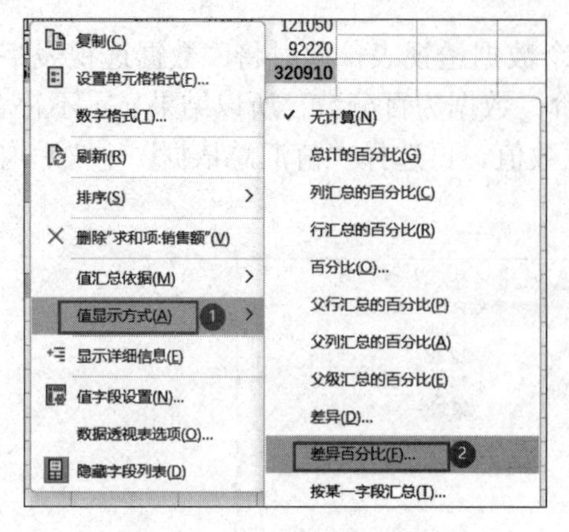

图 3-108 设置差异百分比

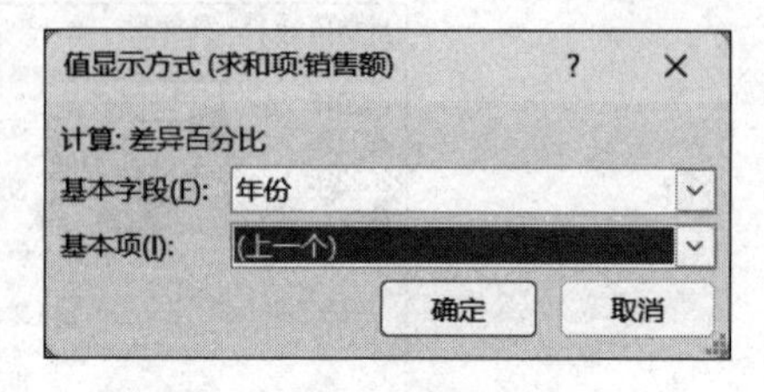

图 3-109 设置值显示方式

（15）调整好表格数据后，再按照同样的方式创建透视图表，然后选择同样的色系，确保同种类是同一颜色。

由于后续几个折线图和第一张表格的关联后没有内容可显示，所以不必要关联，要想取消报表之间的关联，可右击该切片器并选择“报表连接”命令，如图 3-110 所示，取消选中后面报表的复选框即可，如图 3-111 所示，默认是全部关联。

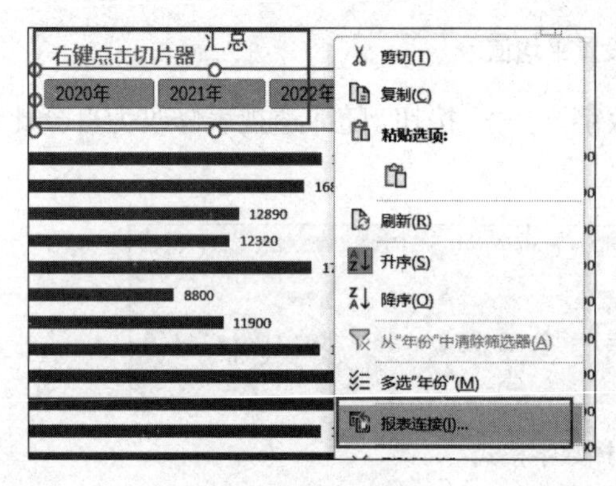

图 3-110 报表选项

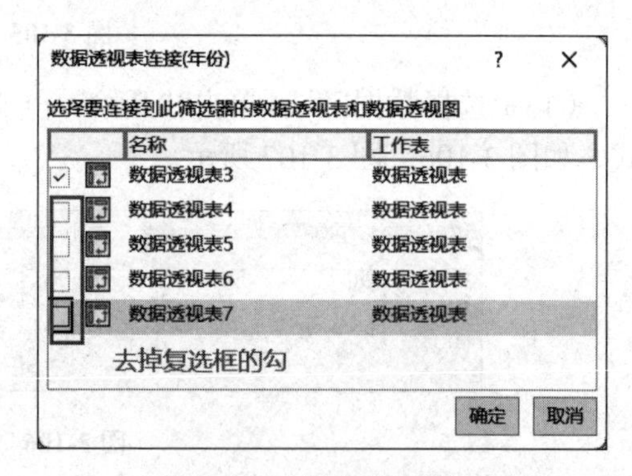

图 3-111 报表关联设置

（16）最后调整一下布局，一个简单的仪表盘就做好了。

知识和能力拓展

运用雷达图进行数据分析

（1）雷达图的作用。雷达图在数据可视化领域中是一种非常实用的工具，它能够将多变量数据以直观的方式呈现出来。雷达图可以对几个数据系列进行比较，显示出各个数值相对于中心位置的变化，各个数据点的标记可以显示也可以不显示；同个数据系列的覆盖的区域用一个颜色填充即为填充雷达图。

（2）雷达图的应用场景。雷达图可以用于在不同变量间进行对比或检查是否存在异常值。通过比较不同维度的雷达图或多层次的数据线，可以进行总体数值的比较，从而帮助理解数据的复杂关系和模式。这种图表类型广泛应用于商业决策、医学研究、天气预报等多个领域，帮助用户更好地理解数据的分布和变化趋势，从而支持决策制定和数据分析。

	A	B	C	D	E	F
1	候选人	业务能力	管理能力	情商	创造力	亲和力
2	王某	90	93	80	96	81
3	周某	92	89	97	87	89

图 3-112　候选人能力数据表

（3）场景演示：用人决策分析。如图 3-112 所示，现有两个经理的候选人，两人各方面能力如图 3-112 所示，请从以下五个指标来分析谁更适合当选。

其操作步骤如下。

① 单击“插入”→“图表”→“推荐的图表”按钮，单击“所有图表”选项卡，单击“雷达图”，找到“带数据标记的雷达图”，如图 3-113 所示，单击“确定”按钮生成雷达图。如果此时用户想去掉标题，将图例放到右侧，此时可以单击“图表设计”→“图表布局”→“快速布局”按钮，选择需要的图形排布即可，如图 3-114 所示。

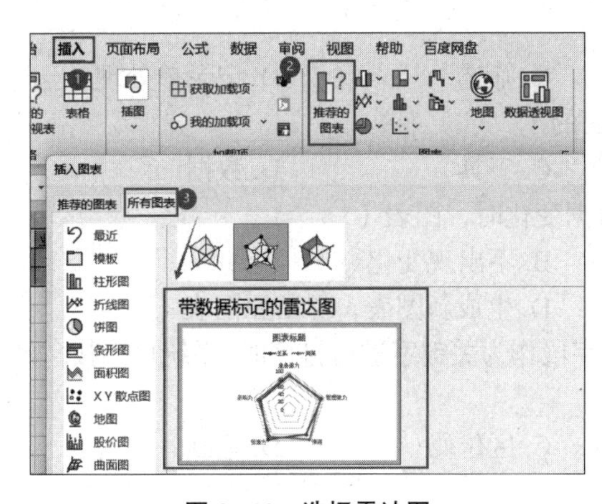

图 3-113　选择雷达图

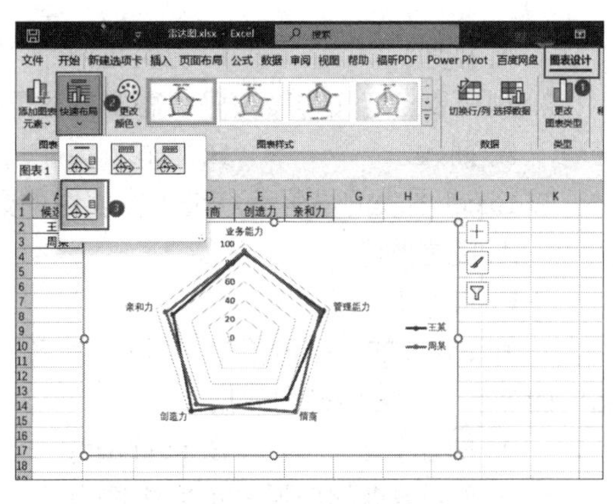

图 3-114　快速布局

② 对雷达图的轴坐标进行修改，双击其后，单击“坐标轴选项”，将边界的最小值和最大值都依据自身数据范围进行对应的修改，如图 3-115 所示。图 3-116 中五个灰色线的五边形表示的是数组的坐标，越往外数值越大，依次为 75、80、85、90、95、100，管理

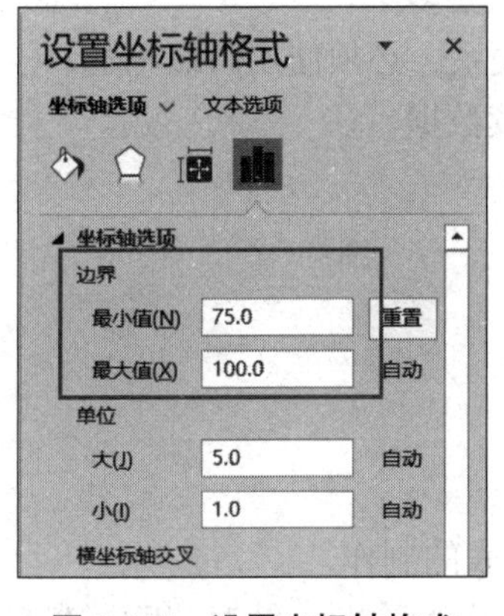

图 3-115　设置坐标轴格式

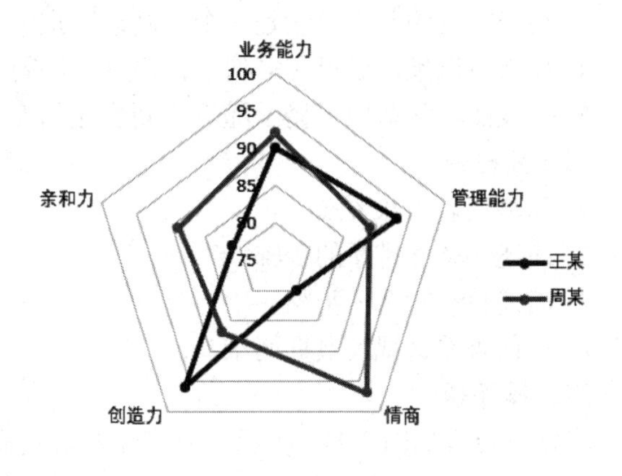

图 3-116　雷达图

者竞选最重要的指标是情商和亲和力。由图 3-116 可知，王某的管理能力略高于周某，但他的亲和力和情商都远低于周某，综合考虑，周某更适合当选经理。王某的创造力远高于周某，更适合当技术管理者。

单元练习 3.3

一、填空题

1. 饼图显示的是该组成数据系列的数值在该系列总体中的__________。

2. 完成分类汇总后，可以通过单击数字旁边的三角形按钮来__________或__________相应的汇总数据。

3. 自动筛选和高级筛选是分别针对__________和__________的。

二、单选题

1. 在 Excel 数据清单中，按某一字段内容进行归类，并对每一类做出统计的操作是（　　）。

A. 排序　　B. 分类汇总　　C. 筛选　　D. 记录单处理

2. 用户要自定义排序次序，需要打开下面的（　　）菜单。

A. 插入　　B. 格式　　C. 工具　　D. 数据

3. Excel 图表的显著特点是工作表中的数据变化时，图表（　　）。

A. 随之改变　　B. 不出现变化

C. 自然消失　　D. 生成新图表，保留原图表

4. 在 Excel 的数据清单中，当以“姓名”字段作为关键字进行排序时，系统可以按“姓名”的（　　）为序排列数据。

A. 拼音字母　　B. 部首偏旁　　C. 区位码　　D. 笔画

5. 工作表数据的图形表示方法称为（　　）。

A. 图形　　B. 表格　　C. 图表　　D. 表单

三、判断题

1. 在 Excel 中，图表一旦建立，其标题的字体、字型是不可以改变的。（　　）
2. 执行高级筛选前必须在另外的区域中给出筛选条件。（　　）
3. 自动筛选的条件只能是一个，高级筛选的条件可以是多个。（　　）
4. 如果所选条件出现在多列中，并且条件间有与的关系，必须使用高级筛选。（　　）
5. 折线图非常适用于显示随着时间变化而变化的连续数据。（　　）

四、简答题

1. 列举图表的八要素。
2. 简述多条件排序的步骤。
3. 简述自动筛选的步骤。
4. 如何查看透视表数据明细？

五、操作题

冷饮价目表如图 3-117 所示，请依照要求完成对应图表的制作。

（1）在“冷饮价目表”中，针对“零售价格”制作一个折线图，针对“购买数量”制

作一个饼图，针对“批发价格”制作一个条形图。

		冷饮价目表		
品名	批发价格	零售价格	购买数量	金额
可爱多	3	3.5	2	7
梦龙	5	5.5	3	16.5
小布丁	1.3	1.5	7	10.5
巧乐兹	2.2	2.5	1	2.5
红豆沙	0.8	1	10	10
绿豆沙	0.8	1	7	7
哈根达斯	15	22	4	88
玉米棒	1.3	1.5	5	7.5
合计				149

图 3-117　冷饮价目表

（2）在“冷饮价目表”中，筛选出金额大于 10 且小于 50 的商品。

已知产品 A 销售额为 150，收入为 10；产品 B 销售额为 180，收入为 15；产品 C 销售额为 100，收入为 20；产品 D 销售额为 220，收入为 25，请思考如何根据以上数据绘制三维气泡图。

模块四　演示文稿制作

PowerPoint 是一个交互式、图形化的演示工具，是微软 Office 套件中的一个组件，它的核心是幻灯片。每一页幻灯片可以包含多种元素，如文本框、图片、图表、音频、视频等，以呈现出想要传达的信息。PowerPoint 的主要功能包括：创建、编辑、演示幻灯片；插入、编辑、格式化文本、图片、图表、音频、视频等元素；设置幻灯片动画、切换效果、时间等；导出、打印、发布演示文稿等。另外，PowerPoint 还提供了各种特效、设计，以及活跃语言、图形、视觉等课程。

在本模块中，将以 PowerPoint 2021 为例，介绍演示文稿的基本概念，PPT 演示文稿的功能、运行环境、启动与退出、创建、打开和保存幻灯片及幻灯片的插入（新建）、选定、隐藏、移动或复制、删除以及演示页顺序的调整等基本操作，还有动画、版式、交互等复杂操作。

本模块知识技能体系如图 4-1 所示。

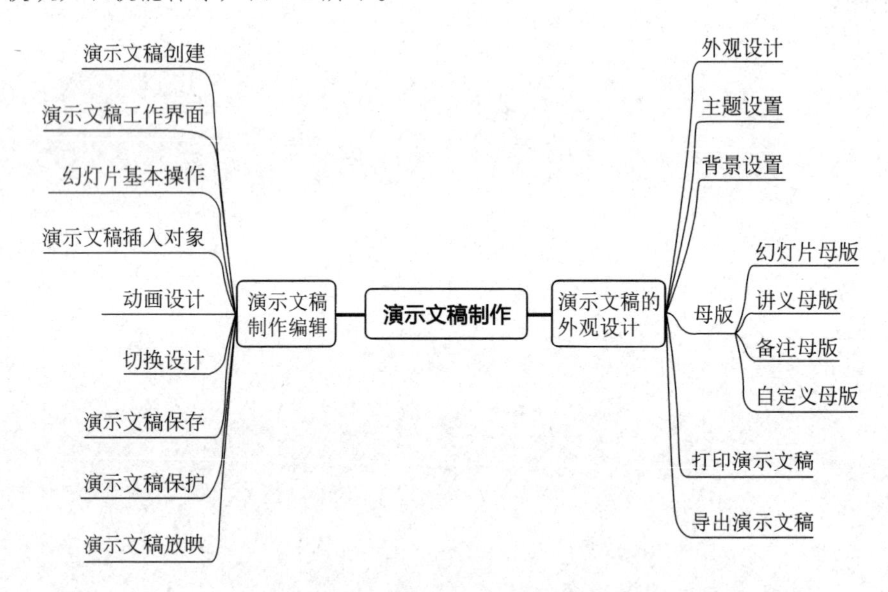

图 4-1　演示文稿制作知识技能体系

1. 中国国家标准化管理委员会 . 中文办公软件文档格式规范 : GB/T 20916—2007[S]. 2007.

2. 中国国家标准化管理委员会 . 信息技术 学习、教育和培训在线课程 : GB/T 36642—2018[S]. 2018.

3. 中华人民共和国教育部 . 智慧教育平台 数字教育资源技术要求 : JY/T 0650—2022[S]. 2022.

单元 4.1　演示文稿制作编辑

学习目标

➢ **知识目标**

1. 熟悉 PowerPoint 的基本操作；
2. 掌握 PowerPoint 的常用功能；
3. 掌握演示文稿的制作，能够制作需要的演示文稿。

➢ **能力目标**

1. 能够合理布局页面元素；
2. 能够编辑处理各种页面元素；
3. 设置统一风格的演示文稿。

➢ **素养目标**

1. 提升学生独立思考能力；
2. 提升学生自主探究意识；
3. 提升学生信息意识。

工作任务

任务 4-1　制作旅游景点演示文稿

小张，一个热爱旅游的年轻人，对世界各地的风景名胜怀有浓厚的兴趣。作为一名旅游专业的学生，他决定将这份热爱转化为学习的动力。在一次专业课上，老师要求同学们选择一个旅游景点进行展示。小张决定挑战自己，为大家介绍中国的世界文化遗产——都江堰。为了达到更好的展示效果，他决定制作一份演示文稿。这份演示文稿制作效果如图 4-2 所示。

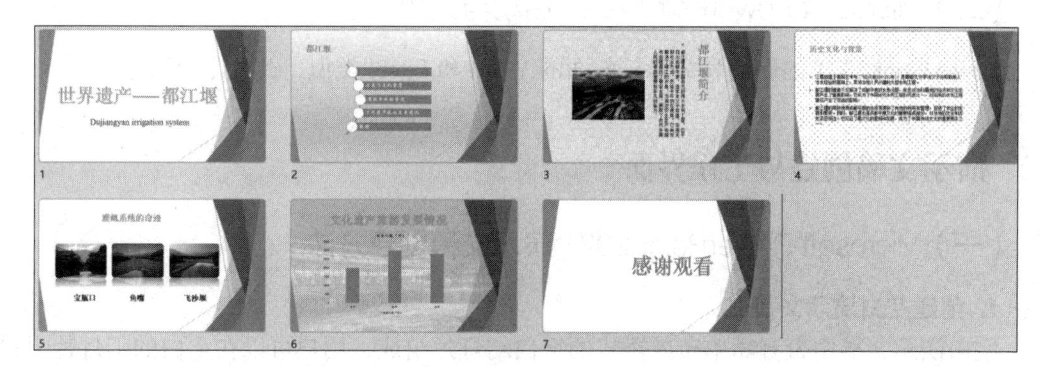

图 4-2　旅游景点演示文稿效果

技术分析

演示文稿由多张幻灯片组成，每张幻灯片以图文、图表、超链接及音视频等页面元素组合构成，展现形式多样、重点突出，让人印象深刻。旅游景点展示内容完全符合演示文稿的特点，完成本任务涉及以下演示文稿基本技术：一是演示文稿的创建与保存；二是幻灯片的创建；三是幻灯片元素的编辑与美化；四是动画设计；五是演示文稿的播放。

知识与技能

一、演示文稿概述

（一）Microsoft PowerPoint 2021 概述

Microsoft PowerPoint 2021 是一款专门用来制作演示文稿的应用软件，也是 Microsoft Office 系列软件中的重要组成部分。使用 Microsoft PowerPoint 2021 可以制作出集文字、图形、图像、声音以及视频等多媒体元素为一体的演示文稿，让信息以更轻松、更高效的方式表达出来。演示文稿主要应用于大型环境下的多媒体演示，让受众更加直观地了解文稿使用者的意图。

演示文稿主要用途：①多媒体商业演示；②多媒体交流演示；③多媒体娱乐演示。

相比较于之前的版本，Microsoft PowerPoint 2021 具有全新的外观，更加简洁，适合在平板电脑和手机上使用。Microsoft PowerPoint 2021 提供了许多种方式来使用模板、主题、最近的演示文稿、较旧的演示文稿或空白演示文稿来启动下一个演示文稿，而不是直接打开空白演示文稿。演示者视图允许在监视器上查看笔记，而观众只能查看幻灯片。在以前的版本中，很难弄清谁在哪个监视器上查看哪些内容。改进的演示者视图解决了这一难题，使用起来更加简单。演示者视图不再需要多个监视器，在一台监视器上也可以使用演示者视图，可以在演示者视图中进行排练，不必挂接任何其他内容。

（二）Microsoft PowerPoint 2021 启动与关闭

PowerPoint 2021 的启动和关闭与前面的 Word 和 Excel 类似，此处不再赘述。

二、演示文稿创建与工作界面

（一）Microsoft PowerPoint 2021 演示文稿创建方法

1. 创建空白演示文稿

空白演示文稿由带有简单布局格式的空白幻灯片组成，用户可以在空白的幻灯片上设计出自己想要的效果的演示文稿。其操作步骤如下。

（1）启动 PowerPoint 2021，选择“新建”→“空白演示文稿”命令来创建一个空的演示文稿，如图 4-3 所示。

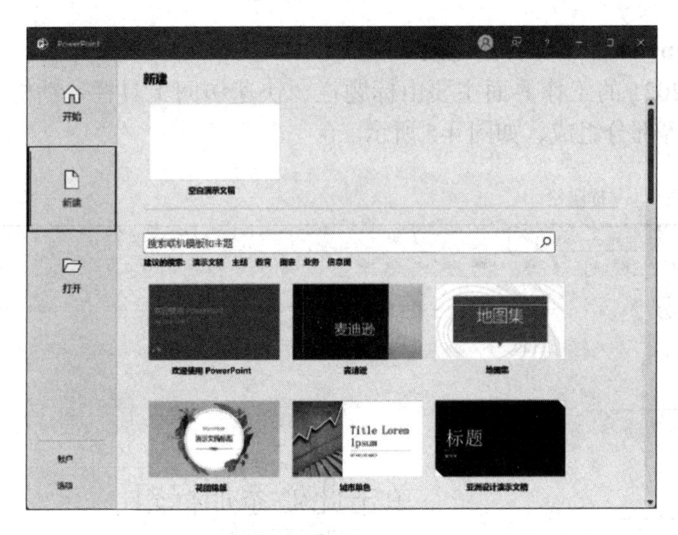

图 4-3　新建演示文稿

（2）在打开演示文稿的基础上，再进行空演示文稿的创建，单击“文件”按钮，在弹出的类似图 4-3 的启动页面中，选择“新建”→“空白演示文稿”命令来创建一个空的演示文稿。

（3）在打开演示文稿的基础上，按 Ctrl+N 组合键直接创建一个空的演示文稿。

2. 根据模板创建演示文稿

模板是一种以特殊格式保存的演示文稿，一旦应用一种模板后，幻灯片的背景图片、配色方案就都已经确定。在 PowerPoint 2021 中已经创建了多种风格迥异的模板，用户可以调用这些模板来创建多种风格的精美演示文稿，还可以从网上下载非常多的商业模板。

启动 PowerPoint 2021，单击“新建”，然后选择一个想要的模板，基于此创建一个空的演示文稿，如图 4-4 所示。

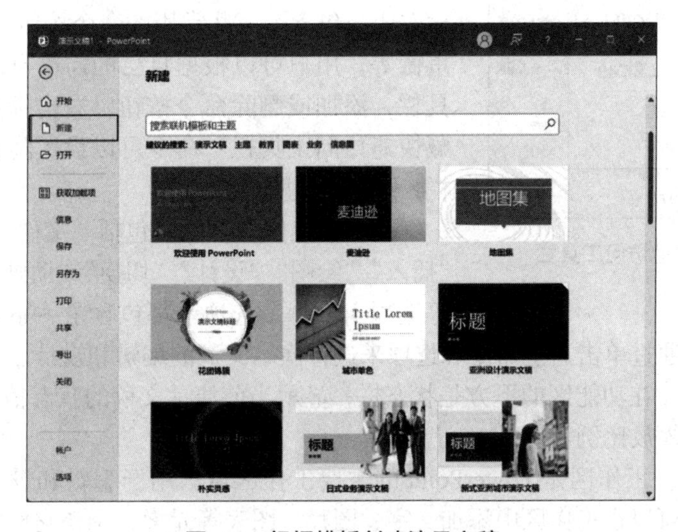

图 4-4　根据模板创建演示文稿

（二）Microsoft PowerPoint 2021 工作界面

1. PowerPoint 2021 工作界面组成

PowerPoint 2021 的工作界面主要由标题栏、快速访问工具栏、功能区、状态栏、工作区、任务窗格等部分组成，如图 4-5 所示。

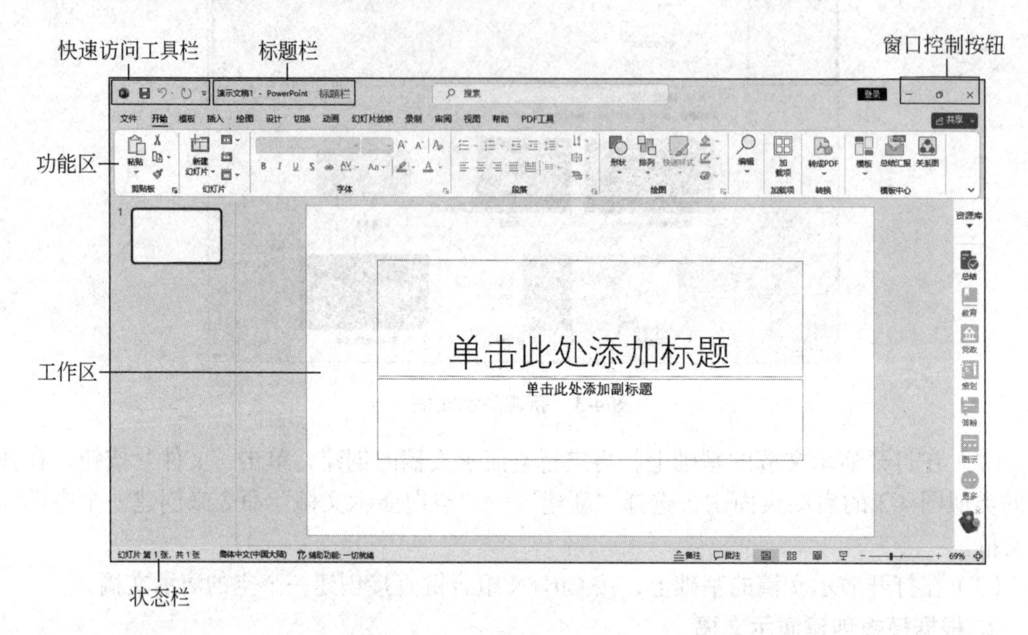

图 4-5　PowerPoint 2021 的工作界面

（1）标题栏。标题栏位于软件窗口的顶部，显示当前演示文稿的名称。在标题栏右侧还有最小化、最大化和关闭按钮，用于控制窗口的大小关闭软件。在标题栏左侧有快速访问工具栏。

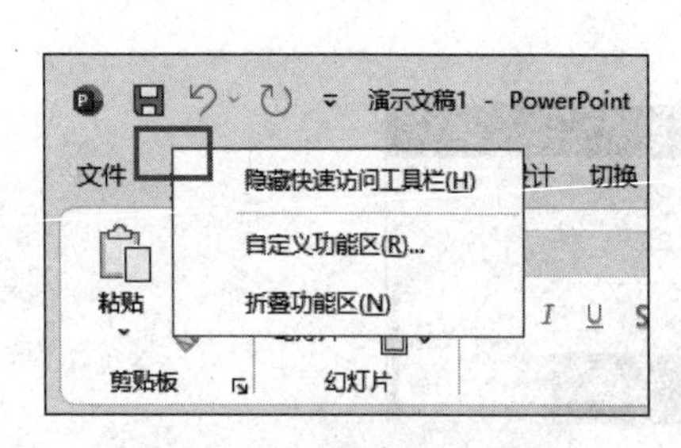

图 4-6　隐藏快速访问工具栏

（2）快速访问工具栏。快速访问工具栏位于标题栏左边，包含了一些常用的命令按钮，如保存、撤销、重做等。用户可以根据自己的需求自定义快速访问工具栏，添加或删除命令按钮。右击标签栏，选择“隐藏快速访问工具栏”命令可以设置隐藏快速访问工具栏，如图 4-6 所示。

（3）功能区。功能区包括“文件”“开始”“模板”“插入”“绘图”“设计”“切换”“动画”“幻灯片放映”等选项卡，每个选项卡都包含了一系列相关的命令和选项，用户可以通过单击这些命令和选项来进行演示文稿的编辑和设计。

（4）状态栏。在功能区的下方是状态栏，显示当前演示文稿的状态信息，如当前所在幻灯片的编号、缩放比例等。

（5）工作区。工作区是 PowerPoint 的主要工作区域，用于编辑和设计演示文稿的幻灯片内容。用户可以在工作区中添加文字、图片、图表等元素，调整它们的位置和样式。

（6）任务窗格。任务窗格位于幻灯片区域的右侧，提供了一些辅助功能和选项。任务窗格包括大纲视图、幻灯片缩略图、动画和切换等标签，用户可以通过任务窗格来管理幻灯片的结构、动画效果和切换方式。

2. PowerPoint 2021 视图模式

为了满足用户的不同需求，PowerPoint 2021 提供多种视图模式用来编辑、查看幻灯片。单击“视图”标签，如图 4-7 所示，在“演示文稿视图”功能区单击相应的视图按钮，或者在视图栏中单击视图按钮就可以将当前操作界面切换到对应的视图模式。

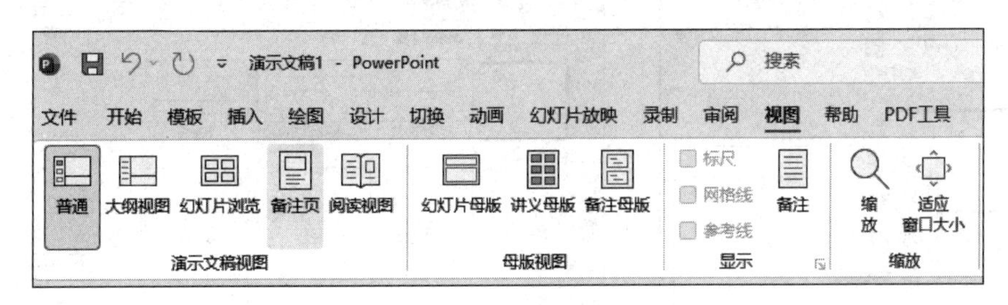

图 4-7　视图模式

（1）普通视图。普通视图是创建演示文稿的默认视图。普通视图可以同时显示演示文稿的幻灯片缩略图、幻灯片和备注内容。

（2）大纲视图。大纲视图将演示文稿显示为由每张幻灯片中的标题和主文本组成的大纲。每个标题都显示在“幻灯片浏览”窗格的左侧，并显示幻灯片图标和幻灯片编号。主文本在幻灯片标题下缩进。

（3）幻灯片浏览视图。在幻灯片浏览视图中可以查看幻灯片背景、配色方案或更换模板后演示文稿发生的整体变化，也可以对幻灯片各个方面进行检查。在幻灯片浏览视图中双击某张幻灯片，就可以切换到该幻灯片的普通视图。

（4）备注页视图。在备注页视图模式中，用户可以方便地添加和更改备注信息，也可以进行图形的添加和修改。

（5）阅读视图。如果用户希望在一个设有简单控件的审阅窗口中查看演示文稿，而不想使用全屏的幻灯片放映视图，则可以使用阅读视图。可以按 Esc 键退出。

三、演示文稿编辑

（一）幻灯片的基本操作

要完成演示文稿的操作，必须掌握幻灯片的创建、移动、复制、删除等操作。下面分别进行介绍。

1. 幻灯片的创建

演示文稿通常都由多张幻灯片组成，而新建的空白演示文稿只有一张幻灯片，因此在制作演示文稿的过程中，需要新建多张幻灯片，新建幻灯片的方法如下。

（1）新建普通幻灯片：右击分隔栏左边的幻灯片大纲栏目在弹出的快捷菜单中选择“新建幻灯片”命令，如图 4-8 所示，或按 Enter 键可新建默认的“标题和内容”幻灯片。

（2）新建版式幻灯片：单击“开始”标签，在“幻灯片”功能区单击“新建幻灯片”

按钮下方的˅按钮，在弹出的列表中选择一种幻灯片版式即可新建应用版式的幻灯片，如图 4-9 所示。

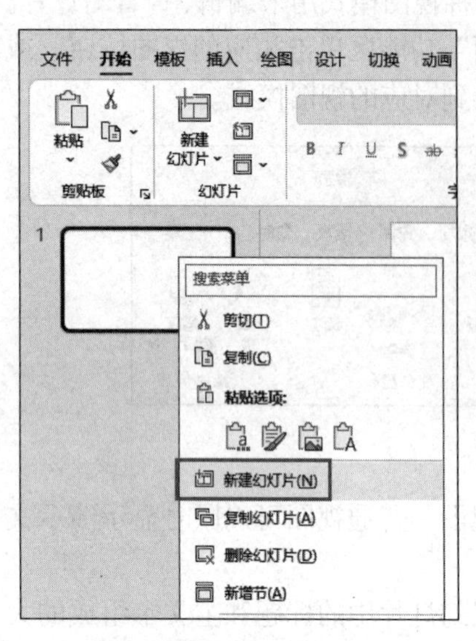

图 4-8　新建普通幻灯片

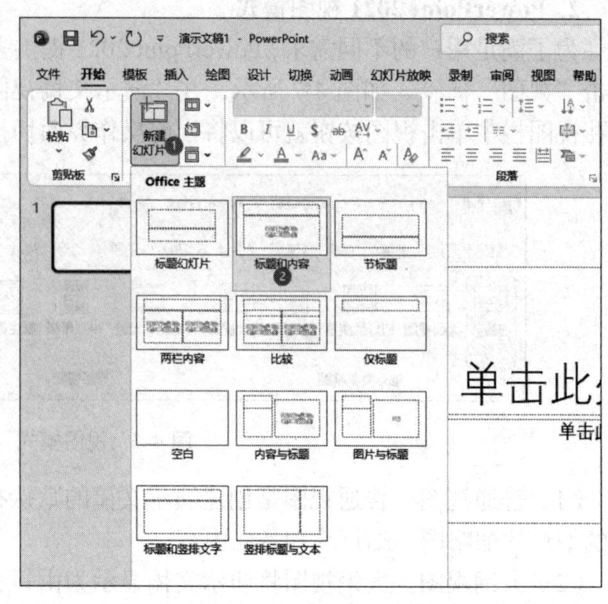

图 4-9　新建版式幻灯片

2. 幻灯片的移动

在制作幻灯片的过程中，若发现某张幻灯片安排不合理，可通过移动幻灯片的方法，将幻灯片移动至需要的位置，下面介绍移动幻灯片的 3 种方法。

（1）通过快捷菜单移动：在幻灯片大纲栏目中，选择需移动的幻灯片，右击，在弹出的快捷菜单中选择“剪切”命令。选择某张幻灯片，在其上方右击，在弹出的快捷菜单中选择“粘贴”命令，即可将剪切的幻灯片移动至当前选择的幻灯片后。

（2）通过功能组移动：在幻灯片大纲栏目中，选择要移动的幻灯片，单击“开始”标签，在“剪贴板”组中单击“剪切”按钮。选择要剪贴幻灯片相邻的某张幻灯片，在“剪贴板”组中单击“粘贴”按钮，即可将剪切的幻灯片移动至当前选择的幻灯片后。

（3）通过拖曳方法移动：在幻灯片大纲栏目中，选择需移动的幻灯片，按住鼠标并拖曳至目标位置处释放即可。

3. 幻灯片的复制

复制幻灯片的方法与移动幻灯片的方法类似，在移动幻灯片时选择“剪切”命令，而在复制幻灯片时选择“复制”命令即可，也可通过拖曳鼠标的方法复制幻灯片，拖曳到目标位置后按 Ctrl 键，释放鼠标即可。还可在“开始”选项卡的“幻灯片”组中单击“新建幻灯片”按钮下方的按钮，在弹出的下拉菜单中选择“复制选定幻灯片”命令，如图 4-10 所示，或按 Ctrl+D 组合键，即可在当前选择的幻灯片后复制出相同的幻灯片。

4. 幻灯片的删除

（1）删除某张幻灯片：在幻灯片大纲栏目中选择要删除的幻灯片，按 Delete 键，或右击，在弹出的快捷菜单中选择“删除幻灯片”命令，即可删除幻灯片。

（2）删除多张幻灯片：在幻灯片大纲栏目中选择第一张幻灯片，按住 Shift 键，选择另一张幻灯片，按 Delete 键可删除这两张幻灯片之间的所有幻灯片。按住 Ctrl 键选择幻灯片则可选择不连续的幻灯片。

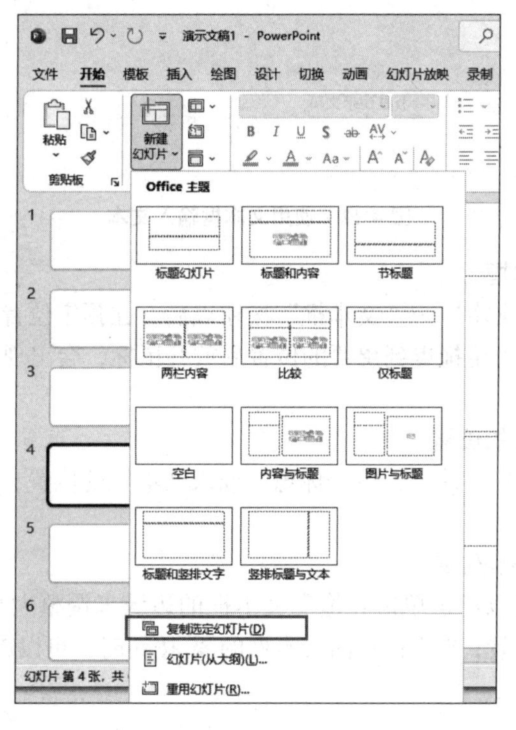

图 4-10　选择“复制选定幻灯片”命令复制

（3）删除全部幻灯片：在幻灯片大纲栏目中按 Ctrl+A 组合键可选择全部幻灯片，按 Delete 键即可将其删除。

（二）演示文稿插入文本框

1. 单击插入文本框

在“插入”选项卡“文本”组中，单击“文本框”按钮，如图 4-11 所示，即可在幻灯片上创建一个默认大小的文本框，可以在其中输入文字，如图 4-12 所示。

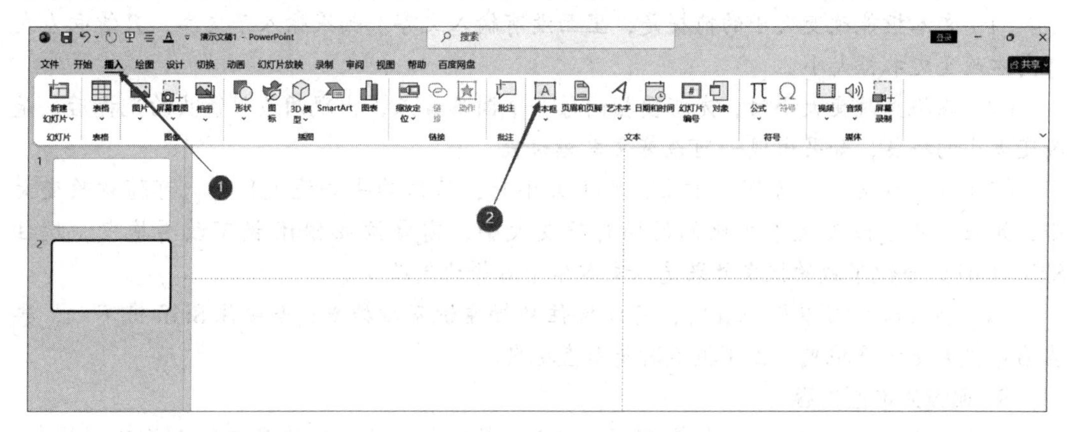

图 4-11　插入“文本框”

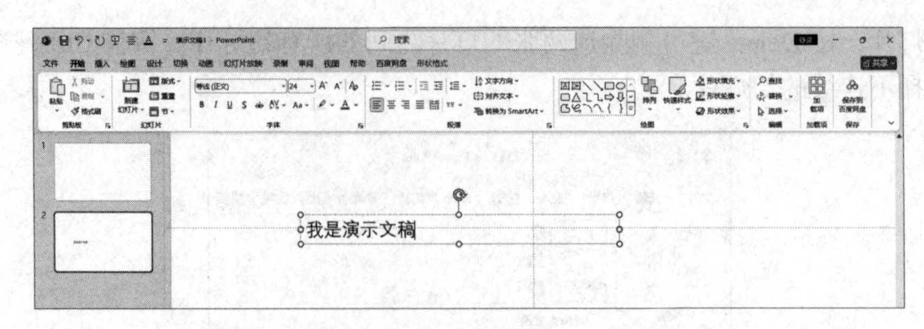

图 4-12　使用文本框输入文本

2. 拖动式插入文本框

单击“插入”→“文本”→“文本框”按钮以后，在预定位置按住鼠标左键不放，然后向右下方拖曳鼠标，直至拖曳到想要的位置后放开鼠标，会出现一个文本框，如图 4-13 所示。

3. 选择插入文本框的位置

在演示文稿的特定幻灯片上，单击你想要插入文本框的位置，确保光标处于你想要文本框显示的位置。

4. 调整文本框大小和位置

插入文本框后，可以通过单击并拖曳文本框的边缘来调整大小，如图 4-14 所示。出现时可移动文本框位置；当光标指向文本框的按钮时，可以旋转文本框。

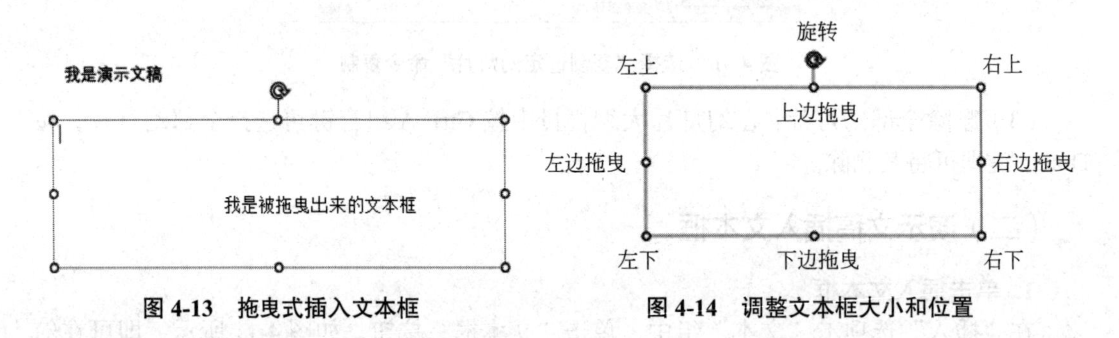

图 4-13　拖曳式插入文本框　　图 4-14　调整文本框大小和位置

注意：

（1）文本框能改变大小的前提是，里面没有输入文字。如果输入了文字，只能向左或者向右改变文本框大小。

（2）在拖曳改变大小时，光标要指向每一个圆形锚点，出现两边带箭头的光标后，是改变大小的拖曳，如果出现可改变文本框位置。

（3）在改变左上、左下、右上、右下大小时，只需单击并拖曳鼠标，可随意改变大小；如果想在不改变文本框比例的同时改变大小，需要按住 Shift 键不放再拖曳，按住 Shift+Ctrl 组合键不放的拖曳效果是以文本框中心等比例改变。

（4）当要改变文本框位置时，可以按住鼠标左键不放拖曳；当按住 Shift 键不放，再左右拖曳时是水平拖曳，上下拖曳时是垂直拖曳。

5. 编辑文本框内容

双击文本框内部以输入或编辑文字。单击“开始”标签，在功能区有“字体”“段落”

等选项，可以调整文本字体、大小、颜色、对齐方式等，如图 4-15 所示。

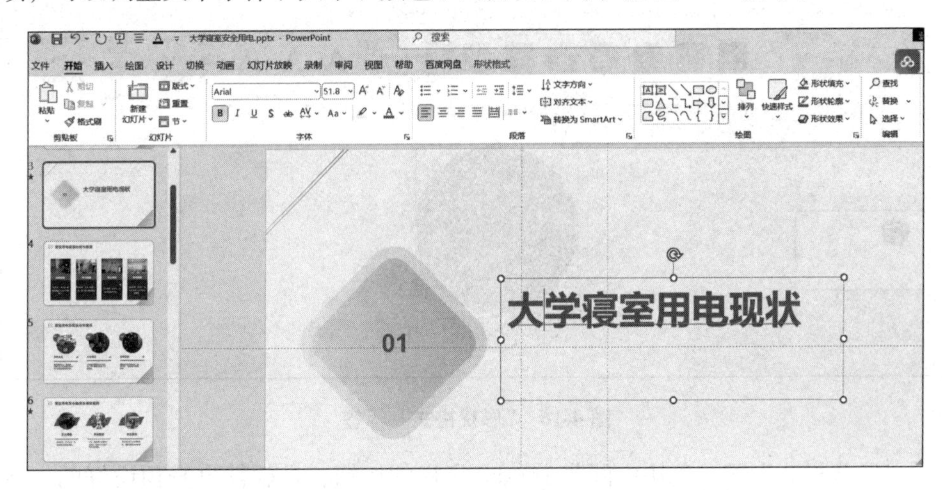

图 4-15　编辑“文本框”内容

6. 编辑文本框属性（可选）

右击文本框，选择“格式形状”命令或类似的命令，以调整文本框的颜色、边框、填充、阴影等属性。

7. 完成插入

调整完毕后，在顶部标签栏单击“保存”按钮或按快捷键保存演示文稿，确保修改得以保存。

（三）演示文稿插入插图

演示文稿提供了平面形状、图标、3D 模型、SmartArt 及图表等插图，可以根据需要方便地插入幻灯片中。下面以插入一个圆为例，说明插入插图的步骤。

1. 选择插入图形的位置

在演示文稿的特定幻灯片上，单击你想要插入图形的位置，确保光标处于你想要图形显示的位置。

2. 插入图形

在顶部标签栏中单击“插入”→“插图”→“形状”按钮，在弹出的下拉菜单中选择想要插入的具体图形。这里选择椭圆。

3. 绘制图形

在选择图形后，光标会变成一个十字形。单击并拖曳鼠标，绘制图形的大小，按住 Shift 键，可以保持图形的比例。我们是画的圆，所以要按住 Shift 键。

4. 编辑图形

插入或者绘制图形后，功能区会出现“形状格式”选项卡，如图 4-16 所示，要选中绘制的图形才会出现这个标签。

（1）“插入形状”组：这些图形工具和“形状”按钮没有区别，可以再次选择一个形状绘制；“编辑形状”按钮功能是改变现在已经绘制出来的形状；“文本框”按钮与上面所述一样；“合并形状”按钮，是对两个及以上的图形进行布尔值的操作，可以合并、相切、相交等。

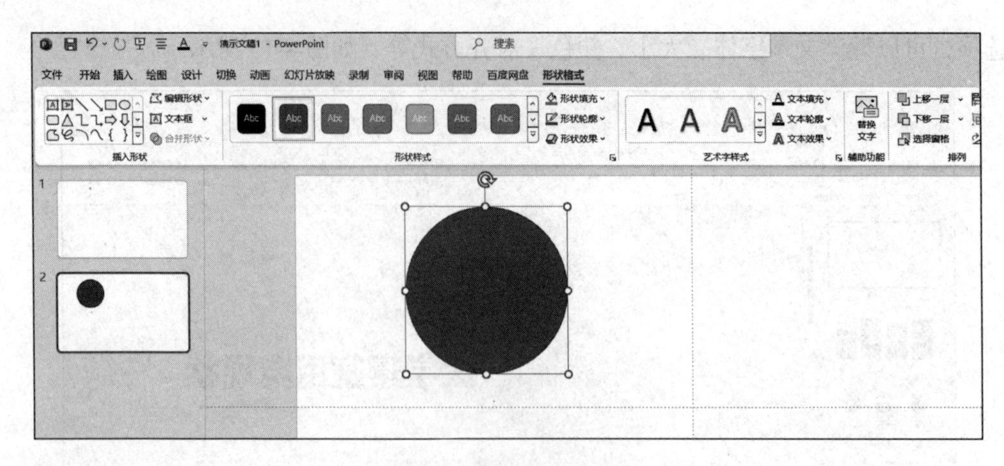

图 4-16 “形状格式”标签

（2）“形状样式”组：色块中间带着 Abc 字样的按钮，是软件自身预设好的一些图形文字组合样式；“形状填充”按钮里面，是对所绘制的形状进行颜色填充；“形状轮廓”按钮里面是对现在所绘制图形的边线轮廓进行填充和修改；“形状效果”按钮里面，是对现在所绘制图形的阴影、发光、三维选装等效果的选择。

（3）“艺术字样式”组：对所绘制形状里的文本进行修改，有颜色填充、文字的轮廓和艺术字的预设选择等。

（4）“替换文字”组：这个功能通常在需要批量处理形状中的文本时非常有用。例如，在制作一系列相似的幻灯片或图表时，如果需要修改某个特定形状中的文本，而这个文本又在多个形状中重复出现，那么使用“替换文字”功能可以大大提高工作效率。

（5）“排列”组：“上移一层”或者“下移一层”按钮是针对文本框、形状、图片都有用的，因为在图文排版中，可以理解为顶视图，看到的是最上面的那个对象；“对齐”按钮的作用是，让所绘制的图形在幻灯片区域内进行上下左右对齐，或者是让所有选中的对象进行想要的对齐；“组合”按钮，是将所选择两个及以上对象组合为一个整体，可以同时放大缩小以及位置移动；“选装”按钮里面是有目的性地对所选对象进行旋转，如顺时针、逆时针、水平、垂直旋转等操作。

（6）“大小”组：设置这个形状的宽和高。可以通过单击并拖曳图形的边缘来调整大小。当光标指向图形的 ⟳ 按钮时，可以旋转图形。

（四）演示文稿插入其他元素

在“插入”选项卡中，除了前面的“文本”“插图”组外，还有“图像”“表格”“视、音频”“链接”等组，操作步骤如下。

1. 插入图像

可以插入图片、截图及相册，单击相应的选项，选择图片来源，选中要插入的图片，然后单击“插入”按钮。与插入插图类似，插入图像后会出现“图片格式”标签，可以对图片进行背景色或图案、艺术效果、样式等进行设置。

2. 插入表格

插入表格时，可以拖曳选择表格的大小（行数和列数），也可以选择插入表格选项，填入行数和列数来决定表格大小。还可以绘制表格。插入表格后会出现“表设计”“布局”标签，在它们对应的功能区有对表格的操作选项，可以方便地对表格进行设计和编辑。

3. 插入视、音频

单击“插入”功能区的视频或音频选项，找到并选择想要插入的视频或音频文件，然后单击“插入”按钮，视频或音频文件将被插入幻灯片中。如果是视频则直接显示视频；如果是音频则显示音频图标。同时出现“视频（音频）格式”“播放”标签,可以对视频（音频）进行播放设置。

4. 插入链接

链接包括文件链接、网页链接、邮件链接以及锚点。在演示过程中使用链接，可以方便地跳转到其他幻灯片、网页、文件、电子邮件等内容。链接本身可以是文本或其他对象，如图形、图像等。PowerPoint 2021 提供了以下画线表示的链接、以动作按钮表示的链接及缩放定位的链接。比如，在每张幻灯片上添加动作“下一页”“前一页”，可以实现单击动作按钮翻页。这个也可以在后面母版上方便地实现。

四、动画设计

在演示文稿的制作过程中，除了精心组织呈现内容、合理设计幻灯片布局外，还需要应用动画效果控制幻灯片中的文本、声音、图像及其他对象的进入、退出等呈现方式和顺序以及幻灯片的切换效果，来增强演示文稿的视觉效果，使内容更加生动形象，让人印象深刻、过目不忘。常见的动画类型包括：淡入 / 淡出、滑动、旋转等。根据需求，可以为对象添加不同类型和效果的动画。

（一）幻灯片对象动画设计

选中幻灯片中的某一对象（如文本、图片、形状等），单击“动画”选项卡，如图 4-17 所示。在此选项卡中有“预览”“动画”“高级动画”“计时”4 个组。

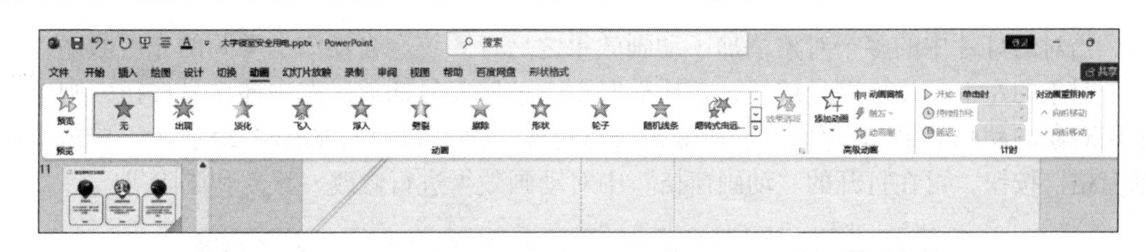

图 4-17 “动画”选项卡

1.“预览”组

单击“预览”按钮，可预览幻灯片播放时的动画效果。

2.“动画”组

在“动画”组中可对幻灯片中的对象动画效果进行设置。单击右边滑动条按钮，可在动画效果库中选择想要的动画效果。

3.“高级动画”组

单击“高级动画”组中的“添加动画”下拉按钮,在弹出的下拉菜单中包括“进入”“强调”“退出”“其他动作路径”4种类型的动画效果，如图4-18所示。

（1）进入效果用于设置幻灯片放映对象进入界面时的效果。

（2）强调效果用于演示过程中对需要强调的部分设置的动画效果。

（3）退出效果用于设置在幻灯片放映对象退出时的动画效果。

（4）其他动作路径用于指定相关内容放映时动画所通过的运动轨迹。

选择“更多进入效果”命令，可打开“添加进入效果”对话框，如图4-19所示，然后选择需要的动画效果，单击“确定”按钮即可。

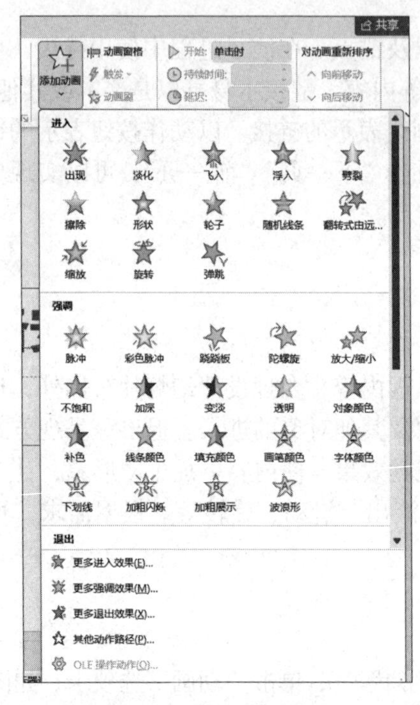

图4-18　添加动画选项

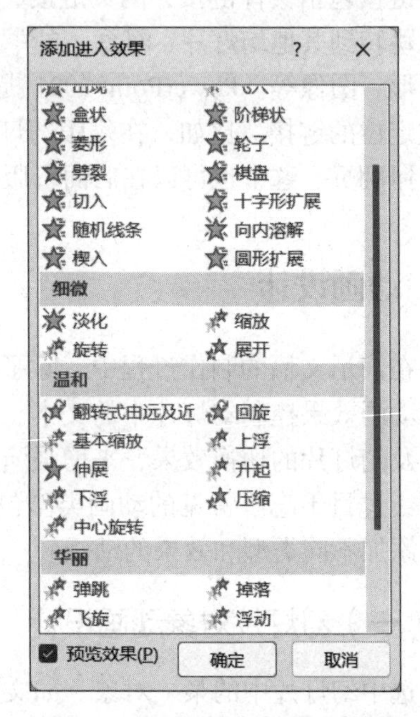

图4-19　“添加进入效果”对话框

当对幻灯片中的多个对象添加了动画效果之后，系统会自动添加动画的先后顺序，在各个对象的左上角显示序号按钮，在播放时也会按照序号播放。选中此序号按钮，则选中了该对象的动画效果，并可以对动画效果进行更改、删除等操作，如图4-20所示。单击“动画窗格”按钮，可在打开的“动画窗格”中对动画效果进行修改、移动和删除等。

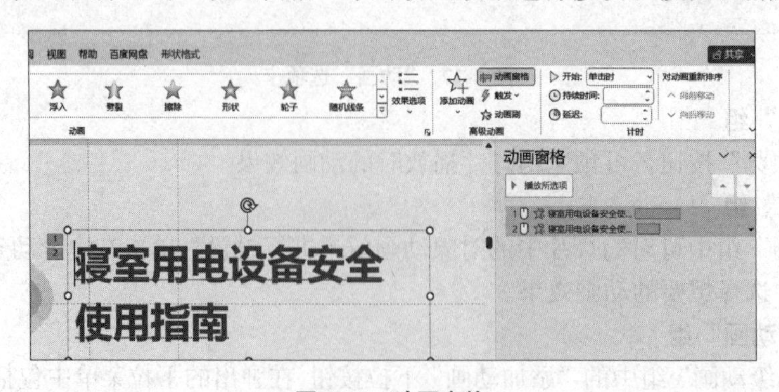

图4-20　动画窗格

"触发"按钮可以设置动画的触发方式；"动画刷"按钮可以用来复制动画效果，用法和 World 的"格式刷"一样。

4. "计时"组

"计时"组可更改动画的启动方式，并对动画进行排序和计时操作。动画的启动方式有以下 3 种类型。

（1）单击时。通过单击开始播放该动画。

（2）与上一动画同时。与前面一个动画一起开始播放。

（3）上一动画之后。在前面一个动画之后开始播放。

5. 删除动画

删除动画有以下两种方法。

（1）选择要删除动画的对象，然后在"动画"选项卡"动画"组中单击"无"按钮。

（2）打开"动画窗格"任务窗格，在列表区域中右击要删除的动画，在弹出的快捷菜单中选择"删除"命令。

6. 设置效果选项

大多数动画选项包含可供选择的相关效果，如在演示动画的同时播放声音，在文本动画中按字母、字 / 词或一次显示全部效果等。

设置动画效果选项的方法：单击"动画窗格"中动画列表的动画项目，再单击该动画项目右侧的下拉按钮，在弹出的下拉菜单中选择"效果选项"命令；或者右击相应的动画项目，在弹出的快捷菜单中选择"效果选项"命令；或者在"动画"选项卡中直接单击"效果选项"图标。"缩放"对话框如图 4-21 所示。

在"计时"选项卡中可以设置动画计时相关的内容，如图 4-22 所示。

（1）"延迟"。在文本框中输入该动画与上一动画之间的延时。

（2）"期间"。在该下拉列表中选择动画的速度。

（3）"重复"。在该下拉列表中设置动画的重复次数。

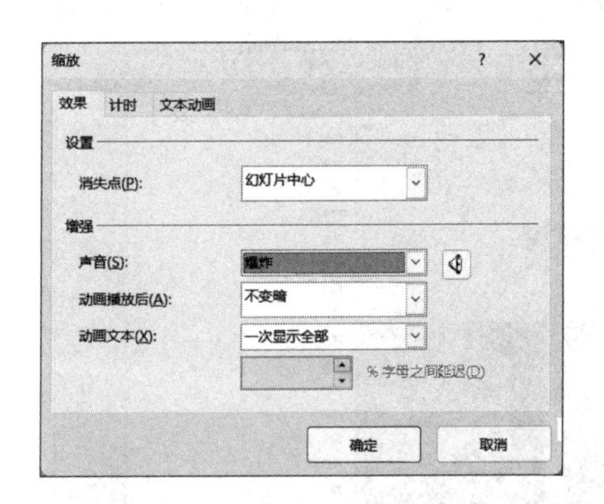

图 4-21　设置动画效果选项

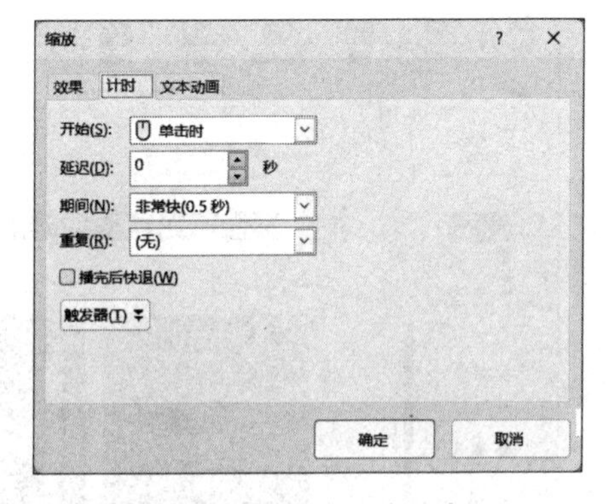

图 4-22　设置动画计时选项

（二）幻灯片切换设计

在 PowerPoint 2021 中，除了对幻灯片中内部的各个对象添加动画效果以外，也可以对幻灯片进行切换设置。

幻灯片的切换方式是指两张连续的幻灯片之间的过渡效果，也就是由一张幻灯片转到下一张幻灯片时要呈现的效果。在演示文稿中，可以设置所有的幻灯片使用同一种切换方式，也可以把不同的切换形式应用到每一张幻灯片中。在普通视图或幻灯片浏览视图中都可以为幻灯片设置动画切换。操作方法：单击“切换”选项卡，在“切换到此幻灯片”组中进行设置，如图 4-23 所示。

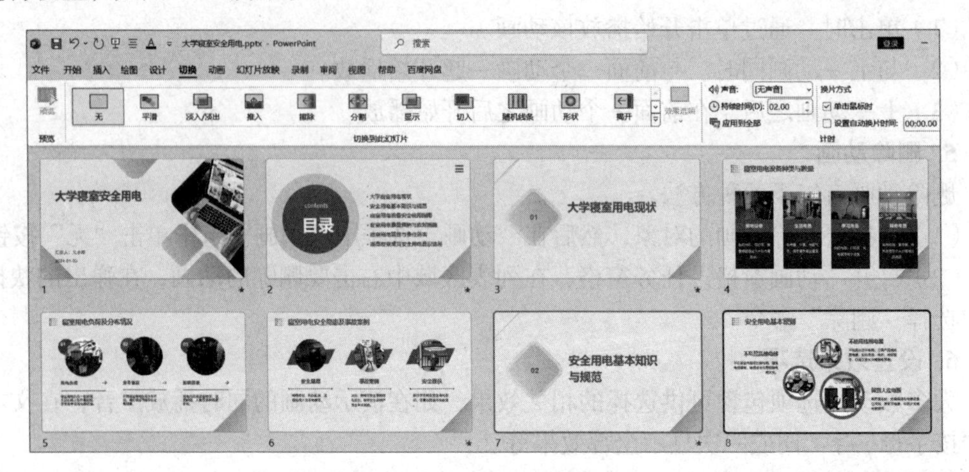

图 4-23 幻灯片切换设置

PowerPoint 2021 除了可以提供方便的切换方案外，在“计时”组可以对所选的切换效果配置音效、持续时间以及换片方式等，增强演示文稿的变化。在使用一些特殊声音效果时，如掌声、微风等可循环播放的声音效果，用户可以在弹出的下拉菜单中继续选择“播放下一段声音之前一直循环”命令，控制声音持续循环播放，直至开始下一段声音的播放，如图 4-24 所示。

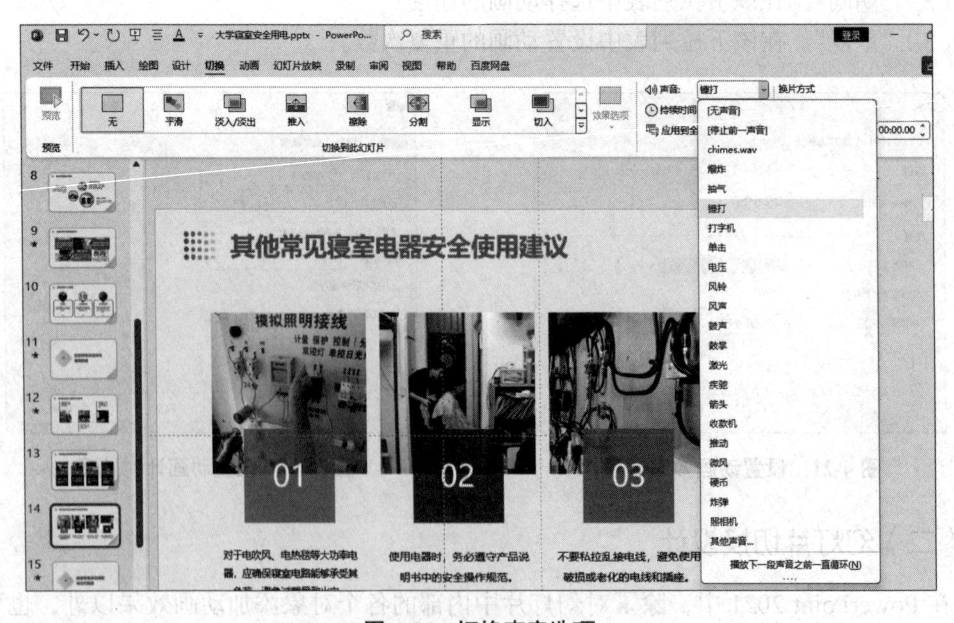

图 4-24 切换声音选项

五、演示文稿保存与保护

（一）演示文稿的保存

文件的保存很重要，演示文稿在编辑完成或编辑过程中及时对演示文稿进行保存，可以避免数据的意外丢失。演示文稿的保存与前面 Word 和 Excel 的保存方法类似，只是要注意在保存时，演示文稿文件的扩展名为 pptx。

（二）演示文档的保护

有时候我们的演示文稿仅对指定人开放，这时可以采用加密、限制访问、添加数字签名等措施来保护演示文档。加密保存可以防止其他用户在未授权的情况下打开或修改演示文稿，以此加强文件的安全性，防止文件泄密。

操作方法：选择“文件”→“信息”→“保护演示文稿”命令，选择相应的保护方式进行保护，如图 4-25 所示。

例如，选择用密码进行加密，如图 4-26 所示。

图 4-25 保护演示文稿

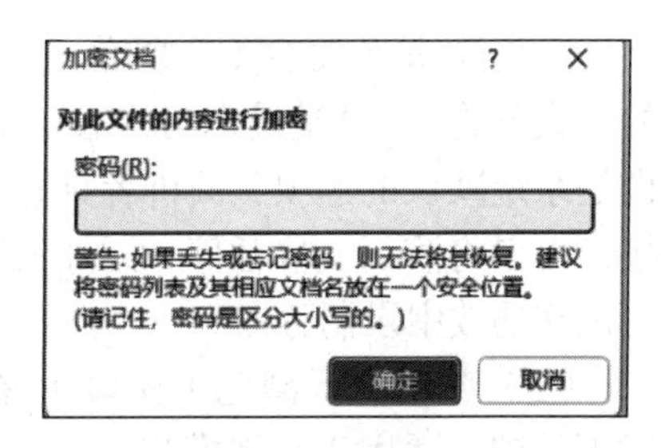

图 4-26 加密文档

输入密码并单击“确定”按钮后，在“确认密码”对话框中再次输入密码并单击“确定”按钮，然后在“保护演示文稿”选项里会显示“打开此演示文稿时需要密码”字样。

六、演示文稿放映

（一）设置放映类型

演示文稿设计完成后，用户就可以根据需要进行幻灯片放映了。单击“幻灯片放映”

选项卡，切换到“开始放映幻灯片”组，可以看到有几种放映方式：“从头开始”“从当前幻灯片开始”“自定义幻灯片放映”等方式，如图 4-27 所示。

图 4-27　幻灯片放映功能

单击“设置幻灯片放映”按钮，打开“设置放映方式”对话框，可以设置放映方式，如图 4-28 所示。

1. 放映类型

在“设置放映方式”对话框中可以选择相应的放映类型。PowerPoint 演示文稿的放映类型有以下 3 种。

（1）演讲者放映（全屏幕）：在全屏显示的方式下放映，这是最常用的幻灯片播放方式，也是系统默认的选项。演讲者具有完整的控制权，可以将演示文稿暂停、添加说明细节，还可以在播放中录制旁白。

（2）观众自行浏览（窗口）：在窗口的方式下放映，适用于小规模演示。这种方式提供演示文稿播放时移动、编辑、复制等命令，便于观众自己浏览演示文稿。

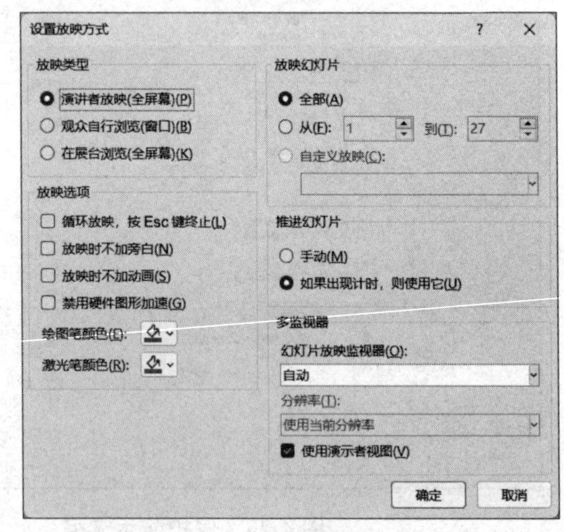

图 4-28　设置放映方式

（3）在展台浏览（全屏幕）：在全屏显示的方式下循环放映，适用于展览会场或会议。观众可以更换幻灯片或单击超链接对象，但不允许控制放映和编辑幻灯片，用幻灯片的放映时间来切换幻灯片，只能按 Esc 键退出放映。在这种放映方式下，必须先为所有幻灯片设置放映时间。

2. 放映选项

（1）循环放映，按 Esc 键终止。可以实现循环放映。

（2）放映时不加旁白。可以禁止播放录制的声音。

（3）放映时不加动画。可以禁止播放设置的动画效果。

3. 放映幻灯片

选择放映类型后，根据需要设定幻灯片的播放范围：全部、指定范围或自定义放映。

4. 推进幻灯片

用于幻灯片的切换推进设置，多浏览区用于是否以演示者视图放映，在演示者视图下，可以看到备注信息，而放映的投影屏幕上不会显示备注信息。

（二）设置放映时间

设置幻灯片放映时间的方法有以下两种时间。

1. 手动设置排练时间

选择需要设置排练时间的幻灯片，选中“切换”选项卡“计时”组中的“设置自动换片时间”复选框，再在文本框中输入幻灯片在屏幕上显示的时间。如果希望下一张幻灯片在单击或时间达到输入的时间时都会切换，可以同时选中“单击鼠标时”和“设置自动换片时间”两个复选框。

2. 排练时记录排练时间

用户在放映幻灯片前，可以使用“排练计时”功能来预演整个演示文稿所需的时间，使正式放映幻灯片时做到时间上的掌控。

选择需要播放的幻灯片，单击“幻灯片放映”选项卡，在“设置”组中单击“排练计时”按钮，演示文稿会自动切换到幻灯片放映状态，幻灯片左上角会出现“录制”对话框。进行幻灯片正常放映，“录制”对话框显示当前页面所用时间及总共时间，当最后一张幻灯片放映完毕，出现提示用户是否保留排练时间。单击“是”按钮以后，从幻灯片浏览视图中就可以看到每张幻灯片下方会显示排练时间。

（三）自定义放映

自定义放映可以随意将幻灯片组合成多种不同的自定义放映，并为每一种自定义放映命名，在放映演示文稿时，可以为特定观众选择特定的自定义放映。

1. 创建自定义放映

（1）打开要创建自定义放映的演示文稿，单击“幻灯片放映”选项卡“开始放映幻灯片”组中的“自定义幻灯片放映”下拉按钮，在弹出的下拉菜单中选择“自定义放映”命令，在打开的“自定义放映”对话框中单击“新建”按钮，打开“自定义放映”对话框。

（2）在“在演示文稿中的幻灯片”列表中，可选择要自定义放映的多张幻灯片，然后单击“添加”按钮。

（3）要更改幻灯片的放映顺序，可在“在自定义放映中的幻灯片”列表中上下移动幻灯片。在“幻灯片放映名称”文本框中输入放映名称，然后单击“确定”按钮。

2. 放映自定义放映

（1）单击“幻灯片放映”选项卡“设置”组中的“设置幻灯片放映”按钮，打开“设置放映方式”对话框。

（2）在“放映幻灯片”中选中“自定义放映”按钮，然后在其下拉列表中选择需要放映的自定义放映名称，再单击“确定”按钮即可。另外，在“自定义放映”对话框中选择一个自定义放映名称，再单击“放映”按钮也可以放映该自定义放映。

任务实现

完成任务 4-1“制作旅游景点演示文稿”的操作步骤如下。

1. 创建演示文稿并保存

（1）启动 PowerPoint 2021 应用程序。

（2）单击“设计”选项卡，“主题”组中的下拉按钮，设置其主题为“平面”，如图 4-29 所示。将文件以“文件名”为“世界遗产——都江堰简介”进行保存。

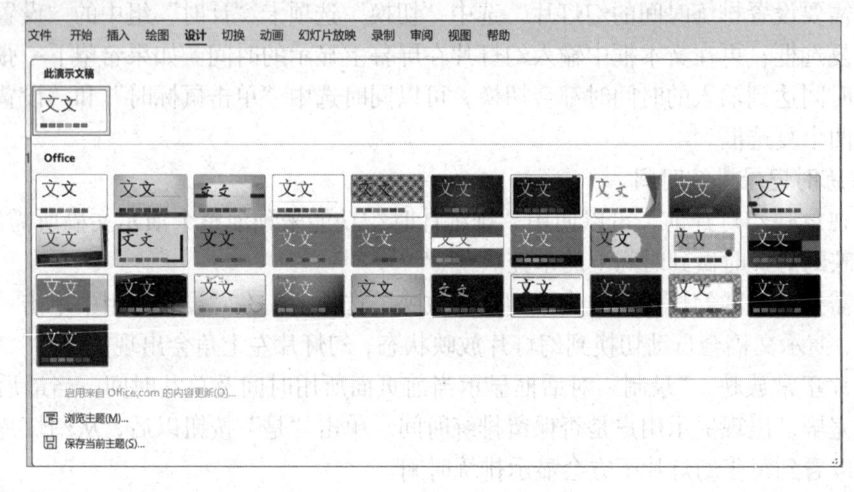

图 4-29 设计“平面”主题

2. 制作幻灯片

1）制作封面幻灯片

默认情况下，演示文稿的第一张幻灯片的版式为“标题幻灯片”版式，此类版式一般可作为演示文稿的封面。

（1）在第一张幻灯片的主标题占位符中输入文本“世界遗产——都江堰”，字体为宋体、加粗、阴影，字号为 80，颜色设置为橙色。

（2）在副标题占位符中输入 Dujiangyan irrigation system，字体为 Times New Roman，字号为 36，如图 4-30 所示。

2）制作第二张幻灯片

（1）单击“开始”选项卡“幻灯片”组中的“新建幻灯片”下拉按钮，在弹出的下拉菜单中选择“仅标题”版式，插入第二张幻灯片，如图 4-31 所示。

（2）在标题占位符中输入“都江堰”，字体设置为宋体、加粗，字号为 36。

（3）单击“插入”选项卡“插图”组中的 SmartArt 按钮，选择“垂直曲形列表”，并在文本框中对应输入文本内容“都江堰简介”“历史与文化背景”“灌溉系统的奇迹”“文化遗产旅游发展情况”“致谢”，适当调整大小及位置，效果如图 4-32 所示。

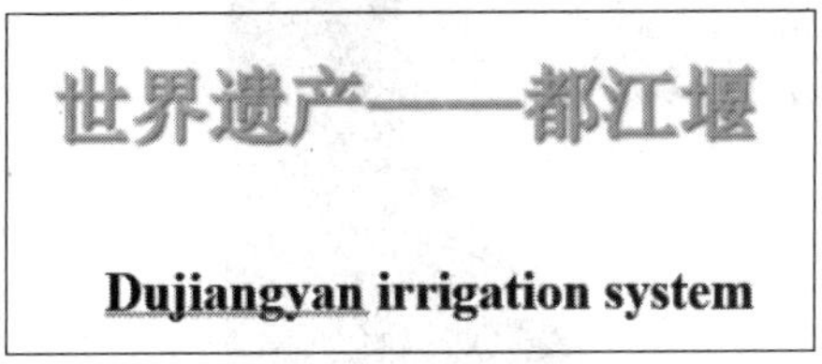

世界遗产——都江堰

Dujiangyan irrigation system

图 4-30　封面幻灯片效果

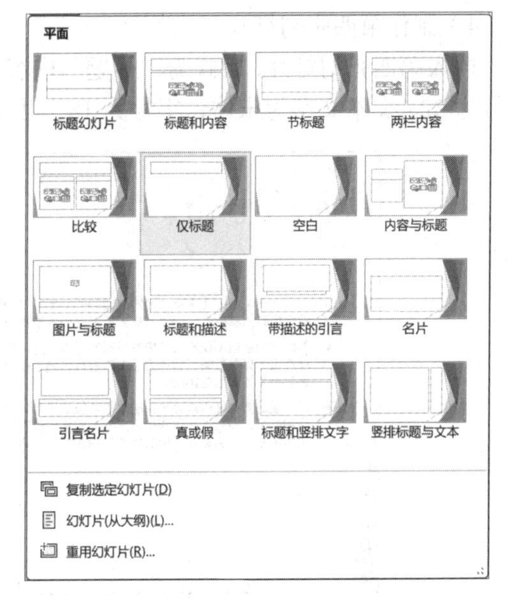

图 4-31　选择幻灯片版式

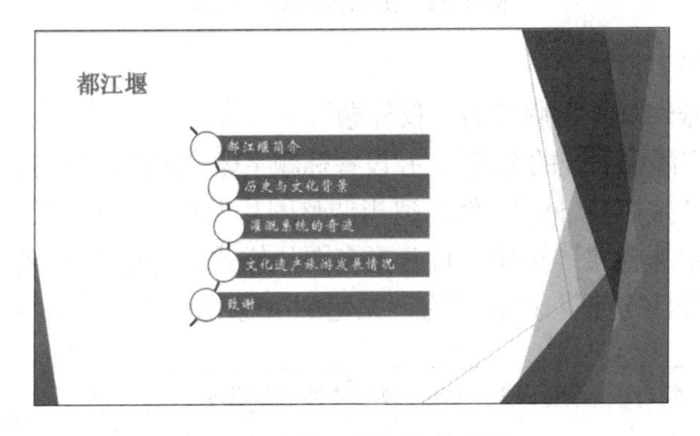

图 4-32　第二张幻灯片效果

3）制作第三张幻灯片

（1）插入第三张幻灯片，版式为“竖排标题与文本”。输入标题和文本，标题文字为宋体，字号为 48；文本文字为宋体，字号为 20，并适当调整大小和位置。

（2）插入图片“都江堰 .jpg”，然后适当调整图片大小，效果如图 4-33 所示。

图 4-33　第三张幻灯片效果

4）制作第四张幻灯片

插入第四张幻灯片，版式为“标题与内容”。输入标题和文本，标题文字为宋体、加粗，字号为 32；文本文字为宋体，字号为 18，并适当调整大小和位置。效果如图 4-34 所示。

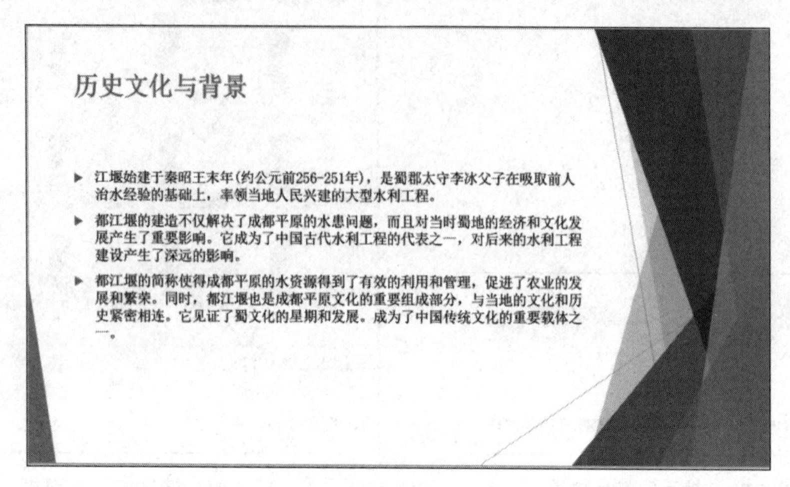

图 4-34　第四张幻灯片效果

5）制作第五张幻灯片

（1）插入第五张幻灯片，版式为“仅标题”。

（2）输入标题“灌溉系统的奇迹”，并设置标题字体为宋体、加粗、居中，字号为 36。

（3）插入图片“宝瓶口 .jpg”，然后适当调整图片大小，单击“图片格式”选项卡“图片样式”组中的“快速样式”按钮，打开更多图片样式，选择“映像圆角矩形”样式，如图 4-35 所示。在“图片边框”中设置为“无轮廓”，如图 4-36 所示。

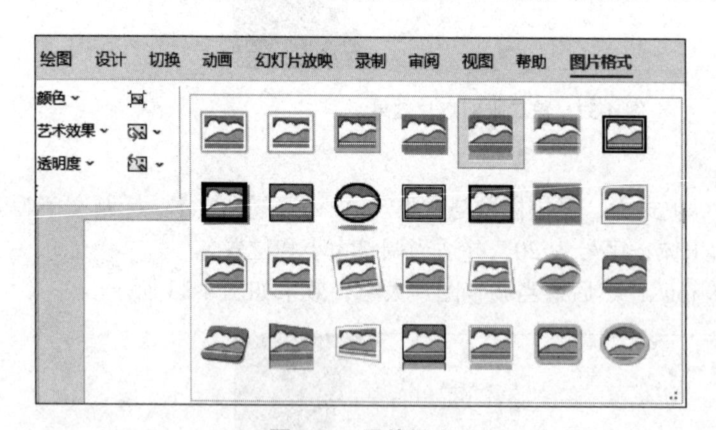

图 4-35　图片样式

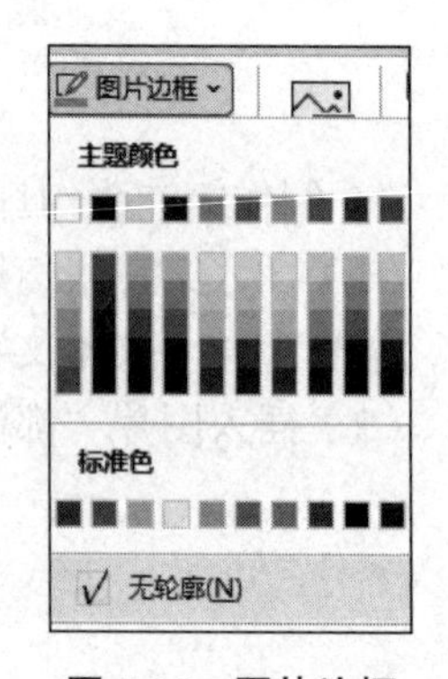

图 4-36　图片边框

（4）绘制横排文本框，在文本框中输入“宝瓶口”，字体为宋体、加粗，字号为 36。

（5）按照相同方法，依次插入图片“鱼嘴”“飞沙堰”及对应文本框，调整位置，效果如图 4-37 所示。

6）制作第六张幻灯片

（1）插入第六张幻灯片，版式为“空白”。

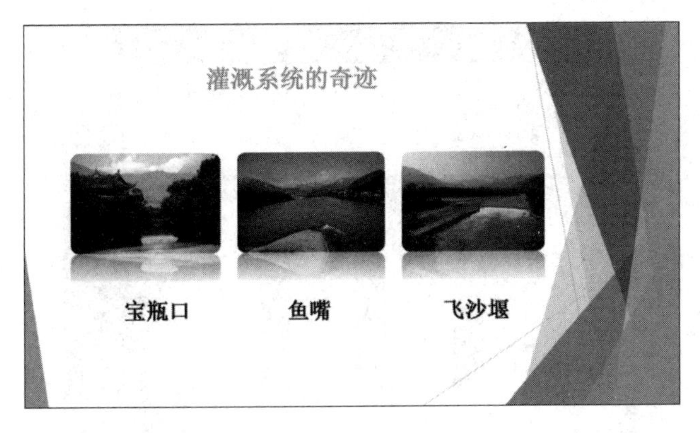

图 4-37　第五张幻灯片效果

（2）单击“插入”选项卡“文本”组中的“艺术字”下拉按钮，弹出如图 4-38 所示的下拉列表，选择第四行第三列艺术字样式，输入“文化遗产旅游发展情况”，字体为宋体，字号为 50。

（3）单击“插入”选项卡“插图”组中的“图表”按钮，打开“插入图表”对话框，如图 4-39 所示，在“插入图表”对话框中选择“柱形图”→“簇状柱形图”，单击“确定”按钮。

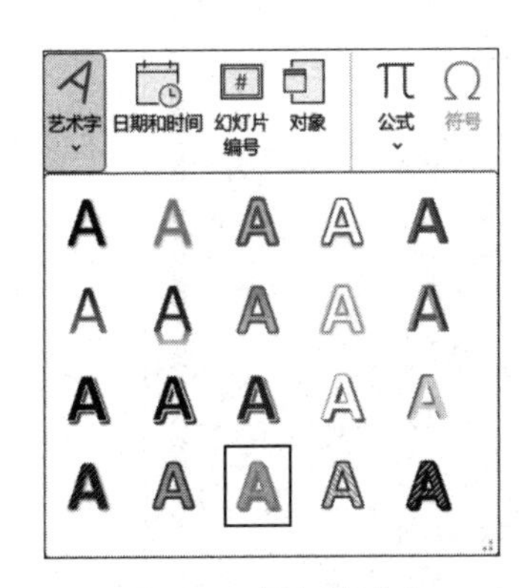

图 4-38　插入艺术字

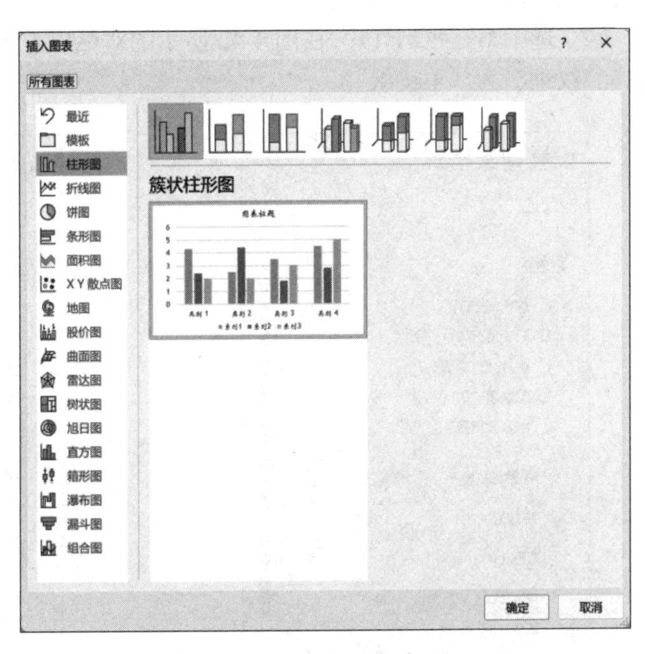

图 4-39　插入图表

（4）在打开的表格中，输入如图 4-40 所示数据。

关闭表格，调整图表大小，完成第六张幻灯片。

7）制作第七张幻灯片

插入第七张幻灯片，版式为“标题幻灯片”。将“副标题”占位符删除，“标题”占位符中输入文本“感谢观看”，字体为宋体，字号为 88。

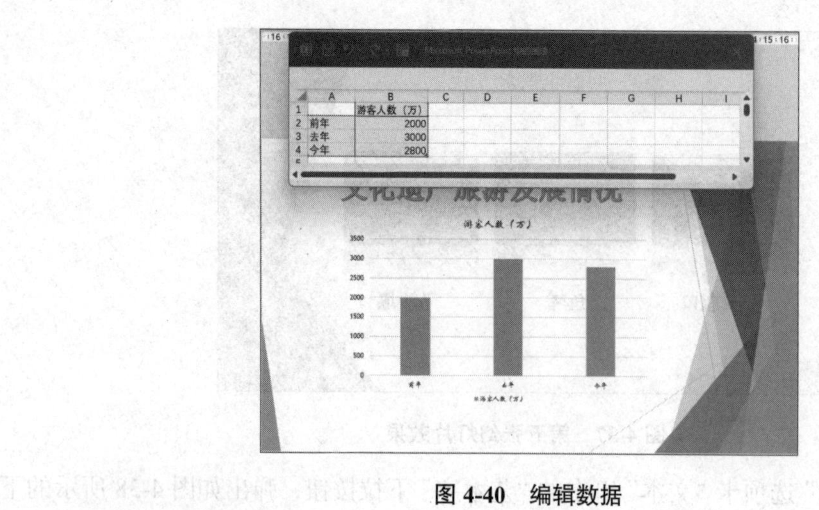

图 4-40　编辑数据

3. 设置幻灯片背景

（1）选中第二张幻灯片，单击“设计”选项卡“自定义”组中的“设置背景格式”按钮，打开如图 4-41 所示的“设置背景格式”任务窗格。选中“填充”选项中的“渐变填充”单选按钮，选择“预设渐变”下拉列表中的“浅色渐变 - 个性色 1”类型，选择“类型”下拉列表中的“线性”选项。

（2）选中第三张幻灯片，在图 4-42 所示的对话框中选中“图片或纹理填充”单选按钮，选择“纹理”为“羊皮纸”。

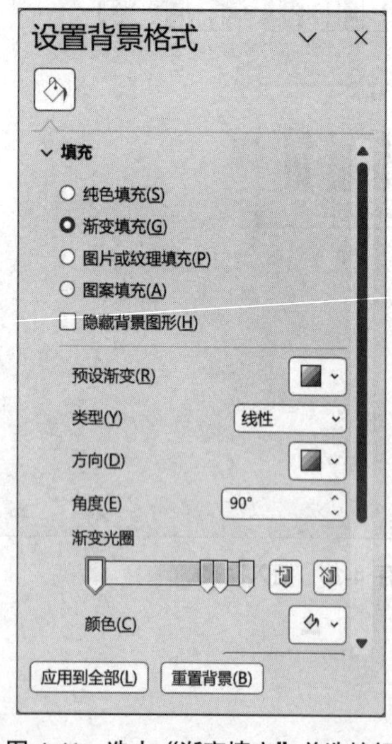

图 4-41　选中“渐变填充”单选按钮

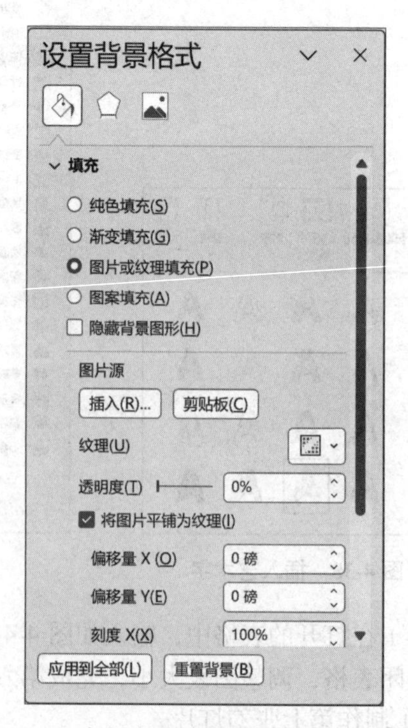

图 4-42　选中“图片或纹理填充”单选按钮

（3）选中第四张幻灯片，设置背景格式为“图案填充”“点线 %5”效果。

（4）选中第六张幻灯片，设置背景格式为“图片或纹理填充”，图片源为“背景.jpg”，设置“透明度”为 85%。4 张幻灯片的设置效果如图 4-43 所示。

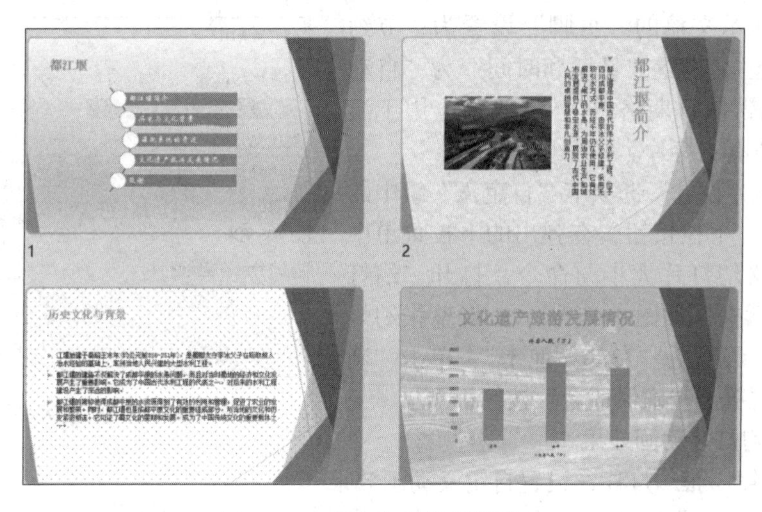

图 4-43　4 张幻灯片的设置效果

4. 设置幻灯片超链接

为目录页设置超链接，本操作在第二张幻灯片上完成。

选择“都江堰简介”文本，右击，在弹出的快捷菜单中选择“超链接”命令，弹出“插入超链接”对话框，在“链接到：”中单击“本文档中的位置”，选中第 3 张幻灯片，如图 4-44 所示，将其链接到“幻灯片 3”。

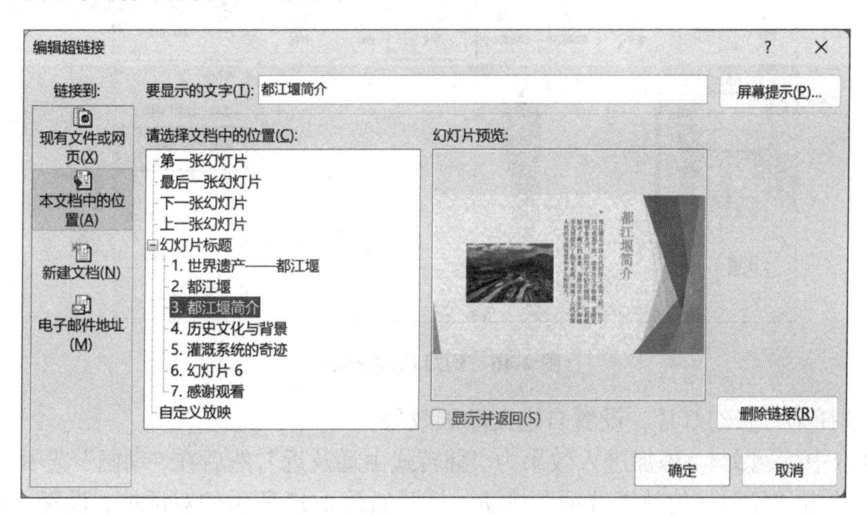

图 4-44　设置幻灯片超链接

重复以上步骤，设置其余文本的超链接。

5. 重复设置幻灯片文字及图片

美化修饰幻灯片，不仅要修饰幻灯片的主题、背景、颜色等，更要通过不断调整幻灯片的文字及图片的格式设置，如文字的大小、字形、颜色等，图片的格式、填充效果等，图片与文字的混合排版等，既要使每张幻灯片达到美化的效果，又要考虑整体演示文稿的美化风格等。

6. 设置幻灯片页脚和演示文稿的宽度

（1）将演示文稿的“页脚”设置为“节约用水从我做起”，设置“日期和时间”为“自动更新”（采用默认日期格式），将效果应用于演示文稿中的所有幻灯片。

（2）单击“设计”选项卡“自定义”组中的“幻灯片大小”下拉按钮，在弹出的下拉菜单中选择“自定义幻灯片大小”命令，打开“幻灯片大小”对话框，如图 4-45 所示。将整张幻灯片的“宽度”设置为“33.867 厘米”，单击“确定”按钮，再单击“确保适合”按钮即可。

幻灯片大小
幻灯片大小(S):
宽屏
宽度(W):
33.867 厘米
高度(H):
19.05 厘米
幻灯片编号起始值(N):
1
方向
幻灯片
纵向(P)
横向(L)
备注、讲义和大纲
纵向(O)
横向(A)
确定
取消

图 4-45　“幻灯片大小”对话框

7. 设置幻灯片动画效果

1）选择第一张幻灯片，设置自定义动画效果

（1）选择第一张幻灯片。

（2）选中主标题，添加进入动画效果为“翻转式由远及近”。

（3）选中副标题，添加进入动画效果为“缩放”，效果选项为“幻灯片中心”，如图 4-46 所示。

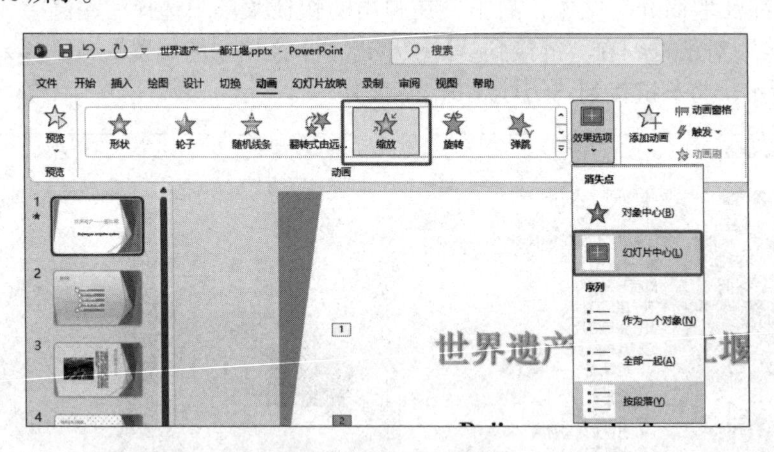

图 4-46　幻灯片动画设置

2）选择第二张幻灯片，设置自定义动画效果

（1）选中标题文本，添加进入效果为“翻转式由远及近”，然后在“动画”选项卡“动画”组右下角单击“显示其他效果选项”按钮，打开如图 4-47 所示的对话框，设置“声音”为“风铃”，“设置文本动画”为“一次显示全部”；再单击“计时”选项卡设置动画开始方式为“单击时”，然后单击“确定”按钮即可。

（2）选中文本，添加进入效果为“劈裂”，然后设置“声音”为“风铃”，动画开始方式为“上一动画之后”。

3）在第三张幻灯片中进行如下设置

（1）选中标题，然后在“动画”选项卡“动画”组右下角单击“显示动画样式”按钮，

在下拉菜单中选择“更多进入效果”命令，打开“更改进入效果”对话框，如图 4-48 所示，选择“盒状”，然后单击“确定”按钮即可。设置动画开始方式为“单击时”。

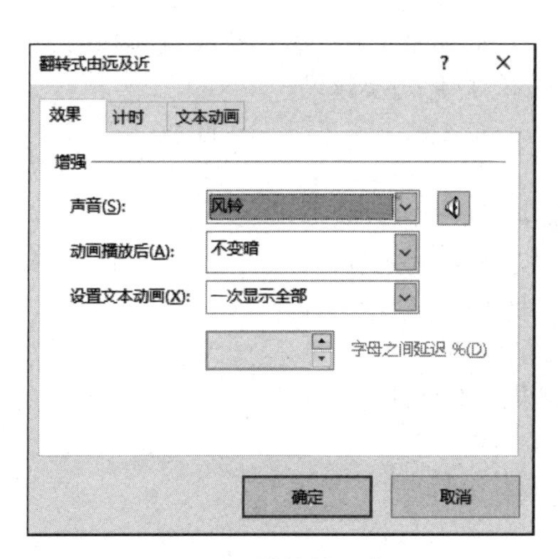

图 4-47 其他效果选项

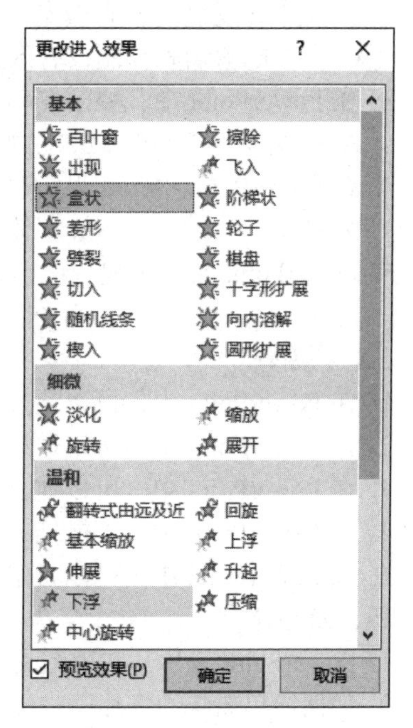

图 4-48 更多进入效果

（2）选中文本，添加更多进入效果为“切入”，并设置动画开始方式为“上一动画之后”。

4）设置第四至第七张幻灯片

依照相同的操作方法，自行设置其余幻灯片的动画效果。

8. 设置幻灯片切换效果

（1）选择第一张幻灯片，然后单击“切换”选项卡上“切换到此幻灯片”组中的“切换效果”按钮，在下拉菜单中选择“涟漪”命令，设置切换效果。

（2）在“计时”组中的“声音”下拉列表中选择声音为“风铃”，在“换片方式”设置区中设置幻灯片的换片方式为“单击时”。

（3）单击“应用到全部”按钮，将当前幻灯片切换方式设置应用于全部幻灯片。

单元练习 4.1

一、填空题

1. 当光标变成手形时，说明它所指的对象有__________。

2. 放映幻灯片时，每张幻灯片进入或退出屏幕时的方式称为__________。

3. 选取多个对象可以首先单击第一个对象，按住__________键，再单击其他对象。

二、单选题

1. 在 PowerPoint 中，用文本框在幻灯片中添加文本时，在“插入”选项卡中应选择（　　）项。

A. 图片　　B. 文本框　　C. 影片和声音　　D. 表格

2. 在 PowerPoint 中，下列有关移动和复制文本的叙述不正确的是（　　）。

A. 文本在复制前，必须先选定　　B. 文本复制的快捷键是 Ctrl+C

C. 文本的剪切和复制没有区别　　D. 文本能在多张幻灯片间移动

3. 在 PowerPoint 中，要添加动画效果，应选择（　　）菜单。

A. 格式　　B. 动画　　C. 切换　　D. 幻灯片放映

4. 在 PowerPoint 中，如果要改变文本的字体，应选择（　　）菜单。

A. 格式　　B. 字体　　C. 样式　　D. 文本框

5. PowerPoint 2021 支持（　　）种不同的幻灯片切换效果。

A. 5　　B. 10　　C. 15　　D. 20

三、判断题

1. 在 PowerPoint 中，可以通过拖曳鼠标来调整文本框的大小。（　　）
2. 在 PowerPoint 中，可以通过 F5 键从头开始放映幻灯片。（　　）
3. 在 PowerPoint 中，可以通过右键菜单来复制和粘贴幻灯片。（　　）
4. 在 PowerPoint 中，不能插入 GIF 格式的图片。（　　）
5. 在 PowerPoint 中，可以自定义动画效果的速度曲线。（　　）

四、简答题

1. PowerPoint 三种基本视图是什么？各有什么特点？
2. 如何简单放映幻灯片？
3. 如何建立幻灯片上对象的超链接？

五、操作题

（1）请创建一个新的 PowerPoint 演示文稿，并添加 5 张幻灯片，每张幻灯片上包含一个不同主题的图片和一段简短的文字描述。要求每张幻灯片的布局简洁明了，字体大小适中，颜色搭配协调。最后将演示文稿保存为“我的演示文稿 .pptx”。

（2）请为上文提到的“我的演示文稿 .pptx”演示文稿中的所有文字添加动画效果，要求动画效果逐行出现，并且每张幻灯片的动画顺序不同。最后将修改后的演示文稿保存为“动画演示文稿 .pptx”。

单元 4.2　演示文稿的外观设计

学习目标

➢ 知识目标

1. 掌握幻灯片母版的设计运用；
2. 掌握演示文稿的放映和导出；
3. 掌握 PowerPoint 2021 的主题应用，能够设计自己需要的演示文稿。

➢ 能力目标

1. 能够合理布局母版页面元素；

2. 能够设计不同风格的母版演示文稿；
3. 能够按需设置放映方式及导出演示文稿。

➢ **素养目标**

1. 提升学生自主探究意识；
2. 提升学生审美情趣；
3. 提升学生数字化创新与发展意识。

工作任务

任务 4-2　制作公司项目汇报 PPT 模板

××× 公司为提升企业形象和展示企业文化，需要制作一份风格统一的项目汇报演示文稿模板，用于公司每月、每季度、每年都要进行的项目工作汇报，及对外项目宣讲汇报。效果如图 4-49 所示。

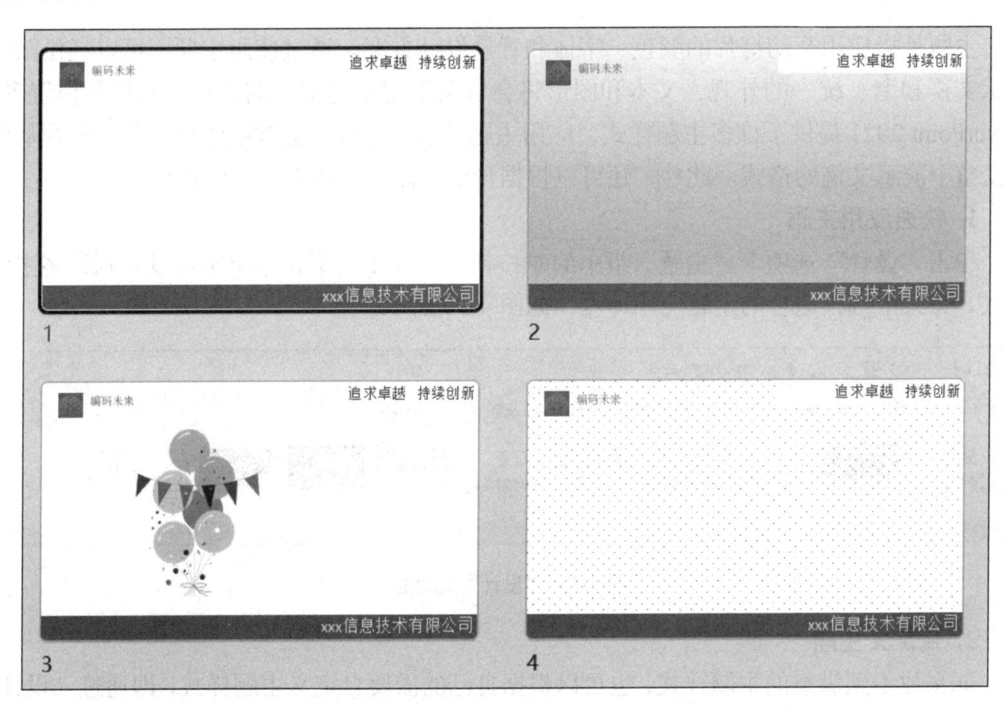

图 4-49　PPT 模板效果

技术分析

为完成该演示文稿，首先要了解并收集能代表公司的商标、企业 Logo、企业目标、宣传标语或者代表色等，需要了解公司工作汇报的一般流程，了解幻灯片母版的使用原理。在演示文稿制作过程中，涉及的技术要点主要有：幻灯片大小、母版中占位符的创建与编辑、幻灯片母版标题、页脚及主题等。

知识与技能

一、演示文稿外观设计

要让演示文稿主题鲜明、有一个统一的外观和格式，使整个演示文稿更加专业和一致，可以通过设置统一的外观来实现。PowerPoint 2021 提供的主题、背景功能，可方便地对演示文稿中幻灯片的外观进行调整和设置。另外，幻灯片母版也是一种重要的方法，通过使用母版，可以简化设计过程，提高工作效率，并确保演示文稿的设计风格统一。

二、主题和背景的应用

（一）设置主题

主题是指应用至幻灯片的颜色、字体和背景设计方案。通过使用主题，可以轻松赋予演示文稿和谐、统一的外观，文本和图形将会自动采用主题定义的大小、颜色和位置等。PowerPoint 2021 提供了许多主题样式，应用主题后的幻灯片，会被赋予更专业的外观从而改变整个演示文稿的格式。此外，还可以根据自己的需要自定义主题样式。

1. 快速应用主题

单击“设计”选项卡“主题”组中的▼按钮，在弹出的下拉菜单中可以看到许多主题样式，在其中选择适合的主题应用即可，如图 4-50 所示。

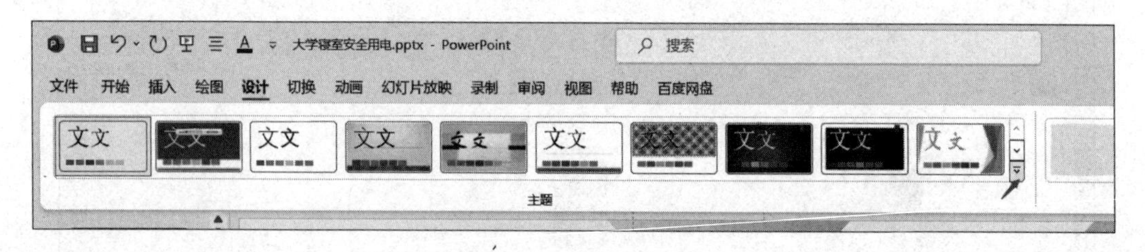

图 4-50 “设计”功能区

2. 自定义主题

如果找不到满意的主题样式，也可以根据自己的需要自定义主题样式，即通过“设计”选项卡“变体”组中的“颜色”“字体”“效果”按钮，对主题的颜色、字体、效果和背景进行设置，最后在“主题”下拉列表中选择“保存当前主题”命令保存自定义主题。

（二）设置背景

既可以为单张幻灯片设置背景，也可以为所有幻灯片设置相同的背景。

1. 使用内置样式

打开需更改背景的幻灯片母版或演示文稿，单击“设计”选项卡“变体”组中的“背景样式”按钮，在弹出的“背景样式”列表中单击相应的样式，可将其应用于整个演示文稿；右击选中的背景样式，在弹出的快捷菜单中可将其应用于当前幻灯片或整个演示文稿。

2. 自定义背景样式

单击“设计”选项卡“自定义”组的“设置背景格式”按钮，在打开的“设置背景格式”任务窗格中，可以设置背景以“纯色填充”“渐变填充”和“图片或纹理填充”等，并进一步设置相关的选项，这里不做过多论述。

三、母版

母版是 PowerPoint 中一种重要的功能，它为幻灯片提供了一个统一的外观和格式，使整个演示文稿更加专业和一致。母版中包含可能出现在每一张幻灯片上的显示元素，如文本占位符、图片、动作按钮等。

PowerPoint 演示文档在“视图”选项卡上提供了“幻灯片母版”“讲义母版”“备注母版”三种母版，如图 4-51 所示。

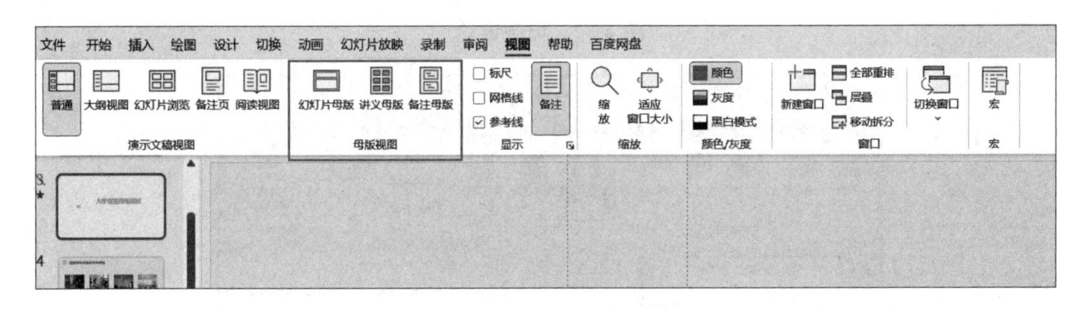

图 4-51　母版视图

幻灯片母版用于控制在幻灯片中输入的标题和文本的格式；讲义母版用于添加或修改幻灯片在讲义视图中每页讲义上出现的页眉或页脚信息；备注母版可以用来控制备注页的版式以及备注页文字的格式。

（一）幻灯片母版

幻灯片母版是 PowerPoint 中最基本的母版类型。它定义了整个演示文稿的布局、字体、颜色等基本属性。在幻灯片母版中，我们可以设置标题样式、正文样式、页眉页脚等内容。在创建新幻灯片时，默认会应用幻灯片母版的格式。

1. 幻灯片母版设计

单击“视图”选项卡“母版视图”组的“幻灯片母版”按钮，打开母版视图，就可以查看幻灯片的母版了，这时功能区会自动出现“幻灯片母版”选项卡。单击功能区的按钮，就可以对母版进行编辑和更改操作了，如图 4-52 所示。

在幻灯片母版中，可以查看所有区域以及在母版中所有元素的基本属性，改变这些属性或修改母版中的内容，所有应用该母版的幻灯片都会随之进行改变。

与幻灯片基本操作类似，右击左侧大纲栏，可以添加、复制及删除幻灯片母版，还可以设置背景等。也可以选中其中的版式并且通过拖动交换次序，如图 4-53 所示。

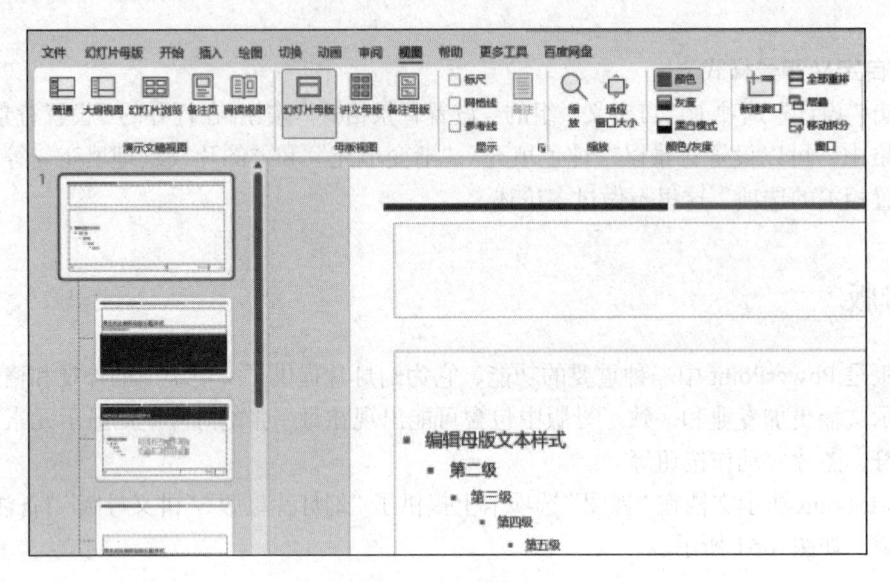

图 4-52　母版设计

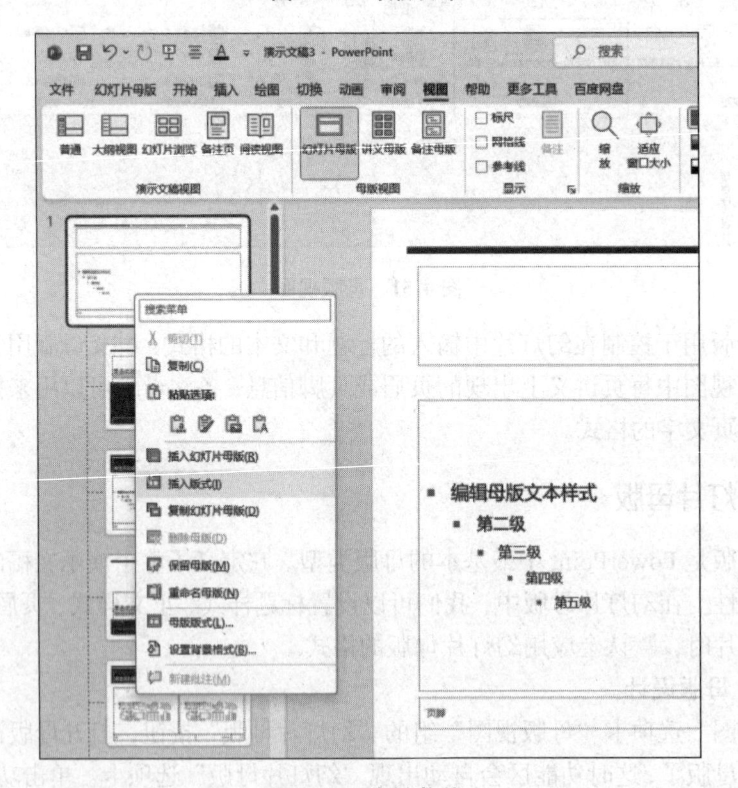

图 4-53　右键菜单

单击右侧工作区即可对幻灯片母版的版式进行设计。

2. 主题幻灯片母版

第一张即为幻灯片母版，尺寸比其他幻灯片稍大一些，并且与下面的所有幻灯片相连。

它能够控制所有幻灯片的外观。幻灯片中一些统一的内容，如标题、Logo、导航、修饰元素等最好在该幻灯片中编辑。母版中的元素只能在主母版中编辑。除第一张外，其他的都是某一页的版式，它们分别对应标题版式、标题和内容版式等。每个版式的文本占位符、背景、图片、颜色、位置等格式只影响相应版式的幻灯片。

3. 多主题母版

演示文稿需要应用多个主题，则演示文稿必须包含多个幻灯片母版，可以通过插入母版来实现。如图 4-54 所示，这三个幻灯片母版可以各自拥有一组不同版式的主题。

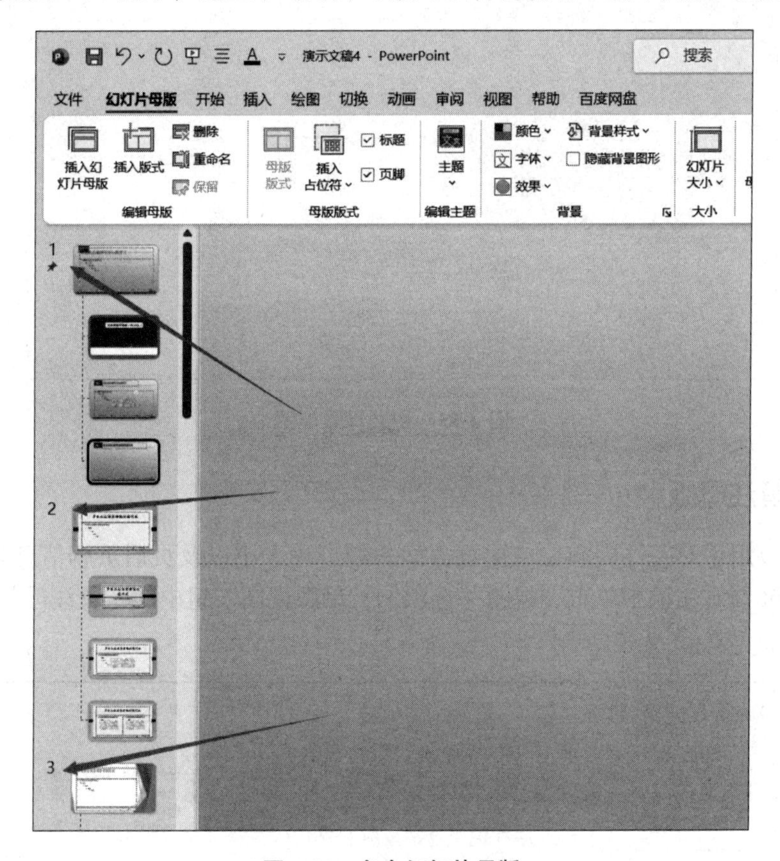

图 4-54 多个幻灯片母版

（二）讲义母版

讲义母版是为制作讲义而准备的，通常需要打印输出。所以讲义母版的设置大多和打印页面有关。它允许设置一页讲义中包含几张幻灯片，能设置打印页眉、页脚、页码（幻灯片编号）等信息。在讲义母版中可以进行页面设置，如调整讲义方向、每页幻灯片数量、主题和背景等。还可以显示或隐藏 4 个占位符：页眉、日期、页脚、页码。在讲义母版中插入新的对象或更改版式时，新的页面效果不会反映在其他母版视图中。对讲义母版所做的更改将显示在打印讲义的所有页面上。

单击“视图”选项卡“母版视图”选项组中“讲义母版”按钮，可切换到讲义母版视图进行制作与修改，如图 4-55 所示 。

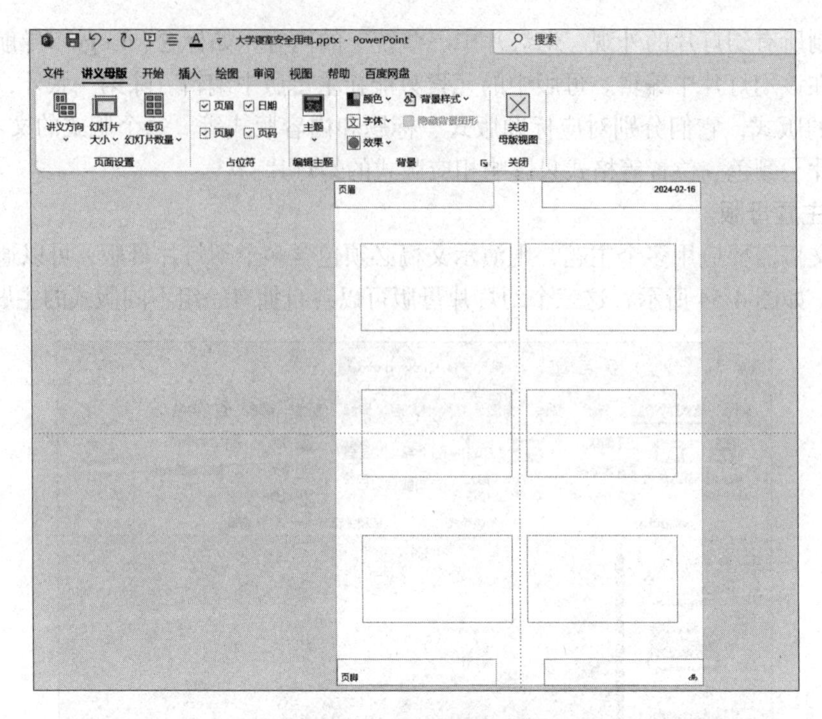

图 4-55　讲义母版视图

（三）备注母版

备注母版用于对备注内容、备注页方向、幻灯片大小以及页眉页脚信息等进行设置。在 PowerPoint 演示文稿中单击“视图”选项卡“母版视图”组中的“备注母版”按钮，如图 4-56 所示。

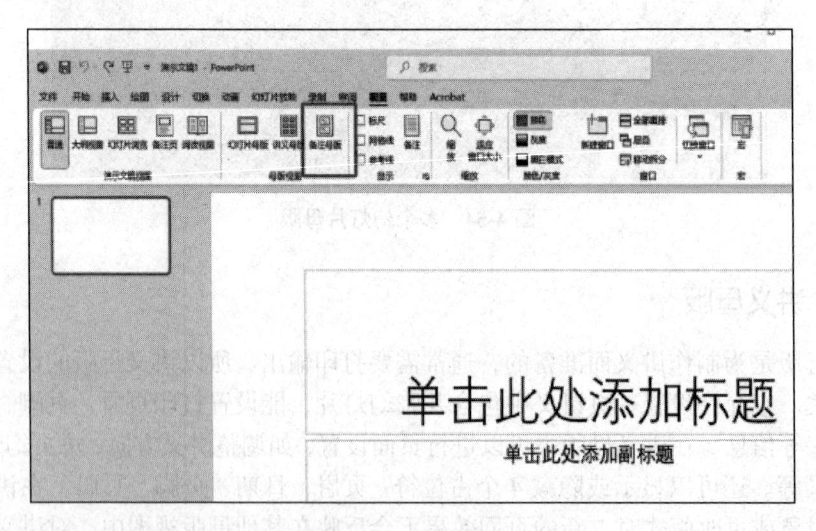

图 4-56　备注母版

备注母版的内容只在演示者模式下显示，用于演讲者在演示过程中查看和使用。备注母版也可以用在自定义演示文稿打印备注的视图。在备注母版编辑模式下，中间的演示文稿主体是不能编辑的，可以更改虚线所画区域，在下方的编辑区域可以对备注的内容格式进行设置。

（四）自定义母版

用户还可以自行创建新的母版，并将自定义母版保存为扩展名为 pot 的模板文件。在新创建演示文稿时就可以应用保存的模板了。

四、演示文稿导出

（一）打印演示文稿

选择“文件”→“打印”命令，可以打印演示文稿。可以根据设置选项设置打印的内容及版式，如图 4-57 所示。

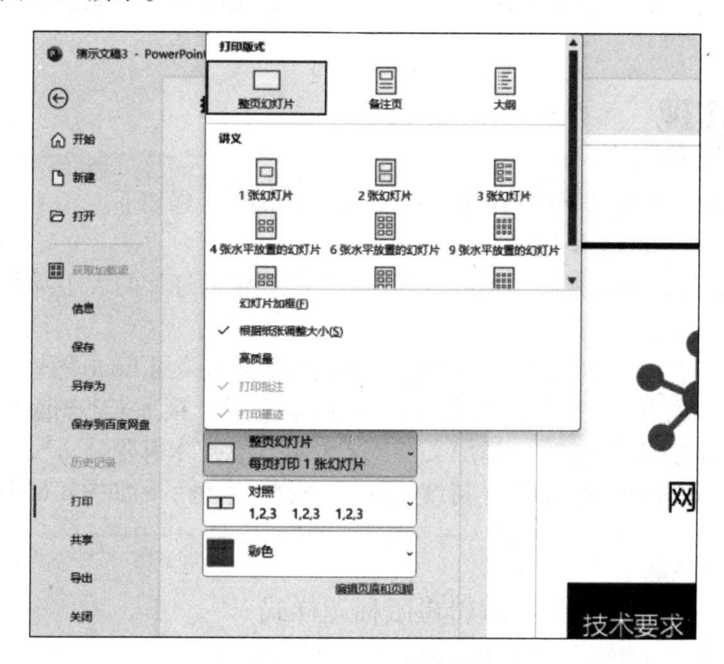

图 4-57　设置打印版式

（二）导出演示文稿

选择“文件”→“导出”命令，可以导出演示文稿为不同类型，如图 4-58 所示。

其中通过打包，可以将演示文稿和它所链接的视频、音频、文件等打包在一起，这样就不用考虑演讲地点，只要有计算机，就可以随时随地播放幻灯片。

单击“将演示文稿打包成 CD”按钮，打开“打包成 CD”对话框，如图 4-59 所示。单击“复制到文件夹”按钮，输入文件夹名称和保存位置，单击“确定”按钮即可。如果计算机安装有光刻机，装好光盘，单击“复制到 CD”按钮，则可以将文件刻录到 CD 光盘上永久保存。

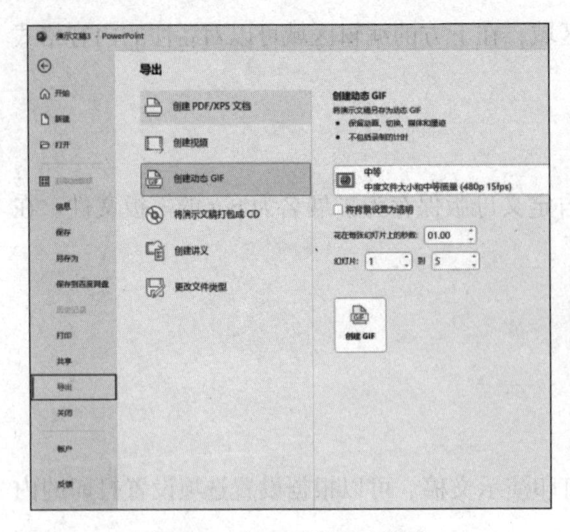

图 4-58　演示文稿导出选项

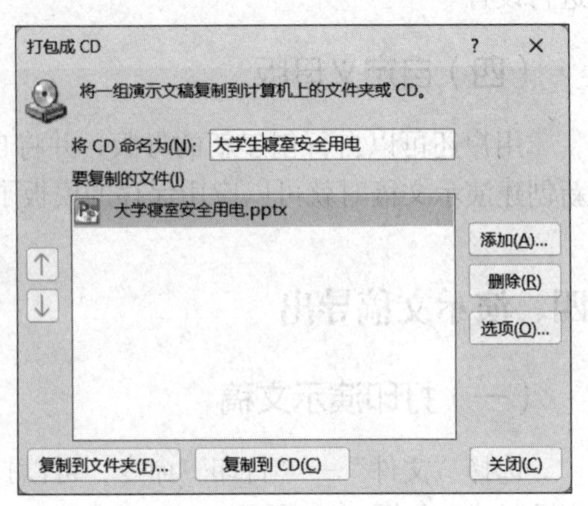

图 4-59　“打包成 CD”对话框

任务实现

完成任务 4-2“制作公司项目汇报 PPT 模板”的操作步骤如下。

（1）创建一个空白演示文稿。

（2）打开幻灯片母版视图。单击幻灯片大小，确定幻灯片的大小及宽高比，目前选 16 : 9 的比较多。

（3）单击“幻灯片主母版”，在右侧幻灯片编辑区插入公司 Logo 图片，调节位置于左上角，并调节标题栏的上下左右位置，不要与 Logo 重叠。接下来，删除页脚元素，在下方插入矩形，填充灰，无轮廓，添加文字“××× 信息技术有限公司”，设置为右对齐。在右上方添加公司理念“追求卓越 持续创新”，选择一个色系，如图 4-60 所示。

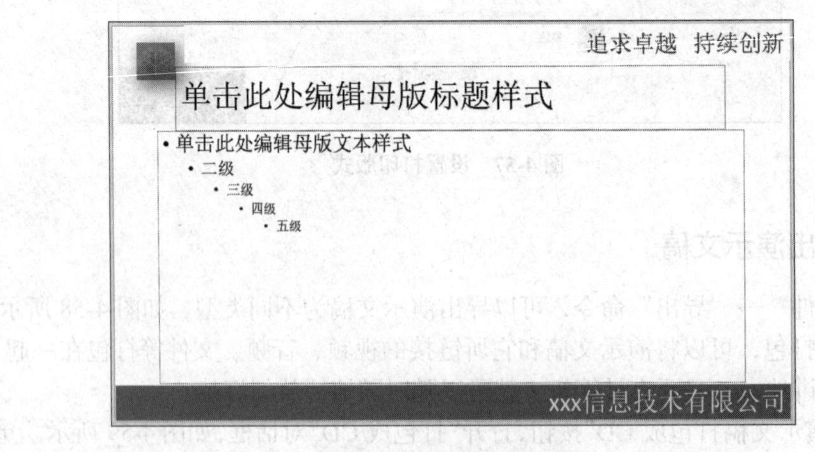

图 4-60　幻灯片主母版

（4）在本幻灯片 Logo 图片的右侧添加公司口号“编码未来”，字号为 24，艺术字型。效果如图 4-61 所示。

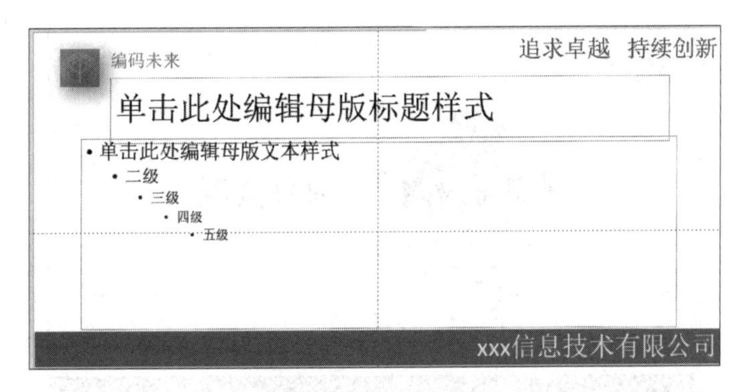

图 4-61 添加文本

（5）单击标题幻灯片，将其中主标题文字改写为“××× 项目汇报”，调整文字为黑体，深蓝色、60 号、加粗、加阴影。改写副标题文字为“汇报人：×××”，设置其样式为蓝色、24 号、加阴影。效果如图 4-62 所示。

图 4-62 设置标题

（6）设计目录片母版。选择空白版式幻灯片母版，复制一份，删除标题文本占位符。靠左上添加文本“目录”，靠右边添加目录文本。效果如图 4-63 所示。

（7）设置小节幻灯片母版。选择“节标题 版式”母版，选中“隐藏背景图形”复选框，修改主副标题文本分别为“年度工作概述”、PART-01，右对齐。插入建筑图片，左下角对齐幻灯片。复制主母版下方的蓝色矩形条，效果如图 4-64 所示。

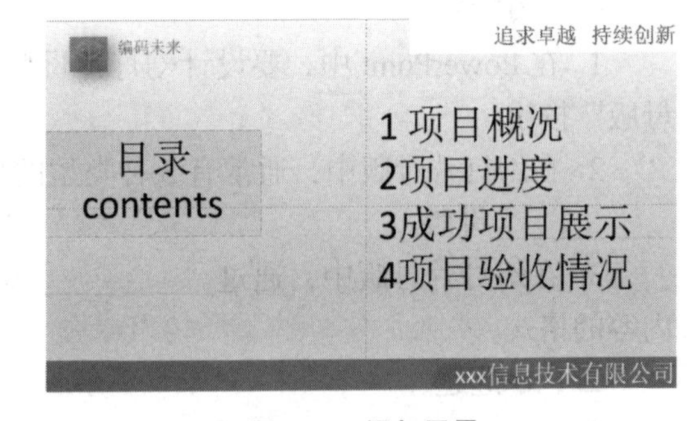

图 4-63 添加目录

（8）关闭“幻灯片母版”视图，回到幻灯片编辑状态。单击“新幻灯片”，在下拉列表中选择相应的版式，即可快速创建风格统一的幻灯片，如图 4-65 所示。在当前状态下更改其中可编辑部分，在幻灯片母版视图中更改共用部分。

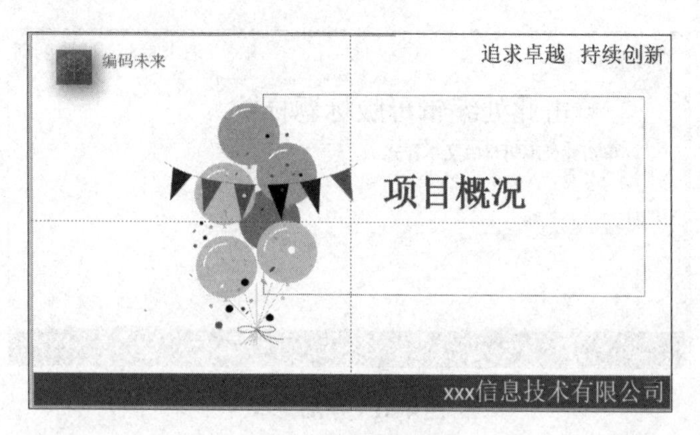

图 4-64 节标题母版

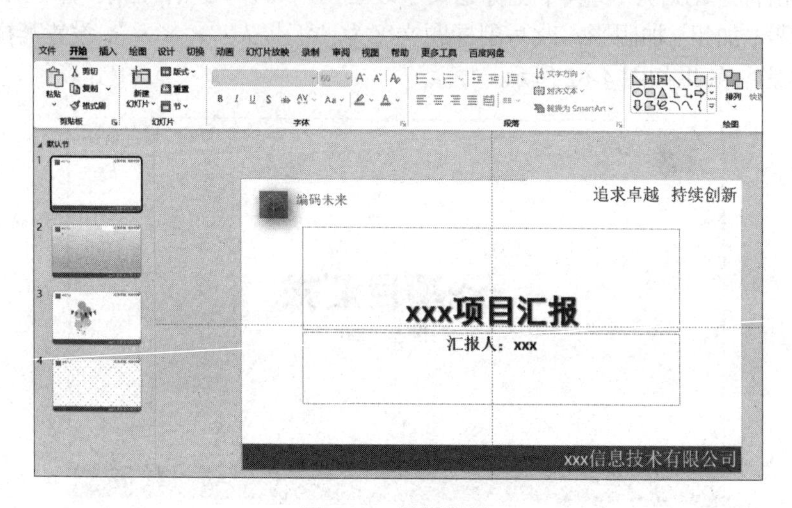

图 4-65 编辑视图

单元练习 4.2

一、填空题

1. 在 PowerPoint 中，要设计幻灯片母版，需要单击__________选项卡中的“幻灯片母版”按钮。

2. 在幻灯片母版中，通常有 3 种类型的母版，它们分别是：幻灯片母版、讲义母版和__________母版。

3. 在幻灯片母版中，通过__________功能，可以插入占位符，以预设文本、图片等内容的格式。

二、单选题

1. 在 PowerPoint 中，以下（ ）选项是用于设置幻灯片背景的。

A. 字体 B. 颜色 C. 填充 D. 边框

2. 在设计幻灯片母版时，以下（ ）选项是用于设置文本格式的。

A. 字体 B. 颜色 C. 大小 D. 位置

3. 在幻灯片母版中，讲义母版主要用于（　　）情况。

A. PPT 投影展示　　B. 打印讲义　　C. 电子屏展示　　D. 手机展示

4. 在 PowerPoint 中，如果要删除一个幻灯片母版，以下（　　）操作是正确的。

A. 复制该母版然后粘贴为一个新文件

B. 在幻灯片缩略图窗格中右击该母版然后选择删除

C. 重命名该母版然后保存

D. 直接按 Delete 键删除该母版

5. 在 PowerPoint 中，如果要使一个幻灯片的背景与另一个幻灯片相同，可以使用以下（　　）快捷键。

A. Ctrl+C 和 Ctrl+V　　B.Ctrl+X 和 Ctrl+P

C. Ctrl+A 和 Ctrl+Z　　D. Ctrl+D 和 Ctrl+B

三、判断题

1. 在 PowerPoint 中，每个幻灯片只能有一个背景样式。（　　）

2. PowerPoint 不支持将演示文稿保存为 PDF 格式。（　　）

3. 在设计幻灯片母版时，可以通过格式刷功能复制一个元素的格式到其他元素。（　　）

4. 在 PowerPoint 中，无法在设计视图之外修改幻灯片母版。（　　）

5. 在设计幻灯片母版时，可以设置幻灯片的切换效果。（　　）

四、简答题

1. 在制作演示文稿时，应用模板与应用版式有什么不同?

2. 要想在一个没有安装 PowerPoint 的计算机上放映幻灯片，应如何保存幻灯片?

3. 如何打印演示文稿?

五、操作题

1. 请在 PowerPoint 中创建一个新的幻灯片母版，包含主标题页、副标题页、目录页、结束页，并分别设置背景颜色为蓝色、天蓝色、深蓝色、淡蓝色。

2. 毕业设计是教学中重要的一环，在完成毕业设计后要参与毕业答辩，在毕业答辩过程中，需要设计制作 PPT，请根据毕业答辩汇报内容设计一套演示文稿模板，提供给设计类毕业生论文答辩使用。

要求如下。

（1）幻灯片设计内容需要包括：项目背景、项目分析、项目设计、项目实现、项目展望、总结等。

（2）为幻灯片设计母版，合理分配幻灯片共有元素和某些版式独有元素。合理使用多种类型的占位符，布局合理，色彩搭配得当，方便套用。要包含所在学院 Logo 及校训等。

（3）设计至少两套自定义配色方案，满足多类型题目需求。

（4）最终文件保存为模板文件。

模块五　信息检索技术

21世纪科技迅猛发展，伴随着信息的大爆炸，有人预言这个世纪将成为信息世纪。那么，在这样一个信息化的时代，我们该如何生存、提升生活质量，并紧跟时代的步伐，推动社会的进步呢？关键在于如何获取和利用信息。这就涉及了跨世纪阶段我们需要掌握的一项基本技能——信息检索（information retrieval，IR）。

简而言之，信息检索就是根据个人的信息需求，从庞大的信息库中查找并获取特定信息的过程。而信息的来源除了传统的文献资料，还包括联机数据库和网络。因此，信息检索可以看作连接用户与各类信息的桥梁，为用户提供便捷的信息获取渠道。

本模块主要介绍信息检索的基础知识、信息检索的发展历史、信息检索的基本流程，常用搜索引擎的自定义搜索方法、布尔逻辑检索、截词检索、位置检索、限制检索等，以及期刊、论文、专利、商标、数字信息资源平台等专用平台的信息检索方法。

本模块知识技能体系如图5-1所示。

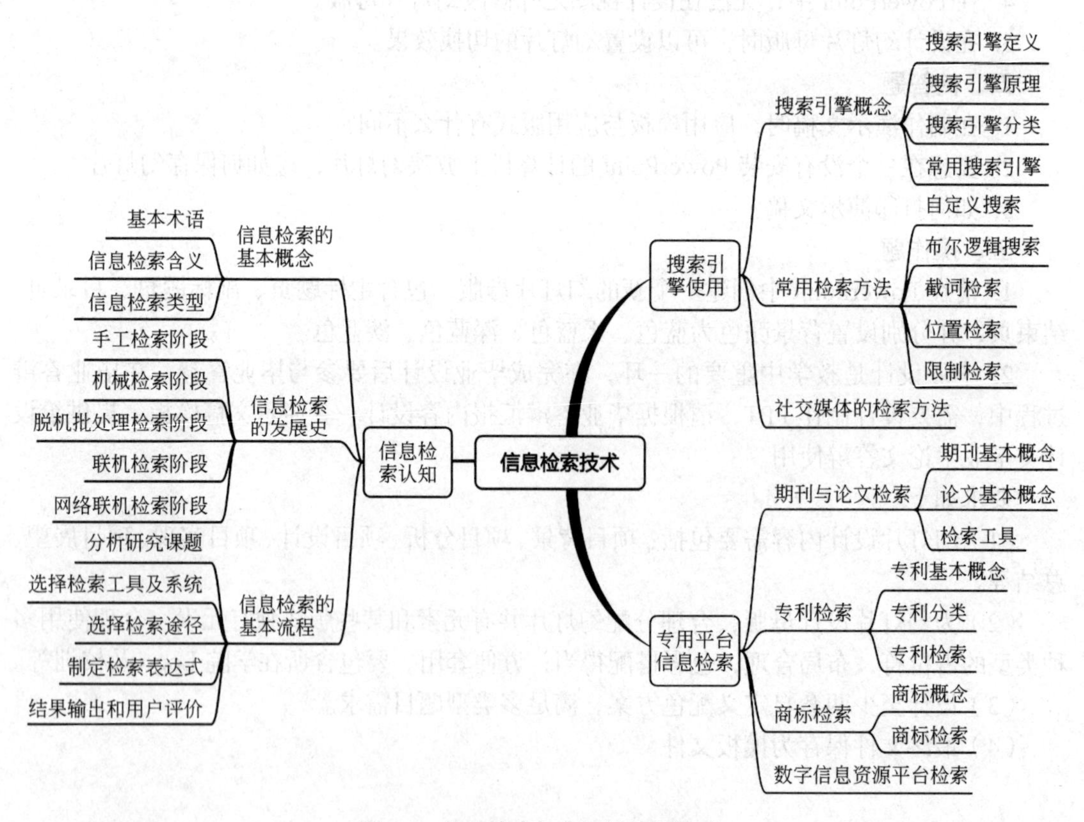

图5-1　信息检索技术知识技能体系

1. 中国国家标准化管理委员会 . 信息与文献 信息检索（Z39.50）应用服务定义和协议规范：GB/T 27702—2011 [S].2011.

2. 中国国家标准化管理委员会 . 信息与文献 叙词表及与其他词表的互操作 第 1 部分：用于信息检索的叙词表：GB/T 13190.1—2015 [S]. 2015.

单元 5.1　信息检索认知

学习目标

➢ **知识目标**

1. 理解信息检索的基本概念；
2. 了解信息检索的基本流程。

➢ **能力目标**

1. 能够快速识别信息检索场景；
2. 能够快速构建检索式。

➢ **素养目标**

1. 培养良好的职业道德和爱岗敬业精神；
2. 提高信息用户的信息意识，形成良好的信息道德。

工作任务

任务 5-1　识别信息检索场景

在今日这个高度信息化的社会中，无论是工作、学习还是生活，我们都离不开信息的支持。信息的获取、筛选和利用，对于我们的各项活动至关重要。因此，学会信息检索就显得尤为重要，它是保证我们各项活动顺利进行的关键前提。在这个过程中，快速识别信息检索场景的能力尤为关键，请列举出生活中的信息检索场景。

任务 5-1　识别信息检索场景

技术分析

完成本任务涉及信息检索的基础知识，一是信息检索的基本概念；二是信息检索的基本流程。

知识与技能

一、信息检索的基本概念

（一）基本术语

1. 信息

信息的现代科学含义是指事物发出的消息、指令、数据、符号等。随着科学技术的日益发展，人类的一切活动都离不开信息交换与传输，在各行各业乃至日常生活的各个方面，信息活动都在发挥着十分重要的作用。因此，人们把当今社会称为"信息社会"。

2. 文献

人类的知识可以通过文字、图形、符号、声频、视频等多种手段进行记录，这些记录下来的东西统称为文献。这些不同形式的文献在不同的领域和用途中发挥着重要的作用，成为人们获取知识、传承文化、推动科学发展的重要工具。

3. 资料

资料是固化在一定的实物或载体上的知识，这些知识可以公开或内部使用，满足工作、生产、学习和科学研究等参考的需要。在各种领域和行业中，为了满足特定的需求和目标，人们会收集和整理各种资料，以便更好地利用这些知识来指导实践、解决问题或推动研究。

（二）信息检索的含义

信息检索作为一个规范、正式的学术术语，是在 1950 年由美国信息科学的先驱 Calvin Northrup Mooers 首次提出的。这一术语的提出标志着信息检索作为一个独立的研究领域开始受到广泛的关注和认可。

从广义上讲，信息检索是指将信息按照一定的方式进行组织和存储，以便根据用户的需求找到相关信息的过程，也被称为信息存储与检索（information storage and retrieval），包含"信息存储"和"信息查找"两个环节。信息存储是对文献进行收集、标引及著录，并加以有序化编排，编制信息检索工具的过程；信息查找是从大量的信息中查找出用户所需的特定信息的过程。实施检索的主要方法就是利用各种检索工具。

狭义的信息检索仅指从信息集合中找出所需信息的过程，相当于"信息查询"或"信息查找"（information search）。通常情况下，人们讲的"信息检索"是从狭义的角度而言的。如图 5-2 所示为信息检索的原理图。

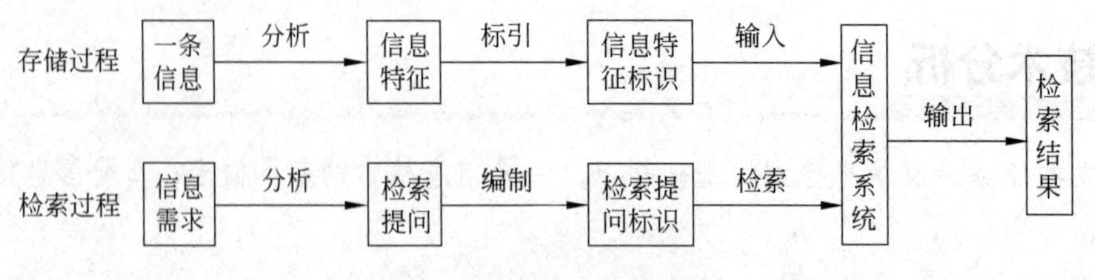

图 5-2　信息检索的原理图

（三）信息检索的类型

随着用户信息需求的多样化，信息检索技术也在不断发展和演变，从而产生了多种类型的信息检索。这些不同类型的检索方式满足了用户在获取信息时的不同需求和偏好。

1. 按检索对象分类

（1）文献检索：以检索工具（数目、索引、文摘、题录）为检索对象的一种检索。通常查找图书馆、档案馆或文献数据库中的相关文献。

（2）数据检索：以数据为检索对象，要求查出文献中所载的专门数据，包括统计数据、计算公式、图标，以及物性数据、化学物质数据等。

（3）事实检索：以客观事实为检索对象，检索结果主要是客观事实或为说明客观事实而提出的数据。在检索过程中，需要利用各种参考资料和事实型数据库，有时还需要通过文献检索系统来获取相关信息。

2. 按检索方式分类

（1）手工检索：以手工操作的方式，利用检索工具书进行信息检索。优点是便于控制检索的准确性，缺点是检索速度慢，漏检现象比较严重，工作量较大。

（2）机器检索：通过机械、机电或电子化的方式，利用检索系统进行信息检索。优点是检索速度快，能够多元检索，检索全面性较高。机器检索需要借助相应的设备和系统进行检索。

3. 按检索要求分类

（1）强相关检索：强调检索的准确性，提供高度对口的文献信息。注重查准率，确保检索到的文献满足用户需求，对检索结果的数量不作要求。

（2）弱相关检索：强调检索的全面性，提供系统完整的文献信息。注重查全率，要求检索出一段时间期限内有关特定主题的所有信息。对检索的准确性要求较低，以避免漏检信息。

4. 按检索性质分类

（1）定题检索：针对特定主题查找最新信息的检索方式。其特点在于只关注最新的信息，时间跨度相对较小。为了持续跟踪相关主题的最新发展动态，需要进行定期的检索，以便在数据库中更新或添加新的文献信息。

（2）回溯检索：查找过去特定时期内有关主题信息的检索方式。其特点是可以同时检索过去某个时间段和最近的主题信息。在检索过程中，只需要从已有的文献信息库中进行一次检索，以查找出特定主题的信息并提供给用户。回溯检索是目前应用最为广泛的检索方式。

5. 按检索的信息形式分类

（1）文本检索：以文本文献，特别是二次文献为信息源，结果以文本形式呈现特定信息的文献。

（2）多媒体检索：支持多种媒体数据库检索，查找多媒体文献，结果以多媒体形式（如文字、图像、声音、视频等）呈现特定信息的文献。

二、信息检索的发展史

信息检索经历了多个阶段的发展，从先组式索引检索、穿孔卡片检索、缩微胶卷检索、脱机批处理检索到联机检索、网络检索。现在是手工检索、联机检索、网络检索并存，以网络检索为主，如图 5-3 所示。

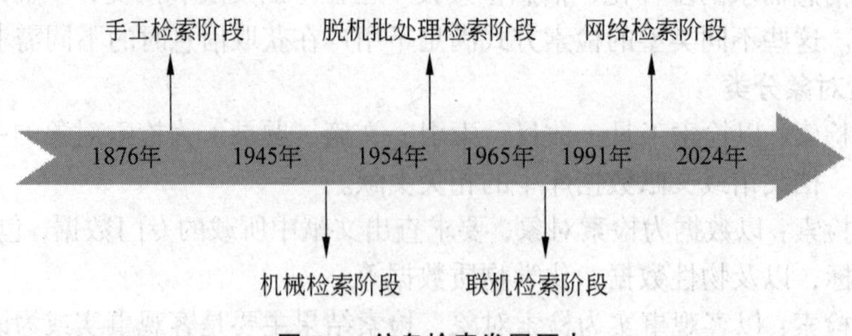

图 5-3　信息检索发展历史

（一）手工检索阶段（1876—1945 年）

信息检索是从参考咨询工作中发展而来的。在早期，读者需要独立地使用图书馆提供的书目和索引工具，以查询他们需要的文献和情报。这种行为，尽管还不具备专业性和系统性，但它确实表明了“信息检索”这一概念的出现。由于当时对这种行为缺乏足够的重视和研究，它仍然处于一种分散和非专业的状态，没有形成一个专业的情报检索系统，这就是最初的手工检索方式。

在 19 世纪下半叶，美国的公共图书馆和大专院校图书馆率先开展了正规的参考咨询工作。到了 20 世纪初，大多数图书馆都设立了参考咨询部门，这些部门主要利用图书馆的书目工具来帮助读者查找图书、期刊或现成答案。随着时间的推移，索引逐渐成为一种独立的检索工具，而书目和文摘也开始被编制并用于专题文献的检索，手工检索方式得到了充分的发展。

手工检索是指通过手工方式利用检索工具来处理和查找文献的过程，如利用文摘、索引、目录、参考工具书等。它是一种传统而又基础的检索方式。在手工检索阶段，操作简单、费用低廉、查准率高，但效率很低，查全率不能保证。随着科学技术的发展，文献信息在不断增加。传统的利用印刷型文献进行手工检索的方式已不能适应信息的急剧增长，跟不上时代发展的步伐。

（二）机械检索阶段（1945—1954 年）

在 20 世纪 50 年代，机械信息检索系统开始崭露头角，成为连接手工检索与计算机信息检索的重要过渡阶段。这个系统借助各种机械装置实现了情报的检索，使信息的存储和检索方式得到了极大的改进。

机械信息检索在当时是一项革命性的技术。它通过控制机械动作，借助机械信息处理机的数据识别功能，在某种程度上取代了部分人脑的工作，从而促进了信息检索的自动化进程。然而，这一系统并未完全发展出信息检索语言，它更多地是一个采用单一方法对固定存储形式进行检索的工具。此外，由于过于依赖设备，使检索过程变得相对复杂，成本也较高。最终，机械信息检索系统逐渐被脱机批处理检索系统所取代。

（三）脱机批处理检索阶段（1954—1965 年）

自 1946 年第一台计算机诞生后不久，信息工作者便开始探索如何将这一新技术与信息工作相结合，逐步建立起以计算机为核心的现代化信息系统。当时计算机硬件的发展日新月异，但通信网络和远程终端设备尚未普及。由于这些技术的限制，计算机无法提供问答服务（Q-A）的检索方式，仅限于进行现刊文献的定题情报检索（selective dissemination of information，SDI）和过期文献的追溯检索。

脱机批处理方式是指专职检索人员会定期汇总众多用户课题，对提问要求进行批量处理，并将结果提供给用户。在脱机信息检索系统中，用户不能直接与计算机进行交互。他们需要向系统工作人员表达他们的信息需求，由系统工作人员制定检索策略并存储在计算机存储器中。然后，系统定期检索数据库的新增内容，并将命中文献的信息分发给用户。

脱机批处理信息检索也存在一些不足之处。首先，地理上的障碍使当用户与检索人员距离较远时，他们难以表达自己的检索要求或获取检索结果。其次，由于检索是定期进行的，用户可能无法及时获取所需的信息。最后，由于检索策略一旦被输入系统就不能更改，用户无法根据计算机的应答来调整检索条件，使检索过程相对封闭。

（四）联机检索阶段（1965—1991 年）

随着 20 世纪 70 年代计算机分时系统的出现和通信技术的不断改进，多终端和远距离两地检索信息的技术得以广泛推广。这一时期，计算机检索技术从脱机阶段迈入了联机检索时期。联机检索是指用户通过终端设备，借助通信线路与中央计算机进行连接，实现直接与计算机进行对话从而进行检索的方式。联机检索系统允许用户通过终端直接与计算机进行交互，实现了“即问即答”的检索方式。用户可以随时浏览相关信息，并根据需要修改提问，直至获得满意的结果。联机检索系统具有分时的操作能力，允许多个终端同时进行检索。

1962 年，麻省理工学院的技术情报加工系统开始创建，1964 年建成。1965 年，美国系统发展公司成功研制了书目信息分时联机检索软件，标志着联机信息检索系统的诞生。1966 年，美国洛克希德导弹与宇航公司研制了 Dialog 系统，这是世界上第一个商业化的信息检索系统。欧洲航天局文献中心经过较长时间的试验和发展，于 1969 年初步建成联机检索系统，是欧洲联机情报检索系统 ESA-IRS 的前身。随着计算机硬件的发展，各系统的规模不断扩大，技术装备不断改进，文献的存储、编辑、排版、检索过程都实现了自动化。

国际联机信息检索通过国际通信网络，为世界各地的用户提供人机对话式的检索服务。用户可以利用终端设备与世界上任何国家的大型计算机检索系统的主机连接，检索存储在计算机数据库中的信息资料。这种检索方式的优点包括快速、高效、检索范围广泛、检索途径多样、辅助功能完善等。但同时也存在一些缺点，如检索费用较高、对检索系统及其文档（数据库）的熟悉程度要求较高、检索技术和技巧不易掌握等。

（五）网络检索阶段（1991—2024 年）

在 20 世纪 90 年代，随着卫星通信、公共数据通信、光纤通信技术的飞速发展以及信息高速公路在全球范围内的普及，计算机信息检索逐渐实现了全球化联网。随着因特网的迅速发展，海量的信息资源、多样化的信息类型和快速的信息更新要求网络信息检索系统具备更高的智能化、个性化和社会化能力。同时，随着移动设备和社交网络的普及，用户对于信息的需求和行为也发生了变化，需要更加便捷、精准和实时的信息获取方式。各大检索系统纷纷进入各种通信网络，每个系统的计算机成为网络上的节点，每个节点连接多个检索终端。各节点之间以通信线路彼此相连，网络上的任何一个终端都可联机检索所有数据库的数据。这种联机信息系统网络的实现使人们可以在很短的时间内查遍世界各国的信息资料，使信息资源共享成为可能。

三、信息检索的基本流程

信息检索的基本流程包含分析研究课题、选择检索工具及系统、选择检索途径、制定检索表达式、结果输出和用户评价，如图 5-4 所示。

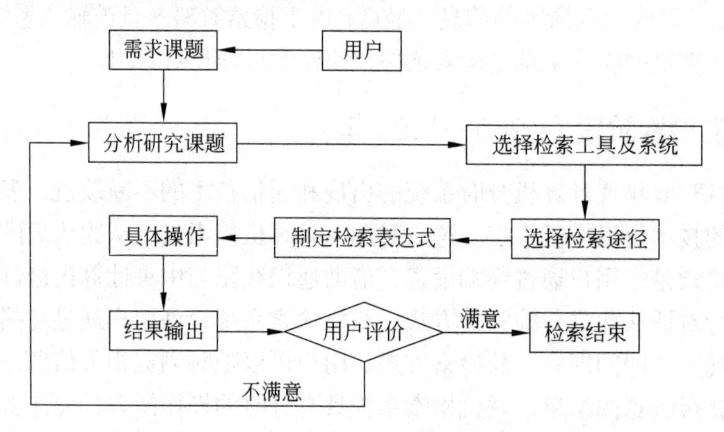

图 5-4　信息检索的基本流程

（一）分析研究课题

着手检索之前，要对课题进行认真分析研究，辨明检索课题的内容和要求，了解课题的目的，确定检索课题的类型。文献类检索课题是以专著、论文或期刊等文献为检索对象；事实数据类检索课题是以学习、科研中遇到的具体疑难问题为检索对象，如“2021 年我国全国参加高考的人数是多少”。

（二）选择检索工具及系统

检索工具包含综合性检索工具和专业性检索工具，其中综合性检索工具应用比较广泛，如万方数据库、中国知网（CNKI）等。专业性检索工具专注于某一专业领域，能够集中、迅速且准确地呈现该学科领域的最新发展和前沿科研水平。它们所收录的信息，无论是覆盖面还是深度，都是综合性检索工具所无法比拟的。例如，佰腾网专注于专利检索。

根据主题分析的结果，选择合适的检索工具及系统，如综合性检索工具或者专业性检索工具。如果内容广泛，选择综合性检索工具；如果内容特定，选择专业性检索工具。

（三）选择检索途径

所谓检索途径，就是利用信息的什么特征来查询相关的信息，也就是用什么作为检索标识通过检索工具查到所需的信息。一般来讲，信息类型的著录格式本身就是检索途径，可以分为以下 3 种：主题途径、分类途径、著者途径（包含个人或团体的著者、编者等），如图 5-5 所示。

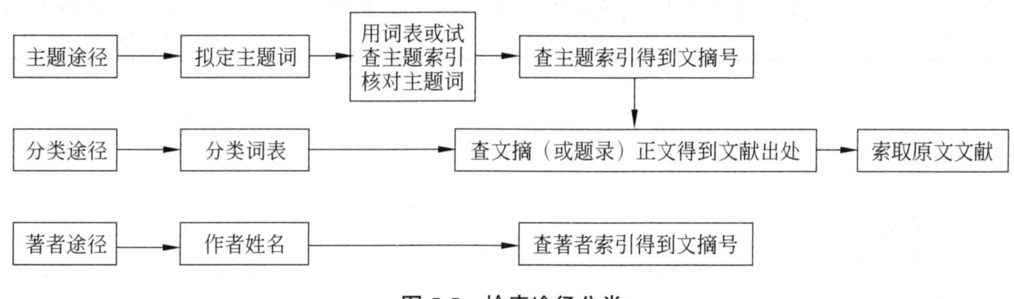

图 5-5　检索途径分类

根据课题主题分析的结果，结合特定检索工具提供的辅助检索功能，选择最佳的检索途径。优先选择主题途径和著者途径，其次是分类途径。如果需要特定代码、著者、标题名或结构名称等外部特征，则直接使用这些特征进行检索。

（四）制定检索表达式

检索表达式是人与检索系统交流的关键，体现了检索者对理论和方法的掌握能力，影响检索效率。检索表达式分为简单和复合表达式两种。

（1）简单表达式：单独使用一个检索词，如以著者、关键词、分类号、标题名等进行检索。

（2）复合表达式：由两个或两个以上检索词按现代检索技术构成的复杂检索字符串，主要应用于计算机检索系统，包括布尔逻辑检索技术、截词检索技术、限制检索技术、位置检索技术和限制检索技术等。

（五）结果输出和用户评价

制定检索表达式后：对于手工检索系统，需要手动操作来获取所需信息的线索和全文；对于计算机检索系统，执行检索和结果输出是自动完成的。如果用户对检索结果满意，检索过程结束；如果用户不满意，需调整检索方案，包括重新分析主题、提高检索词专指度、增加限制性检索词、调整检索表达式等。

任务实现

在当今这个信息时代，我们每天都面临着海量的信息输入。很多时候，我们需要从网上查找某些特定的信息来支持我们的工作、学习或生活。识别信息检索场景如表 5-1 所示。

表 5-1 识别信息检索场景

场　景	分析课题	关 键 词	检 索 方 法
我有一个朋友，要开一家水果店，让我给起一个名字，要求是四个字的，该起一个什么名字好呢?	网络	水果店名	使用百度搜索引擎检索
某高校学生想写一篇“人工智能”相关的文章，想了解国内外人工智能的研究现状	论文、期刊、书籍等	人工智能研究现状或人工智能研究现状	使用 CNKI 等综合平台进行文献检索
某在校大学生研究杀虫剂，想查看中国与杀虫剂相关的专利	专利	杀虫剂	使用佰腾网站进行专利检索

单元练习 5.1

一、填空题

1. 信息的现代科学含义是指事物发出的消息、指令、__________、__________等。

2. 人类的知识可以通过文字、__________、__________、声频、视频等多种手段进行记录，这些记录下来的东西统称为文献。

3. __________是固化在一定实物或载体上的知识，这些知识可以公开或内部使用，满足工作、生产、学习和科学研究等参考的需要。

二、单选题

1. 信息检索按检索对象分类不包括以下（　　）项。

A. 文献检索　　B. 数据检索　　C. 视频检索　　D. 事实检索

2. 多媒体的呈现形式不包括以下（　　）项。

A. 文字　　B. 文本　　C. 视频　　D. 图像

3. 单独使用一个检索词，如一位著者、关键词、分类号、标题名等进行检索属于（　　）。

A. 简单表达式　　B. 复合表达式　　C. 位置表达式　　D. 截词表达式

4. 信息类型的检索途径通常不包含以下（　　）项。

A. 主题途径　　B. 文献途径　　C. 分类途径　　D. 著者途径

5. 以数据为检索对象要求查出文献中所载的专门数据，通常不包含以下（　　）类数据。

A. 计算公式　　B. 化学物质数据　　C. 统计数据　　D. 客观事实

三、判断题

1. 狭义的信息检索仅指从信息集合中找出所需信息的过程，相当于“信息查询”或“信息查找”。（　　）

2. 着手检索之前，要对课题进行认真分析研究，辨明检索课题的内容和要求，了解课题的目的，确定检索课题的类型。（　　）

3. 检索工具包含某一专业领域的检索工具，如万方数据库、中国知网（CNKI）等。（　　）

4. 强相关检索强调检索的全面性，提供系统完整的文献信息。（　　）

5. 根据主题分析的结果，选择合适的检索工具及系统，如综合性检索工具或者专性检索工具。如果内容广泛，选择综合性检索工具；如果内容特定，选择专业性检索工具。（　　）

四、简答题

1. 什么是信息检索?

2. 信息检索有哪些类型?
3. 信息检索的基本流程是什么?

单元 5.2　搜索引擎使用

学习目标

➢ 知识目标
1. 掌握常用搜索引擎的自定义搜索方法;
2. 掌握布尔逻辑检索、截词检索、位置检索、限制检索等检索方法;
3. 掌握通过网页、社交媒体等不同信息平台进行检索的方法。

➢ 能力目标
1. 能够利用网络搜索引擎、社交媒体等进行信息检索;
2. 能够根据不同主题快速构建检索关键词。

➢ 素养目标
1. 强化信息检索意识,提高信息素质,增强就业能力;
2. 在使用搜索引擎过程中能够维护网络安全、促进社会和谐发展。

工作任务

任务 5-2　Word 中制作电子表格资料搜索

小王在实习过程中发现需要在 Word 文档中制作表格。为了更好地适应工作需求,他需要快速学会 Word 中制作和编辑表格的方法。通过在学校课程的学习,他可以使用搜索引擎来查找相关资料。

任务 5-2　Word 中制作电子表格资料搜索

技术分析

完成本任务涉及搜索引擎的使用:一是学习各大搜索引擎的基础搜索方法;二是掌握搜索引擎的高级搜索方法。

知识与技能

一、搜索引擎的基本概念

(一)搜索引擎的定义

搜索引擎是一种计算机程序,通过互联网或企业内部网络检索信息。用户输入关键词或短语后，搜索引擎会扫描网络上的网页、文件、图像、视频、音频等各种类型的信息资源，根据一定的算法进行排序，并将最相关的结果返回给用户。它由搜索器（spider）、索引器（indexer）、检索器（searcher）和用户接口（userinterface）四部分组成。搜索器负责发现和收集信息；索引器则理解并抽取信息中的索引项，建立文档库的索引表；检索器快速检索文档，评价相关度，对结果排序，并提供用户反馈机制；用户接口用于输入查询、显示结果和提供反馈。

（二）搜索引擎的原理

搜索引擎是一种互联网工具，用于在网页和其他互联网资源中查找信息。搜索引擎的工作原理可以分为以下三个步骤。

1. 抓取网页

搜索引擎的第一步是抓取网页。搜索引擎运用了一种名为“爬虫”或“蜘蛛”的自动化程序来访问网页和其他互联网资源。爬虫程序按照一定的规则遍历网络上的所有网页，并将它们的内容下载到搜索引擎的服务器上，以供后续的建立索引和提供搜索结果使用。

2. 建立索引

在建立索引的步骤中，搜索引擎会仔细分析每个抓取到的网页中的文本和其他元数据，然后为每个网页赋予一个或多个关键词。这个过程是将内容映射到关键词，以便搜索引擎能够快速准确地找到用户所需的信息。

搜索引擎会在网页中搜索关键词，并记录它们的位置，以便在用户进行搜索时能够迅速找到相关网页。此外，建立索引的过程也是搜索引擎使用算法评估网页价值的过程。如果一个网页的内容被认为非常有价值，它会在搜索结果的顶部显示；而如果一个网页的内容被认为不那么重要，搜索引擎则会呈现搜索结果中其他与之相似的网页。

3. 提供搜索结果

当用户在搜索引擎中输入关键词时，搜索引擎会根据其排名算法和索引库中的数据，对网页进行排名计算，并将结果显示给用户。为了确定哪些网页与查询词最相关，搜索引擎运用了高效的算法。它会将与查询词最匹配的网页放在搜索结果的首页，并尽可能多地展示与查询词匹配的网页。除此之外，搜索引擎还会在搜索结果中返回相关的广告、图片、视频等内容，为用户提供更丰富的信息。

总体来说，搜索引擎的工作原理是通过爬虫抓取网页信息，建立索引，对信息进行整合，检索算法对信息进行排序和呈现，最终呈现给用户需要的信息。搜索引擎的算法和技术不断升级和改进，以确保搜索结果的准确性、相关性和完整性。

（三）搜索引擎的分类

主流的搜索引擎主要分为以下四种。

1. 全文搜索引擎

全文搜索引擎通过爬虫程序自动收集互联网上的网页内容，并建立索引库。当用户输入关键词进行搜索时，全文搜索引擎会根据索引库中的信息，返回与关键词相关的网页。使用这类引擎的网站国内主要有百度、搜狗等，国外有 Google、Bing 等。

2. 目录搜索引擎

与全文搜索引擎不同，目录搜索引擎并不直接搜索网页内容，而是通过人工编辑的方式，将互联网上的网站按照一定的分类进行整理和归纳。用户可以通过目录搜索引擎找到特定类型的网站或资源。使用这类引擎的网站国内主要有新浪、搜狐、网易分类目录等，其他著名的还有 LookSmart、About 等。

3. 元搜索引擎

元搜索引擎在接收到用户的查询请求后，会在多个不同的搜索引擎上进行搜索。它将从各个搜索引擎获取的结果整合在一起，然后返回给用户。这种搜索引擎的优点是可以利用多个搜索引擎的资源，提供更全面、更丰富的搜索结果。

一些著名的元搜索引擎包括 360 搜索、infoSpace、Dogpile、VIsisimo 等。在搜索结果排列方面，有些元搜索引擎会按照来源对搜索结果进行排列，如 Dogpile；而有些则会按照自己制定的规则对结果进行重新排列和组合，如 Vivisimo。

4. 垂直搜索引擎

垂直搜索引擎专注于特定领域或主题的搜索。它通过收集特定领域的网页内容，建立索引库，并提供针对该领域的搜索结果。使用这类引擎的网站也有很多，如淘宝、中国铁路 12306、去哪儿旅行、美团等。

（四）常用搜索引擎

常用的搜索引擎包括 Google（谷歌）、Baidu（百度）、Bing（必应）、360 搜索等。以下是这些搜索引擎的简要介绍。

1. Google

Google 是全球最大的搜索引擎之一，由拉里·佩奇和谢尔盖·布林创立于 1998 年，如图 5-6 所示。谷歌在搜索结果方面一直保持领先地位，不仅致力于帮助用户找到内容，还能对搜索结果进行精细的排序和分类。谷歌也拥有许多其他的产品和服务，如邮箱、地图、广告网络、视频分享等。

图 5-6　Google 搜索引擎

2. 百度

百度是中国最大的搜索引擎，也是全球范围内知名的搜索引擎之一，如图 5-7 所示。它由李彦宏等四位创始人创建于 2000 年 1 月 1 日。百度在中国的搜索领域占据着比较大的市场份额，它的搜索结果在对应的行业中很受用户信赖。百度还推出了很多其他的产品，如网盘、贴吧等，成为一个全媒体的平台。

图 5-7　百度搜索引擎

3. Bing

Bing 是由微软公司推出的搜索引擎，旨在为用户提供更人性化和全球性的搜索体验，如图 5-8 所示。它在一定程度上改变了搜索结果和用户界面。必应也提供了专门的搜索服务，如商业、娱乐、新闻等，并提供了更精准的搜索面板。

图 5-8　Bing 搜索引擎

4. 360 搜索

360 搜索支持 PC 端、移动端和智能家居终端等多种设备，用户可以方便地在多种设备上进行搜索，如图 5-9 所示。

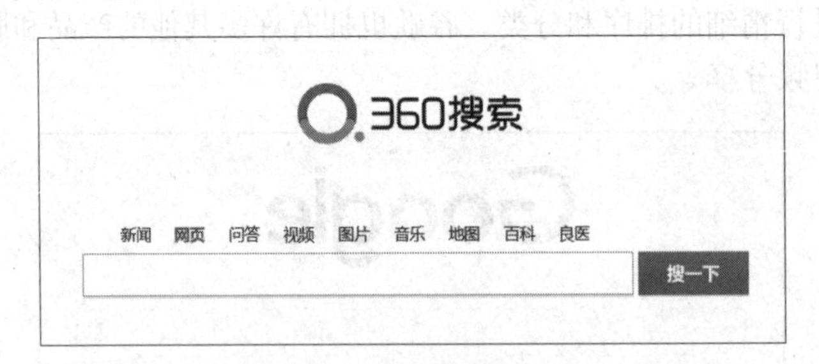

图 5-9　360 搜索引擎

二、常用搜索引擎的检索方法

在上文中，我们提到了多种常用的搜索引擎，如 Google、百度、Bing 和 360 搜索等。其中，百度搜索引擎作为国内最受欢迎的搜索引擎之一，具有广泛的应用和影响力。下面将以百度搜索引擎为例，为大家详细介绍如何使用它进行信息检索。我们将带领大家了解如何通过基础搜索、高级搜索以及特定领域的搜索来获取所需信息，并分享一些实用的搜索技巧，帮助您更高效地使用百度搜索引擎。

（一）自定义搜索

1. 基础搜索

基础搜索是我们大多数人使用百度或其他搜索引擎的常用检索方式。如果你想查找与信息检索相关的书籍，你可能会在百度搜索栏中输入“信息检索相关书籍”，如图 5-10 所示。这种检索方法虽然系统会迅速返回查询结果，但结果可能并不准确，可能包含大量无用的信息。

图 5-10　百度“基础搜索”界面

2. 高级搜索

百度高级搜索（advanced search）是百度搜索的增强版。它使用户能够更详细地搜索特定类型的内容，更快地找到需要的信息。百度高级搜索允许用户定义搜索范围、过滤搜索结果、排除特定网站、搜索相关的网站或文档等。在百度搜索主页右上角，选择“设置”→“高级菜单”命令，即可进入百度“高级搜索”页面，如图 5-11 所示。

图 5-11　百度“高级搜索”界面

在“信息检索相关书籍”案例中使用高级搜索中提取“信息检索”和“书”两个关键词。高级搜索设置与返回结果如图 5-12、图 5-13 所示。

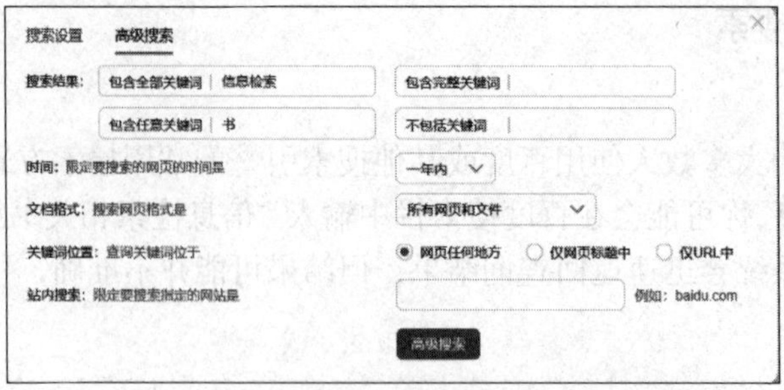

搜索设置　高级搜索

搜索结果：包含全部关键词 | 信息检索　包含完整关键词 |

包含任意关键词 | 书　不包括关键词 |

时间：限定要搜索的网页的时间是　一年内

文档格式：搜索网页格式是　所有网页和文件

关键词位置：查询关键词位于　网页任何地方　仅网页标题中　仅URL中

站内搜索：限定要搜索指定的网站是　例如：baidu.com

高级搜索

图 5-12 “信息检索相关书籍”高级搜索设置

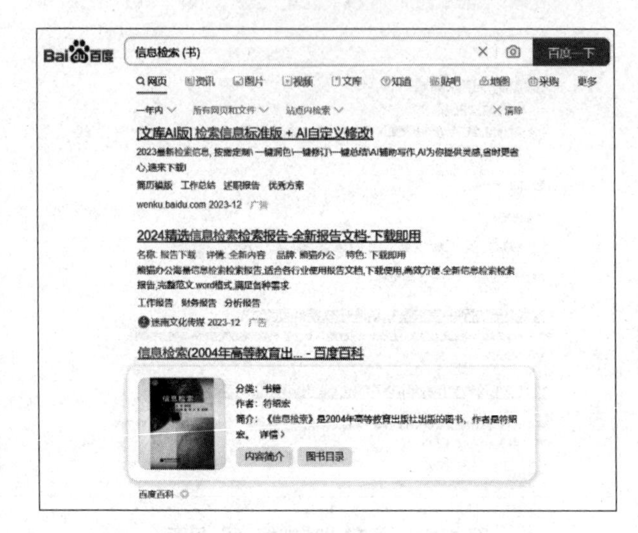

图 5-13 “信息检索相关书籍”高级搜索结果

（二）布尔逻辑检索

布尔逻辑检索，也称为布尔逻辑搜索，是一种利用布尔逻辑运算符将各个检索词连接起来，然后通过计算机进行相应的逻辑运算，以找出所需信息的方法。布尔逻辑运算符包含逻辑“或”（+、or）、逻辑“与”（*、and）、逻辑“非”（-、not）。

1. 逻辑“或”

逻辑“或”用 or、“+”或逗号表示。用来组配相同概念的词，我们可以通过文献中是否含有检索词 A 或者 B，或者同时含有检索词 A 和 B 来判断是否为命中文献。这样的组配可以扩大搜索范围，增加检索结果的数量，从而提高查全率。例如，检索人工智能相关信息时可以输入“人工智能 or AI or 机器学习 or 深度学习”等，如图 5-14 所示。

2. 逻辑“与”

逻辑“与”用 and、“*”或空格表示。在检索过程中，我们希望找到那些在数据库中同时包含检索词 A 和检索词 B 的文献，这样的文献才能被视为命中文献。组配方式可以采用 A and B 的方式，这意味着我们只搜索同时包含 A 和 B 两词的文章。这种组配方式增加了限制条件，提高了检索的专指性，从而缩小了搜索范围，减少了文献输出量，并提高了检准率。例如，搜索中国人工智能则输入“中国 and 人工智能”等，如图 5-15 所示。

图 5-14　逻辑“或”案例查询结果

图 5-15　逻辑“与”案例查询结果

3. 逻辑“非”

逻辑“非”用 not、“-”表示。在数据库检索中，如果文献只包含检索词 A 而不包含检索词 B，那么这样的文献被视为命中文献。这种组配方式主要用于排除不希望出现的检索词，从而缩小命中文献的范围，提高检索的准确性。例如，查找“历史（不要世界历史）”的文献的检索式为“历史 - 世界历史”，如图 5-16 所示。注意，“历史”后面需要空一个格，“世界历史”与“-”之间不要留空格。

（三）截词检索

截词检索是一种通过截断关键词的局部来进行检索的方法。根据截断的位置，可分为后截断、前截断和中截断三种类型。不同的系统使用不同的截词符，常用的有“?”“$”和“*”等。截词检索可以防止漏检，尤其在西文信息检索中广泛应用。作为扩大检索范围的手段，它方便用户、增强检索效果，但需合理使用，否则可能导致误检。例如，“wom?n”可以匹配 woman 和 women，如图 5-17 所示。

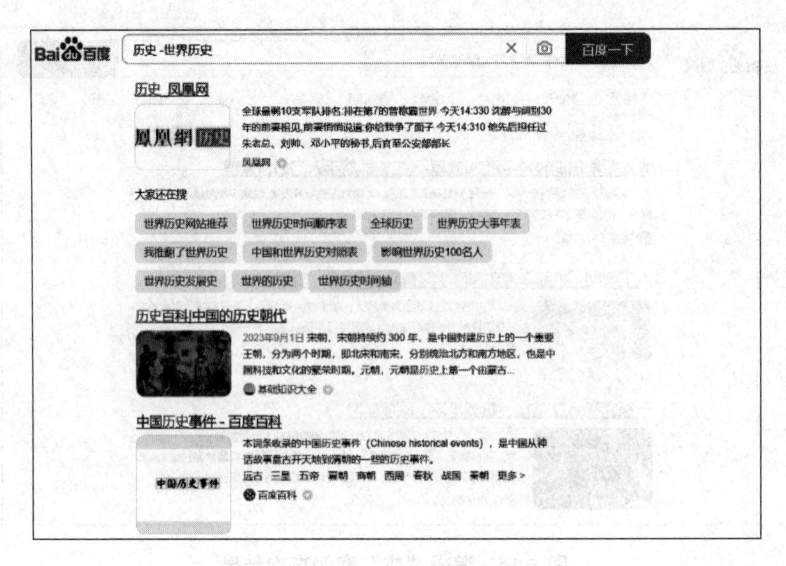

图 5-16 逻辑“非”案例查询结果

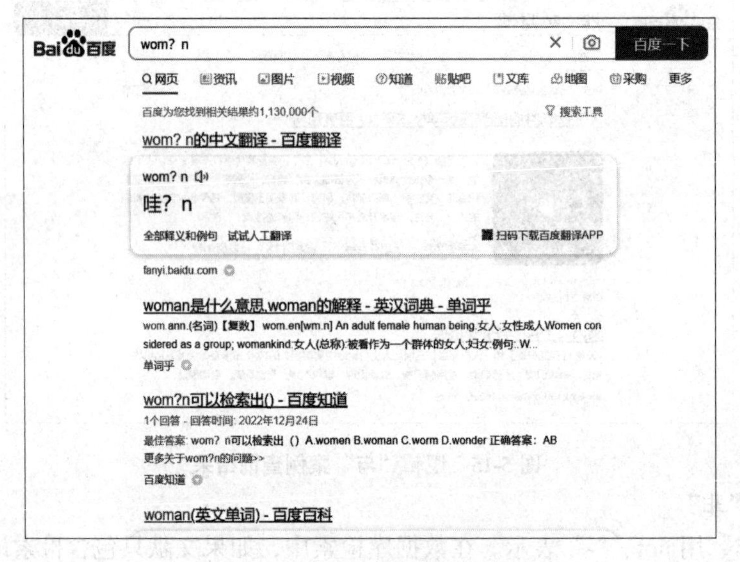

图 5-17 截词检索案例查询结果

（四）位置检索

位置检索也称为邻近检索，是使用特定算符来描述检索词之间的顺序和距离的检索方式。布尔逻辑运算符可能难以准确表达某些检索课题的特定要求，如检索词之间的位置关系，多用于西文检索中。

其中，(W) 表示检索词相邻（允许有空格或符号），且次序不可变。(*n*W) 表示次序不可变，检索词之间允许插入最多 *n* 个词；(N) 表示检索词必须相邻（词间允许有一个空格或者标点符号），词序不限 (*n*N) 表示两词间可插入最多 *n* 个词，次序不限。

例如，要检索计算机游戏方面的文献，输入 computer game 默认为逻辑“与”检索；

输入 computer(W)game 可检索 computer game 为一组词的相关资料，如图 5-18 所示。

图 5-18　位置检索案例查询结果

（五）限制检索

限制检索是指检索系统中提供缩小或约束检索结果的方法。例如，site 命令经常被用来查询某个特定网站的收录情况；intitle 命令会返回页面标题中包含指定关键词的页面；inurl 命令是指查找 URL 中包含指定关键词的网页。

例如，要查找广西桂林相关信息，可以在百度中输入“intitle: 广西桂林”，如图 5-19 所示。

图 5-19　“intitle: 广西桂林”查询结果

例如，搜索爱奇艺相关信息，可以输入“inurl:aiqiyi”。如图5-20所示，查询结果网页中的URL中需要包含“爱奇艺”。

图 5-20 “inurl: 爱奇艺”查询结果

三、社交媒体的检索方法

社交媒体是人们用来分享意见、见解、经验和观点的平台，主要形式包括社交网站、微博、微信、小红书、抖音、博客、论坛和播客等。在互联网的快速发展下，社交媒体的影响力不断扩大，成为人们获取信息的重要来源。本书以小红书为案例展示社交媒体的信息检索方法。

小红书是一个用户生成内容的社区和电商平台。内容已经从早期的美妆护肤扩展到穿搭、旅游、生活、知识等多个领域，形成了独特的社区文化并吸引了大量用户。搜索功能对用户体验至关重要，因为它直接影响用户能否快速找到所需内容。同时，搜索也是流量分发和广告变现的关键入口。下面以搜索“北京旅游攻略”为例进行演示。

打开小红书App，单击主页（见图5-21）右上角放大镜进入搜索页面。

在小红书的搜索页面，只需在空白框中输入“北京旅游攻略”，单击“搜索”按钮，便能搜索到与之相关的精彩内容。在搜索结果页面（见图5-22），用户可以单击相应页面进行查看，如图5-23所示。

图 5-21 小红书 App 主页面

图 5-22　“北京旅游攻略”搜索结果

图 5-23　“北京旅游攻略”结果页面

任务实现

完成任务 5-2“Word 中制作电子表格资料搜索”，可以使用百度搜索 Word 电子表格制作相关的学习资料。学习资料包含视频教程资源、文档资源等。接下来分别介绍其相应的检索方法。

1. 使用百度搜索视频教程资源

打开百度网站后，我们在搜索框中输入“Word 制作表格的视频教程”并单击“百度一下”按钮，结果如图 5-24 所示。搜索结果中排名靠前的大多是收费网站，这不利于我

图 5-24　百度基础搜索结果

们找到实用的视频教程。

为了更精准地定位到 Word 电子表格制作的视频教程资源，我们在 url 中明确限定为视频资源。在搜索框中输入“Word 电子表格制作视频教程 inurl:video”这样的查询语句，结果如图 5-25 所示，从搜索结果可以看出这种搜索方式显著地提高了搜索结果的质量，使我们能够更快速地找到与 Word 电子表格制作学习相关的视频教程。

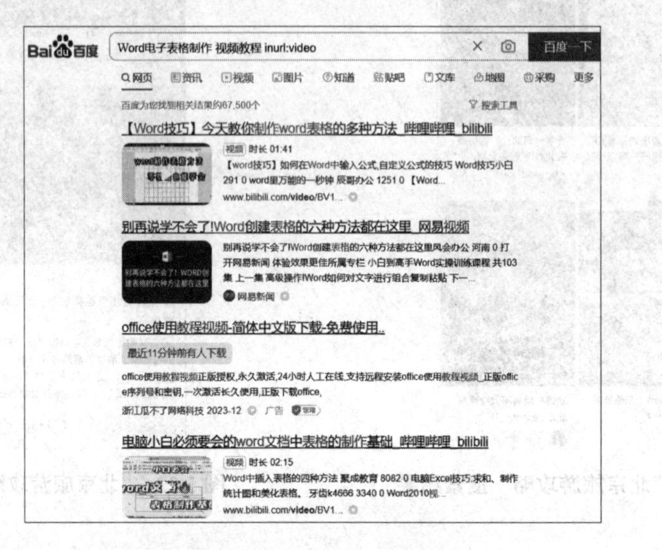

图 5-25　百度自定义搜索结果

2. 使用百度搜索电子表格制作相关文档资源

在百度搜索框中，我们可以尝试输入更为具体的查询词，以找到与“Word 电子表格制作”相关的文档。输入“Word 电子表格制作 filetype:doc”，或者“Word 电子表格制作 filetype:pdf”，结果如图 5-26 所示，我们可以在搜索结果中筛选出特定格式的文档。这样的搜索方式能够帮助我们快速定位到所需的 Word 文档或 pdf 文件。

图 5-26　pdf 文档搜索结果

单元练习 5.2

一、填空题

1. 搜索引擎分为目录搜索引擎、__________、__________、__________。

2. __________专注于特定领域或主题的搜索。它通过收集特定领域的网页内容，建立索引库，并提供针对该领域的搜索结果。

3. __________是人们用来分享意见、见解、经验和观点的平台，主要形式包括社交网站、微博、微信、小红书、抖音、博客、论坛和播客等。

二、单选题

1. 当在搜索引擎中输入”computer book”，检索的结果最可能是（　　）。
   A. 结果满足 computer 和 book 其中的一个条件
   B. 结果满足 computer 和 book 这两个条件
   C. 结果满足 computer book 这个条件，而不是满足 computer 或 book 任何一个条件
   D. 结果中包含 computer 或 book

2. 当你想搜索英语口语方面的 mp3 下载时，使检索结果最准确的关键词是（　　）。
   A. 英语口语下载　　B. 英语口语
   C. 英语口语 mp3　　D. 英语口语 mp3 下载

3. 布尔逻辑检索不包含以下（　　）。
   A. 逻辑“与”　　B. 逻辑“或”　　C. 逻辑“非”　　D. 逻辑“大于”

4. 输入检索词 computer(W)game 属于以下（　　）方式。
   A. 布尔逻辑检索　　B. 截词检索　　C. 位置检索　　D. 限制检索

5. 搜索引擎的工作原理不包含以下（　　）步骤。
   A. 构建搜索关键词　　B. 抓取网页　　C. 建立索引　　D. 提供搜索结果

三、判断题

1. 搜索引擎的第一步是抓取网页。搜索引擎运用了一种名为“爬虫”或“蜘蛛”的自动化程序来访问网页和其他互联网资源。（　　）

2. 元搜索引擎是指检索系统中提供缩小或约束检索结果的方法。（　　）

3. 布尔逻辑检索是使用特定算符来描述检索词之间的顺序和距离的检索方式。（　　）

4. 目录搜索引擎并不直接搜索网页内容，而是通过人工编辑的方式，将互联网上的网站按照一定的分类进行整理和归纳。（　　）

5. (nN) 表示两词间可插入最多 n 个词，次序不限。（　　）

四、简答题

1. 简述搜索引擎的定义。
2. 简述搜索引擎的分类。
3. 简述布尔逻辑检索方式。

五、操作题

1. 用逻辑“或”查出“九寨沟”或“四川九寨沟”的有关网页。

2. 请问“非鬼亦非仙，一曲桃花水”的上一句是什么？它的作者是谁？它的最初出处是哪里？

单元 5.3　专用平台信息检索

学习目标

➢ 知识目标

1. 掌握期刊、论文的信息检索方法；
2. 掌握专利、商标、数字信息资源平台等专用平台的信息检索方法。

➢ 能力目标

1. 能够使用综合类检索工具进行信息检索；
2. 能够使用专用工具进行专利、商标等相关检索。

➢ 素养目标

1. 重视对学习能力和职业素养的提升；
2. 增强用户对版权和知识产权法律法规的尊重与遵守意识，共同维护一个公平、有序的信息共享环境。

工作任务

任务 5-3　课题文献检索

在某高校，一个研究团队正在对课题“高职院校人工智能技术应用专业产学结合”进行深入的研究。为了充分了解国内外在该领域的研究现状和发展趋势，研究团队决定对相关的文献信息进行全面而精准的检索。

技术分析

完成本任务涉及信息检索的基本流程：一是学习根据信息检索基本流程检索课题；二是学习使用万方数据库检索相关资源；三是掌握检索的相关技巧。

知识与技能

一、期刊与论文检索

（一）期刊基本概念

期刊是一种定期出版物，通常以卷、期、年、月等为单位，有固定名称，并定期发布。期刊的内容通常是围绕某一主题、某一学科或某一研究对象，由多位作者的多篇文章组合而成，用卷、期或年、月顺序编号出版。按照内容，期刊可以分为以下四类。

1. 一般期刊

一般期刊以知识性和趣味性为特点，吸引着来自各个领域的广大读者。它们的内容丰富多彩，涵盖科学、艺术、文化、历史等各个方面，为读者提供了广阔的知识视野。由于其内容的多样性和普遍性，这类期刊既能满足普通读者的休闲娱乐需求，也能为专业人士提供研究参考和学术交流的平台。

2. 学术期刊

学术期刊主要发表学术论文、研究报告、评论等文章，以专业工作者为主要读者群体。它们的内容通常具有较高的学术性和专业性，为研究人员、学者和学生们提供了一个交流研究成果、探讨学术问题的平台。

3. 行业期刊

行业期刊主要报道各行各业的产品、市场行情、经营管理进展与动态。它们的内容通常与特定行业相关，如汽车、房地产、金融、科技等。这类期刊为相关行业的企业和个人提供了市场信息和行业动态，有助于他们了解行业趋势和市场变化。

4. 检索期刊

检索期刊主要用于检索信息，如《全国报刊索引》《全国新书目》等，它们的内容通常包括各种类型的文献摘要和索引，方便读者快速查找所需的信息和资料。

（二）论文基本概念

论文是用来进行各个学术领域的研究和描述学术研究成果的文章。它不仅是探讨问题、进行学术研究的重要手段，还是描述学术研究成果、进行学术交流的重要工具。论文的形式多种多样，包括学年论文、毕业论文、学位论文、科技论文、成果论文等。其中毕业论文、学位论文等应用广泛。

1. 毕业论文

毕业论文是普通中等专业学校、高等专科学校、本科院校、高等教育自学考试本科及研究生学历专业教育学业的最后一个环节，是对本专业学生进行集中科学研究训练而要求学生在毕业前总结性独立作业、撰写的论文。从文体而言，它也是对某一专业领域的现实问题或理论问题进行科学研究、探索的具有一定意义的论文。

2. 学位论文

学位论文是作者为获得某种学位而撰写的研究报告或科学论文。一般分为学士论文、硕士论文、博士论文三个级别。其中博士论文质量相对较高，是具有一定独创性的科学研究著作，是收集和利用的重点。学位论文代表不同的学识水平，它一般不在刊物上公开发表，通常通过学位授予单位、指定收藏单位和私人途径获得。

（三）检索工具

中国知网、万方数据、掌桥科研和维普网是国内常用的学术资源检索网站。这些网站提供了海量的学术文献资源，涵盖各个学科领域。下面将重点介绍常用的检索工具，旨在帮助读者更高效地获取所需的学术资源。

1. **中国知网**

中国知网，始建于 1999 年 6 月，是中国核工业集团资本控股有限公司控股的同方股份有限公司旗下的学术平台。知网是国家知识基础设施（national knowledge infrastructure，NKI）的概念，由世界银行于 1998 年提出。其中中文学术期刊包括 8420 余种，最早可回溯至 1915 年，共计 6190 万余篇全文文献；外文学术期刊覆盖了全球 80 多个国家及地区，共计 8660 万余篇外文文献题录。数据库收录了 55 万余篇博士学位论文和 578 万余篇硕士学位论文，最早可回溯至 1984 年。此外，中国知网还收录了大量的会议论文、专利文献等资源。中国知网首页如图 5-27 所示。

图 5-27　中国知网首页

一框式检索是一种便捷的数字资源检索方式。用户只需在检索框内输入关键词，如“项目管理”，然后单击“搜索”按钮，系统就会返回与关键词相关的文献，如图 5-28 所示。如果为了缩小检索范围，也可以单击左侧的“主题”选项，选定特定的词，便可以在相应的范围内检索相关的信息。

图 5-28　关键词“项目管理”检索结果

筛选文献是在检索结果中进一步筛选的方法。在完成第一次简单检索后，用户可以根据需要设置更多的检索条件。这些条件可以是对文献的进一步限定，如学术期刊子系统、关键词等。通过在结果中检索，用户可以在前一次检索的基础上缩小范围，获取更加精准的匹配文献。例如，在之前的“项目管理”关键词检索结果基础上选择“学位论文”，并选择“关键词”途径，在搜索框中输入“微服务”，单击“结果中检索”按钮，结果如图 5-29 所示。通过这种方式，用户可以快速找到与关键词相关的文献信息。

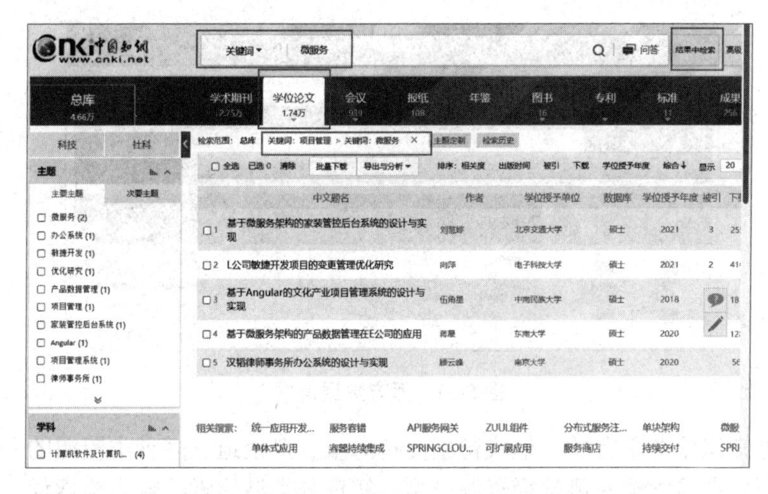

图 5-29　关键词“项目管理”“微服务”检索结果

高级检索是一种更为精准的检索方式，它允许用户同时限定多个检索条件，从而缩小检索范围，提高检索的准确率。用户可同时输入多个检索字段和逻辑匹配检索词，并且可以任意设置检索字段和检索词之间的逻辑关系，使检索结果符合需要。此外，高级检索还允许用户限定目标文献的发表时间范围、期刊类别等，甚至可以限定只检索同一作者或同一作者单位的相关文献。通过高级检索，用户可以更加高效地获取所需的学术资源，减少检索时间成本。高级检索界面如图 5-30 所示。

图 5-30　高级检索界面

2. 万方数据

万方数据是一个内容丰富、覆盖广泛的学术资源库。其中，期刊文献部分收录了大量的中外文期刊文献，总计达到惊人的 1.5 亿余篇。除了期刊文献外，万方数据还收录了大量的学位论文，包括硕士和博士论文，共计 632 万余篇。此外，万方数据还注重会议文献的收录，涵盖了中外各类会议，共计 1544 万余篇。这些会议文献反映了学术界的最新动态和前沿思想，对于研究者来说具有极高的参考价值。万方数据首页如图 5-31 所示。

图 5-31　万方数据首页

万方数据知识服务平台的一框式检索支持海量、多渠道、多种类资源的一站式检索和发现。用户可以在检索框左侧选择资源类型，实现分类型检索。输入检索词，如“项目管理”，即可快速获取相关文献，如图 5-32 所示。同时，该检索支持跨语言检索，可以检索出多种语种的文献，并实现混合排序。用户只需在结果页面选择所需语种，即可筛选出对应的文献资源，操作十分便捷。

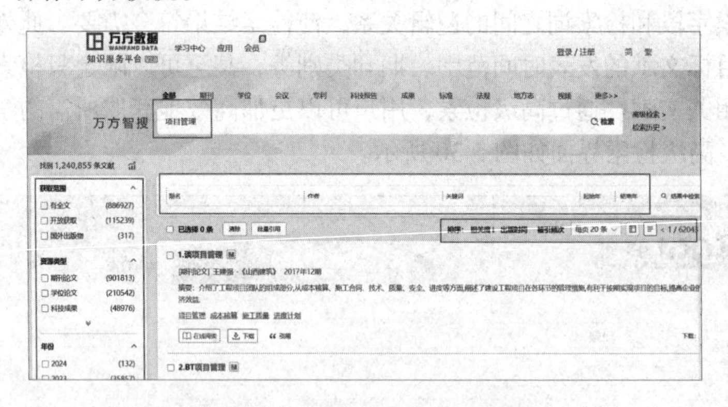

图 5-32　万方数据一框式检索界面

限定检索是一种通过指定检索字段进行检索的方法。用户可以选择题名、关键词、摘要、作者或作者单位等字段进行限定检索。如果检索结果仍然过多，可以在结果页进行二次检索，使用学科分类、发表年度、作者、机构、核心刊类型等条件进行筛选，从而得到更加精简的检索结果。

一框式检索方便快捷，能够实现文献的查全。但如果检索结果过多，你可以使用高级检索来精确查找文献。高级检索可以同时限定多种资源类型，并提供了更多检索字段，如主题、第一作者、DOI、中图分类号、基金、期刊 ISSN 号等。通过布尔逻辑对多个检索词进行精确或模糊检索，帮助你更精准地找到所需文献。此外，高级检索还支持中英文扩展和主题词扩展，以丰富检索结果。

例如，要查找“流感疫苗”相关的学位论文。首先，选择“文献类型”为“学位论文”；然后在“主题”字段中输入“流行性感冒疫苗”，再选择逻辑关系为“或”，并输入其他相关词“流感疫苗”等，就可以精准检索到所需要的结果，如图 5-33 所示。

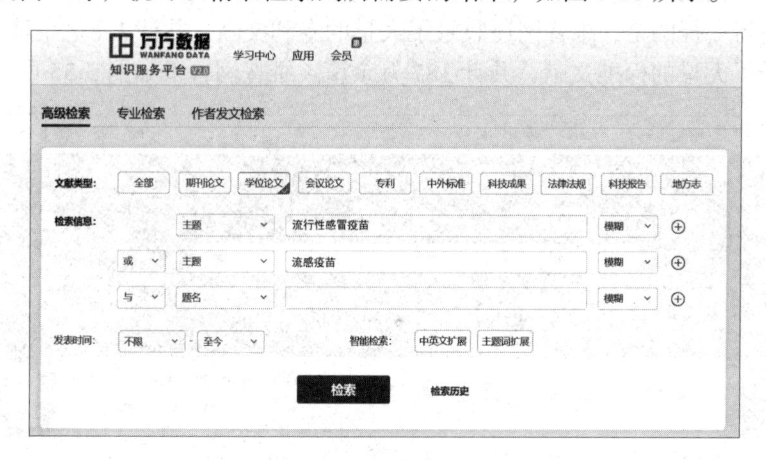

图 5-33　万方数据高级检索界面

3. 掌桥科研

掌桥科研是一个综合性学术服务平台，提供了海量的学术资源，包括中文文献、外文文献等，资源丰富，学科分类齐全，覆盖各个领域。中文学术期刊收录了 22000 多种期刊，总计 8881 万多篇论文。中国学术会议资源收录了 305 万多篇会议论文，中文学位论文超过 447 万篇。外文文献主要来自 Springer 等国外知名数据库，收录了 5227 万多篇期刊论文。外文会议收录了 1720 万多篇论文，外文学位收录了 91 万多篇学位论文。此外，中国专利超过 3667 万条，外国专利超过 9371 万条等。掌桥科研首页如图 5-34 所示。

图 5-34　掌桥科研首页

4. 维普网

维普网是一个专业的学术资源平台，为用户提供海量的学术文献资源。其中，期刊文献收录量高达 2.8 亿余篇，覆盖了广泛的学科领域。这些文献为用户提供了深入的研究资料和前沿的知识。此外，维普网还收录了大量的学位文献，共计 1.5 亿余篇。这些文献包括硕士和博士学位论文，反映了学术界的新思维和研究成果。对于学术研究和教育领域，这些学位文献具有重要的参考价值。同时，维普网涵盖了大量的会议论文，共计 1357 万余篇。这些会议论文反映了学术界的最新动态和前沿思想，为用户提供了一个全面的学术交流平台。值得一提的是，维普网还收录了大量的专利文献，共计 1.4 亿余篇。除此之外，维普网还收录了大量的标准文献，共计 187 万余篇。维普网首页如图 5-35 所示。

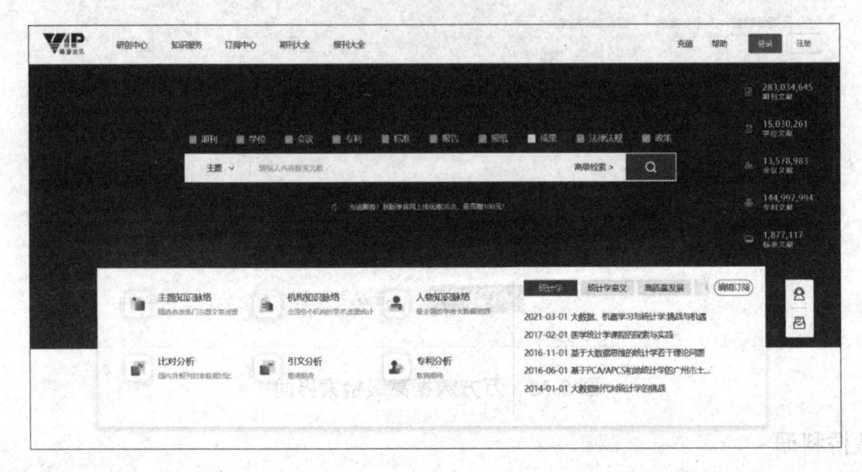

图 5-35　维普网首页

二、专利检索

（一）专利基本概念

专利是由政府机关或代表若干国家的区域性组织颁发的一种官方文件，用于记录创新和发明的详细内容。申请人需要向世界知识产权组织（World Intellectual Property Organization，WIPO）、各个国家的知识产权机构（如我国的国家知识产权局）的官网提交专利申请，经过严格的审查程序，如果符合要求，专利申请人将被授予在规定时间内对该项发明创造享有独家专有权。

专利是全球非常大的技术信息来源，它集技术信息、法律信息和经济信息于一体，因此越来越受到人们的重视。通过分析专利信息，我们可以追踪最新的技术动态，了解行业的技术趋势和竞争对手的关键技术。这种信息对于企业和个人在技术研发、市场分析和商业决策等方面都具有重要的参考价值。

（二）专利分类

在中国，专利分为以下 3 种类型。

1. 发明专利

发明专利是对产品、方法或其改进所提出的新的技术方案，可分为以下两种类型。

（1）产品发明专利：以物质形式出现的发明，如人为创造的物品，如计算机、飞机、油漆配方、药品配方等。

（2）方法发明专利：以程序或者过程形式出现的发明，如发酵、分离、成型、输送、实验、操作方法等。

2. 实用新型专利

实用新型专利是对产品的形状、构造或其结合所提出的实用的新的技术方案。实用新型专利主要关注产品的形状或构造，而不仅仅是方法或过程。它保护的是具有一定形状和构造的实体产品，不包括气态、液态、粉末状、颗粒状等没有固定形态的产品。

3. 外观设计专利

外观设计专利是指对产品的形状、图案或其结构以及色彩与形状、图案的结合所做出的富有美感并适于工业应用的新设计。

（三）专利信息检索

用户可以访问各大知识产权官方网站以及提供专利信息服务的商业网站进行专利检索。以下将通过在佰腾网站搜索“鼠标”专利为例，演示如何进行专利信息检索。

（1）进入佰腾网站首页，单击上方的“查专利”按钮，然后在搜索框中输入关键词“鼠标”，最后单击 Q 按钮，如图 5-36 所示。

图 5-36　佰腾网首页

（2）在检索结果页面（见图 5-37）中，可以找到每条专利的信息，包括专利名称、申请人、申请日期和摘要等。只需单击专利名称，将在新页面中看到该专利的详细内容。如

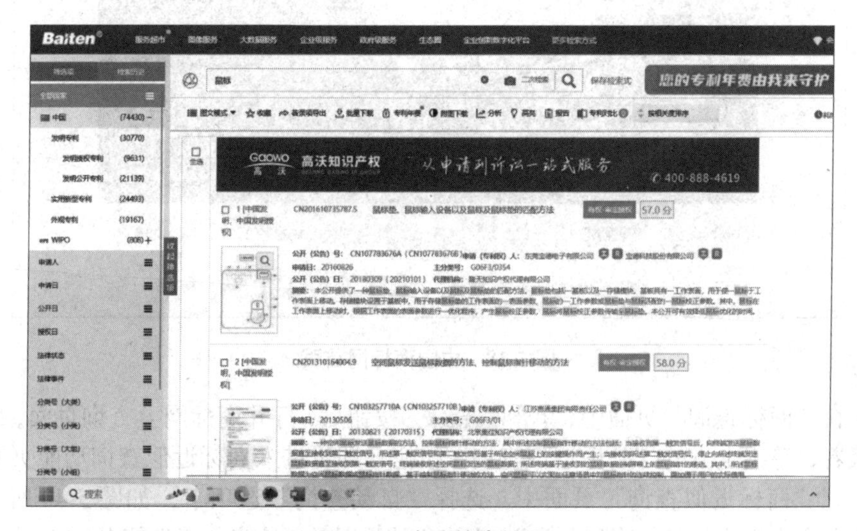

图 5-37　专利检索结果

果需要查看该专利的完整内容，只需单击“全文下载”按钮，即可下载该专利的完整文档（需要注册和会员权限）。

三、商标检索

（一）商标基本概念

商标是用以识别和区分商品或者服务来源的标志。任何能够将自然人、法人或者其他组织的商品与他人的商品区别开的标志，包括文字、图形、字母、数字、三维标志、颜色组合和声音等，以及上述要素的组合，均可以作为商标申请注册。

当品牌或品牌的一部分在政府有关部门依法注册后，便被称为“商标”。商标受到法律的保护，注册者拥有专用权。在国际市场上，著名的商标通常会在许多国家进行注册。而在中国，存在“注册商标”和“未注册商标”的区别。其中，注册商标是指已在政府有关部门注册后受法律保护的商标，而未注册商标则不在商标法律的保护范围内。

（二）商标检索

本书将以中国商标局官网演示查询与“智博”类似的商标。

（1）打开“国家知识产权局商标局中国商标网”网站首页，在网页中间找到“商标网上查询”按钮，并单击该按钮，如图 5-38 所示。

图 5-38　中国商标网首页

（2）在“商标查询”页面中，单击【我接受】按钮后，打开商标网上查询页面，如图 5-39 所示。接着，单击上方的“商标近似查询”按钮，即可进入商标近似查询功能页面。

（3）在“商标近似查询”页面中，选择“自动查询”选项卡，如图 5-40 所示。再根据需要设置要查询商标的“国际分类”“查询方式”以及“检索要素”信息。最后，单击“查询”按钮，即可进行商标近似查询。

图 5-39　中国商标网查询页面

图 5-40　“商标近似查询”页面

（4）在打开的页面中，你可以看到查询结果（见图 5-41），其中包括每个商标的“申请 / 注册号”“申请日期”“商标”以及“申请人名称”等信息。通过单击商标名称，可以在新页面中查看该商标的详细内容。

图 5-41　“智博”商标查询结果

四、数字信息资源平台检索

数字信息资源是指以文字、图形、图像、声音、动画和视频等形式储存在一定的载体上并可供利用的信息。数字信息资源平台是一种基于数字化技术的信息服务平台，旨在提供高效、便捷的信息检索、发布和共享服务。数字信息资源平台通常包括数字图书馆、数字档案馆、数字博物馆、数字科技馆等，这些平台通过数字化技术将传统信息资源转换为数字格式，并提供在线检索、浏览、下载等服务。

超星数字图书馆是由北京世纪超星信息技术发展有限责任公司开发的，自 2000 年 1 月起就开始提供服务。作为国家“863 计划”的示范项目，它拥有超过 100 万种图书，是中国数字图书资源极丰富的图书馆。该图书馆涵盖了各种领域，包括经典理论、哲学、宗教、政治、法律、军事、经济、文学艺术、天文地理、生物科学、医药卫生、航空航天和工业技术等。

超星数字图书馆以三种方式提供服务：面向公众服务的主站、面向机构团体服务的包库站以及镜像站点。超星数字图书馆主站收录图书近 100 万种，其中超星读书的部分图书免费提供在线 IE 阅读和超星阅读器阅读服务。

开启超星读书的网页，在搜索框内输入“巴金”，单击“搜索”按钮，即可展示搜索结果，如图 5-42 所示。你也可以依据分类、出版日期、作者、书名等元素进行更为细致的查找。

图 5-42 “巴金”相关书籍检索结果

任务实现

完成任务 5-3“课题文献检索”的操作步骤如下。

1. 分析研究课题

通过分析课题“高职院校人工智能技术应用专业产学结合”，我们得出课题为文献类检索课题，而非事实数据类检索课题。

2. 选择检索工具及系统

根据我们的检索范围为期刊或者论文等文献，我们选择综合性检索工具，如中国知网、万方数据库等，而非使用专业性检索工具，如专利检索、商标检索等相关工具。

3. 选择检索途径

根据已知信息，我们得到了课题的主题为“高职院校人工智能技术应用专业产学结合”，并没有提供著者或者分类号，因此我们选择主题途径检索方式。

4. 制订检索表达式

分析主题包含高职院校、人工智能技术应用、产学结合三个关键词限制。我们可以使用布尔逻辑表达式来制定检索表达式：题名或关键词 = 高职院校 and 人工智能技术应用 and（产学结合 or 产教融合）。万方数据检索界面设置如图 5-43 所示。

图 5-43　万方数据检索界面设置

5. 输出结果和用户评价

经过仔细查看，搜索得到的结果文献（见图 5-44）与我们的主题非常契合。

图 5-44　万方数据检索结果

单元练习 5.3

一、填空题

1. 中国专利分为三种类型：__________、__________、__________。

2. 数字化信息资源是指以__________、__________、__________、__________、动画和视频等形式储存在一定的载体上并可供利用的信息。

3. __________主要发表学术论文、研究报告、评论等文章，以专业工作者为主要读者群体。

二、单选题

1. 中国知网（CNKI）是中国核工业集团资本控股有限公司控股的同方股份有限公司旗下的学术平台，建于（　　）。

A. 1999 年　　B. 1987 年　　C. 2005 年　　D. 1990 年

2. 外观设计专利不包含以下（　　）类。

A. 产品的形状　　B. 产品的图案　　C. 产品的结构　　D. 发酵

3. 以下（　　）类不可以作为商标申请注册。

A. 文字　　B. 图形　　C. 字母　　D. 产品

4. 数字化信息资源储存形式不包含以下（　　）类。

A. 文字　　B. 数据　　C. 图像　　D. 声音

三、判断题

1. 学术期刊主要发表学术论文、研究报告、评论等文章，以专业工作者为主要读者群体。（　　）

2. 发明专利是对产品的形状、构造或其结合所提出的实用的新的技术方案。（　　）

3. 商标是用以识别和区分商品或者服务来源的标志。（　　）

4. 学术期刊是作者为获得某种学位而撰写的研究报告或科学论文。（　　）

5. 数字化信息资源平台是一种基于数字化技术的信息服务平台，旨在提供高效、便捷的信息检索、发布和共享服务。（　　）

四、简答题

1. 简述学术期刊的定义。

2. 简述中国专利的分类。

3. 什么是商标？

五、操作题

1. 检索名称为“人工智能语音呼叫器”的中国专利的相关信息：申请号、申请日、授权公告号、申请人、发明人等。

2. 在中国商标网，检索你熟悉的商标信息。

模块六　数字媒体技术

媒体是承载信息的载体，是信息的表示形式。国际电信联盟下属的电信标准化部（ITU-T）按照其承载的方式不同将媒体划分为 5 种类型：感觉媒体、表示媒体、显示媒体、存储媒体和传输媒体。

数字媒体技术始于 20 世纪 80 年代，它融合了计算机技术和通信技术，是一种极具时代特色的多学科交叉技术。随着虚拟现实、增强现实、人工智能等技术的发展，数字媒体技术发生了巨大变化。幻影成像、虚拟场景和环幕演示等数字媒体工程应用创造了超乎想象的视听效果。当前，我们处于自媒体时代，个人微博、短视频、在线直播等给工作和生活带来了深刻的变化。

本模块知识技能体系如图 6-1 所示。

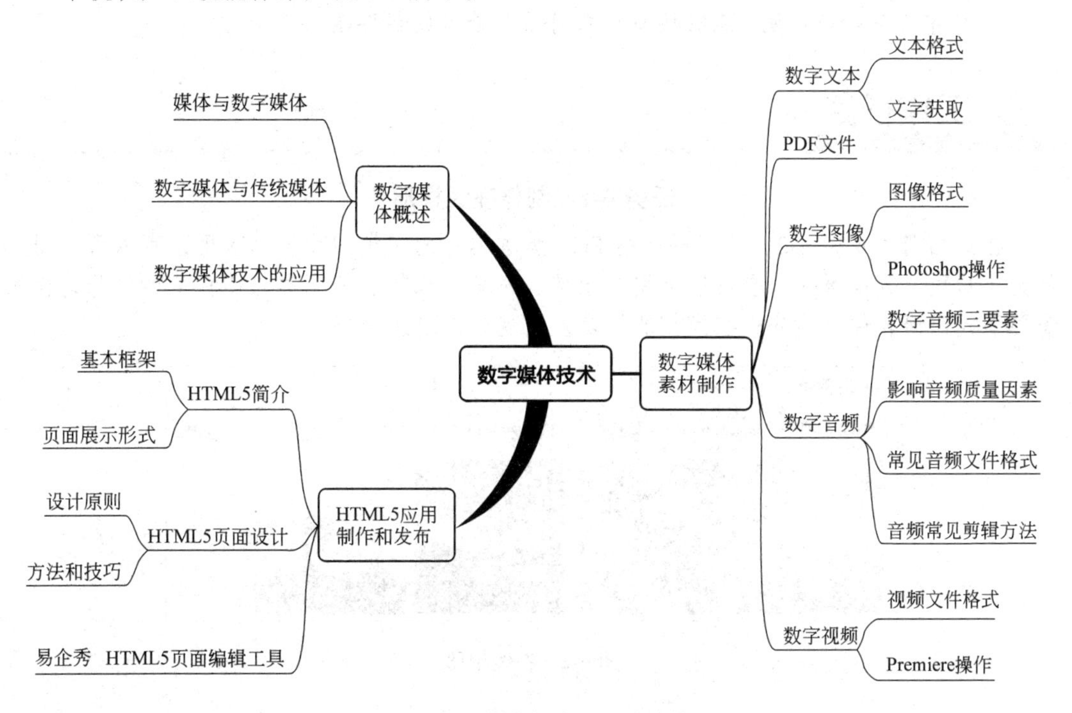

图 6-1　数字媒体技术知识技能体系

1. 国家广播电视总局 . 互联网互动视频数据格式规范 : GY/T 332—2020[S]. 2020.

2. 国家广播电视总局 . 4K 超高清视频图像质量主观评价用测试图像 : GY/T 329—2020[S]. 2020.

3. 国家广播电视总局 . 数字音频设备音频特性测量方法 : GY/T 285—2014[S]. 2014.

单元 6.1　数字媒体概述

学习目标

➢ 知识目标

1. 理解数字媒体和数字媒体技术的基础概念；
2. 了解数字媒体技术的发展趋势。

➢ 能力目标

1. 能够掌握数字媒体技术的最新发展动态和应用领域；
2. 能够熟练地运用数字媒体设计的规范和标准。

➢ 素养目标

1. 信息意识：提升优化信息传播效果的能力；
2. 数字化创新与发展：能够按照需求对信息进行创新再造。

单元 6.1　数字媒体概述

工作任务

任务 6-1　制作在线相册

在线相册（见图 6-2）是一种使用 PHP 脚本编写的在线图片展示应用，可以帮助用户收集、管理、分享照片。它可以让用户上传、浏览、编辑、分享和打印他们的照片，而不需要下载任何软件。试分析在线相册的功能实现和使用注意事项。

图 6-2　在线相册

技术分析

随着数字相机和智能手机的普及，拍照已经成为人们生活中的一部分。人们通过拍照记录着生活中的美好瞬间，而传统的相册则是保存和分享这些照片的重要方式之一。然而，传统相册存在着一些不足之处，如空间占用问题、照片保护问题等。而在线相册作为一种新兴的数字媒体产品，正逐渐取代传统相册的地位。

而多媒体技术则提供了更多元化的展示方式，使在线相册在图片展示、文字叙述、音频播放和视频演示等方面有了更好的表现力和互动性。通过多媒体技术的应用，在线相册能够以更加生动和有趣的形式呈现给用户，增强用户的观赏体验。

本任务的主要目标是让大家对数字媒体技术的含义与特点有基本的了解，能够初步认识数字媒体信息编码、数据压缩、数字存储、流媒体等概念，然后讨论数字媒体的不同类型，并进一步熟悉流媒体的应用领域。

知识与技能

一、媒体与数字媒体

媒体，简而言之就是传播信息的媒介。我们称之为实现信息从信息源头传递到信息受众的一切技术手段，既可以是承载信息的物体，如报纸、电视机、手机，也可以是储存、呈现、处理、传递信息的实体，如文字、声音、图像等。

数字媒体是媒体数字化的呈现，是指以二进制数的形式记录、处理、传播、获取过程的信息载体，包括数字化的文字、图形、图像、声音、视频影像和动画等感觉媒体及其表示媒体等（统称逻辑媒体），以及存储、传输、显示逻辑媒体的实物媒体。数字媒体以计算机为中心，可以是单一媒体也可以是复合的多媒体。它是以数字化的形式存储、处理和传播的媒体，以网络为主要传播载体，具有数字化、多样性、交互性、集成性等特点。当前我们看到的数字媒体更多的是具有一定主动性和交互性的多种媒体的有机组合。

二、数字媒体与传统媒体

数字媒体是一种新型的传播方式，它的兴起使用户可以绕开专业媒体机构发布“消息”，打破了“频道”资源的限制，与传统媒体相比，具有以下特征。

（1）数字媒体的传播者更加多样化。

（2）数字媒体的受众从被动接收转变为主动接受，是对信息的个性化选择。

（3）数字媒体的传播渠道不但多样，而且具有交互性、实时性特点。

（4）数字媒体的表现形式更加多样，具有更强的交互性。

（5）数字媒体的传播内容海量化，在传播过程中无损耗。

（6）数字媒体的传播效果可进行智能化追踪、分析。

三、数字媒体技术的应用

数字媒体已经被广泛应用于公共传播、信息、服务、文化娱乐、交流互动，其发展通过影响信息受众将成为经济未来发展的驱动力和不可或缺的能量，对社会生活各个领域产生深刻影响。

（一）教育、培训领域

在幼儿启蒙、学龄教育、社会化教育和技能培训等方面，数字媒体都显示出极大优势。

由文字、图形、图像、音频和视频组成的多媒体课件给学习者带来图文并茂、动静结合、内容丰富的教学情境和资源，充分调动学习者各种感官体验，从而激发学习者的学习兴趣。数字媒体强大的交互功能充分发挥了学习者学习的主动性，提高了学习的接受效能。伴随着网络技术的发展与普及，数字媒体突破时间和空间的局限，在远程教育、线上教学中扮演重要角色。

（二）文化传媒领域

网络电视、手机融入了人们生活中的方方面面，如大街、公交车上到处可以见到人们低头拿着手机玩游戏、读书。数字媒体技术将社会生活中的信息以动态的形式呈现给人们，与传统静止的、平面的信息相比，更能给人们带来视听上的冲击。电子出版物就是数字媒体技术在出版业应用的成功案例。电子出版物将数字媒体技术与文化、艺术、教育等完美结合，将枯燥的静态读物转换为文字、声音、图像、动画和视频相结合的视听享受，容量大、体积小、成本低、检索快、易于保存。电子出版物使出版业进入了新时代。

（三）商业领域

网上购物的兴起和发展与数字媒体技术的发展是密不可分的。数字媒体技术与网站相结合，为用户提供所需商品的全方位信息，同时借助网上银行实现网上浏览、购买、下单、送货、收货等一系列流程。人们在足不出户的条件下就能享受送货上门的便利性，商家降低了营销成本，充分体现了一种现代化的购物趋势。商家及运营商也充分认识到了数字媒体技术所带来的社会反映及经济利益，更多采用微信公众号推送、直播、3D 立体影像等方式来达到推广和营销的目的。

（四）信息服务领域

数字媒体技术结合数据库、网络技术可以为大众提供各种信息咨询服务。用户可以通过媒体终端查询需要的信息，如公交出行查询系统、证券交易系统、交管违章查询与服务系统等。

（五）大众休闲娱乐领域

数字媒体技术在娱乐、影视和游戏领域应用广泛，如微信等社交 App、大屏幕电影和虚拟现实游戏等，使当代人的生活发生了巨大变化。社交 App 已经成为人们沟通交流的主要方式。虚拟游戏丰富的种类，绚丽的画面和音效，方便、易懂的交互，使游戏者在精致逼真的虚拟空间中体验游戏带来的快乐。在影视的制作环节中，数字媒体技术极大程度地降低了制作成本，促进了制作效率和质量的提高，特别是采用数字媒体技术进行仿真模拟，增强了影视作品的艺术感和效果性。近年来，我国诞生了很多优秀的电影和动画，如《流浪地球》《茶啊二中》等。

任务实现

要完成任务 6-1“在线相册制作”，需要注意选题与结构设计。

在线相册就是一种用于保存图片的 Web 应用，用户可以在网站中创建相册、上传图片、浏览图片，或者将相册的 URL 地址分享给其他人浏览。

（一）主要技术实现

（1）设计在线相册：包括决定相册的功能（如上传图片、删除图片、查看图片等），以及相册的外观（如颜色主题、布局等）。案例整体采用动态网页技术实现，常用语言有 ASP、PHP、JSP 等，实现平台搭建、链接动态数据库、交互功能。

（2）后端开发：从数据库中读取和写入数据，以及处理多媒体文件。对于图片和视频，你可能需要使用一些专门的库来处理这些文件，如 Python 的 PIL 库可以用来处理图片，而 FFmpeg 可以用来处理视频。对于音频，你可以使用像 PyDub 这样的库。

（3）前端开发：需要使用 HTML、CSS 和 JavaScript 来创建用户界面。使用一些前端框架，如 React 或 Vue.js 来更快地构建用户界面。还需要使用一些额外的库来处理多媒体文件，如用于图片预览的库。

（4）测试：完成开发后，测试在线相册。确保所有的功能都按预期工作，并且没有安全问题。

（二）使用注意事项

（1）图片展示。在在线相册中，图片的展示是最为基础也是最为重要的部分。多媒体技术可以实现对图片的比例调整、旋转、滤镜处理等操作，使图片展示更加美观。此外，还可以通过动画效果和过渡效果的设置，使图片在切换过程中更加流畅，增强用户的观赏感。

（2）文字叙述。多媒体技术也可以在在线相册中添加文字叙述，以丰富照片的信息和背景。用户可以通过键盘或者语音输入等方式，为每张照片增加文字描述。这样一来，用户不仅可以通过图片来回忆和感受，同时还可以通过文字了解更多的细节和故事。文字叙述的添加可以增加照片的生动性，提升用户的参与度。

（3）音频播放。在在线相册中，也可以添加背景音乐或者音频解说等元素。通过添加音频，可以为照片增添更加真实和动态的氛围。用户可以为每个照片单独设置背景音乐，也可以为整个相册添加背景音乐。而音频解说则可以为用户提供更加详细的展示和解释。音频的添加可以让用户在观赏照片的同时，更好地感受到照片所传达的情感和主题。

（4）视频演示。除了静态图片和文字叙述外，多媒体技术也可以在在线相册中添加视频演示。用户可以通过导入视频文件，将视频与照片相互结合，为观赏者呈现更加立体且生动的场景。视频演示除了能够记录特殊的瞬间，还能够在相册中加入一些动态元素，为观赏者带来更好的观赏体验。

信息点之间主要应用超链接、文本输入、视频点播等跳转。

单元练习 6.1

一、填空题

1. __________是传播信息的媒介。

2. 数字媒体是媒体数字化的呈现，是指以二进制数的形式记录、处理、传播、获取过程的__________。

3. 数字媒体以__________为中心，可以是单一媒体也可以是复合的多媒体。

二、单选题

1. 多媒体技术的主要特性有（ ）。

（1）多样性 （2）集成性 （3）交互性 （4）实时性

A. 仅（1） B.（1）（2） C.（1）（2）（3） D. 全部

2. 一般认为，多媒体技术研究的兴起从（ ）开始。

A. 1972 年，Philips 展示播放电视节目的激光视盘

B. 1984 年，美国苹果公司推出 Macintosh 系统机

C. 1986 年，Philips 和 SONY 公司宣布发明了交互式光盘系统 CD-I

D. 1987 年，美国 RCA 公司展示了交互式数字视频系统 DVI

3. 请根据多媒体的特性判断以下（ ）属于多媒体的范畴。

（1）交互式视频游戏 （2）有声图书 （3）彩色画报 （4）彩色电视

A. 仅（1） B.（1）（2） C.（1）（2）（3） D. 全部

4. 超文本是一个（ ）结构。

A. 顺序的树形 B. 非线性的网状 C. 线性的层次 D. 随机的链式

三、判断题

1. 以书籍、报刊为代表的传统传媒，具有信息真实、准确度高等特点。 （ ）

2. 当今的数字媒体具备智能化、互动性以及单向传播等特点。 （ ）

3. 数字媒体是媒体数字化的呈现。 （ ）

4. 媒体是指承载或传递信息的载体，如报纸、书刊、杂志、广播等，但电影不属于媒体。 （ ）

5. 计算机只能加工数字信息，因此，所有的多媒体信息都必须转换成数字信息，再由计算机处理。 （ ）

四、简答题

1. 什么是数字信息编码？

2. 什么是数据压缩？

3. 简述数字媒体的不同类型。

单元 6.2 数字媒体素材制作

学习目标

➢ 知识目标

1. 理解数字媒体和数字媒体技术的基础概念；

2. 了解数字媒体技术的发展趋势。

➢ 能力目标

1. 能够对 PDF 文档进行准备、编辑、处理、存储；

单元 6.2 数字媒体素材制作

2. 能够运用 Photoshop 对图片进行编辑和处理；
3. 能够运用 Audition 对音频进行编辑和处理；
4. 能够运用 Premiere 对视频进行编辑和处理。

➢ **素养目标**

1. 信息意识：提升优化信息传播效果的能力；
2. 数字化创新与发展：能够按照需求对信息进行创新再造。

工作任务

任务 6-2　制作个人简历

制作个人简历需要注意检查拼写和语法错误，并确保简历的格式清晰、整洁。可以使用 Word 的样式和段落功能来调整文本的字体、大小和对齐方式。在保存简历时，确保使用一个明确且简洁的文件名，如“小萝卜简历 2024.docx”。这样，招聘者可以轻松地找到你的简历并将其与其他人进行区分，如图 6-3 所示。

制作个人简历视频可以让你在求职过程中脱颖而出，展示自己的个性和专业技能。在开始制作视频之前，先规划好要讲述的内容。包括你的职业目标、教育背景、工作经验、技能和特长、兴趣爱好等。确保内容简洁明了，不要超过 2~3 分钟。选择一个易于使用的视频编辑软件，如 Premiere 或免费的在线编辑工具。学习软件的基本功能，如导入素材、剪辑、添加文字和背景音乐等，如图 6-4 所示。

小萝卜

基本信息

出生日期：1992.02

联系方式

1230612306

12306@qq.com

XG9999999999

技能评价

教育背景

2015.9 - 2016.9　汉语言文学教育

中共党员，获得五四评优“优秀团干” 2 次

已取得教师资格证，获得二等奖学金 3 次

工作经历

2015.9 - 2016.9　语文教师

■ 工作描述：

能够运用大学课程中的理论方法，结合实际教学，完成新课改的教学目标及任务；曾在校内教学设计大赛中获得优秀成绩，掌握多种教学模式与方法。

2013.7 - 2015.9　实习教师

■ 工作描述：

完成新课改的教学目标及任务；曾在校内教学设计大赛中获得优秀成绩，掌握多种教学模式与方法。

实践经历

2015.9 - 2016.9　项目队长

能够制定短期目标，引导团队成员完成各项任务；

负责推广，内测期利用微博与讲座结合获得 310 客户。

2013.7 - 2015.9　体育部部长

湖北工业大学工程技术学院学生会

任期一年，带领部门 13 人；

组织管理系 100 余人篮球赛及学院运动会等活动。

荣誉证书

通用技能证书：　英语四级证书、普通话二级甲等证书、机动车驾驶证

专业技能证书：　教师资格证书，WPS 年度最佳设计师

活动荣誉奖励：　2014 年湖北省创青春创业计划移动专项赛银奖

自我评价

良好的公共关系意识，善于沟通，具备活动策划和组织协调能力。良好的心态和责任感，吃苦耐劳，擅于管理时间，勇于面对变化和挑战。良好的学习能力，习惯制定切实可行的学习计划，勤于学习能不断提高。

图 6-3　个人简历

图 6-4　个人简历视频

技术分析

求职简历是让陌生人迅速了解你的形象外观、基本情况及专业能力的重要材料。和我们购买商品相似，我们作为需求的一方会去关注商品的某些因素，如品牌、价格、外观、性能等。换位思考，企业在招人时会关注求职者哪些因素呢？企业人力资源（human resource，HR）要在有限的预算内找到最合适的人才，会关注求职者的薪资要求、过往经验、才华和性格等。清楚了这一点，我们要在求职简历中写清求职意向、个人介绍、工作经历、实践经历、学习经历。

Word 以及 WPS 文档在不同的软件版本、字体环境下内容会发生变化，因此我们更推荐使用 PDF 文档来展示图文，这样也有利于版权保护。“有图有真相”，图形、图像是简历中必不可少的表现元素，高质量的图片素材绝对可以为我们的简历增色。制作视频简历时，关键在于原始素材的采集，重点在于声像同步并且和谐统一，共同为主题服务。

完成本任务涉及 PDF 文档编辑生成、数字图像编辑、声音采集编辑、视频编辑。

知识与技能

一、数字文本

文本是以文字和各种符号表达的信息形式，是现实生活中使用非常多的一种信息存储和传递方式。在计算机中，数字文本用二进制编码表示，是人和计算机交互的主要形式。相对于其他类型多媒体信息，文本对存储空间和信道传输能力的要求最低。

（一）文本格式

常用的文本文件格式有纯文本文件格式（.txt）、Word 文件格式（.doc 或 .docx）、WPS 文件格式（.wps）、Rich Text Format 文件格式（.rtf）。有时候我们还会遇到以 wri 为扩展名的文件，其实就是写字板文件格式，是微软操作系统自带的写字板软件，不需要安装其他文档编辑软件就能直接打开。

常用数字媒体制作软件都具有文字编辑功能，但对于大量文字信息一般预先在文字处理软件中进行输入和编辑，再导入数字媒体制作软件中。在这个过程中，我们需考虑文件的格式是否与数字媒体制作软件兼容。另外，文本还可以以图像的形式存在，用于表现文字特殊效果。

（二）文字获取

传统的文字获取方式是利用拼音、五笔等输入法进行文字的键盘录入，以及复制、粘贴等。除此之外，对于大量文字的获取，还可以应用自动语音识别（automatic speech recognition，ASR）、光学字符识别（optical character recognition，OCR）。

1. 自动语音识别

自动语音识别一直是人们的美好梦想，让计算机听懂人类语言，实现人机语音通信是新一代智能计算的主要目标。语音识别技术可以为不熟悉计算机的人提供一个友好的人机交互通道，是非常自然的一种人机交互手段。

Windows 10 操作系统就提供语音识别功能。选择“开始”→“控制面板”→“轻松使用”→“语音识别”命令，如图 6-5 所示，连接上音频输入设备就可以使用。我们常用的搜狗输入法也支持语音识别输入。中文语音产业领导者科大讯飞推出的讯飞输入法，集语音、手写、拼音、笔画、双拼等多种输入方式于一体，又可以在同一界面实现多种输入方式平滑切换，符合用户使用习惯，大大提升输入速度。科大讯飞率先推出方言语音输入，支持方言识别，开启语音识别新时代。

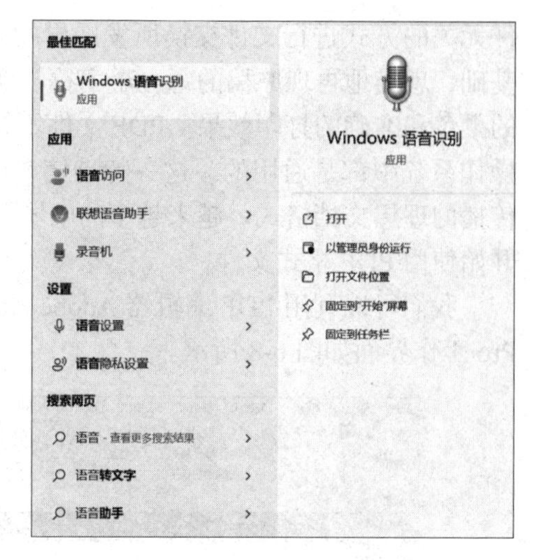

图 6-5 Windows 语音识别

2. 光学字符识别

光学字符识别是针对印刷体字符，采用光学的方式将纸质文档中的文字转换成为黑白点阵的图像文件，并通过识别软件将图像中的文字转换成文本格式，供文字处理软件进一步编辑加工的技术。因此，当我们需要把图片、纸张上的文字转换成可编辑的文本格式时，就可以利用光学字符识别技术。比如，微信中的“屏幕识图”功能，如图 6-6 所示，结合手机自带摄像头，可以方便、快捷地获取大量的纸质文字；如图 6-7 所示，微信语音输入功能可大大提高办公、学习效率。

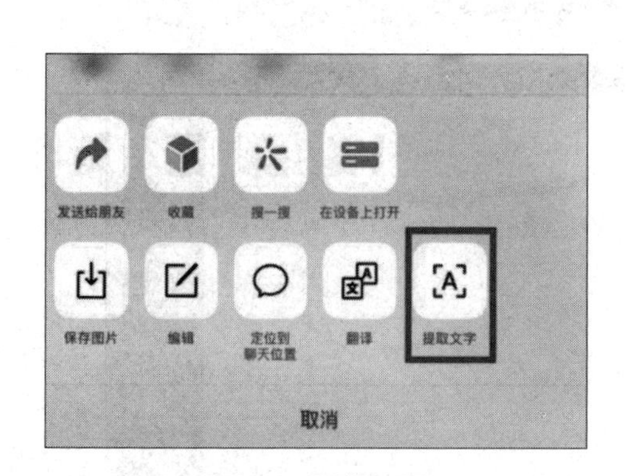

图 6-6 屏幕识图

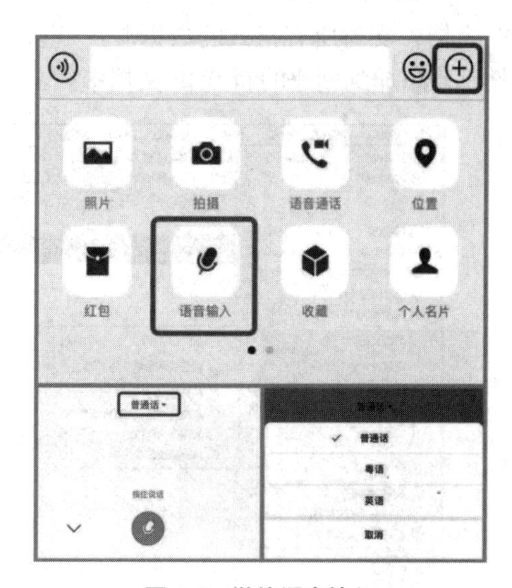

图 6-7 微信语音输入

二、PDF 文件及处理

PDF（portable document format，可携带文档格式）是用于与应用程序、操作系统、硬件无关的方式进行文件交换所发展出的文件格式。PDF 文件以 PostScript 语言图像模型为基础，忠实地再现原稿的每一个字符、颜色以及图像，无论在哪种打印机上都可保证精确的颜色和准确的打印效果。PDF 文件不管是在 Windows，UNIX 还是在苹果公司的 macOS 操作系统中都是通用的。这一特点使它成为在 Internet 上进行电子文档发行和数字化信息传播的理想文档格式。越来越多的电子图书、产品说明、公司文稿、网络资料、电子邮件开始使用 PDF 格式文件。

我们可以利用 PDF 编辑器 Adobe Acrobat Pro 创建、修改 PDF 文件。Adobe Acrobat 9 Pro 工作界面如图 6-8 所示。

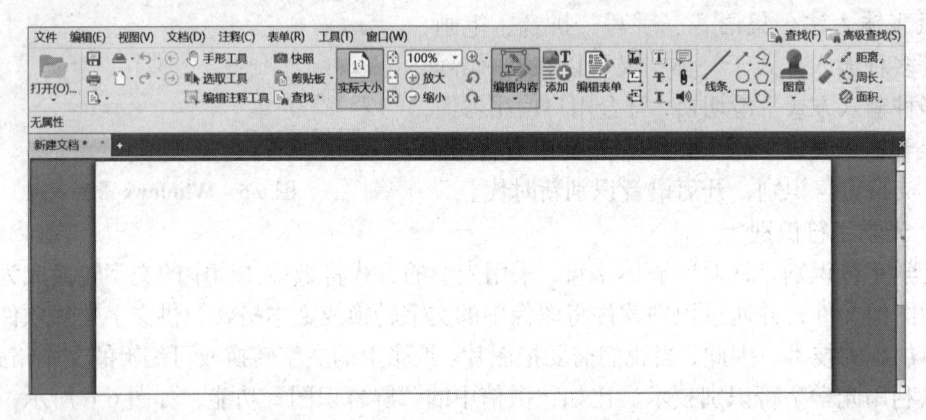

图 6-8 Adobe Acrobat 9 Pro 工作界面

通过 Adobe Acrobat 9 Pro 的“文件”菜单，如图 6-9 所示，我们可以从多种途径创建 PDF 文档，支持所有格式的数据源。“组合文件为单个 PDF”则可以将多个不同格式文件一键迅速添加到创建的新 PDF 文档中。

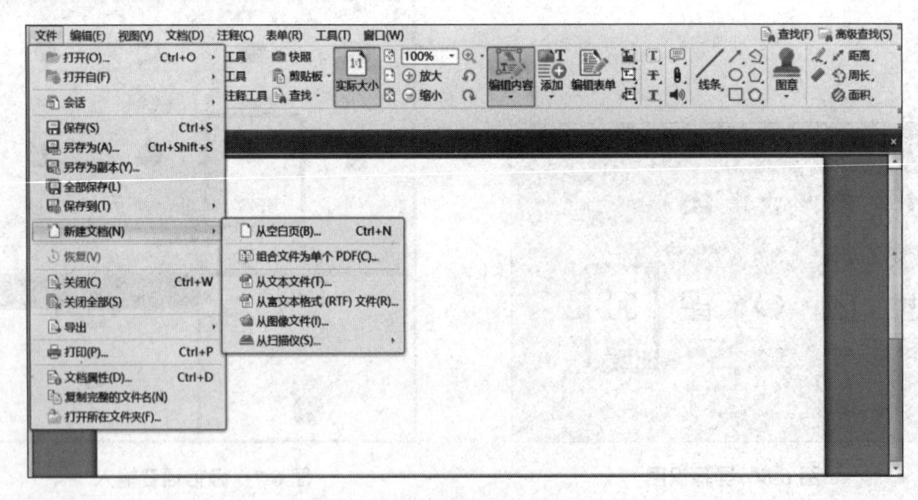

图 6-9 PDF 编辑器的“创建”菜单

PDF 文档的编辑主要是对“页”顺序的调整，包括添加、删除、替换等，我们可以通过“文档”菜单实现，如图 6-10 所示。在“文档”菜单中，还可以利用“提取页面”对多个页面进行批量删除或创建新文档。

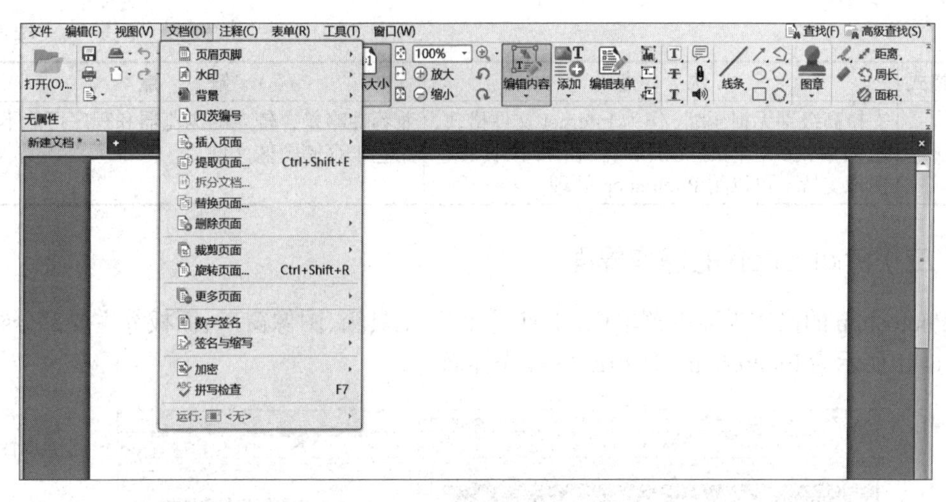

图 6-10　PDF 编辑器的“文档”菜单

三、数字图像

图像是各种图形、影像的总称。凡是能被人类视觉系统所感知的信息形式或人们心目中的有形想象都称为图像。由于对图像描述方式的不同，数字图像分为位图和矢量图。

位图是由称为像素的点构成的矩阵，是在空间和亮度上已经离散化的图像。图像文件一般以位图形式保存。矢量图是通过数学方式描述曲线类型和曲线围成的色块特征，只记录生成图形的算法和图形的某些特点。二者相较，位图对图像效果，特别是色彩的表现更细腻，但放大后会出现失真。矢量图占用空间小，图形显示质量与分辨率无关，适用于标志设计、图案设计、版式设计等场合。

（一）图像格式

常用的图形图像文件格式有联合图像专家组（jpeg 或 jpg）、位图（bmp）、标签图像文件（tiff）、图形交换（gif）、Photoshop 软件专用文件（psd）、便携式网络图形（png）、图标文件（ico）等。常用图像格式的优缺点如表 6-1 所示。

表 6-1　常用图像格式的优缺点

图像格式	优　点	缺　点
jpeg/jpg	与平台无关，支持摄影作品或写实作品高级别压缩，可以通过控制压缩级别，调节图像质量、控制文件大小，应用广泛	有损压缩，会丢掉图像中重复或不重要的资料，造成图像质量下降，不适合所含颜色很少、具有大块颜色相近的区域或亮度差异十分明显的图片
bmp	与硬件设备无关，广泛兼容现有 Windows 程序	无任何压缩，文件非常大，不支持 Web 浏览器
gif	文件较小，常用于网络传输，可以存多幅彩色图像以构成动画效果，不支持 Alpha 通道，但支持透明	8 位图像文件，只支持 256 色调色板，不适合表现详细的图片和写实摄影图像，会丢失色彩信息
psd	非压缩原始文件，可以保存图片的完整信息，适合保存尚未制作完成的图像	文件较大，不能直接生成

续表

图像格式	优 点	缺 点
png	支持高级别无损压缩，作为 Internet 文件格式，压缩量较少，同时提供 24 位和 48 位真彩色图像支持，可以用 Photoshop 处理	兼容性略差，较老的浏览器和程序可能不支持用它来存储图像文件

（二）Photoshop 的操作界面

Photoshop 的操作界面由菜单栏、工具属性栏、工具箱、图像窗口、面板等主要部分组成，如图 6-11 所示为 Photoshop CC 2023 的操作界面。

图 6-11 Photoshop CC 2023 的操作界面

（三）常用选区工具

选区是运用 Photoshop 中各种相关工具和命令，在图像中选取的部分或全部区域。选区边缘显示为动态的虚线，其形状可以是任意的，但必须是封闭状态。Photoshop 提供了许多选区工具，下面重点介绍一些基础且常用的工具。

（1）选框工具组。选框工具组包括矩形选框工具、椭圆选框工具、单行选框工具、单列选框工具。

（2）套索工具组。套索工具组包括套索工具、多边形套索工具和磁性套索工具。

（3）快速选择工具组。快速选择工具组包括快速选择工具和魔棒工具，使用快速选择工具组可以快速创建一些具有特殊效果的图像选区。

（四）认识图层

图层是 Photoshop 操作的基础与核心，是绘制图案、修改图像、添加特效的基本对象。举例而言，我们可以将 Photoshop 中的每一个图层理解为一张透明的纸，每张纸上都有不同的内容，且这些纸均可以单独进行修改，当我们最终完成每张纸的编辑并确认各张纸的顺序后，将所有的透明纸叠加起来，就可以合成为我们需要的图像，如图 6-12 所示。

（五）图像的色彩和调整

色彩是人们感知图像的桥梁，通过不同的色彩，人们可以分辨图像的内容以及图像质量的优劣，调整图像画面的绝大部分操作是针对色彩所做的。决定色彩的因素主要包括色相、饱和度及明度，其中，色相决定了色彩的颜色，饱和度决定了色彩的浓度，明度决定了色彩的亮度，如图 6-13 所示。

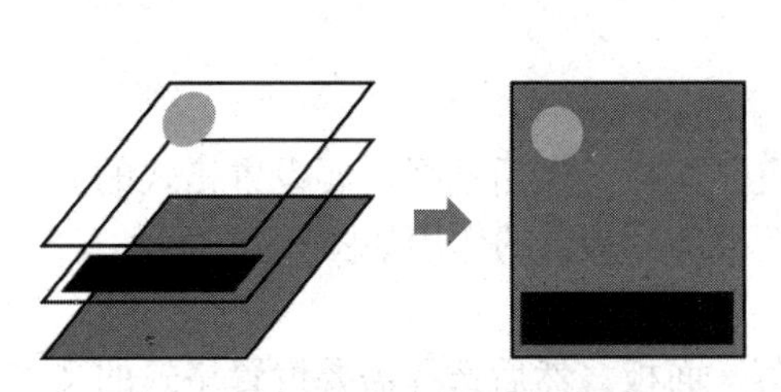

图 6-12　图层叠加成需要的图像

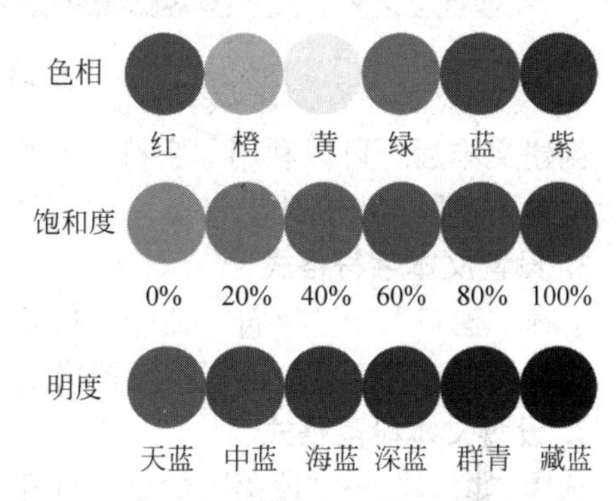

图 6-13　图像的色相、饱和度和明度

Photoshop 提供有大量的图像调整功能，其中较为常见的主要有以下 8 种，如图 6-14 所示。

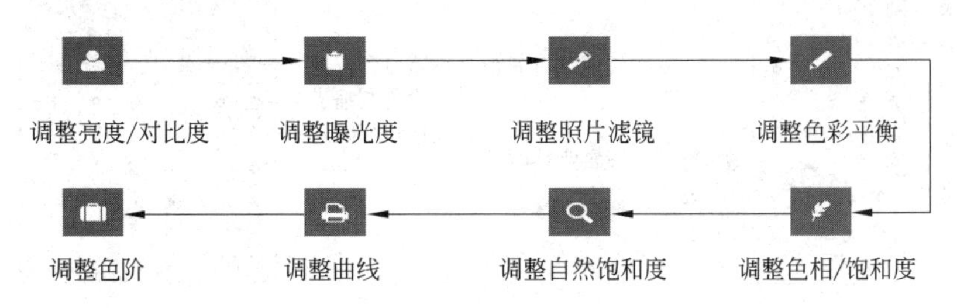

图 6-14　图像的调整功能

（六）文本的创建和选择

1. 创建文本

选择横排文字工具，单击图像或按住鼠标左键不放并拖曳鼠标绘制出文本区域，释放鼠标后 Photoshop 将自动建立文本图层，并可在插入点处输入文本，如图 6-15 所示。

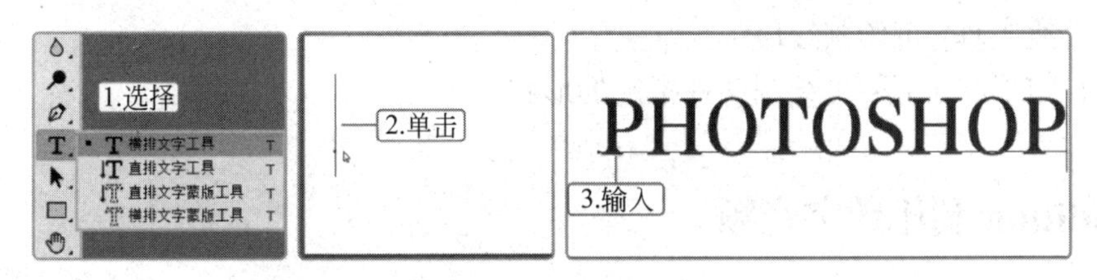

图 6-15　创建文本

2. 选择文本

在“图层”面板中选择对应的文本图层，然后选择横排文字工具，拖动鼠标便可选择所需的文本内容，如图 6-16 所示。

图 6-16　选择文本

创建文本后，可以利用“字符”面板设置文本字符的格式，同时还可以利用“段落”面板设置文本段落的格式。

3. 设置文本字符格式

选择“窗口”→“字符”命令，打开“字符”面板，然后选择需要设置格式的文本字符，此时便可在“字符”面板中设置格式，该面板部分参数的作用如图 6-17 所示。

4. 设置文本段落格式

选择“窗口”→“段落”命令，打开“段落”面板，然后选择需要设置格式的文本段落，此时便可在“段落”面板中设置格式，该面板部分参数的作用如图 6-18 所示。

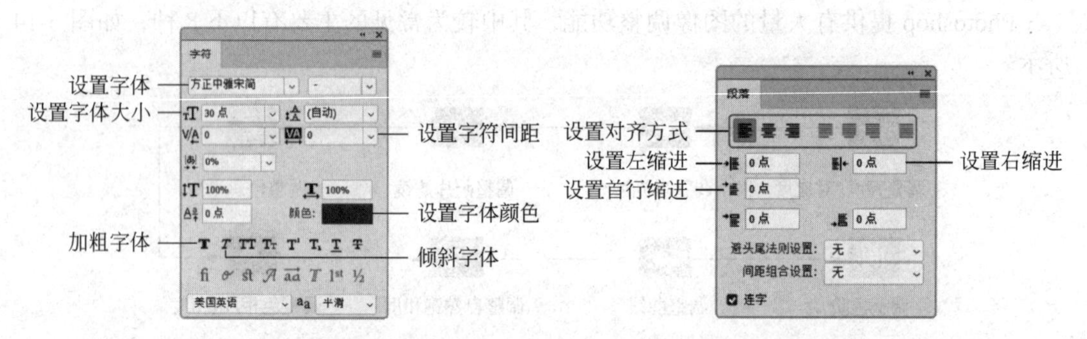

图 6-17　“字符”面板部分参数的作用　　图 6-18　“段落”面板部分参数的作用

5. 使用 Photoshop 的形状工具组绘制出各种基本的形状

（1）矩形工具：可绘制矩形，按住 Shift 键拖曳鼠标可绘制正方形。

（2）圆角矩形工具：可绘制各种弧度的圆角矩形。

（3）椭圆工具：可绘制椭圆，按住 Shift 键拖曳鼠标可绘制正圆。

（4）多边形工具：可绘制指定边数的多边形。

（5）直线工具：可绘制线段。

（6）自定形状工具：可绘制各种指定的形状。

四、Audition 制作数字音频

（一）数字音频三要素

从听觉角度来讲，数字音频具有以下三大要素。

1. 音调

音调与音频的频率有关，频率越高，音调就越高。其中频率是指每秒音频信号变化的次数，用 Hz（赫兹）来表示。

2. 音强

音强指的是声音的强弱，即声音的大小、轻重。音强取决于发音体振动的幅度大小，幅度越大则声音越强；反之则越弱。

3. 音色

音色是由于基音和泛音的不同所带来的一种声音属性，如钢琴、提琴、笛子等各种乐器发出的声音不同，便是由它们音色不同所导致的。

（二）影响音频质量的因素

就数字音频而言，音频质量的好坏主要取决于以下 3 种因素。

1. 采样频率

采样频率又称取样频率、采样率，是指将声音的模拟信号转换为数字信号时，每秒所抽取波形幅度样本的次数。

2. 声道数

声道数是指所使用的音频通道的个数，它代表着音频只有一个波形（即单音或单声道）还是有两个波形（即立体声或双声道）。

3. 取样大小

取样大小又称量化位数，是每个采样点能够表示的数据范围。

（三）常见的音频文件格式

音频文件有许多格式，这里重点介绍平时较为常见的 4 种。

（1）WAV：一种被 Windows 平台广泛使用的音频文件，它所需要的存储空间很大，但是音频文件的质量很高。

（2）APE：一种无损压缩音频格式，其文件大小比 WAV 格式的文件少一半，且只要还原成未压缩状态，能毫无损失地保留原有音质。

（3）MP3：一种有压缩损失的音频文件，基本保持低音频部分不失真，但牺牲了 12~16kHz 的高音频部分的质量，文件存储空间较小。

（4）WMA：一种采用流式数字音频压缩技术生成的音频文件，其存储空间比 MP3 格式的更小，但在音质上却毫不逊色。

（四）Audition 的操作界面

启动 Audition CC 2023 后，将打开如图 6-19 所示的操作界面，该操作界面主要由菜单栏、工具栏和各种面板组成，各组成部分的作用与 Photoshop 中对应组成部分的作用相似。

（1）波形编辑器。默认情况下启动 Audition 后，工具栏左侧的按钮呈蓝色状态，表示此时的“编辑器”面板处于波形编辑器的状态。

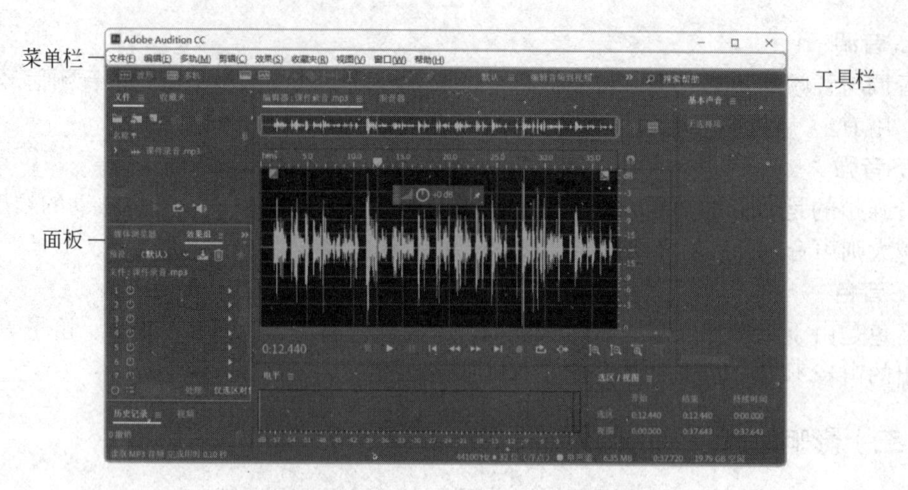

图 6-19　Audition CC 2023 操作界面

（2）缩放导航器。该工具可以缩放和定位波形显示区中的波形对象。

（3）时间指示器。拖曳时间指示器可以定位波形位置，直接在波形显示区中单击也能实现相同操作。

（4）波形显示区。在该区域中音频文件的内容将显示为具有一系列正负峰值的波形图像。

（5）多轨编辑器。多轨编辑器包含多个音频轨道，主要用于合成声音，如图 6-20 所示。

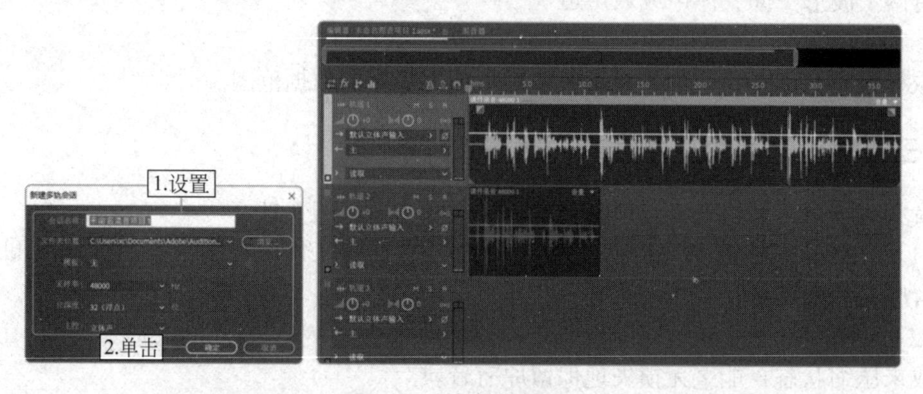

图 6-20　多轨编辑器

（五）音频常见的剪辑方法

音频剪辑方法如图 6-21 所示。

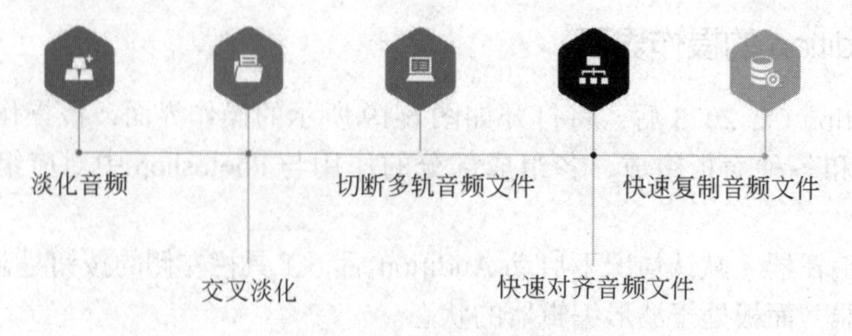

图 6-21　音频剪辑方法

（1）淡化音频。淡化音频能够让音频产生淡入或淡出效果，使用户能够感觉到声音的出现和结束更加自然。Audition 提供了 3 种淡化类型，如图 6-22~ 图 6-24 所示。

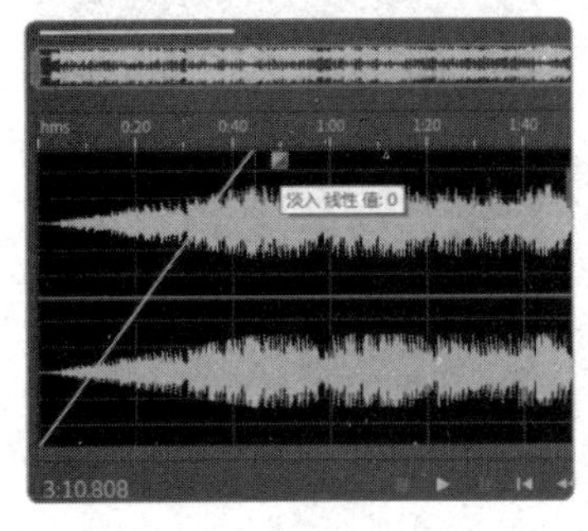

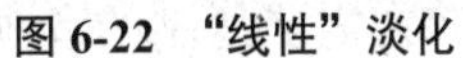

图 6-22　“线性”淡化

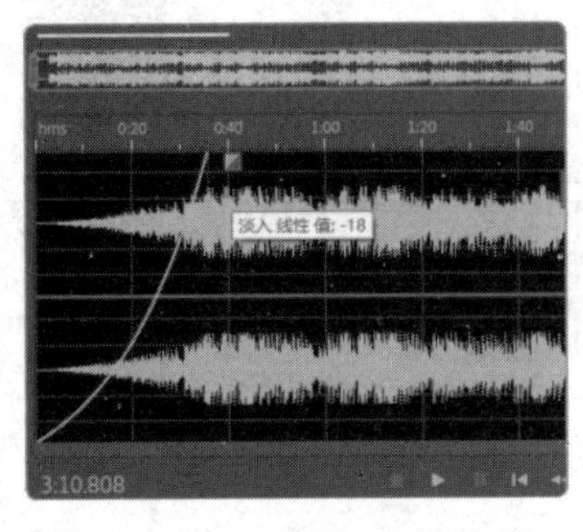

图 6-23　“对数”淡化

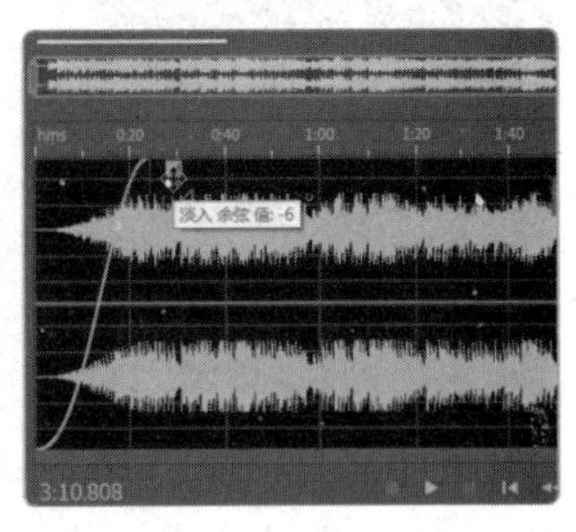

图 6-24　“余弦”淡化

（2）交叉淡化。实现交叉淡化的方法为：将两段音频文件添加到同一音轨上，移动其中一个音频文件使它们重叠，重叠部分则表示过渡区域的大小，然后在重叠区域拖曳“淡入”按钮调整淡化效果，添加交叉淡化的过程如图 6-25 所示。

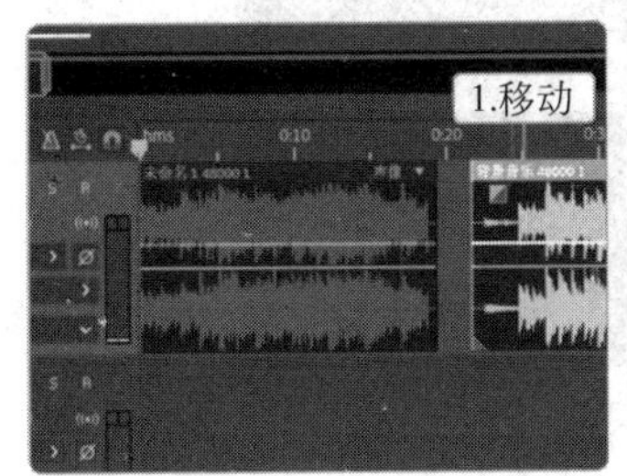

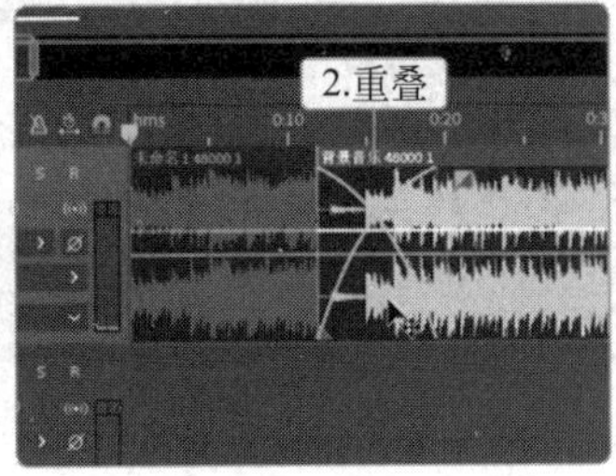

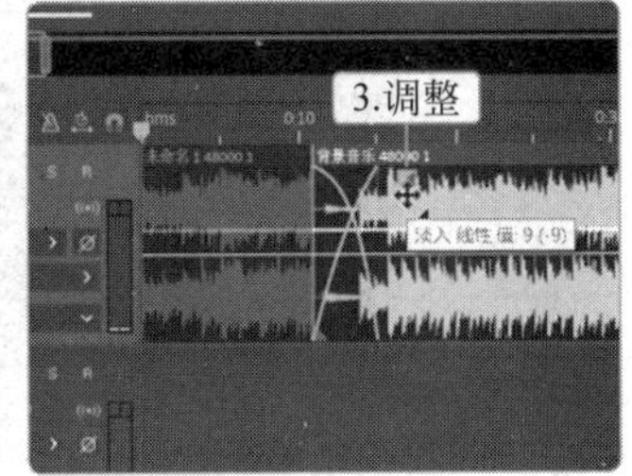

图 6-25　添加交叉淡化的过程

（3）切断多轨音频文件。在多轨编辑器中切断音频文件的方法为：单击工具栏上的“切断所选剪辑工具”按钮，在多轨编辑器目标音轨的音频文件上单击以切断音频文件，然后可以使用移动工具移动切断的音频文件至其他音轨，如图 6-26 所示，也可对切断的音频文件执行删除等其他操作。

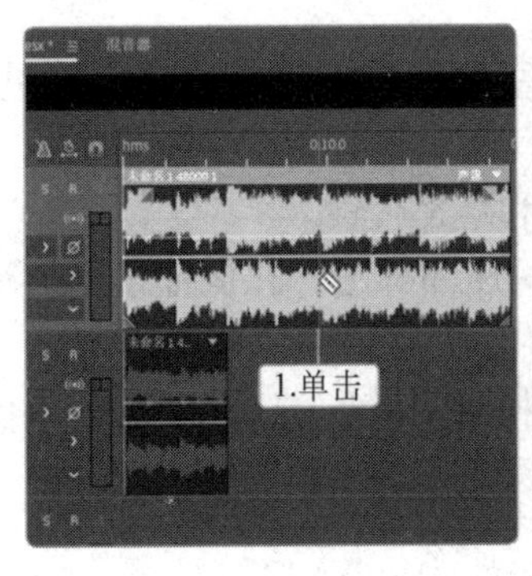

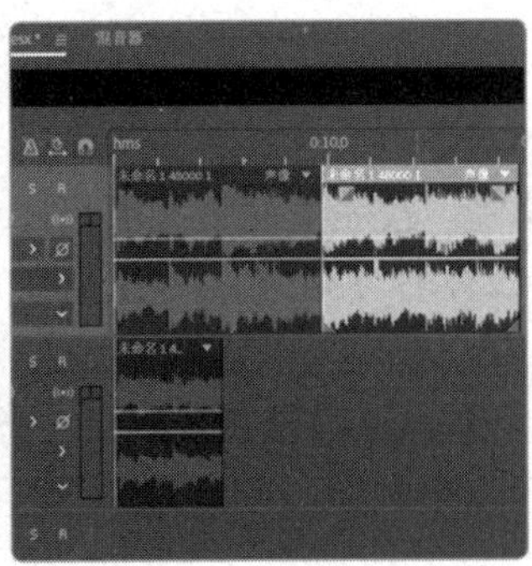

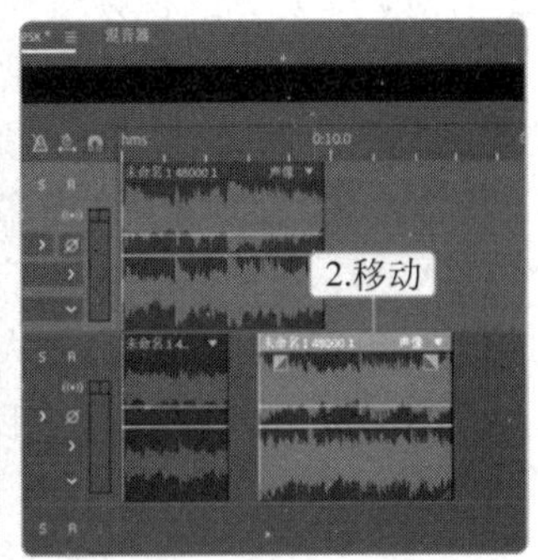

图 6-26　切断并移动音频文件的过程

（4）快速对齐音频文件。在多轨编辑器中使用对齐功能可以使剪辑后的音频文件与其他文件快速对齐，实现此效果需要同时开启两个功能，如图 6-27~ 图 6-29 所示。

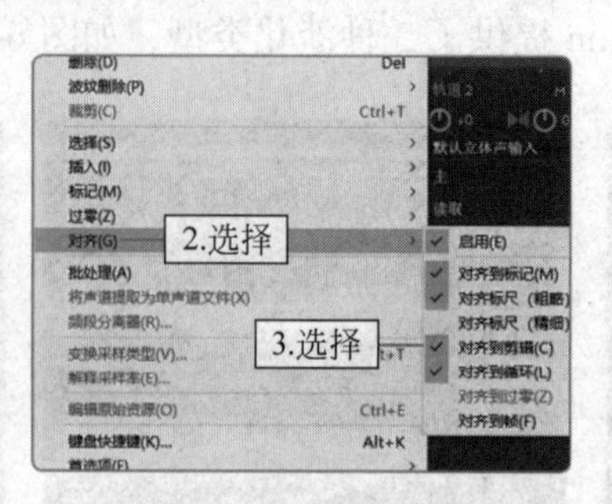

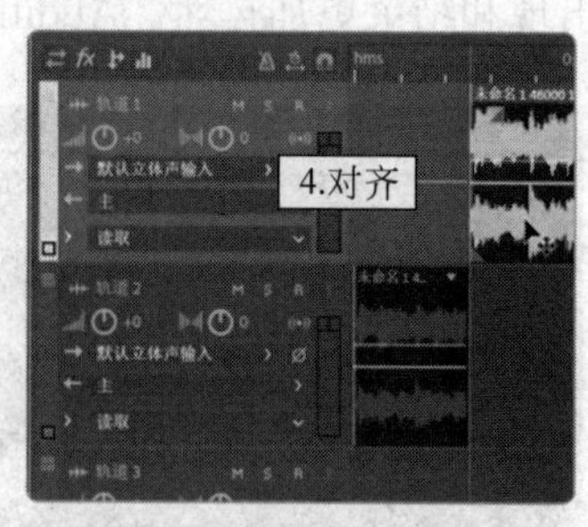

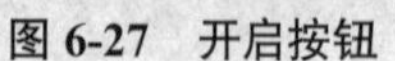

图 6-27　开启按钮　　　　图 6-28　开启命令　　　　图 6-29　快速对齐音频

（5）快速复制音频文件。在工具栏中单击“移动工具”按钮，在需要复制的音频文件上按住鼠标右键不放并将其拖曳至目标位置，释放鼠标后将弹出快捷菜单，在其中选择“复制到当前位置”命令，可快速复制音频文件，如图 6-30 所示。

图 6-30　快速复制音频

五、使用 Premiere 制作数字视频

（一）常见的视频文件格式

同其他数字媒体一样，数字视频的文件格式也有很多，下面主要介绍 AVI、MOV、MP4、WMV 等常见的视频格式。

（1）AVI：一种将视频信息与音频信息一起存储的数字媒体文件格式，图像质量好，可以在多个平台上播放，但体积较大。

（2）MOV：具有较高的压缩率、较完美的视频清晰度和跨平台性。

（3）MP4：一种标准的数字媒体容器格式，具有先进的压缩标准，在保证了画面清晰度的同时，也有效降低了文件大小。

（4）WMV：一种可以在网上实时观看视频节目的文件压缩格式，具有支持本地播放或网络回放、支持多种语言、扩展性好等优点。

（二）Premiere 的简介

（1）操作界面。启动 Premiere CC 2022 后，将打开如图 6-31 所示的操作界面，该操作界面主要由四大部分组成，左上角主要有“源”面板、“效果”面板、“效果控件”面板等；右上角为“节目”面板；左下角为“项目”面板、“媒体浏览器”面板等；右下角为“时间轴”面板。

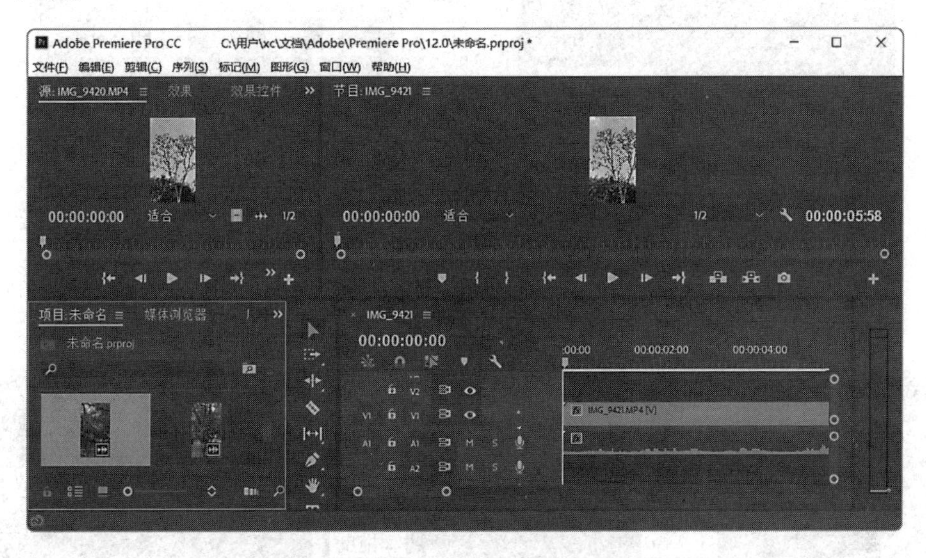

图 6-31　Premiere CC 2022 操作界面

（2）项目与序列。在 Premiere 中制作数字视频时，首先需要创建项目，然后在项目中创建序列。项目用于管理序列，而序列则是管理视频内容的载体。一个项目可以包含一个或多个序列，一个序列除了可以管理视频内容外，也可以作为素材添加到其他序列中，如图 6-32 所示。

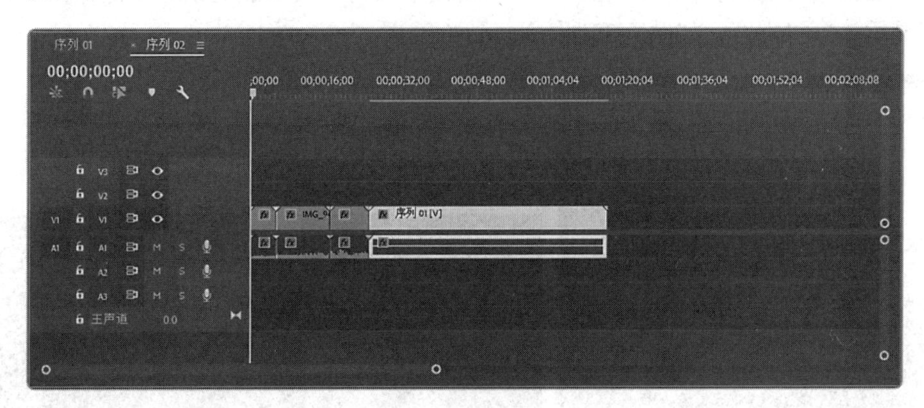

图 6-32　项目与序列

（三）视频的基本剪辑方法

（1）将素材添加到项目。双击“项目”面板的空白区域，或在其中右击，在弹出的快捷菜单中选择“导入”命令，打开“导入”对话框，选择需要添加的一个或多个素材，单击“打开”按钮，如图 6-33 所示。

（2）将素材添加到序列。在“项目”面板中选择需要添加的素材，将其拖曳到相应的轨道上，在将素材移至目标位置后，释放鼠标完成添加操作，如图 6-34 所示。

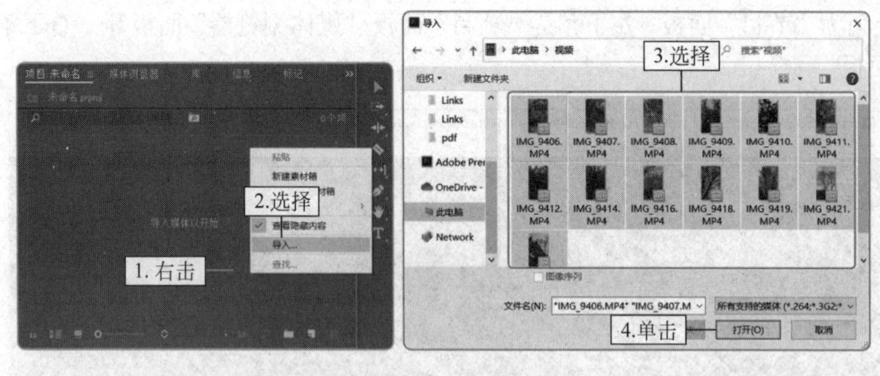

图 6-33　添加素材

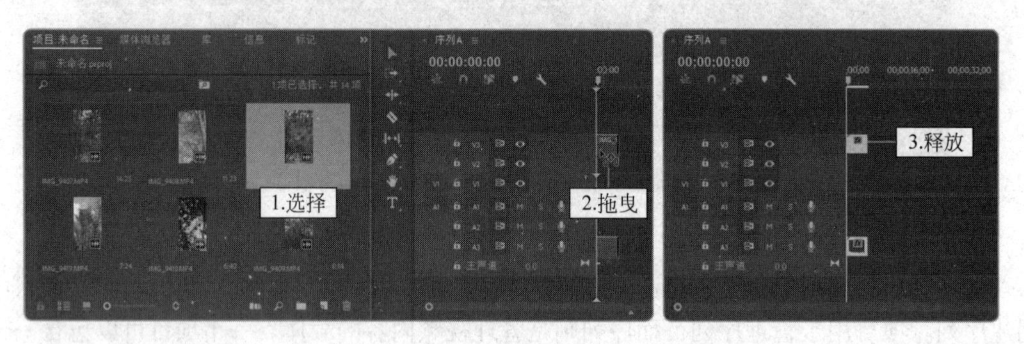

图 6-34　添加序列

（3）插入素材的部分内容。在“项目”面板中双击需要添加的素材文件，在“源”面板中将显示该素材内容，如图 6-35 所示。

图 6-35　插入素材

（4）裁剪素材。已经添加到轨道上的素材，可以通过拖曳的方式裁剪其内容，如图 6-36 所示。

（5）剪断素材。若想要将一段素材剪断为几段内容，可先拖曳时间指示器至需剪断的位置，按 Ctrl+K 组合键即可，如图 6-37 所示。

（6）移动素材。在轨道上选择并拖曳某段素材至目标位置，释放鼠标便可移动该素材，如图 6-38 所示。

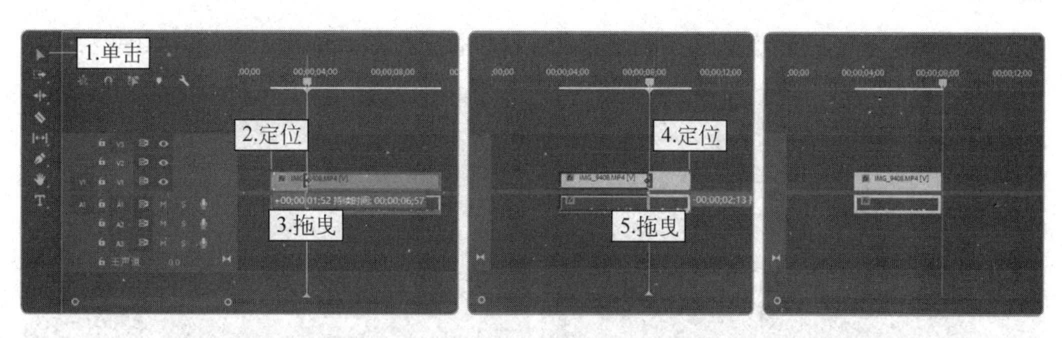

图 6-36　裁剪素材

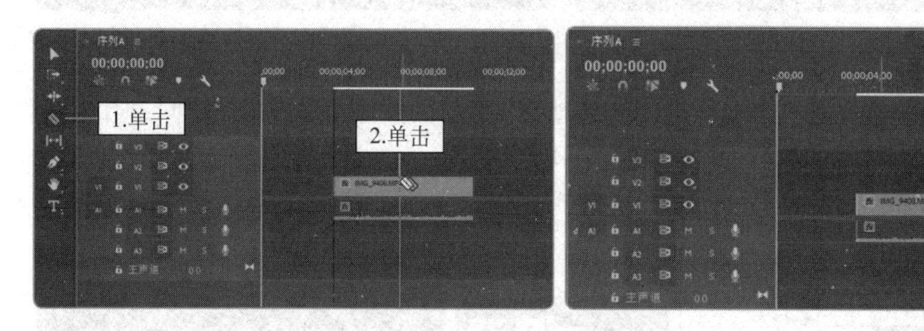

图 6-37　剪断素材

图 6-38　移动素材

（7）复制素材。在轨道上选择需复制的素材，按 Ctrl+C 组合键复制素材，拖曳时间指示器至目标位置，按 Ctrl+V 组合键粘贴素材，如图 6-39 所示。

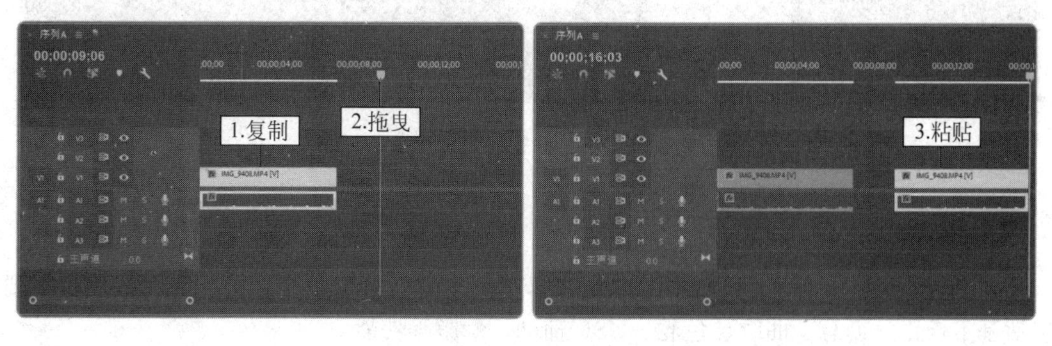

图 6-39　复制素材

（8）删除素材。在轨道上选择需删除的素材，直接按 Delete 键，如图 6-40 所示。

图 6-40　删除素材

（9）更改素材播放速度和持续时间。通过更改素材的播放速度或持续时间，可以使素材达到加速播放或减速播放的效果，如图 6-41 所示。

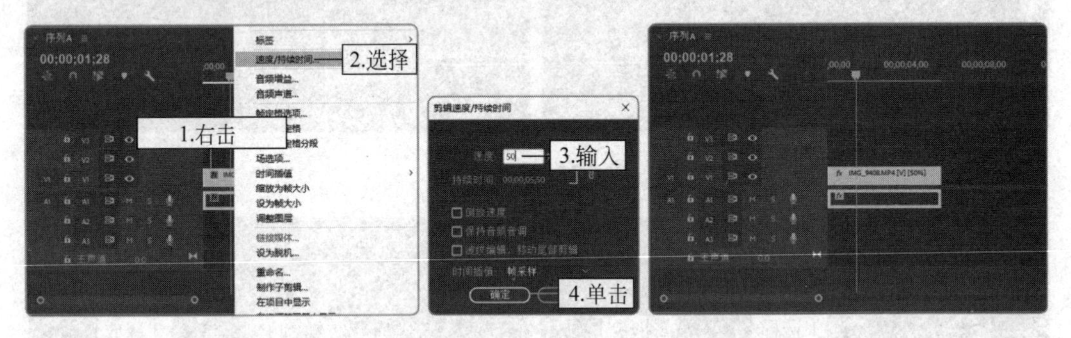

图 6-41　素材播放速度和持续时间

（10）删除视频素材中的声音。在视频素材上右击，在弹出的快捷菜单中选择“取消链接”命令，重新选择分离出来的音频素材，按 Delete 键可将其单独删除，如图 6-42 所示。

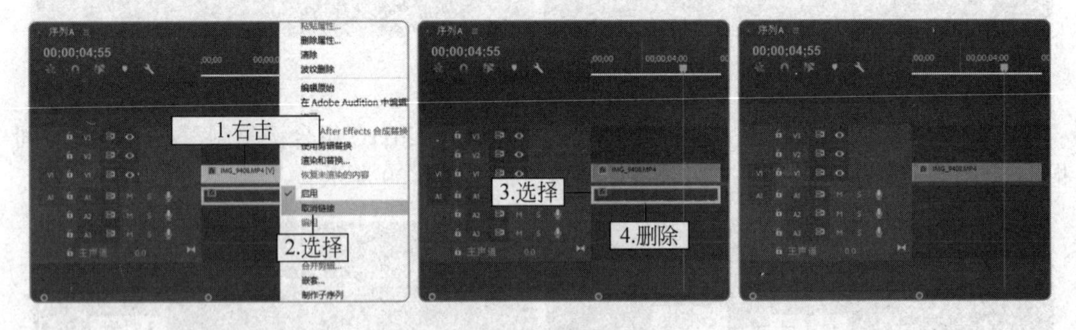

图 6-42　删除视频素材声音

（四）调整视频颜色

在 Premiere 中，我们可以利用“Lumetri 颜色”面板来调整视频的颜色，该面板主要包括基本校正、创意、曲线、色轮、HSL 辅助、晕影等功能。

（1）基本校正。可以校正或还原素材文件的颜色，修正其中过暗或过亮的区域，调整曝光与明暗对比等。如图 6-43 所示为该功能的相关设置参数。

（2）创意。既可以调整素材文件的色调，还可以通过设置强度、色彩平衡等参数来打造出具有一定创意的效果。如图 6-44 所示为该功能的相关设置参数。

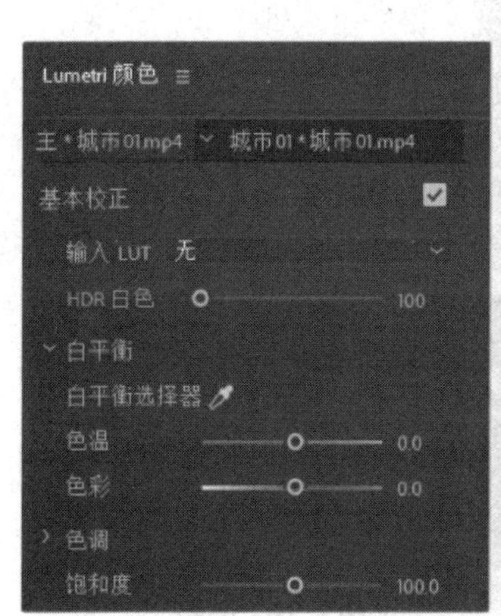

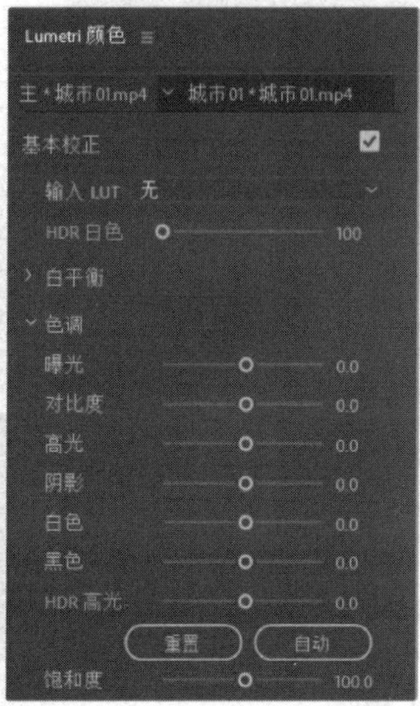

图 6-43　基本校正

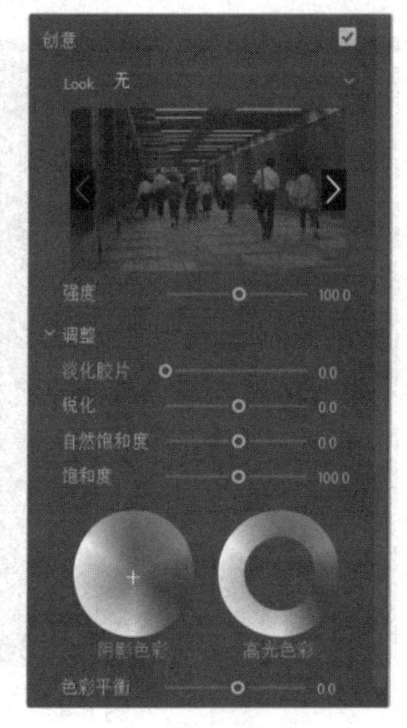

图 6-44　创意

（3）曲线。可以调整素材文件中的色调范围，其中 RGB 曲线可以控制亮度，色相饱和度曲线可以调整颜色和饱和度。如图 6-45 所示为该功能的相关设置参数。

（4）色轮。可以调整或强化高光、阴影和中间调的色彩。如图 6-46 所示为该功能的相关设置参数。

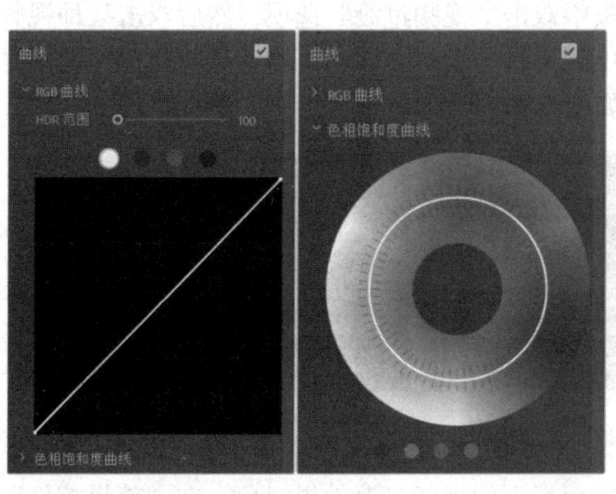

图 6-45　曲线

图 6-46　色轮

（5）HSL 辅助。可以通过“键”栏中的参数来选择区域并设置遮罩；通过“优化”栏中的参数来调整遮罩边缘；通过“更正”栏中的参数来调整局部颜色。如图 6-47 所示为该功能的相关设置参数。

（6）晕影。可以实现中心处明亮、边缘逐渐淡出的外观效果，可以控制晕影的数量、中心点、圆度和羽化的效果。如图 6-48 所示为该功能的相关设置参数。

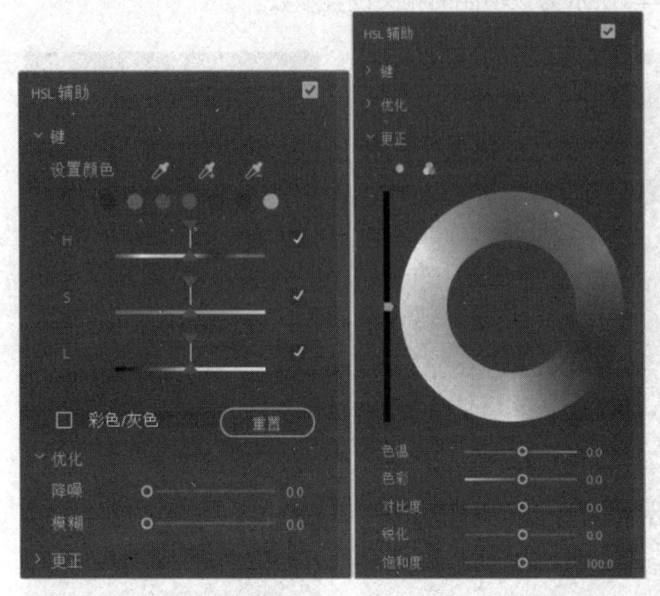

图 6-47　HSL 辅助

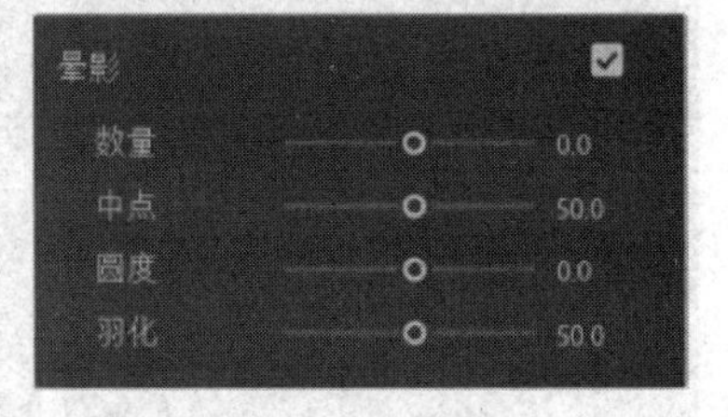

图 6-48　晕影

（五）使用视频过渡效果

并不是每个不同的视频画面或视频素材之间都需要过渡效果来衔接，这样反而会影响视频内容的展现和节奏感。只有当确实需要时，我们才可以在视频素材之间使用过渡效果。

（1）添加视频过渡。在“效果”面板中双击“视频过渡”选项，然后双击某种视频过渡类型选项，将其下的视频过渡效果拖曳到素材与素材之间的位置，释放鼠标左键便可在这两个素材添加对应的视频过渡效果，如图 6-49 所示。

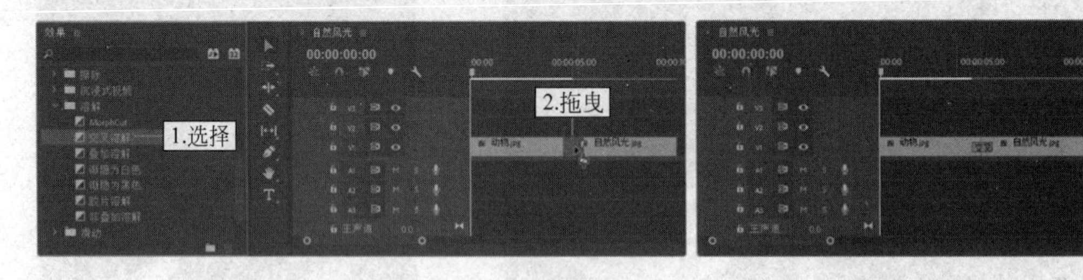

图 6-49　添加视频过渡

（2）设置视频过渡。选择“时间轴”面板上的视频过渡效果对象，在“效果控件”面板的“持续时间”栏可设置过渡效果的持续时间，拖曳右侧的过渡效果矩形块可以设置过渡效果的位置，以决定两个素材在什么时间开始展现过渡效果，如图 6-50 所示。

（3）删除视频过渡。在“时间轴”面板上的视频过渡效果对象上右击，在弹出的快捷菜单中选择“清除”命令便可删除该视频过渡。

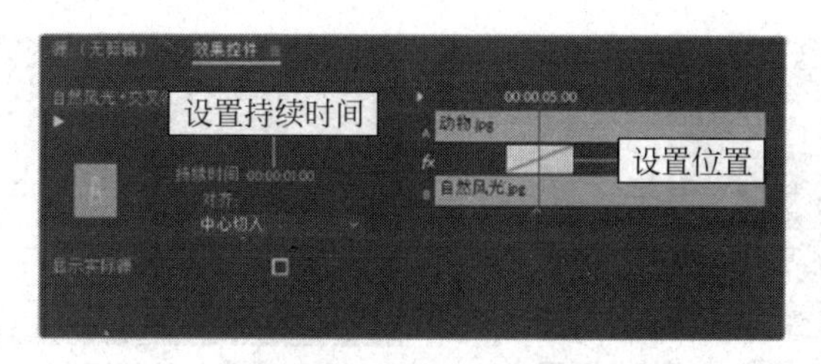

图 6-50　设置视频过渡

任务实现

完成任务 6-2“制作个人简历”的操作步骤如下。

1. 准备图片素材

（1）使用手机拍摄一张免冠照片，并导入计算机。

注意：选取纯色背景同时前景与背景颜色对比明显将有利于后期抠图。

（2）启动 Photoshop，利用“裁剪”工具，将照片改为标准二寸大小。

（3）使用“自动抠图”“换背景”，将照片换成蓝色背景。

（4）使用手机，将个人奖励证书扫描成 JPG 格式文件，导入计算机。可利用 Photoshop 进行必要完善，确保质量。

2. 制作个人简历

（1）利用 Word 制作个人简历，插入修改好的免冠照片，保存为 PDF 格式。

（2）启动 Adobe Acrobat Pro，将奖励证书（JPG 格式）与个人简历（PDF 格式）文件合并为一个 PDF 文档，调整页的顺序，做到合理有序。

（3）利用 Audition 处理音频素材并作为背景音乐。

（4）使用 Premiere 将视频和音频素材进行编辑合成。

知识和能力拓展

创意灯泡和水果视频广告的制作

1. 制作创意灯泡

创意灯泡的制作过程如图 6-51 所示。

2. 制作水果广告视频

（1）新建“水果广告”项目，导入并添加“水果”视频素材，删除视频素材中的音频部分。

（2）调整各视频素材的播放速度，使其呈现慢动作播放的效果。

（3）在各视频素材中添加“胶片溶解”视频过渡效果（位于“视频过渡”→“溶解”选项中）。

（4）在各视频素材之间添加内容为广告词的字幕素材。

（5）添加背景音乐，然后预览视频内容，最后将其以“水果广告”为名导出 MP4 格式的视频文件。

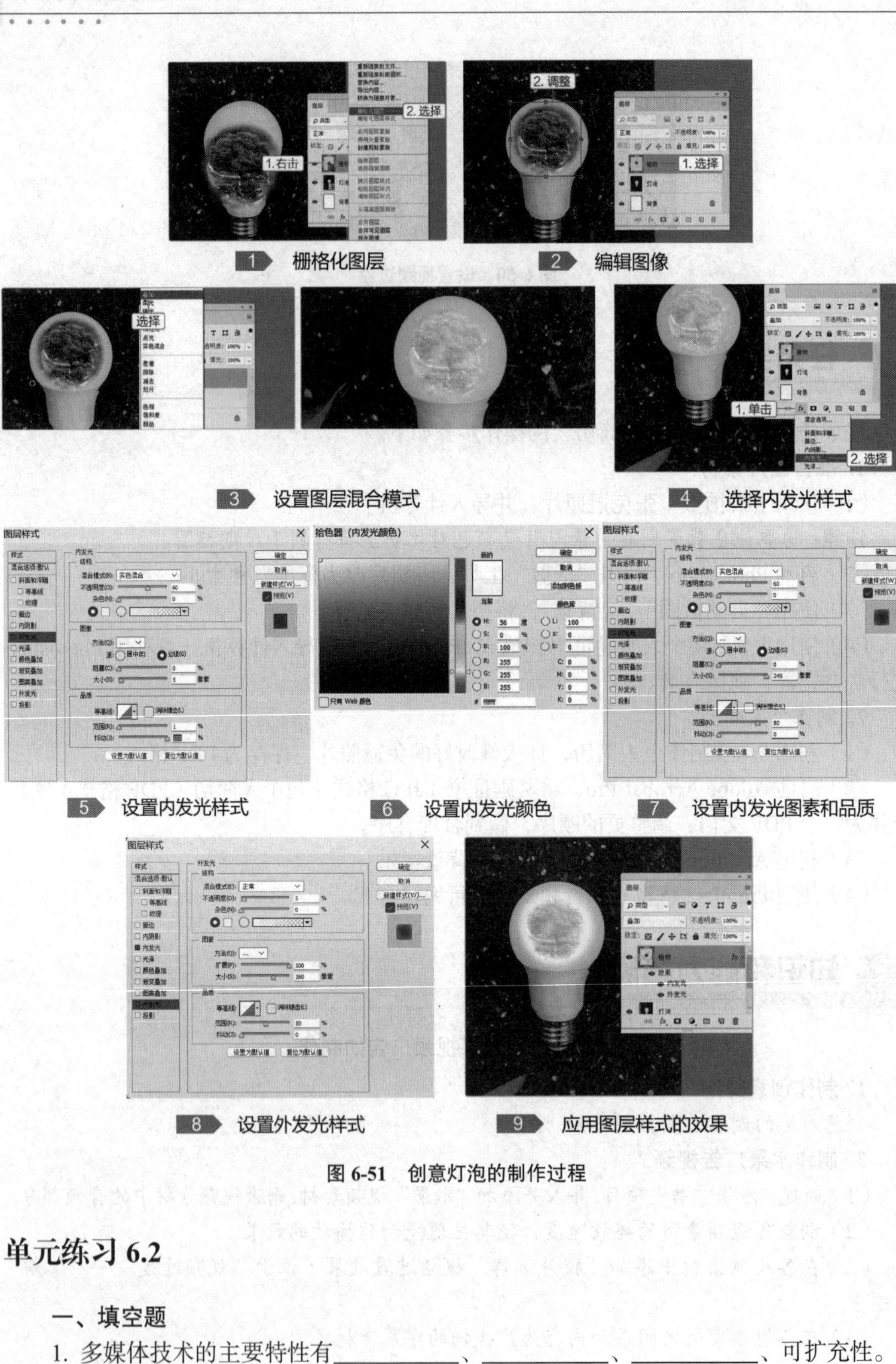

图 6-51 创意灯泡的制作过程

单元练习 6.2

一、填空题

1. 多媒体技术的主要特性有＿＿＿＿＿＿、＿＿＿＿＿＿、＿＿＿＿＿＿、可扩充性。
2. 声音的三要素是＿＿＿＿＿＿、＿＿＿＿＿＿、＿＿＿＿＿＿。
3. 色彩的属性包括＿＿＿＿＿＿、＿＿＿＿＿＿、＿＿＿＿＿＿。

二、单选题

1. 用 Photoshop 加工图像时，以下（　　）图像格式可以保存所有编辑信息。

A. BMP　　B. GIF　　C. TIF　　D. PSD

2. 下列关于 Photoshop 背景层的说法正确的是（　　）。

A. 背景层的位置可随便移动　　B. 如果想移动背景层，必须更改其名字

C. 背景层是不透明的　　D. 背景层是白色的

3. 以下文件类型中，（　　）是音频格式。

A. WAV　　B. GIF　　C. BMP　　D. JPG

4. 关于 GIF 格式文件，以下说法中不正确的是（　　）。

A. 可以是动画图像　　B. 颜色最多只有 256 种

C. 图像是真彩色的　　D. 可以是静态图像

5. 以下软件是图像加工工具的是（　　）。

A. Photoshop　　B. Excel　　C. WinRAR　　D. FrontPage

三、判断题

1. PDF 格式是图像格式。（　　）

2. 矢量图与分辨率无关。（　　）

3. PSD 是 Photoshop 的专用格式，该格式保存了图片的图层信息，适合于编辑。（　　）

4. 图层相当于一个透明的容器，用来防止图像元素。（　　）

5. 文本输入需采用输入设备，输入设备是用户和计算机系统之间进行信息交换的主要装置之一。（　　）

四、简答题

1. 简述音频卡的主要功能。

2. 在数字音频信息获取与处理过程中，正确的顺序是什么？

3. 简述多媒体计算机获取图形、静态图像的方法。

单元 6.3　HTML5 应用制作和发布

学习目标

> 知识目标

1. 理解 HTML5 的基本语法知识；
2. 掌握 HTML5 的制作和发布。

> 能力目标

1. 能够对 HTML5 进行页面设计和制作；
2. 能够运用 MAKA 制作电子邀请函。

> 素养目标

1. 信息意识：提升优化信息传播效果的能力；
2. 数字化创新与发展：能够按照需求对信息进行创新再造。

单元 6.3　HTML5 应用制作和发布

工作任务

任务 6-3　制作电子邀请函

新年联欢会还有一周就要举行了，大家都很期待，可原本要送到书记、院长手里的请柬因为各种原因还没有送出去，这件事让外联小组犯了愁。消息传到了学网络应用技术的小王耳朵里，他提议使用电子邀请函，直接将请柬通过微信发给被邀请人，既不失礼貌，又快捷方便，还环保。他的建议得到了大家的支持，很快电子邀请函做出来了，如图 6-52 所示。

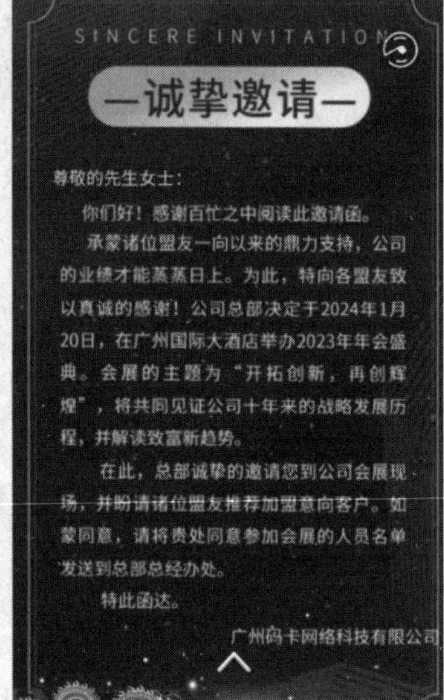

图 6-52　电子邀请函

技术分析

任务中电子邀请函的制作和运行都是在 HTML5 技术平台基础上实现的。除此之外，邀请函中使用了文本、图像、音乐、动画等形式。因此，完成本任务主要涉及 HTML5 页面设计与制作，以及文本、图像等媒体编辑技术。

知识与技能

一、HTML5 简介

HTML5（hyper text markup language 5）是指第 5 代超文本标记语言，针对移动互联网和便携设备设计。而超文本标记语言（HTML）一直被用作万维网（world wide Web,

WWW）的信息表示语言，使用 HTML 描述的文件需要通过 Web 浏览器显示出效果。

HTML5 页面具有表现形式丰富、跨平台性、互动性强、成本低、易传播、易维护等特点。

（一）HTML5 的基本框架

HTML5 最基本的语法如下：

```
< 标记 > 内容 </ 标记 >
```

标记有时也称为标签或元素。标签都是成对出现的，有开始标记也有对应的结束标记，以“< >”开始，以“</>”结束；标签之间要有缩进，体现出层次感，以方便阅读程序和修改程序。具体语法如下：

```
<html>
    <head>
        <title> 这是头部名称 </title>
    </head>
    <!--head 表示头部部分 -->
    <body>
        这是主体部分
    </body>
    <!--body 表示主体部分 -->
</html>
```

HTML5 的基本结构分为两个部分，分别为头部部分（head）和主体部分（body）；头部部分包括网页标题（title）等信息；主体部分包括网页内容信息。

（二）HTML5 页面的展现形式

HTML5 页面几乎支持所有的媒体形式，相同内容可通过不同形式进行展现，达到不同的效果。一般来说，HTML5 页面最常见的展现形式包括基础图文式，贺卡、邀请函式，问卷测试式和趣味游戏式 4 种类型。

二、HTML5 页面设计

（一）设计原则

无论 HTML5 页面是繁是简，都应当遵循以下几条设计原则。

（1）页面内容有条理。HTML5 页面通常包含多个页面。无论页面长短，包含元素多少，都要按照一定顺序进行展示。如果 HTML5 页面中包含的信息量太大，或页面之间的关联太复杂，都会增加受众的阅读压力。因此，在设计最初，要对内容做一个整体规划，分清内容主次，理清内容之间的关系，将内容有条理地呈现出来。

（2）页面内容要简洁。设计 HTML5 页面时，应尽量保证内容的简洁性，一个页面只讲一件事，擅用小标题，只展示最精准、最核心的内容，避免给受众带来拖沓的观赏感受，流失用户。

（3）页面加载需流畅。HTML5 页面加载速度较快，但这也使受众对其流畅性有了更高的期望。有研究指出，受众给 HTML5 页面的加载时间通常不超过 5 秒。因此，在设计 HTML5 页面时，要通过合理控制页面数量、图片以及精简过渡动画等方法来保障 HTML5 页面的加载速度，或者设置“跳过”按钮，使其加载流畅。

（二）方法和技巧

以下几种方法与技巧可以帮助我们提升 HTML5 页面的吸引力，获得更多流量。

（1）故事化。将 HTML5 页面的内容以故事的形式展现，以大多数受众都亲身经历过的场景为故事背景，容易引发受众内心共鸣，使其更乐于接受和转发。

（2）紧跟热点。在设计 HTML5 页面时，我们要增强其话题性，可以将其与时下话题度较高的热点事件、节日等相结合，以达到更好的宣传效果。借助热点话题要把握好度，绝不可以肆意夸大，甚至歪曲事实。

（3）增强交互。强大的交互性是 HTML5 页面的最大优势。因此，在设计 HTML5 页面时，设计一些交互元素（重力感应、3D 视图、摇一摇、分支选择等）来增加 HTML5 页面的趣味性，受众参与其中，对页面主题和内容会有更深入的感知和体验。在设计交互时，要保证交互简单易操作，避免让受众失去耐心和兴趣。

（4）融入社交元素。在 HTML5 页面中融入社交元素，使 HTML5 页面得到裂变式传播。例如，在 HTML5 页面中加入分享按钮、挑战赛、好友排行榜等。

三、HTML5 页面编辑工具

HTML5 页面出色的体验效果受到了越来越多用户的欢迎。互联网上提供了很多 HTML5 页面编辑工具，这些工具大多功能齐全、简单易用，对用户专业基础没有要求，即使没有任何 HTML 编程基础，也能轻松上手。目前较常用的有易企秀、人人秀、MAKA 等。下面我们以易企秀为例，介绍一下 HTML5 的应用。

（一）了解易企秀

易企秀是一款针对移动互联网营销的在线编辑工具，有网页版和手机 App 版。易企秀提供 HTML5 页面、海报、长页、表单、互动、视频六大品类的编辑器和数十款实用小工具。此外，易企秀还提供了大量精美的模板，包含企业宣传、活动邀约、品牌推广、数据收集、电商促销、人才招聘等多种情景，可为用户设计和制作 HTML5 作品提供参考和灵感。

（二）主要操作

1. 启动易企秀网页版

进入易企秀官网首页，如图 6-53 所示。单击右上角“登录 / 注册”按钮，选择微信、QQ 或手机号完成登录。

图 6-53　易企秀首页

2. 选择“模板创建”或“空白创建”

二者的区别不言而喻。“模板创建”可以在模板原有基础上进行修改，主要是对文字、图像等内容的修改，这样减少了大量工作，但在互联网中很容易发现相似款；“空白创建”则是从零开始进行设计、添加、修改素材等，是纯粹的 DIY，充分体现创作者的设计思路和制作技巧。

3. 工作界面

无论是“模板创建”还是“空白创建”，单击后将进入工作界面，如图 6-54 所示。易企秀工作界面简洁明了，用户可以轻松制作出 HTML5 应用作品。

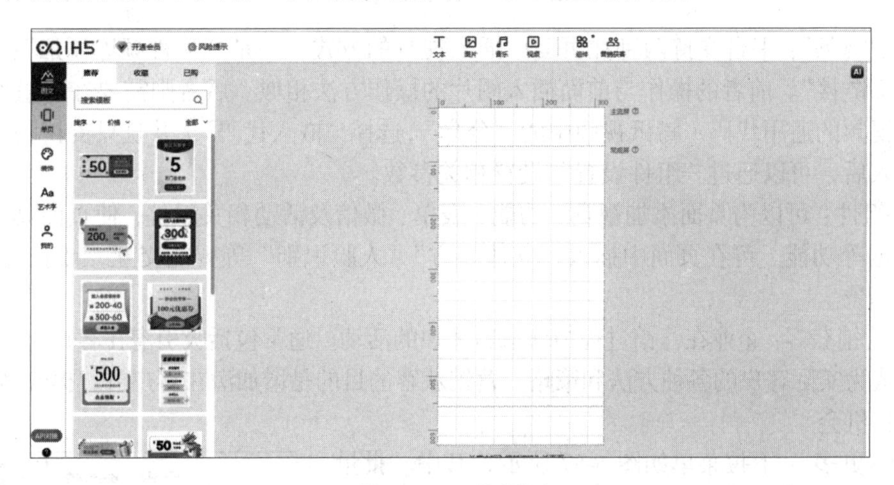

图 6-54　工作界面

仔细观察不难发现，易企秀的工作界面可以划分为以下几个区域。

（1）工具栏。紧贴地址栏的可以称为工具栏，如图 6-55 所示。

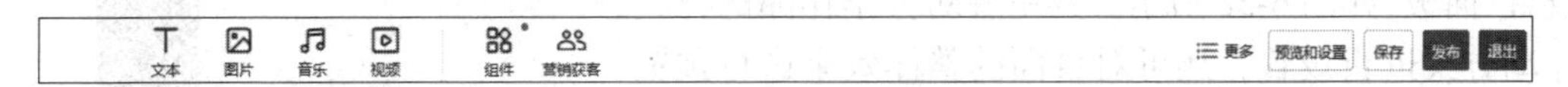

图 6-55　工具栏

①“文本”：可在页面插入文本，输入文本内容，修改文字格式等。

②“图片”：打开“图片库”，将图片插入页面，可以是网络图片，也可以是本地图片。使用本地图片时，需要先将图片上传，然后在“我的图片”中选择。图片插入后，会出现“组件设置”窗口，我们可以设置图片的样式、格式等。

③“音乐”：打开音乐库，可以为作品添加场景音乐，即作品的背景音乐。操作方法与“图片”的使用方法类似，使用后音频素材作为场景音乐会被应用到作品始终。如果作品中有其他音乐或音效，建议不使用场景音乐。“音乐库”菜单如图 6-56 所示。可更换、删除音乐等。

图 6-56 “音乐库”菜单

④“视频”：平台支持两种在页面中插入视频的方式。一是“从视频库添加”；二是使用“外部链接”。前者的操作与前面插入图片的操作方法相似。后者则需要在“组件设置”中输入视频的通用代码（腾讯视频中的“分享”，选择“嵌入代码”），并且只支持腾讯视频。视频插入后，可以通过“组件设置”设置相关参数。

⑤组件：可以为页面添加视觉、功能、表单、微信及活动相关组件，使页面具有交互、统计数据等功能。可在页面中插入“立体魔方”“人脸识别”等智能交互，或在页面中使用特效场景。

⑥营销获客：企业在营销过程中获取新客户的活动。通常包括吸引潜在客户注意，并促使他们成为实际客户的各种方法和策略，营销获客的目的是增加潜在客户群，提升品牌知名度和销售机会。

⑦“更多”：下拉菜单如图 6-57 所示，其中“批量制作”可以基于页面元素对作品进行复制，即在复制作品前可以对每个页面中的元素进行筛选。

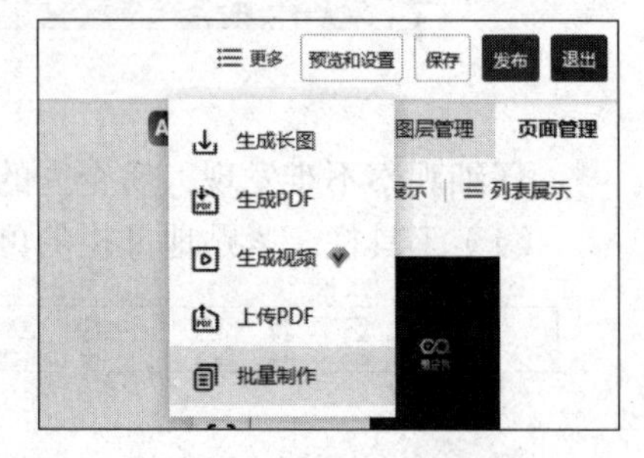

图 6-57 “更多”下拉菜单

⑧“预览和设置”按钮：单击后会弹出“预览和设置”面板，如图 6-58 所示。其主要对分享作品的标题、互动方式进行设置，还可对页面的整体效果进行预览。设置后，可单击“保存”按钮对作品进行保存，或单击“发布”按钮打开发布设置面板，如图 6-59 所示，将作品分享至社交平台。

图 6-58　“预览和设置”面板

图 6-59　“发布”设置面板

在“发布”设置面板中，也支持分享设置、互动设置。同时，可以选择“生成海报”“生成长页”将 HTML5 页面转换成长图形式进行分享。

（2）编辑区。编辑区是我们操作的“舞台”，也可以称为画布。按照我们选择创建的作品类型，这个舞台会有所不同。由于 HTML 主要应用于移动设备，编辑区提供了三个尺寸参考，为常见屏、主流屏和全面屏。在制作场景时，关键性文字内容建议放置在常规屏虚线边框内。可以以插入图片的方式制作场景背景，并且将图片拖曳到“全面屏”的边框以外，可以避免预览场景出现白边情况。

（3）素材面板。素材面板位于工作界面的左侧，提供了图文、页面、装饰性元素、艺术字等大量设计素材，这些素材可以直接单击添加到页面中。

（4）设置面板。设置面板在工作界面的右侧，分为“页面设置”“图层管理”“页面管理”三个标签：“页面设置”主要设置页面的背景、音乐、滤镜和翻页效果，这里设置的音乐只在当前页面有效；“图层管理”是对页面中应用的元素进行隐藏、锁定的设置；“页面管理”主要是对整个页面进行复制、删除等操作。

任务实现

完成任务 6-3“制作电子邀请函”的操作步骤如下。

1. 选择 H5 页面模板

（1）登录易企秀。打开浏览器并访问易企秀官网，注册、登录。登录成功后直接进入“工作台”。

（2）选择 HTML5 页面模板。工作台页面左侧选择“创建设计”，在打开的页面选择

HTML5 的“模板商城”，在打开的界面的搜索框中输入“邀请函”，单击“搜索”按钮，然后在下方搜索结果中选择所需 HTML5 页面模板，进入模板详情页面。单击“制作”按钮进入编辑工作界面。

2. 制作 HTML5 页面内容

（1）确保页面背景图片超出全面屏虚线框。如果没有，单击图片，拖曳边框进行放大。

（2）单击画布上 Logo 字样的图片，在右侧弹出的“组件设置”面板中单击“更换图片”按钮，更改为适合主题的图片。单击图片，即可用该图片替换原图片。返回画布中，拖曳图片四周的尺寸控制点调整其尺寸和位置，使其显示完全且大小适中。

（3）双击“时间地点”文本框，修改文本框中的内容，在弹出的文本工具栏或“组件设置”面板中设置文本的字体、字号、颜色、对齐方式等参数。

（4）重复步骤（3）的操作，对封面页的其他文字内容进行编辑。

（5）删除不需要的元素组件。

（6）在工作界面右侧的设置面板中切换至“页面管理”选项卡，选择“列表展示”选项，然后单击 2 页面，画布内容切换至下一个 HTML5 页面。

（7）参考前面的方法，对当前页面中的图片和文本进行编辑。

（8）在“页面管理”选项卡中选中 3 页面，制作页面。

（9）在素材面板中，选择“单页”选项，找到“中国风新年祝福封面”，单击“立即使用”按钮，覆盖编辑区域原有组件，完成页面模板应用。选中背景图片，拖曳边框使图片大小超过全面屏虚线框。

（10）在“页面管理”选项卡中删除不需要的页面。

3. 设置动画和背景音乐

（1）为页面添加背景音乐。单击工具栏的“音乐”图标，在展开的列表中选择要添加的音乐。

（2）打开“音乐库”面板，选择合适的音频素材。易企秀提供的免费音乐较少，我们可以提前从其他音频素材网站下载合适的音乐。单击“上传音乐”按钮，弹出“打开”对话框，选择音频文件，然后单击“打开”按钮，返回“音乐库”面板，切换至“我的音乐”选项卡，即可看到音频已上传到易企秀的音乐库中。单击音频名称右侧的“使用”按钮，将音频文件设置为整个 HTML5 作品的背景音乐。

（3）将画布内容切换至第 1 页，在设置面板中切换至“页面设置”选项卡，单击当前页面的翻页方式“去修改”按钮，打开“翻页动画设置”面板。在“翻页动画设置”面板中为当前页面选择翻页动画样式，面板左侧提供效果预览。

（4）单击“应用到全部页面”按钮，将第 1 页的翻页动画效果应用到所有页面中。然后单击“保存”按钮完成设置。

（5）将画布内容切换至第 2 页，单击内容文本框，弹出“组件设置”面板，切换至“动画”选项卡，单击“动画 1”右侧的按钮，进入动画效果选择面板，选择“进入”“通用动画”“中心弹出”，在左侧画布中可实时预览动画效果。

（6）返回“组件设置”面板，在“动画”选项卡的“动画 1”选项下方的“时间”编辑框中输入 2，在“延迟”编辑框中输入 1。

（7）参考前面的方法，为 HTML5 页面中其他元素修改、设置动画效果。

4. 发布 HTML5 页面

（1）单击工作界面右上角的“预览和设置”按钮，打开“预览和设置”面板。在“分享设置”中，设置 HTML5 页面的标题、描述、封面等参数，预览整体效果。

（2）保存、发布作品，扫描二维码或复制链接，将其转发给他人，最终完成 HTML5 页面的发布和分享。

知识和能力拓展

2019 年 4 月 30 日，在纪念五四运动 100 周年大会上，习近平总书记发表重要讲话。习近平在讲话中指出，新时代中国青年运动的主题，新时代中国青年运动的方向，新时代中国青年的使命，就是坚持中国共产党的领导，同人民一道，为实现“两个一百年”奋斗目标、实现中华民族伟大复兴的中国梦而奋斗。习近平给新时代中国青年提出六点要求：新时代中国青年要树立远大理想；新时代中国青年要热爱伟大祖国；新时代中国青年要担负时代责任；新时代中国青年要勇于砥砺奋斗；新时代中国青年要练就过硬本领；新时代中国青年要锤炼品德修为。

请你以此为主题制作知识分享型 HTML5 页面，普及、宣传习近平总书记对当代大学生提出的要求和期望，利用留言板功能让受众参与互动。

单元练习 6.3

一、填空题

1. 网站由网页构成，并且根据功能的不同，网页又有＿＿＿＿＿＿和动态网页之分。

2. HTML 中文译为＿＿＿＿＿＿，主要是通过 HTML 标记对网页中的文本、图片、声音等内容进行描述。

二、单选题

1. 在 HTML 中，网页要显示的主体内容应放置在（　　）。

A. <title></title> 标记之间　　B. <head></head> 标记之间

C. <body></body> 标记之间　　D. HTML 中的任意位置

2. 下列标记中，用于定义 HTML 文档所要显示内容的是（　　）。

A. <head></head>　　B. <body></body>　　C. <html></html>　　D. <title></title>

3. 下列选项中，属于网页构成元素的是（　　）。

A. 相册　　B. 视频　　C. 电影　　D. psd 图像

4. 下列选项中的术语名词，属于网页术语的是（　　）。

A. Windows　　B. HTTP　　C. OS　　D. iOS

5. HTML5 页面最常见的展现形式包括（　　）种类型。

A. 1　　B. 2　　C. 3　　D. 4

三、判断题

1. 可以将 HTML5 用于移动应用程序。（　　）

2. 设计 HTML5 页面时，应尽量保证内容的简洁性。（ ）

3. 易企秀是唯一能够制作 HTML5 的工具。（ ）

4. 所有的 HTML 标记符都包括开始标记符和结束标记符。（ ）

5. 网页主要由文字、图像和超链接等元素构成，但是也可以包含音频、视频以及 Flash 等。（ ）

四、操作题

1. 制作一个电子生日邀请卡。

2. 制作一个电子会议邀请卡。

模块七　项　目　管　理

在人们的日常生活和工作中，项目随处可见。小到举行一次生日聚会、一次迎新晚会、一场婚礼，大到举办一届国际奥林匹克运动会、建造一座楼房、修建一条地铁、开发一款商业软件应用程序，这些都属于项目。项目无论大与小、简单与复杂，都具有一些共性。例如，所有的项目都有明确的起止时间，都有既定目标，都会受到人力和财力的限制等。人们生活或工作中的需要就成为项目要达成的目标，而人们为此努力的结果则是为了实现项目的目标，正如美国项目管理专业资质认证委员会主席保罗·格雷斯所言："在当今社会中，一切都是项目，一切也将成为项目。"

项目是指一系列独特的、复杂的并相互关联的活动，这些活动有着一个明确的目标或目的，必须在特定的进度、预算、资源限定内，依据规范完成。项目经理运用一系列关键技能和知识来满足客户和参与项目或受项目影响的其他人的要求。今天，企业或者组织都认识到，要想获得成功，就必须熟悉并运用现代项目管理方法。应用适当的知识、过程、技能、工具和技术，能显著促进项目的成功，因此，项目管理正日益得到广泛认可。

本模块知识技能体系如图 7-1 所示。

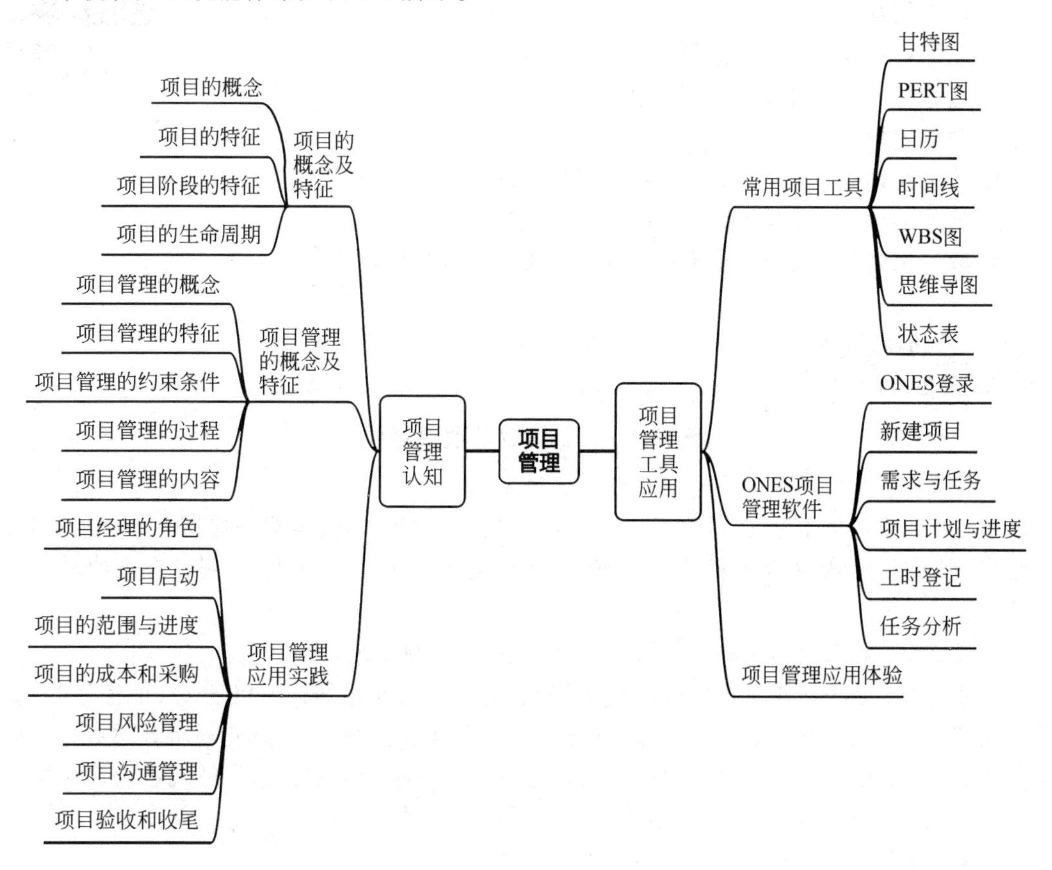

图 7-1　项目管理知识技能体系

1. 中国国家标准化管理委员会．项目管理指南：GB/T 37507—2019[S]. 2019.

2. 中华人民共和国住房和城乡建设部．建设工程项目管理规范：GB/T 50326—2017[S]. 2017.

3. 中国国家标准化管理委员会．项目、项目群和项目组合管理　项目群管理指南：GB/T 41246—2022[S]. 2022.

单元 7.1　项目管理认知

学习目标

➢ 知识目标

1. 理解项目和项目管理的含义，了解项目范围管理；
2. 了解项目管理的四个阶段和五个过程；
3. 理解信息技术及项目管理工具在现代项目管理中的重要作用。

单元 7.1　项目管理认知

➢ 能力目标

1. 能够对项目进行工作分解；
2. 能够对项目进行进度计划编制。

➢ 素养目标

1. 信息意识：欣赏项目管理工具对提高工作效率的作用；
2. 计算思维：积极利用工具节约资源、提高效率；
3. 数字化创新与发展：善于在有限资源条件下成功地实现目标。

工作任务

任务 7-1　制订旅游项目路线

项目名称：制订吉林市松花湖旅游项目路线。

项目要求：利用 1 月 2—4 日三天时间，领略松花湖的风光，考察松花湖冬季特色项目，旅拍当地松花湖的景色及美丽的雾凇雪景；品尝当地特色“铁锅炖”，制订合理的旅行线路及方案。

项目资源：在三天内完成全部旅行，费用不超过 2000 元。

项目背景：学校所在位置距离松花湖 35 千米，乘公交车单程需要 90 分钟，价格为 4 元；若乘坐“滴滴快车”前往，单程需要 45 分钟，单程价格为 80 元。松花湖附近酒店每个房间为 380 元，三人至少需要两个房间。“铁锅炖”为 300 元左右，平均每人每天饮食费用需要 100 元。门票及缆车每人为 40 元，其他娱乐项目另行收费。

思考：如何合理安排行程，顺利完成本次旅行？

技术分析

为了实现时间控制和费用控制，需要对项目范围进行界定，分解成一项一项具体活动。对每项具体活动所用时间和费用都需要进行核算，并进行全过程控制。为了保证核算准确性和控制有效性，需要采用数字化的项目管理工具，进行直观的、随时的信息提示；若采用人工计算和控制的方式，不仅会影响任务目标的实现，而且管理成本高、管理效率低，还容易造成超支或超时的问题。尤其是在非常复杂的软件开发项目中，信息管理系统发挥重要的作用。

知识与技能

一、项目的概念及特征

（一）项目的概念

项目是需要组织来实施完成的工作。所谓工作通常既包括具体的操作又包括项目本身，虽然这两者有时候是重叠的。但具体操作与项目有许多共同特征，比如：①需要由人来完成。②受到有限资源的限制。③需要计划、执行、控制。

具体操作与项目最根本的不同在于具体操作是具有连续性和重复性的，而项目则是有时限性和唯一性的。我们因此可以根据这一显著特征对项目做这样的定义——项目是一项为了创造某一个唯一的产品或服务的时限性工作。所谓时限性，是指每一个项目都具有明确的开端和明确的结束；所谓唯一，是指该项产品或服务与同类产品或服务相比在某些方面具有显著的不同。各种层次的组织都可以承担项目工作。这些组织也许只有一个人，也许包含成千上万的人；也许只需要不到 100 个小时就能完成项目，也许会需要上千万个小时。项目有时只涉及一个组织的某一部分，有时则可能需要跨越好几个组织。通常，项目是执行组织商业战略的关键。

以下的活动都是一个项目：开发一项新的产品或服务，改变一个组织的结构、人员配置或组织类型，开发一种全新的或是经修正过的信息系统，修建一座大楼或一项设施，开展一次政治性的活动，完成一项新的商业手续或程序。

（1）时限性。时限性是指每个项目都有明确的开端和结束。当项目的目标都已经达到时，该项目就结束了，或是当我们已经知道，已经可以确定项目的目标不可能达到时，该项目就会被中止了。时限性并不意味着持续的时间长短，许多项目会持续好几年。但是，无论如何，一个项目持续的时间是确定的，项目是不具备连续性的。

另外，由项目所创造的产品或服务通常是不受项目的时限性影响的，大多数项目的实施是为了创造一个具有延续性的成果。例如，一个竖立民族英雄纪念碑的项目就能够影响好几个世纪。

许多工作在某种意义上说都是有时限性的。因为它们都会在某一点上结束。比如，一个自动化工厂的装配工作会有暂停的时候，这个工厂本身也会有停工的时候，项目与此有根本性的不同，因为项目是在既定目标达到后就结束了，而非项目型的工作会不断地有新的工作目标，需要不断地工作下去。

项目的这种时限性特征也会在其他方面体现出来。

第一，机遇或市场行情通常是暂时的——大多数项目都需要在限定的时间框架内创造产品或服务。

第二，项目工作组，作为一个团队，很少会在项目结束以后继续存在——大多数项目都是由一个工作组来实施完成的，而成立这个工作组的唯一目的就是完成这个项目，当项目完成以后，这个团体就会被解散，成员也会再被分配到其他的工作当中。

（2）产品或服务的唯一性。项目所涉及的某些内容是以前没有被做过的，也就是说这些内容是唯一的。即使一项产品或服务属于某一大类别，它仍然可以被认为是唯一的。比如说，我们修建了成千上万座写字楼，但是每一座独立的建筑都是唯一的——它们分属于不同的业主，做了不同的设计，处于不同的位置，由不同的承包商承建等。具有重复的要素并不能够改变其整体根本的唯一性，例如：①一个新开发商业航线的项目可能需要提供大量的模型。②一个推广新药的项目可能需要大量药剂用于临床试验。③一个房地产开发项目包括成百上千的独立单元。每个项目的产品都是唯一的，产品或服务的显著特征必定是逐步形成的。

在项目的早期阶段，这些显著特征会被大致地做出界定，当项目工作组对产品有了更充分、更全面的认识以后，就会更为明确和细致地确定这些特征。

（二）项目的特征

项目的特征包括时间临时性、目标明确性、资源约束性、寿命周期性和多种活动性等方面。

（1）时间临时性。项目需要有明确的起点和终点，一些经常性的活动不是项目。当项目实现目标或中止时，项目就结束了。

（2）目标明确性。项目目标是项目实施所期望的结果，可以是一项独特的产品、服务或设计成果。项目的产出可能是有形的，如建造一座桥梁是一个项目，开发一个软件产品是一个项目，设计一个工业机器人工作站也是一个项目；项目的产出也可能是无形的，如完成一项产品服务是一个项目，改进现有的业务流程是一个项目，举办一次晚会也是一个项目。

（3）资源约束性。项目总是在有限资源和有限时间条件下进行的，活动方案受到资源和时间的约束。资源和时间有限正是项目管理的价值所在，如果资源和时间是无限的，那么也就没有必要制订严密的项目方案了。如管理不善的绿化工程，枯死的树木可以继续补种，从来不计成本，自然就不需要高水平的项目管理人员了。

（4）寿命周期性。项目从启动阶段开始，经过计划、实施、监控阶段，最后以收尾阶段结束。项目启动之前和收尾之后的活动都不属于项目范围。因此，项目范围既不能随意扩大，也不能任意缩小。项目的这种边界清晰性，是其区别于其他常规工作的特征之一。

（5）多种活动性。项目中一般要有多项任务和活动，这样才需要对多种任务进行统筹协调。项目管理的实质作用就是提高资源利用效率，减低实施成本，尽可能“少花钱、多办事”。如果项目中只有一项必须完成的任务，计划改进的空间就大大缩小了。

（三）项目阶段的特征

每个项目阶段都以一个或一个以上的工作成果的完成为标志，这种工作成果是有形的、可鉴定的，如一份可行性研究报告、一份详尽的设计图或一个工作模型。这些中间过程，以至项目的各阶段都是总体逻辑顺序安排的一部分，制定这种逻辑顺序是为了确保我们能够正确地界定项目的产品。

一个项目阶段的结束通常以对关键的工作成果和项目实施情况的回顾为标志，做这样的回顾有两个目的。

（1）决定该项目是否进入下一个阶段。

（2）尽可能以较小的代价查明和纠正错误。这些阶段末的回顾常被称为阶段出口，进阶之门或是关键点。

每个项目阶段通常都规定了一系列工作任务，设定这些工作任务使得管理控制能达到既定的水平。大多数这些工作任务都与主要的阶段工作成果有关，这些阶段通常也根据这些工作任务来命名：识别需求、设计、构建、测试、启动、运转，以及其他恰当的名称。

（四）项目的生命周期

1. 项目生命周期的定义

项目作为一种创造独特产品与服务的一次性活动是有始有终的，项目从始到终的整个过程构成了一个项目的生命周期。对于项目生命周期也有一些不同的定义，美国项目管理协会的定义是："项目是分阶段完成的一项独特性的任务，一个组织在完成一个项目时会将项目划分成一系列的项目阶段，以便更好地管理和控制项目，更好地将组织的日常运作与项目管理结合在一起。项目的各个阶段放一起就构成了一个项目的生命周期。"对项目生命周期的定义和理解中，必须区分两个完全不同的概念，即项目生命周期和项目全生命周期的概念。项目全生命周期的概念可以用英国皇家特许测量师学会（Royal Institute of Chartered Surveyors，RICS）所给的定义来说明。这一定义说："项目的全生命周期是包括整个项目的建造、使用，以及最终清理的全过程。项目的全生命周期一般可划分成项目的建造阶段、运营阶段和清理阶段。项目的建造、运营和清理阶段还可以进一步划分为更详细的阶段，这些阶段构成了一个项目的全生命周期。"项目全生命周期包括一般意义上的项目生命周期（建造周期）和项目产出物的生命周期（从运营到清除的周期）两个部分。

2. 项目生命周期的内容

一个项目的生命周期包括下述几个方面的主要内容。

（1）项目的时限。项目生命周期的首要内容是一个具体项目的时限，包括一个项目的起点和终点，以及项目各个阶段的起点和终点。例如，一个软件开发项目通常需要给定整个项目的起点和终点、项目各阶段的起点和终点，从而界定项目的具体时限。

（2）项目的阶段。这包括一个项目的主要阶段划分和各个主要阶段中具体阶段的划分，而每个项目阶段都是由这一阶段的可交付成果所标识的。例如，一个工程建设项目通常需要划分成项目的定义阶段、设计计划阶段、工程施工阶段和交付使用阶段。

（3）项目的任务。这包括项目各阶段的主要任务和项目各阶段主要任务中的主要活动等。例如，一个工程建设项目的生命周期要给出项目定义、设计计划、工程施工和交付使用阶段的各项主要任务，以及各个项目阶段主要任务中的主要活动。

（4）项目的成果。项目生命周期同时还需要明确给定项目各阶段的可交付成果，包括项目各个阶段和项目各个阶段中主要活动的成果。例如，一个工程建设项目的设计计划阶段的成果包括项目的设计图纸、设计说明书、项目预算、项目计划任务书、项目的招标和承包合同等。

3. 项目生命周期的描述

项目生命周期的描述既可以是一般性泛泛的文字说明，也可以是比较详细的具体图表描述。一般项目生命周期的描述包括文字、图、表以及核检表（check list）等方式。

4. 典型的项目生命周期描述

典型的项目生命周期示意图如图 7-2 所示。

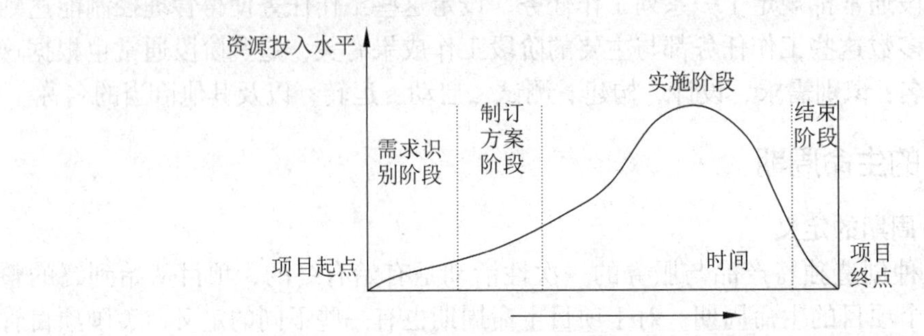

图 7-2　典型的项目生命周期示意图

图 7-2 中的纵轴表示项目的资源投入水平，横轴表示项目阶段。这种典型的项目生命周期描述方法比较粗略。从图 7-2 中可以看出这种生命周期描述具有下列特性。

（1）资源需求的变动。在项目初期阶段，有关项目资源、成本和人员方面的需求很低，而进入制订方案阶段以后，项目对于资源的需求升高，越到后来会越高，到项目结束阶段这种需求又会急剧减少。

（2）项目风险的变动。在项目初期阶段，项目成功的概率较低而项目的风险和不确定性却很高。但是随着项目的进展，项目成功的概率会大大升高，而风险和不确定性会大大降低，因为随着项目的进展许多原先不确定性的因素会逐步变为确定性的因素。

（3）影响力的变动。在项目的初始阶段，项目相关利益者（尤其是项目业主 / 客户）对于项目最终产出物的特性和项目成本的影响力最高，随着项目的进展这种影响力会很快降低。在项目后面阶段中，这种影响力主要体现在项目变更和成本的修订方面。

二、项目管理的概念及特征

（一）项目管理的概念

项目管理是为了满足甚至超越项目涉及人员对项目的需求和期望而将理论知识、技能、工具和技巧应用到项目的活动中。要想满足或超过项目涉及人员的需求和期望，我们需要在下面这些相互间有冲突的要求中寻求平衡。

（1）范围、时间、成本和质量。

（2）有不同需求和期望的项目涉及人员。

（3）明确表示出来的要求（需求）和未明确表达的要求（期望）。

“项目管理”有时被描述为对连续性操作进行管理的组织方法。这种方法，更准确地应该被称为“由项目实施的管理”，这是将连续性操作的许多方面作为项目来对待，以便对其采用项目管理的方法。虽然，对于一个通过项目实施管理的组织而言，对项目管理的认识显然是非常重要的，但是如何由项目实施管理不在本文讨论的范围之内。

（二）项目管理的特征

1. 一次性

一次性是项目与其他重复性运行或操作工作最大的区别。项目有明确的起点和终点，没有可以完全照搬的先例，也不会有完全相同的复制。项目的其他属性也是从这一主要的特征衍生出来的。

2. 独特性

每个项目都是独特的。或者其提供的产品或服务有自身的特点；或者虽然其提供的产品或服务与其他项目类似，然而其时间和地点，内部和外部的环境，自然和社会条件有别于其他项目，因此项目的过程总是独一无二的。

3. 目标的确定性

项目必须有确定的目标。

（1）时间性目标，如在规定的时段内或规定的时点之前完成。

（2）成果性目标，如提供某种规定的产品或服务。

（3）约束性目标，如不超过规定的资源限制。

（4）其他需要满足的要求，包括必须满足的要求和尽量满足的要求。

目标的确定性允许有一个变动的幅度，也就是说可以修改。不过一旦项目目标发生实质性变化，它就不再是原来的项目了，而将产生一个新的项目。

4. 整体性

项目中的一切活动都是相关联的，构成一个整体。多余的活动是不必要的，缺少某些活动必将损害项目目标的实现。

5. 临时性和开放性

项目班子在项目的全过程中，其人数、成员、职责是在不断变化的。某些项目班子的成员是借调来的，项目终结时班子要解散，人员要转移。参与项目的组织往往有多个，多数为矩阵组织，甚至几十个或更多。他们通过协议或合同以及其他的社会关系组织到一起，在项目的不同时段不同程度地介入项目活动。可以说，项目组织没有严格的边界，是临时性的、开放性的。这一点与一般企事业单位和政府机构组织很不一样。

6. 不可挽回性

项目的一次性属性决定了项目不同于其他事情可以试做，做坏了可以重来；也不同于生产批量产品，合格率达到 99.99% 就很好了。项目在一定条件下启动，一旦失败就永远失去了重新进行原项目的机会。项目相对于运作有较大的不确定性和风险。

三、项目管理的过程和内容

（一）项目管理的约束条件

任何项目都会在范围、时间及成本三个方面受到约束，这就是项目管理的三约束。项目管理，就是以科学的方法和工具，在范围、时间、成本三者之间寻找到一个合适的平衡点，以便项目所有干系人都尽可能满意。项目是一次性的，旨在产生独特的产品或服务，但不能孤立地看待和运行项目。这要求项目经理要用系统的观念来对待项目，认清项目在更大的环境中所处的位置，这样在考虑项目范围、时间及成本时，就会有更为适当的协调原则。

1. 项目的范围约束

项目的范围约束就是规定项目的任务是什么。作为项目经理，首先必须搞清楚项目的商业利润核心，明确把握项目发起人期望通过项目获得什么样的产品或服务。对于项目的范围约束，容易忽视项目的商业目标，而偏向技术目标，导致项目最终结果与项目干系人期望值之间的差异。

因为项目的范围可能会随着项目的进展而发生变化，从而与时间和成本等约束条件之间产生冲突，因此面对项目的范围约束，主要是根据项目的商业利润核心做好项目范围的变更管理。既要避免无原则地变更项目的范围，也要根据时间与成本的约束，在取得项目干系人的一致意见的情况下，合理地按程序变更项目的范围。

2. 项目的时间约束

项目的时间约束是指项目进度应该怎样安排，项目的活动在时间上的要求，各活动在时间安排上的先后顺序。当进度与计划之间发生差异时，如何重新调整项目的活动历时，以保证项目按期完成，或者通过调整项目的总体完成工期，以保证活动的时间与质量。

在考虑时间约束时，一方面，要研究因为项目范围的变化对项目时间的影响；另一方面，要研究因为项目历时的变化，对项目成本产生的影响。并及时跟踪项目的进展情况，通过对实际项目进展情况的分析，提供给项目干系人一个准确的报告。

3. 项目的成本约束

项目的成本约束就是规定完成项目需要花多少钱。对项目成本的计量，一般用花费多少资金来衡量，也可以根据项目的特点，采用特定的计量单位来表示。关键是通过成本核算，能让项目干系人了解在当前成本约束之下，所能完成的项目范围及时间要求。根据项目的范围与时间发生变化时会产生多大的成本变化，以决定是否变更项目的范围，改变项目的进度，或者扩大项目的投资。

在我们实际完成的许多项目中，多数只重视项目的进度，而不重视项目的成本管理。一般只是在项目结束时，才交给财务或计划管理部门的预算人员进行项目结算。对内部消耗资源性的项目，往往不做项目的成本估算与分析，使得项目干系人根本认识不到项目所造成的资源浪费。因此，对内部开展的一些项目，也要进行成本管理。

由于项目是独特的，每个项目都具有很多不确定性的因素，项目资源使用之间存在竞争性，除了极小的项目，项目很难最终完全按照预期的范围、时间和成本三大约束条件完成。因为项目干系人总是期望用最低的成本、最短的时间，来完成最大的项目范围。这三个期望之间是互相矛盾、互相制约的。项目范围的扩大，会导致项目工期的延长或需要增加加班资源，会进一步导致项目成本的增加；同样，项目成本的减少，也会导致项目范围的限制。

作为项目经理，就是要运用项目管理的九大领域知识，在项目的五个过程中，科学合理地分配各种资源，来尽可能地实现项目干系人的期望，使他们获得最大的满意度。

（二）项目管理的过程

1. 项目过程

现代项目管理认为，项目是由一系列的项目阶段所构成的一个完整过程，而各个项目阶段又是由一系列具体活动构成的一个工作过程。所谓“过程”，是指能够生成具体结果的一系列活动的组合。一个项目由两种类型的项目过程构成。

（1）项目的实现过程。项目的实现过程是指人们为创造项目的产出物而开展的各种活动所构成的过程。项目的实现过程一般用项目的生命周期来说明和描述其活动和内容。

（2）项目的管理过程。项目的管理过程是在项目实现过程中人们所开展项目的计划、决策、组织、协调、沟通、激励和控制等方面的活动所构成的过程。

2. 项目管理过程

项目管理过程一般是由五个不同的项目管理具体工作过程构成，它们构成了一个项目管理工作过程组，这五个具体管理工作过程如下。

（1）起始过程。它主要包括定义一个项目阶段的工作与活动，决策一个项目或项目阶段的起始与否，以及决定是否将一个项目或项目阶段继续进行下去等管理工作。

（2）计划过程。它主要包括拟定、编制和修订一个项目或项目阶段的工作目标、计划方案，资源供应、成本预算、计划应急措施等方面的工作。

（3）实施过程。它主要包括组织和协调人力资源及其他资源，组织和协调各项任务与工作，激励项目团队完成既定的工作计划，生成项目产出物等方面的工作。

（4）控制过程。它主要包括制定标准，监督和测量项目工作的实际情况，分析差异和问题，采取纠偏措施等管理工作和活动。

（5）结束过程。它主要包括制定一个项目或项目阶段的移交与接受条件，并完成项目或项目阶段成果的移交，从而使项目或项目阶段顺利结束的管理工作和活动。

3. 项目管理具体工作过程之间的关系

项目管理具体工作过程之间是一种前后衔接的关系，是通过输入、输出而相互关联的关系，如图 7-3 所示，图中箭头代表了文件和文件内容的流程。

另外，项目管理工作过程组的各个具体工作过程之间在时间上会有不同程度的交叉和重叠，如图 7-4 所示。

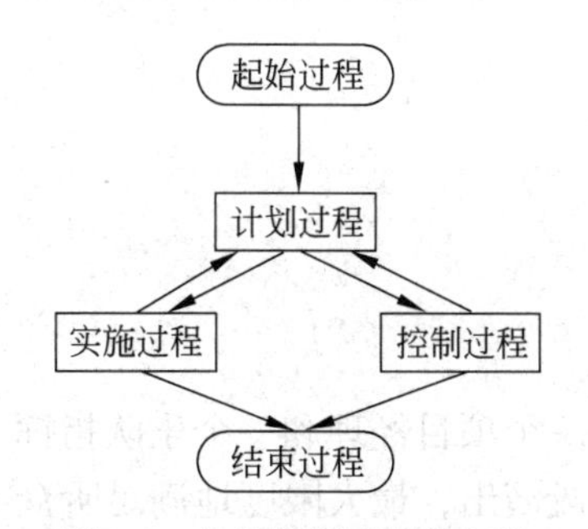

图 7-3　各项目管理具体工作过程之间的相互联系

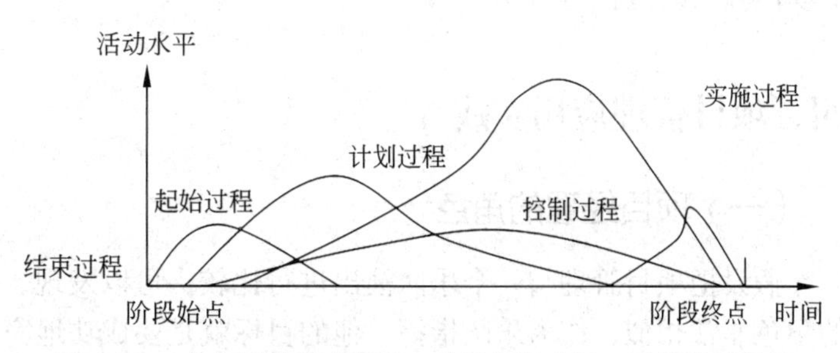

图 7-4　一个项目阶段中管理工作过程的交叉、重叠关系图示

项目管理具体工作过程之间的相互作用和相互影响还会跨越不同的两个项目阶段。这种两个项目阶段的项目管理具体过程之间的相互影响可以用图 7-5 来描述。

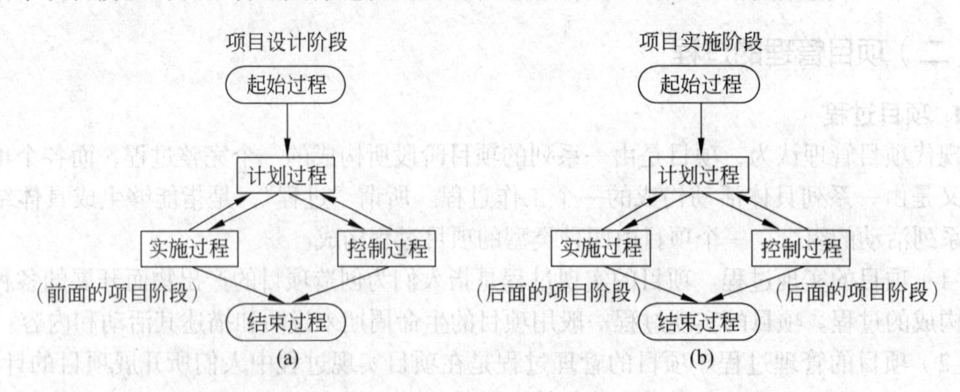

图 7-5　两个项目阶段的项目管理具体工作过程之间的相互作用

（三）项目管理的内容

在项目生命周期的每一个阶段、每一个过程中，项目管理都有一系列具体的管理活动内容。根据项目实践经验，确定以下内容。

（1）范围管理：涉及确定并管理成功完成项目所需的所有工作。

（2）时间管理：包括估算完成项目所需的时间，建立可接受的项目进度计划以及保证项目按时完成。

（3）成本管理：包括制订并管理项目预算。

（4）质量管理：确保项目满足各方明确表述或隐含的需求。

（5）人力资源管理：关注如何有效利用项目涉及的人员。

（6）沟通管理：包括生成、收集、分发和储存项目信息。

（7）风险管理：包括对项目相关风险的识别、分析以及应对。

（8）采购管理：从实施项目的组织外部获取和购买产品、服务。

（9）干系人管理：干系人是指参与项目或受项目活动影响的人，包括项目发起人、项目团队、支持团队、客户、用户、供应商、业务伙伴、项目反对者等。干系人管理是指对项目干系人的需求和期望的识别，并通过沟通来满足其需求、解决其问题的过程。干系人管理会赢得更多人的支持，从而能确保项目取得成功。

（10）整体管理：为识别、定义、组合、统一和协调各项目管理过程组的各种过程与活动而开展的过程与活动。

四、项目管理应用实践

（一）项目经理的角色

假设把项目管理与一个乐队演出进行比较，可以发现，一个项目经理和一个乐队指挥的角色非常相似，作为乐队指挥，他的目标就是要成功地完成演出，最大限度地满足听众对演出的目标要求。怎样来演奏好这场音乐会？需要所有参加乐队演出的演奏人员齐心协力，同时还要有一个统一的指挥、统一的要求。乐队的总谱就相当于项目管理的一个计划，乐队指挥要按照项目计划进行，项目工作才得以开展。演奏过程的先后次序，工作的轻重缓急，乐曲的强弱，包括不同声部的进入，都需要有一个完整、周密的计划。

项目经理的作用就是使整个项目团队齐心协力，大家形成一种合力，为达成项目的目标共同努力。

（二）项目启动

1. 项目管理的目标

项目管理的目标通常包括：T（时间）、C（成本）、Q（质量）、S（工作范围）、干系人满意、项目团队成员满意。

项目管理的目标就是要在规定的时间和批准的预算内，完成事先确定的工作范围内的工作，并且达到预期的质量性能要求。

2. 干系人

干系人包括这样的个人和组织，他们或者积极参与项目，或者其利益在项目执行中或成功后受到积极或者消极的影响。

（三）项目的范围与进度

项目范围：为交付具有规定特征和功能的产品或服务所必须完成的工作。

1. 工作分解结构 WBS

解决复杂问题的最有价值的工具——化繁为简、化整为零。

WBS 可交付物如下：

- 全部或部分完成的工作；
- 必须是现实的、有形的和可测量的；
- 对项目已经完成的可交付成果应及时进行检查和验收。

2. 范围核实

范围核实是项目干系人（发起人、客户等）正式接受项目范围的过程。

在项目实施前必须就项目的范围、任务界面的划分、双方的接口界限等与客户进行书面核实，征得客户的同意和认可并签字。

主要达成以下目标：

- 更清楚要做什么；
- 愉快而有效地合作；
- 保证项目的成功执行。

3. 进度管理

项目进度管理要解决的问题：

- 确定活动之间的先后顺序；
- 估计每项活动的工期；
- 编制项目的进度计划；
- 控制项目的进度。

4. 进度计划编制工具

进度计划编制工具为：横道图（甘特图）、网络图、里程碑图、时标网络图、条件网络法（GERT 图形评审技术）。

（四）项目的成本和采购

1. 成本的分类

成本主要分为以下两类。

（1）机会成本（opportunity cost）：选择了可选方案的一种因此放弃了另一个可选方案的潜在收益的成本，等于没有被选择的项目的价值（失去机会）。

（2）沉没成本（sunk cost）：已经花费的成本，并且该成本在做出是否继续投资一个项目的决策时不再考虑。

2. 成本估算方法

成本的估算方法主要有以下 3 种。

（1）类比估算法：自上而下的估算方法，是专家判断法的一种形式。

特点：用在项目早期，因项目信息不足以进行准确的估算，所以采用以前的尽可能相似的项目的实际成本数据。

（2）自下而上的估算法：估算个别工作包或细节最详细的计划活动的费用，然后汇总到最高层。

特点：比其他估算法更为准确；问题是可能发生“虚报”的现象。

（3）参数估算法：运用历史数据和其他变量的统计关系，来计算活动资源费用的估算技术。

用在项目早期阶段，可以快速获得成本和进度，但需要注意模型和数据的质量以保证估算的准确性。

3. 采购

采购管理的要素如下。

（1）确定采购对象：货物、工程、服务。

（2）确定采购方式：自制或外购。

（3）确定采购周期和数量。

（4）确定采购时间计划。

（五）项目风险管理

1. 风险评估

根据风险识别清单，就风险对项目的影响程度和风险发生的可能性进行分析，一般分为高、中、低三档。

2. 风险定量分析

（1）确定潜在风险：通过与项目团队和利益相关者进行面谈、审查文档和分析数据来识别潜在风险。

（2）评估风险概率：收集有关每个潜在风险发生的可能性的数据。这可能包括历史数据、专家意见和主观判断。

（3）评估风险影响：收集有关每个潜在风险对项目目标的潜在影响的数据。这可能包括对项目成本、进度和范围的影响。

（4）分析数据：使用统计方法和建模技术分析收集的数据。这可能包括确定风险的概率分布、计算风险的预期值和确定风险的临界值。

（5）优先处理风险：根据风险的概率和影响对风险进行排序和优先处理。这有助于确保将注意力集中在最重要的风险上。

（6）开发风险应对策略：基于定量分析的结果，开发应对潜在风险的策略。这可能包括避免风险、减轻风险影响或转移风险。

（7）监控和控制风险：在项目期间持续监控和评估风险，并根据需要调整风险应对策略。

3. 风险的应对

（1）确定应对策略：根据风险的类型和影响，确定适当的应对策略。风险有以下四种主要的应对策略。

① 避免：改变项目计划，以避免风险。

② 减轻：采取措施减少风险发生的可能性或影响。

③ 转移：将风险转移给第三方，例如通过保险或合同协议。

④ 接受：接受风险，并计划在它发生时管理它。

（2）制订应对计划：为每个已识别的风险制订详细的应对计划。该计划应包括具体的行动步骤、时间表和责任人。

（3）实施应对计划：执行应对计划中规定的行动步骤。这可能涉及与团队成员、利益相关者和其他受影响的个人进行协调。

（4）监控和调整：持续监控风险和应对计划的有效性，并根据需要进行调整。这可能涉及重新评估风险、修订应对计划或采取其他行动。

（六）项目沟通管理

项目沟通的基本要求如下。

1. 准确

（1）必须保证所传递的信息有根有据、准确无误。

（2）语言和文字明确、肯定，数据和表单真实、充分，避免使用似是而非、模棱两可，容易引起歧义的语言传递信息。

（3）不准确的信息不但毫无价值，而且还可能引起混乱，导致接收者的误解，做出错误的判断和行动，给项目造成损失。

2. 及时

（1）项目具有时限性，因此，必须保持沟通快速、及时，才能在出现新情况、新问题及时通知有关各方，使问题得到迅速解决。

（2）如果信息滞后、时过境迁，客观条件发生了变化，信息也就失去了传递的价值。

3. 完整

（1）必须保持沟通信息本身的完整性，既不能断章取义，也不能以偏概全。

（2）必须保持沟通过程的完整性，既不能扣押信息，也不能越级沟通，尽量保持信息传递渠道的完整。

4. 有效

（1）信息的发送者必须表达清晰，尽量以通俗易懂的方式进行信息的传递，避免使用生僻的、过于专业的语言和符号。

（2）信息的接收者必须积极倾听，正确理解和掌握表达者的真正意图，并提供反馈意见。

（七）项目验收和收尾

（1）项目的验收标志着项目的结束（或阶段性结束）。

（2）若项目顺利地通过验收，项目的当事人就可以中止各自的义务和责任从而获得相应的权益。

（3）项目的竣工验收，是保证合同任务完成，提高质量水平的最后关口。

（4）对于基本建设项目和投资项目，通过竣工验收，促进投资项目及时投入生产和交付使用，将基本建设投资及时转入固定资产，发挥投资效益。

（5）通过项目竣工验收，整理档案资料，可为投产企业的经营管理，生产技术和固定资产的保养，维修提供全面系统的技术文件、资料和图纸。

任务实现

完成任务 7-1“制订旅游项目路线”的操作步骤如下。

1. 制订方案

可由 2~3 位同学组成一个小组，围绕以下问题开展讨论，并形成一份合理的行程方案。

2. 制订具体实施方案

（1）本考察项目的目标是什么？

（2）三人应该如何分工以保证高质量完成项目？

（3）如何安排行程能既节省、又高效？

（4）本次考察需要准备哪些随身携带物品？

（5）本次考察有哪些风险？如何尽力避免？

讨论提示：

（1）讨论可以角色扮演的方式进行，由“队长”主持讨论，教师巡回指导；

（2）应注意搜集松花湖各种服务价格变动信息；

（3）应该列出按时间排序的具体活动清单及相关费用；

（4）制订应急方案。

3. 注意事项

为了确保“制订松花湖旅游项目线路”项目的成功实施，我们遵循了一套系统性的项目管理流程，具体包括需求分析、资源整合、线路规划、合作伙伴选择、风险评估、项目执行与监控、质量保证以及效益评估与总结等步骤。以下是这些步骤的详细说明。

（1）需求分析。在项目开始之前，我们进行了深入的需求分析，明确了项目的目标、范围和预期成果。通过与相关部门和潜在游客的沟通，我们了解了市场需求和期望，为后续的线路规划提供了依据。

（2）资源整合。资源整合是项目成功的关键。我们梳理了松花湖地区的各种资源，包括自然景观、人文景观、餐饮住宿等，并根据项目的需要进行优化配置。此外，我们还对内部团队和外部合作伙伴的资源进行了有效整合，确保项目的高效推进。

（3）线路规划。在资源整合的基础上，我们进行了详细的线路规划。根据游客的需求和兴趣点，设计了多条主题鲜明、内容丰富的旅游线路。每条线路都注重时间的合理安排和文化特色的体现，确保游客能够充分体验松花湖地区的魅力。

（4）合作伙伴选择。为了提升线路的质量和丰富度，我们选择了与项目目标相契合的合作伙伴。这包括当地的旅行社、导游团队、餐饮住宿提供商等。通过与他们的合作，我们实现了资源共享和互利共赢，为游客提供了更加完善的服务。

（5）风险评估。在项目实施过程中，我们始终关注可能出现的风险。通过风险评估，我们识别了潜在的问题和挑战，并制定了相应的应对策略。这有助于降低项目风险，确保项目的顺利进行。

（6）项目执行与监控。在项目执行阶段，我们注重过程的监控与调整。通过定期的项目进度会议和报告，我们及时了解项目的实际进展情况，并根据需要进行调整。此外，我们还建立了有效的沟通机制，确保团队成员之间的信息传递顺畅，提高了项目执行效率。

（7）质量保证。质量是项目的核心竞争力。我们设立了严格的质量标准和质量管理体系，对线路规划、服务提供等各个环节进行质量检查和控制。同时，我们注重收集游客的反馈意见，不断改进线路和服务质量，提升游客的满意度。

（8）效益评估与总结。项目完成后，我们进行了全面的效益评估与总结。通过对比项目的实际成果与预期目标，我们对项目的经济效益和社会效益进行了评估。此外，我们还总结了项目实施过程中的经验教训，为今后的项目管理工作提供了借鉴和参考。

单元练习 7.1

一、填空题

1. 项目的生命周期大致可以分为__________、__________、实施阶段、结束阶段四个阶段。

2. __________是项目与其他重复性运行或操作工作最大的区别。

3. 项目管理的三个约束条件是__________、__________、__________。

4. 项目就是为了完成一个具体的目的而设计的一系列__________。

5. 项目管理是项目管理者在有限的_________约束下，运用系统的观点、方法和理论。

6. 工期是完成某项任务所需时间的__________，通常是从任务开始日期到完成日期的工作时间量。

二、单选题

1. 项目开始的标志是（　　）。

A. 确定项目发起人　　B. 确定项目预算

C. 确定项目结束日期　　D. 确定项目结果

2. 项目目标是（　　）。

A. 项目的最终结果　　B. 关于项目及其完成时间的描述

C. 关于项目的结果及其完成时间的描述　　D. 任务描述

3. 可行性研究是（　　）。

A. 研究项目的计划　　B. 基于项目的计划

C. 推荐候选技术的计划　　D. 不推荐候选技术的计划

4. 项目管理的核心任务是（　　）。

A. 环境管理　　B. 信息管理　　C. 目标管理　　D. 组织协调

5. 随着项目生命周期的进展，资源的投入（　　）。

A. 逐渐变大　　B. 逐渐变小　　C. 先变大再变小　　D. 先变小再变大

三、判断题

1. 项目管理是一项复杂的工作，具有较强的不确定性。（　　）
2. 项目进行中每个阶段结束须以某种可交付成果为标志。（　　）
3. 项目发起人既是项目整体管理责任者，也是项目的综合协调者。（　　）
4. 项目的生命周期可归纳为四个阶段，这种划分是唯一的。（　　）
5. 项目在开始时的风险和不确定性最高。（　　）

四、简答题

1. 什么是项目和项目管理？
2. 项目管理的目标是什么？
3. 什么是生命周期？
4. 项目管理的基本沟通要求有哪些？

五、操作题

项目名称：制订吉林市朱雀山旅游项目路线。

项目要求：利用 5 月 1 日一天时间，领略朱雀山的风光，考察朱雀山的特色项目，制订合理的旅行线路及方案。

项目资源：在一天内完成全部旅行，费用不超过 300 元。

项目背景：学校所在位置距离朱雀山 25 公里，乘公交车单程需要 50 分钟，价格为 2 元；若乘坐“滴滴快车”前往，单程需要 30 分钟，单程价格为 40 元。每人每天饮食费用需要 50 元，其他娱乐项目另行收费。

讨论：如何合理安排行程，顺利完成本次旅行？

单元 7.2　项目管理工具的应用

学习目标

➢ 知识目标

1. 了解项目管理相关工具的功能及使用流程；

2. 了解项目管理中各项资源的约束条件；
3. 掌握项目管理工具在项目质量监控和风险控制中的应用。

单元 7.2　项目管理工具的应用

➢ **能力目标**

1. 会利用项目管理工具进行项目创建和管理；
2. 会利用项目管理工具实现工作分解和进度计划编制；
3. 会应用工具进行资源平衡、进度计划优化。

➢ **素养目标**

1. 信息意识：欣赏项目管理工具对提高工作效率的作用；
2. 计算思维：积极利用工具节约资源、提高效率；
3. 数字化创新与发展：善于在有限资源条件下成功地实现目标。

工作任务

任务 7-2　编制“制订松花湖旅游项目线路”的项目计划

对于单元 7.1 中的任务 7-1，利用工具软件 ONES 编制“制订松花湖旅游项目线路”的项目计划，合理分配资源，估算项目成本。

技术分析

目前的项目管理软件实现了计划管理及人员分工、进度计划、成本估算等功能，可以通过笔记本电脑、手机等终端设备进行可视化管理。目前的项目管理软件只是一种辅助工具，尚不具备任务分配、人员激励、风险评估、方案优化调整等智能化功能。

项目管理是伴随着项目实施来进行的，具有一定的周期。本单元的学习只是了解项目管理软件的基本功能和基本操作；若需要深入学习项目管理软件的应用，需要在课外完成一个多人协同的真实项目，一般需要 3~5 天时间。

知识与技能

一、常用的项目工具

（一）甘特图

甘特图有助于计划和管理项目，它把一个大型项目划分为几个小部分，并有条理地展示。每个任务都有预期完成时间，由水平的条形代表，左端代表开始日期，右边代表人物的完成日期。任务可能循序渐进，也可能并行，时间有重叠。在项目过程中，重要的事项可以用一个小菱形标记为里程碑，如图 7-6 所示。

在旅游线路规划中，甘特图可以用于展示旅游行程的详细安排，包括途经的各个景点、停留时间、交通方式等。

项目时间规划进度工作汇报甘特图

ID	任务名称	开始	结束	持续时间	完成
1	前期准备	2020/1/1	2020/1/7	7.0 日	43.9%
2	市场调研	2020/1/9	2020/2/3	26.0 日	60.9%
3	需求分析	2020/2/5	2020/3/5	30.0 日	70.8%
4	设计阶段	2020/3/7	2020/3/28	22.0 日	56.4%
5	第1阶段内容	2020/3/30	2020/4/11	13.0 日	65.2%
6	第2阶段内容	2020/4/13	2020/5/6	24.0 日	70.1%
7	第3阶段内容	2020/5/8	2020/5/19	12.0 日	66.6%
8	第4阶段内容	2020/5/21	2020/6/18	29.0 日	76.7%
9	项目结束	2020/6/20	2020/7/13	24.0 日	70.1%
10	项目总结	2020/7/15	2020/8/13	30.0 日	52.4%

图 7-6 甘特图

（二）PERT 图

PERT（program evaluation and review technique）图是用于计划和安排整个项目行程，跟踪实施阶段的主要项目管理工具之一。

PERT 图也能展示任务划分，时间分配和开始、结束日期。不像甘特图用条形代表任务，PERT 图用关系模型展示信息，用方框代表任务，箭头代表任务之间的关系。PERT 图的排版形式使得活动之间的关系比甘特图更加明显。但它的缺点是任务较难跟进，因为有太多的联系和任务。

PERT 图是一种项目管理工具，用于表示项目各个阶段的开始和结束时间，以及它们之间的依赖关系。在旅游线路规划中，PERT 图可以用于展示旅游行程的详细安排，包括途经的各个景点、停留时间、交通方式等，如图 7-7 所示。

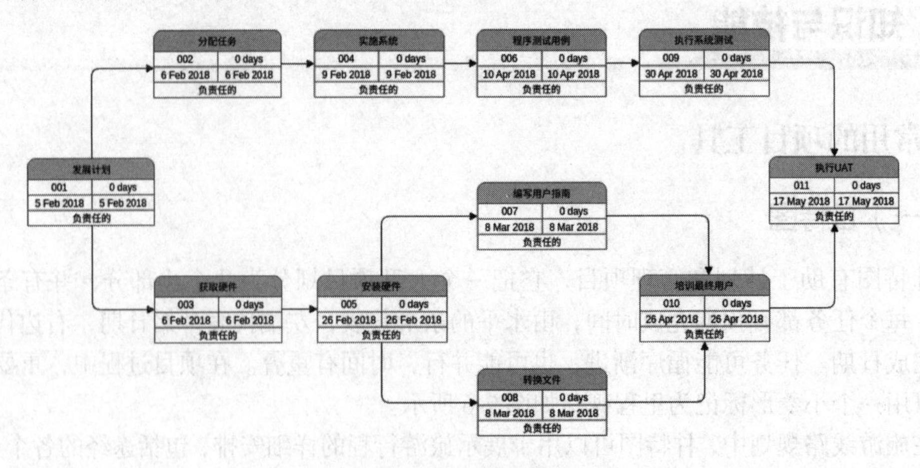

图 7-7 PERT 图

（三）日历

日历是基于时间，易于理解的项目管理工具。这对于个人时间管理更加合适，能帮助你更好地管理每天、每周或每月的时间行程。

这种工具的出色之处在于，它有很多空间添加待办事项列表。它将提醒你每天要做的事情，确保事情能在截止日期前完成，如图 7-8 所示。

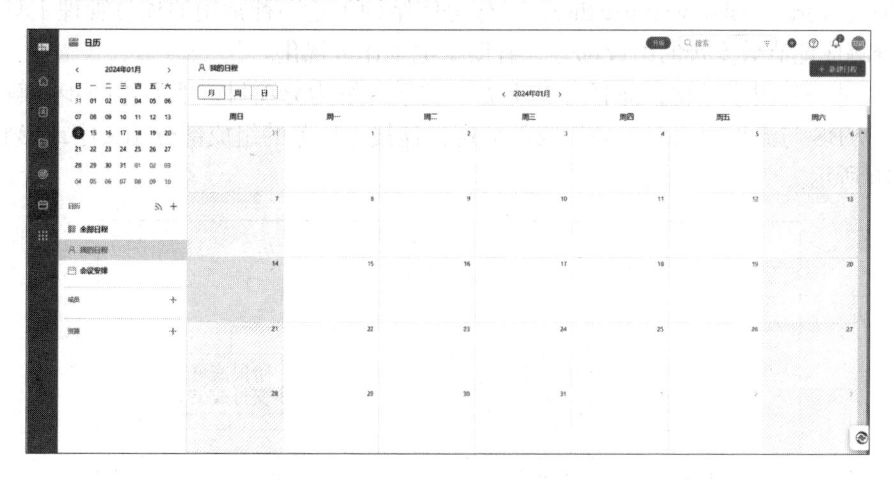

图 7-8　日历

项目日历功能可以作为工作日程管理软件，简便快速地安排会议和活动、查看任务、管理最后期限等。共享在线项目日历可以让整个团队轻松遵照计划行事，提醒团队即将发生的活动，从而提高项目中每个人的工作效率。

（四）时间线

时间线也是一种可视化的项目管理工具，有助于跟踪项目进程。通过时间线，你可以直观地看到某个任务需要在什么时间完成。这是了解任务时间更加有序的方法。但是，时间线没有甘特图那么受欢迎，因为它在展示任务联系和完成状态时有局限，如图 7-9 所示。

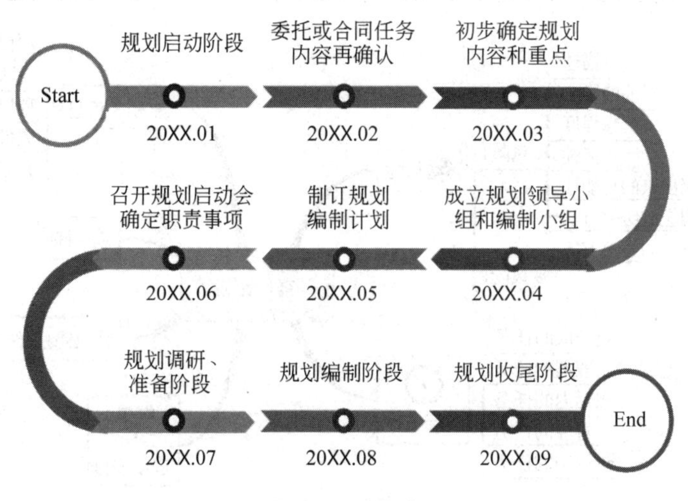

图 7-9　时间线

时间轴依据时间顺序，把一方面或多方面的事件串联起来，形成相对完整的记录体系，再运用图文的形式呈现给用户。时间轴可以运用于不同领域，最大的作用就是把过去的事物系统化、完整化、精确化。

（五）WBS 图

WBS（work breakdown structure，工作分解结构）是一种常用的项目管理工具，通过把项目分解成能有效安排的组成部分，有助于把工作可视化。

WBS 是一种树形结构，总任务在上方，往下分解为分项目，然后进一步分解为独立的任务。WBS 与流程图相似，各组成部分逻辑连接。任务的组成部分用文字或形状解释，如图 7-10 所示。

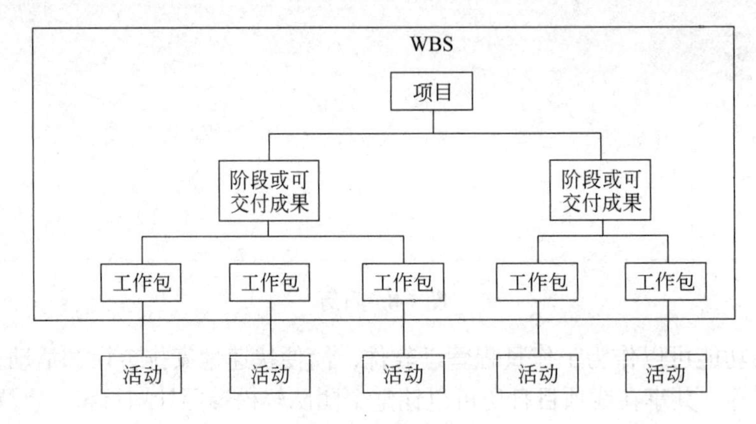

图 7-10　WBS 图

WBS 是工作的一个总结，而不是工作本身，工作是构成项目的许多活动的总和。

（六）思维导图

思维导图对于项目管理也十分有用。和其他项目管理工具不同，思维导图没那么正式，也就更灵活。你可以用它把项目分解成小任务，管理待办事项清单或者分析问题，如图 7-11 所示。

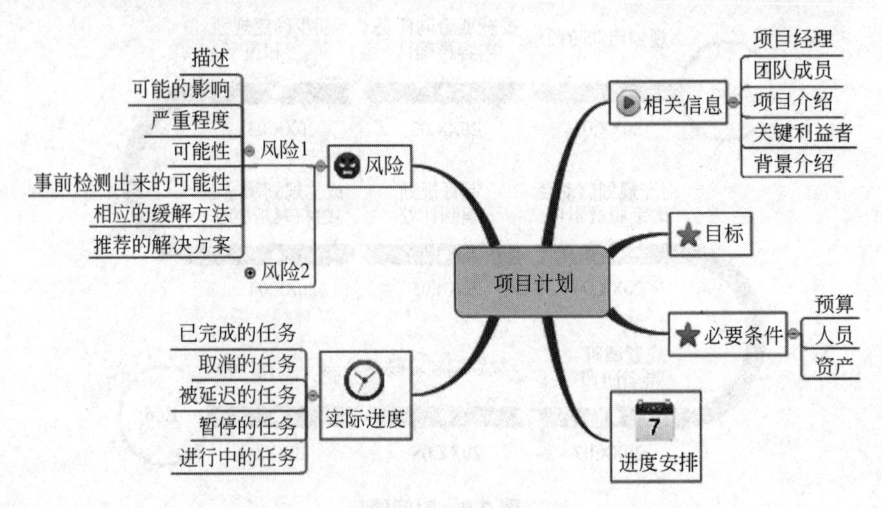

图 7-11　思维导图

通过思维导图，你可以插入图片、链接文件，隐藏分支来聚焦于某个部分，这些是其他项目管理工具做不到的。

思维导图运用图文并重的技巧，把各级项目的关系用相互隶属与相关的层级图表现出来，把项目关键词与项目的各个流程等建立链接。

（七）状态表

状态表用于跟踪项目进程时十分有效。它不包含项目持续时间和任务关系等细节，但是更注重于项目状态和完成的过程，如图 7-12 所示。

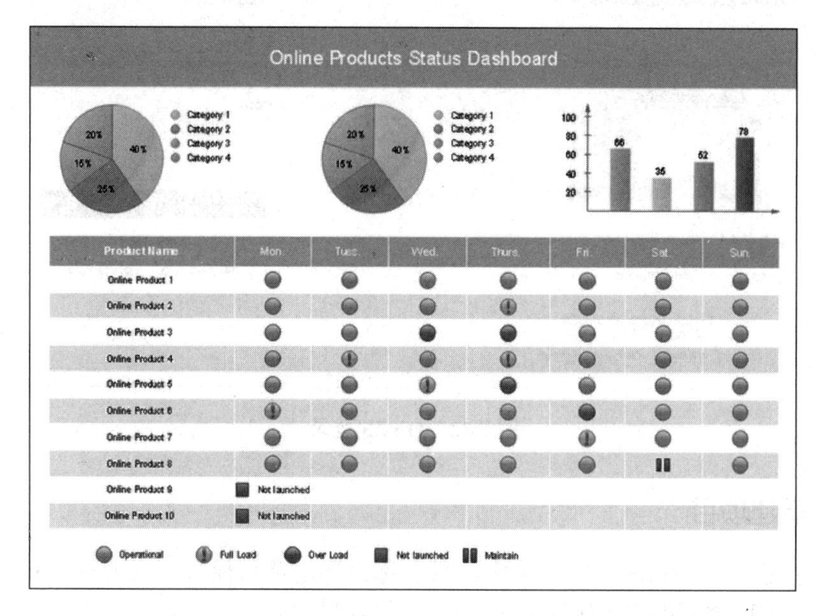

图 7-12　状态表

项目状态表的极佳功能是，它也包含了任务的负责人，如此一来，项目负责人可以更好地评估员工的业绩，知晓问题发生时该由谁负责。

最常用的是二维状态表：水平方向是各个事件，竖直方向是各个状态单元的内容，通过（执行动作，下一状态）来表示各种转换关系。

二、ONES 项目管理软件

ONES 是一个系列软件，项目管理软件是它的一个核心模块。

（一）ONES 登录

1. 填写验证信息

通过 ONES 的官方网站，可以通过手机验证码登录。ONES 目前为用户提供了试用版，根据需要，可随时升级为付费版本。

2. 填写团队信息

新建团队时，需要填写登录邮箱和登录密码，并设置团队名称、本人角色、团队人数、所属行业等信息；然后选中下方的“我已阅读并同意服务条款”，单击“创建团队”按钮，即可完成一个项目组的创建，经过创建人逐一邀请后，整个项目组成员都将使用这个平台工作。需要注意的是，这里的登录邮箱具有用户名的功能，ONES 系统也通过这个邮箱向用户发送相关信息；登录密码并不是指邮箱密码，而是登录 ONES 系统的专用密码，如图 7-13 所示。

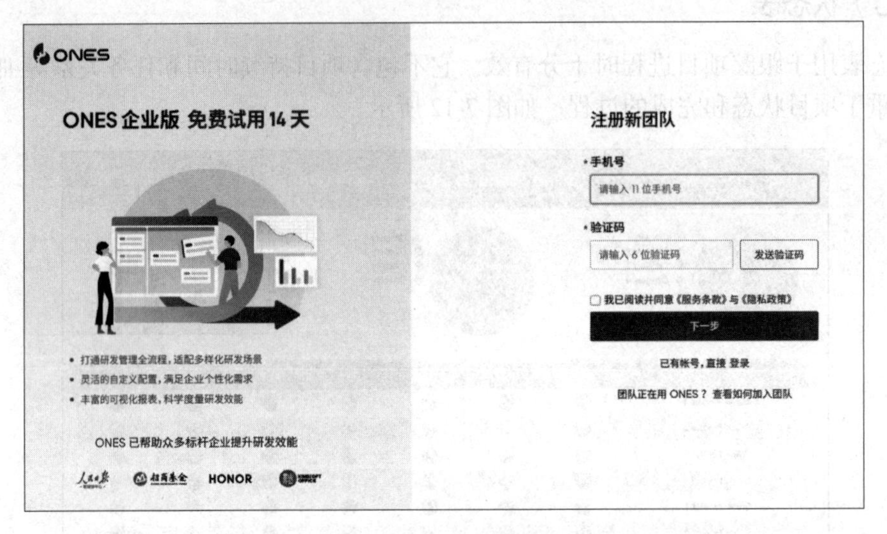

图 7-13　ONES 登录

（二）新建项目

当需要新建一个项目时，需要确定项目名称，选定项目模板，或者从已有项目中复制一个模板。“瀑布项目规划”模板比较适合于一般项目，内置了项目概览、项目计划、里程碑、交付物、任务、文档、报表、成员 8 个项目计划组件，可以轻松实现里程碑计划、WBS 工作分解等项目规划工作，通过项目计划甘特图实时掌控项目进度状况，如图 7-14 所示。

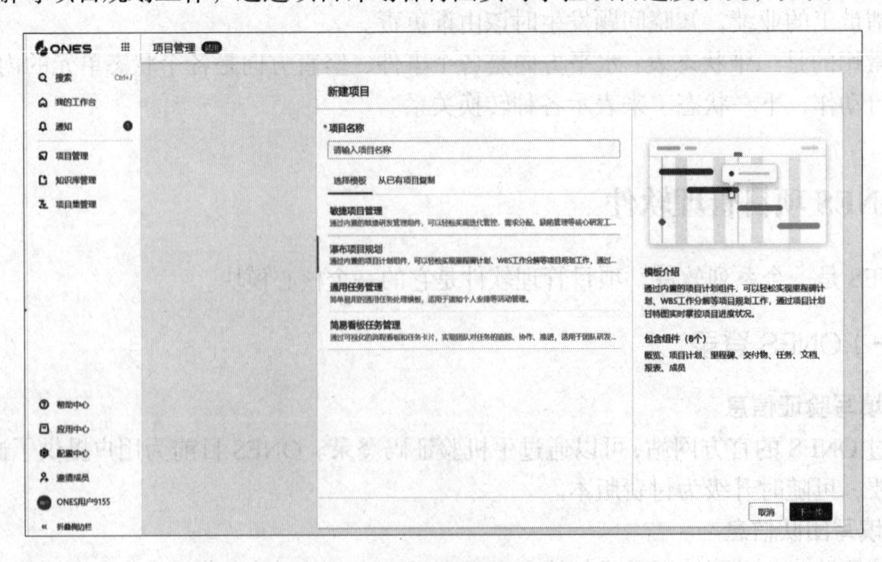

图 7-14　新建项目

（三）需求与任务

项目目标是通过完成各项任务，满足相关客户的需求。确定客户需求和工作组的工作任务是项目管理的前提，也是制订计划的基础。

1. 项目需求

“需求”是项目的一种工作项类型。明确需求是项目管理的基本要求，也是确定工作任务和活动的基本依据。ONES 中的“需求”包括标题、所属项目、工作项类型、负责人、优先级、描述、截止日期、需求类型等要素。选中“继续创建下一个”复选框，可以在单击“确定”按钮后继续提出下一项需求，如图 7-15 所示。

2. 项目任务

“任务”是项目团队需要完成的活动，其要素和创建过程与“需求”非常相似，如图 7-16 所示。

图 7-15　新建项目需求

图 7-16　新建项目任务

（四）项目计划与进度

制订项目计划的目的是合理确定任务完成时间、工作要求和先后顺序，明确任务之间的关系。ONES 中的计划是以甘特图的形式呈现的，如图 7-17 所示。

里程碑：一项计划中的关键时间节点，需要产生一定的标志性成果。在 ONES 中，“里程碑”包括名称、完成日期、状态、交付物等要素。在甘特图中，里程碑呈现为一个菱形块。

交付物：也可以简称为“交付”，通常是在一个“里程碑”节点上需要提交的产品、文档等可视性物品或服务。

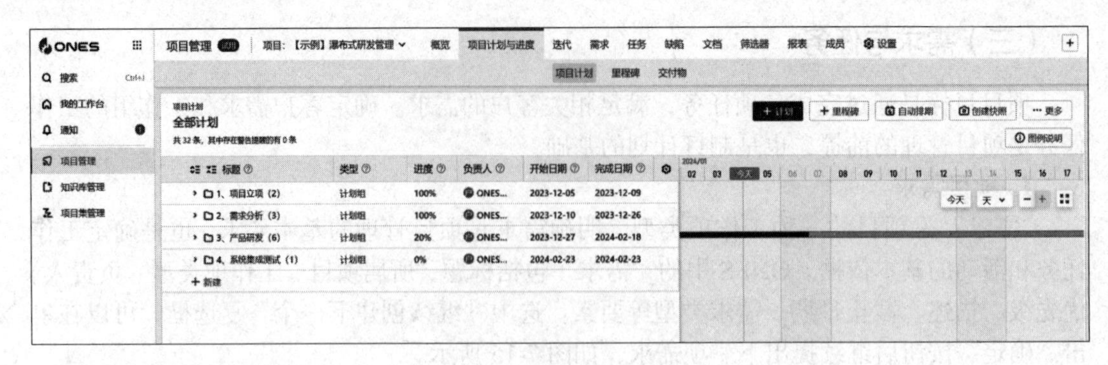

图 7-17　项目计划与进度

（五）工时登记

制订好项目计划后，项目团队成员可以通过“我的工作台”查看需要完成的各项任务，并按照时间节点及时登记工时。工时登记是 ONES 系统动态搜集项目进度状态数据的基本手段，如图 7-18 所示。

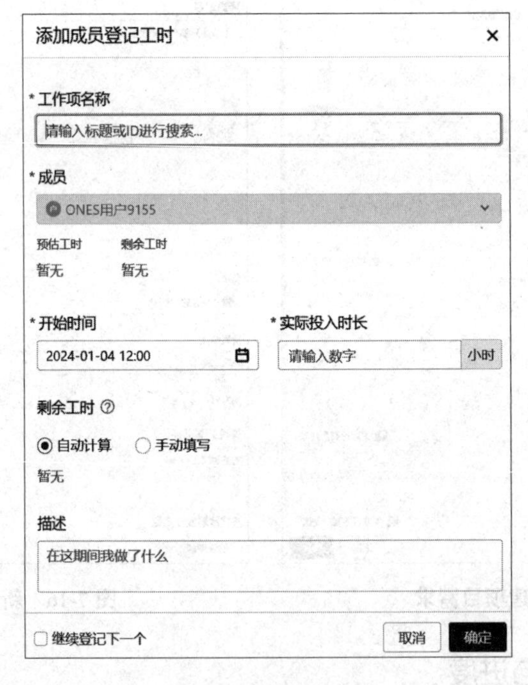

图 7-18　登记工时

（六）任务分析

通过“概览”，ONES 用户可以方便地看到项目进度情况，并可以根据出现的偏差制订计划调整方案，如图 7-19 所示。

如果需要更加详细的分析，可以通过“报表”功能，由系统自动地进行需求分析、任务分析、缺陷分析、工时分析，并给出相应报表，如图 7-20 所示。

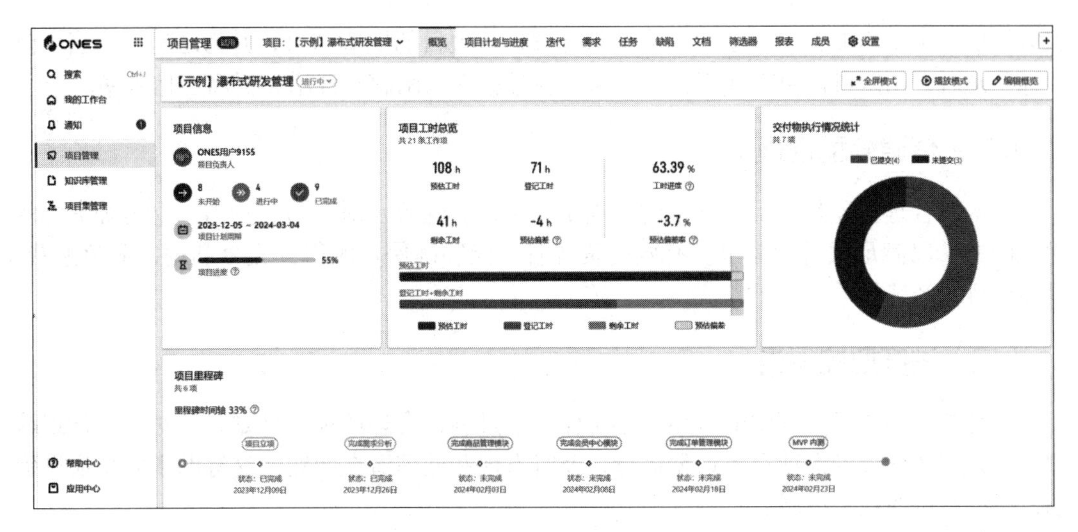

图 7-19　项目概览

报表

我创建的 (50)

报表名称	所属分组	创建者	最后更新时间	操作
成员工时日志报表	工时分析	ONES用户9155	2024-01-04 11:38	···
成员 (登记人)-迭代工时总览	工时分析	ONES用户9155	2024-01-04 11:38	···
成员 (登记人)-每天工时总览	工时分析	ONES用户9155	2024-01-04 11:38	···
成员 (登记人)-每月工时总览	工时分析	ONES用户9155	2024-01-04 11:38	···
成员 (登记人)-每周工时总览	工时分析	ONES用户9155	2024-01-04 11:38	···
成员 (登记人)-状态类型工时总览	工时分析	ONES用户9155	2024-01-04 11:38	···
成员 (负责人)-迭代工时总览	工时分析	ONES用户9155	2024-01-04 11:38	···
成员 (负责人)-每天工时总览	工时分析	ONES用户9155	2024-01-04 11:38	···
成员 (负责人)-每月工时总览	工时分析	ONES用户9155	2024-01-04 11:38	···
成员 (负责人)-每周工时总览	工时分析	ONES用户9155	2024-01-04 11:38	···
成员 (负责人)-状态类型工时总览	工时分析	ONES用户9155	2024-01-04 11:38	···
迭代工时日志报表	工时分析	ONES用户9155	2024-01-04 11:38	···
每日工时日志报表	工时分析	ONES用户9155	2024-01-04 11:38	···
每月工时日志报表	工时分析	ONES用户9155	2024-01-04 11:38	···
每周工时日志报表	工时分析	ONES用户9155	2024-01-04 11:38	···
缺陷创建量与解决量趋势	缺陷分析	ONES用户9155	2024-01-04 11:38	···
缺陷创建者分布	缺陷分析	ONES用户9155	2024-01-04 11:38	···
缺陷负责人分布	缺陷分析	ONES用户9155	2024-01-04 11:38	···
缺陷负责人停留时间分布	缺陷分析	ONES用户9155	2024-01-04 11:38	···
缺陷每日累计趋势	缺陷分析	ONES用户9155	2024-01-04 11:38	···
缺陷每日新增趋势	缺陷分析	ONES用户9155	2024-01-04 11:38	···
缺陷每日状态趋势	缺陷分析	ONES用户9155	2024-01-04 11:38	···

图 7-20　报表

三、项目管理应用体验

随着企业对效率与效果的要求不断提高，项目管理逐渐成为组织成功的关键。以下是对项目管理应用体验的深入探讨，主要围绕项目目标明确、资源分配合理、进度把控得当、风险管理有效、团队协作顺畅、沟通机制完善、变更管理规范、质量管理严格和成本控制合理等方面展开。

（一）项目目标明确

在项目管理中，明确、可衡量的目标是确保项目成功的关键。一个清晰的目标能够为团队提供一个明确的方向，使所有成员都能够理解项目的期望结果，并为之努力。当项目目标明确时，团队可以更专注于任务，减少在过程中的困惑和混淆，提高工作效率。

（二）资源分配合理

资源的合理分配是项目管理中的一项重要工作。这涉及对人力、物力、财力等资源的优化配置，以满足项目的需求。有效的资源管理能够确保资源得到充分利用，避免浪费，提高项目的经济效益。

（三）进度把控得当

进度把控是项目管理中的一项核心工作。通过制订合理的项目计划，并对其进行跟踪和控制，团队能够确保项目按计划进行，及时发现并处理潜在问题。这有助于防止项目延期，保持项目的稳定进展。

（四）风险管理有效

项目管理中，风险管理是一个不容忽视的环节。通过识别、分析和应对潜在风险，团队可以减少风险对项目的影响。有效的风险管理包括制订风险应对计划、跟踪风险的状态和结果，以确保项目能够稳定进行。

（五）团队协作顺畅

团队协作是项目管理中的重要方面。一个顺畅的团队协作环境能够促进信息的交流、知识的共享和任务的协作。通过建立有效的沟通机制和协作平台，团队可以更好地协同工作，提高工作效率和创新能力。

（六）沟通机制完善

沟通是项目管理中的核心要素之一。一个完善的沟通机制能够确保信息的畅通流动，提高团队的沟通效率。这包括定期的会议、实时的通信工具、有效的文档记录等，以便团队成员能够及时获取项目的最新动态和决策。

（七）变更管理规范

在项目管理过程中，变更不可避免。规范化的变更管理流程能够确保变更得到妥善处理，减少对项目的影响。这包括对变更的申请、评估、批准和实施等环节进行严格控制，以确保项目的稳定性和一致性。

（八）质量管理严格

质量管理是项目管理中至关重要的一环。严格的质量控制有助于确保项目的输出符合预期要求，提高客户满意度。这需要制订明确的质量标准和质量保证计划，并对项目成果进行严格的检验和审核。

（九）成本控制合理

成本控制是项目管理中不可忽视的一环。合理的成本控制有助于确保项目在预算范围内完成，避免资源的浪费。这需要对项目的成本进行准确的预测和监控，及时发现并处理成本超支的问题。

项目管理应用体验在多个方面为组织带来了显著的价值和成效。通过明确项目目标、合理分配资源、有效把控进度、规范风险管理、保持团队顺畅协作、完善沟通机制、严格质量管理以及合理控制成本，组织能够提高项目的成功率，提升整体运营效益。在未来，随着企业规模的扩大和市场环境的变化，项目管理将持续发挥其关键作用，助力企业在激烈竞争的市场中取得成功。

任务实现

完成任务 7-2“编制‘制订松花湖旅游项目线路’的项目计划”的操作步骤如下。

1. 分配角色和任务

根据小美、小明、小刚三位同学的个性行为特征，分别将其角色确定为项目经理、项目成员 1、项目成员 2。项目经理负责任务分配和进度控制，确保实现任务目标；项目成员 1 负责车辆和食宿安排等工作，确保开支不超过总预算；项目成员 2 负责各个景点和服务项目的拍摄及整个行程的风险预测与监控。

2. 进度计划编制

任务 7-2 包括了出发、拍摄、餐饮、住宿、返程等任务。为了便于进行进度控制和成本控制，每个任务又细分为若干子任务。比如，考察又可以细分为车辆往返、入住宾馆、餐饮以及娱乐活动等子任务。成本控制与进度控制具有相似之处，掌握了进度控制以后，也就基本熟悉了成本控制的操作。

3. 资源配置

本任务的主要资源是资金和时间。这里仅以“工时”资源配置为例，学习 ONES 的相应操作。根据已有经验和团队成员的实际情况，本项目中往返交通采用网约车方式，共耗时 2 小时；第一天在松花湖考察打卡地点，拍摄时间为 6 小时，夜宿周边宾馆；第二天娱乐项目、考察各用 2 小时，餐饮时间为 2 小时，夜宿周边宾馆；第三天早饭后返回。

单元练习 7.2

一、单选题

1. 下列选项中，（　　）不属于构成项目的 3 个要素。

A. 时间　　B. 费用　　C. 项目经理　　D. 范围

2. 下列选项中，（　　）属于资源的范围。

A. 人员　　B. 设备　　C. 原材料　　D. 时间

3. 下列关于里程碑的说法中错误的是（　　）。

A. 完成阶段性工作的标志

B. 不同类型的项目里程碑不同

C. 它可以作为一个参考点，用来监视项目的进度

D. 里程碑增加了额外的工作，它无任何意义

4. 下列选项中，关于“日历”视图的说法正确的是（　　）。

A. 以年为时间刻度单位来按日历格式显示项目信息

B. 可以显示其日程排在某个或某几个月中的任务

C. 以图形化的方式显示已完成的任务、进行中的任务和未开始的任务

D. 通过输入任务和完成每项任务所用的时间来创建一个项目

5. 下列选项中，关于“甘特图”视图的说法错误的是（　　）。

A. 视图的左侧用工作表显示任务的详细数据

B. 可以通过链接任务在任务之间建立顺序的相关性

C. 可以估算每项任务的成本

D. 查看任务的进度

二、判断题

1. 甘特图是一种条形图，常用于作业计划的制订及计划完成情况检查。（　　）

2. PERT 是一种网络图技术。（　　）

3. WBS 的含义是项目工作分解结构的简称。（　　）

4. 项目进度控制最重要的就是按时完成。（　　）

5. 项目风险管理是对项目的风险进行识别和分析，并对项目风险进行分析的系统过程。（　　）

三、简答题

1. 简述利用 ONES 软件进行项目管理的操作流程。

2. 简述甘特图的用途。

3. 遇到资源过度分配时，你是如何利用 ONES 软件进行调整的？结合例子加以说明。

四、操作题

对于单元 7-1 中单元练习中的例子，利用工具软件 ONES 编制“朱雀山旅游线路项目计划”，合理分配资源，估算项目成本。

模块八　新一代信息技术

当今世界正处于以信息化全面引领创新、以信息化为基础重构国家核心竞争力的新阶段，人类社会迎来了新一轮信息革命浪潮。信息技术产业已发展成为推动国民经济高质量发展的先导性、战略性和基础性产业。新一代信息技术加速融入经济社会民生，赋能千行百业数智化转型，形成了以高速网络为基础，信息技术、数据要素为驱动的新增长方式，成为在较大规模基础上，实现更高质量、更有效率、更可持续、更为安全发展的重要路径。

我国高度重视新一代信息技术的发展，将新一代信息技术产业列于我国九大战略性新兴产业之首，人工智能、云计算、大数据、量子信息、移动通信、物联网等领域进行了一系列战略部署，以大力推进新一代信息技术突破应用、融合发展，从而推动我国经济实现高质量发展。

本模块主要介绍新一代信息技术的基本概念、产生和发展，云计算、物联网等技术的基础知识、体系架构和典型应用等内容。

本模块知识技能体系如图 8-1 所示。

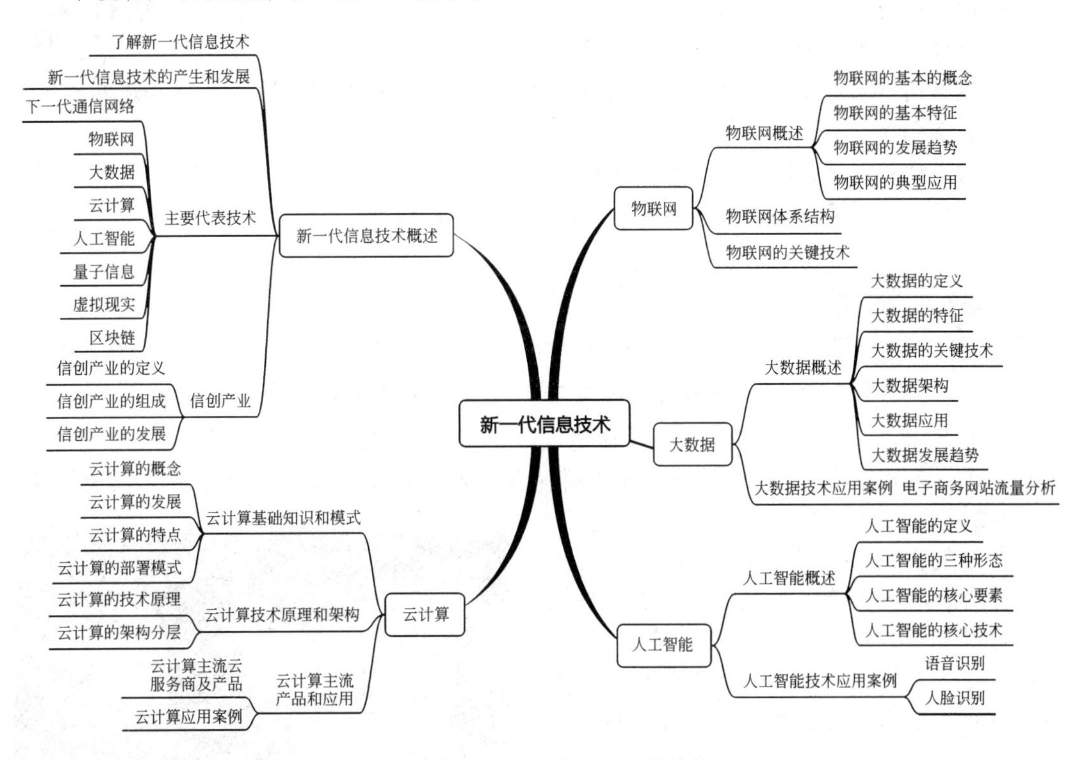

图 8-1　新一代信息技术知识技能体系

1. 中国国家标准化管理委员会．信息安全技术　物联网安全参考模型及通用要求：

GB/T 37044—2018 [S]. 2018.

2. 国家标准化管理委员会. 信息技术 大数据 大数据系统基本要求：GB/T 38673—2020[S]. 2020.

3. 国家标准化管理委员会. 信息技术 云计算 云际计算参考架构：GB/T 40690—2021[S]. 2021

4. 国家标准化管理委员会. 信息技术 人工智能 术语：GB/T 41867—2022[S]. 2022.

单元 8.1　新一代信息技术概述

学习目标

➢ **知识目标**

单元 8.1　新一代信息技术概述

1. 理解新一代信息技术及其产生和发展；
2. 掌握新一代信息技术的主要代表技术和典型应用；
3. 了解信创产业及其发展。

➢ **能力目标**

1. 能够分析新一代信息技术对社会产生的影响；
2. 能够列举实际生活中的典型应用案例所运用的新一代信息技术，并能描述其作用。

➢ **素养目标**

1. 信息意识：能够定义和描述信息和需求；
2. 计算思维：具备获取信息技术新知识、新技术的能力。

导入案例

案例 8-1　世界首例 5G 远程外科手术动物实验成功实施

2019 年 1 月，华为联合中国联通福建省分公司、福建医科大学孟超肝胆医院、苏州康多机器人有限公司在福建中国联通东南研究院实施世界首例 5G 远程外科手术动物实验，如图 8-2 所示。

中国人民解放军总医院肝胆胰肿瘤外科主任刘荣现场操控手术机器人系统的机械臂，通过 5G 技术实时传输手术操作信号，远程控制手术钳和电刀，为远在福建医科大学孟超肝胆医院内的实验动物进行远程肝小叶切除手术。

手术全程用时约 60 分钟，操作延迟极低。术后实验动物的生命体征平稳。主刀医生刘荣感叹道：“基于 5G 网络的操控和高清视频，已经达到光纤专线一致的体验。”

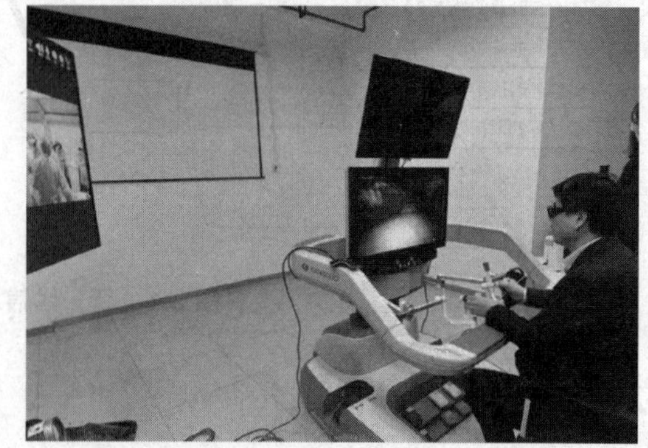

图 8-2　5G 远程外科手术动物实验测试现场

技术分析

新一代信息技术和以数字化为核心的新型基础设施，成为新一轮科技革命和创业变革的关键力量，加快了创业结构调整，形成了信息社会下的新型产业。通过本单元案例的学习，认识新一代信息技术产生、发展以及典型应用，了解信创产业的相关知识，对新一代信息技术有全面的认识。

知识与技能

一、了解新一代信息技术

2010年国务院发布了《国务院关于加快培育和发展战略性新兴产业的决定》，列出了七大国家战略性新兴产业体系，其中包括“新一代信息技术”产业。

新一代信息技术分为六个方面，分别是下一代通信网络、物联网、三网融合、新型平板显示、高性能集成电路和以云计算为代表的高端软件。新一代信息技术是当今世界创新非常活跃、渗透性非常强、影响力非常广的领域，正在全球范围内引发新一轮的科技革命，并以前所未有的速度转化为现实生产力，引领科技、经济和社会日新月异。

新一代信息技术的主要代表技术，包括物联网、大数据、云计算、人工智能、量子信息、下一代通信网络、区块链、虚拟现实等。

二、新一代信息技术的产生和发展

在国际新一轮产业竞争的背景下，各国纷纷制定新兴产业发展战略，从而抢占经济和科技的制高点。我国大力推进战路性新兴产业政策的出台，也必将推动我国新兴产业的崛起。其中，新一代信息技术战略的实施对于促进产业结构优化升级，加速信息化和工业化深度融合的步伐，加快社会整体信息化进程起到关键性作用。

2010年，国务院在《国务院关于加快培育和发展战略性新兴产业的决定》中强调：加快建设宽带、泛在、融合、安全的信息网络基础设施，推动新一代移动通信、下一代互联网核心设备和智能终端的研发及产业化，加快推进三网融台，促进物联网、云计算的研发和示范应用。着力发展集成电路、新型显示、高端软件、高端服务器等核心基础产业。提升软件服务、网络增值服务等信息服务能力，加快重要基础设施智能化改造。大力发展数字虚拟等技术，促进文化创意产业发展。

根据《“十三五”国家战略性新兴产业发展规划》，我国“十三五”期间新一代信息技术产业重点发展的六大方向包括构建网络强国基础设施、做强信息技术核心产业、推进“互联网+”行动、发展人工智能、实施国家大数据战略、完善网络经济管理方式等。“十四五”期间，我国新一代信息技术产业将持续向“数字产业化、产业数字化”的方向发展。“十四五”规划纲要明确指出要打造数字经济新优势。数字经济是指通过对数据的综合利用来引导并实现资源的配置与再生，从而实现经济高质量发展的一种新型经济形态。未来，我国将充分发挥海量数据规模和丰富应用场景优势，赋能传统产业转型升级，催生新产业、新业态、新模式，壮大经济发展新引擎。

新一代信息技术的“新”，主要体现在网络互联的移动化和泛在化以及信息处理的集中化和大数据化。新一代信息技术发展的特点不是信息领域各个分支技术的纵向升级，而是信息技术横向渗透融合到制造、生物医疗、汽车等其他行业。它强调的是信息技术渗透融合到社会和经济发展的各个行业，并推动其他行业的技术进步和产业发展。例如，“互联网 +”模式便是新一代信息技术的集中体现。

新一代信息技术已然成为全球高科技企业之间的主战场。在新一轮的竞争中，谁先获得高端技术，谁就能抢占新一代信息技术产业发展的制高点。因此，我们应加强对科技人才和技能型人才的培养，并不断提高互联网人才资源全球化培养、全球化配置水平，从而为加快建设科技强国提供有力支撑。

三、主要代表技术及应用领域

（一）下一代通信网络

移动通信是进行无线通信的现代化技术，这种技术是电子计算机与移动互联网发展的重要成果之一。移动通信延续着每十年一代技术的发展规律，已经历了第一代、第二代、第三代、第四代技术的发展，目前已经迈入了第五代发展的时代（即 5G 移动通信技术），如图 8-3 所示。

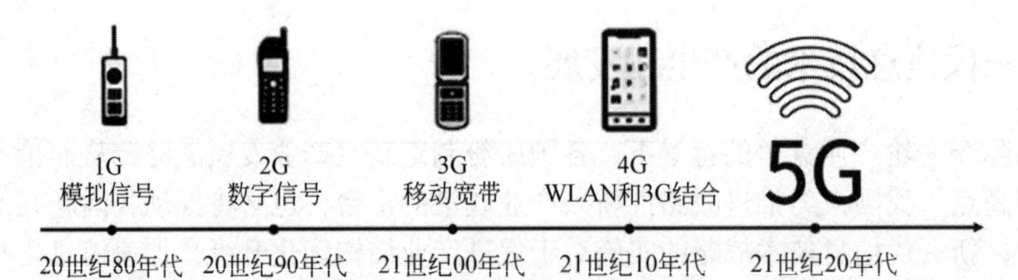

图 8-3　移动通信技术的发展

移动通信每一次的代际跃迁，每一次的技术进步，都极大地促进了产业升级和经济社会发展。移动网络已经融入人类社会生活的方方面面，深刻改变了人们的沟通、交流乃至整个生活方式。

第五代移动通信技术（即 5G 技术）是具有高速率、低时延、大带宽和大连接等特点的新一代宽带移动通信技术，是实现人机物互联的网络基础设施。

5G 网络作为新一代移动通信网络，是一种融合了多种技术的新型宽带移动通信网络，其峰值理论传输速度可达每秒数十 GB，比 4G 网络的传输速度快数百倍。

2019 年 6 月 6 日，我国工业和信息化部正式向中国电信、中国移动、中国联通、中国广电发放 5G 商用牌照，中国正式进入 5G 商用元年。

我国移动通信技术起步虽晚，但我国政府、企业、科研机构等各方高度重视 5G 的前沿布局，力争在全球5G标准制定上掌握话语权。目前，我国在5G标准研发上正逐渐成为全球的领跑者。

截至2023年5月，我国已累计建成5G基站284.4万个，覆盖所有地级市城区和县城城区。建成5G行业虚拟专网超过1.6万个，有效满足垂直企业对数据本地化、管理自主化等个性化需求。5G移动电话用户数达6.51亿户，占移动电话用户的38.1%。我国已建成全球规模非常大、技术非常先进的宽带网络基础设施。

随着5G网络在全球的部署和运用，5G的行业应用前景将会越来越清晰。5G技术在智能网联汽车、智能工厂、智能家居、智能电网、智能医疗、智慧教育、城市安防、无人机、智能农业、智慧新媒体等领域的重要性日益凸显。

（二）物联网

物联网（Internet of things，IoT）即“万物相连的互联网”，是在互联网基础上延伸和扩展的网络。很多行业的发展都离不开物联网的应用，比如智慧物流、智慧交通、智慧医疗等。

（三）大数据

大数据是指无法在可容忍的时间内用传统IT技术和软硬件工具对其进行感知、获取、管理、处理和服务的数据集合，是为了传送、存储、分析和应用大数据而需要采用的软件和硬件技术。

（四）云计算

云计算指的是通过网络“云”将巨大的数据计算处理程序分解成无数个小程序，通过由多部服务器组成的系统进行处理和分析，得到结果并返回给用户。最简单的云计算技术在网络服务中已经随处可见，例如搜索引擎、网络信箱等，用户只要输入简单指令就能得到大量信息。

（五）人工智能

人工智能（AI）是研究、开发用于模拟、延伸和扩展人的智能的理论、方法、技术及应用系统的一门新的技术科学，人工智能的主要应用场景有工业制造、社交生活、交通运输、智能家居等。

（六）量子信息

量子信息（quantum information）是关于量子系统“状态”所带有的物理信息。通过量子系统的各种相干特性，如量子并行、量子纠缠和量子不可克隆等，进行计算、编码和信息传输的全新信息方式。量子信息最常见的单位是为量子比特，也就是一个只有两种状态的量子系统。

目前量子信息已经成为全球科技领域关注点之一。量子信息技术的研究与应用，将对传统信息技术体系产生重大冲击，在未来国家科技竞争、产业创新升级、国防和经济建设等领域具有重要的战略意义。

（七）虚拟现实

虚拟现实（virtual reality，VR）就是虚拟和现实相互结合。从理论上来讲，虚拟现实技术是一种可以创建和体验虚拟世界的计算机仿真系统，它利用计算机生成一种模拟环境，使用户沉浸到该环境中。

虚拟现实技术就是利用现实生活中的数据，通过计算机技术产生的电子信号，将其与各种输出设备结合使其转换为能够让人们感受到的现象，这些现象可以是现实中真真切切的物体，也可以是我们肉眼所看不到的物质，通过三维模型表现出来。因为这些现象不是我们直接所能看到的，而是通过计算机技术模拟出来的世界，故称为虚拟现实。

（八）区块链

区块链（blockchain）是分布式数据存储、点对点传输、共识机制、加密算法等计算机技术的新型应用模式。

从本质上讲，区块链是一个共享数据库，存储于其中的数据或信息，具有不可伪造、全程留痕、可以追溯、公开透明、集体维护等特征。基于这些特征，区块链技术奠定了坚实的信任基础，创造了可靠的合作机制，具有广阔的运用前景。

四、信创产业

（一）信创产业的定义

信创产业，即信息技术应用创新产业，是“新基建”的重要内容，也是新旧动能转换，实现数字化转型的驱动引擎。

2016 年 3 月 4 日，24 家专业从事软硬件关键技术研究及应用的国内单位，共同发起成立了一个非营利性社会组织，并将其命名为“信息技术应用创新工作委员会”。这个委员会简称“信创工委会”，这就是“信创”这个词的最早由来。信创工委会成立后不久，全国各地相继又成立了大量的信创产业联盟。这些联盟共同催生了庞大的信息技术应用创新产业，也被称为“信创产业”，简称“信创”。

过去由于历史的原因，我们国家在信息技术领域长期处于模仿和引进的地位。国际 IT 巨头占据了大量的市场份额，也垄断了国内的信息基础设施。它们制定了国内 IT 底层技术标准，并控制了整个信息产业生态。随着中国国力的不断崛起，某些国家主动挑起贸易和科技领域的摩擦，试图打压中国的和平发展。作为国民经济底层支持的信息技术领域，自然而然地成为他们的重点打击对象。面对日益增加的安全风险，我们国家必须尽快实现自主可控。于是，“信创”就正式被提了出来。

（二）信创产业的组成部分

信创产业是一条庞大的产业链，主要涉及以下四大部分。

（1）IT 基础设置：CPU 芯片、服务器、存储、交换机、路由器、各种云等。

（2）基础软件：操作系统、数据库、中间件、BIOS 等。

（3）应用软件：OA、ERP、办公软件、政务应用、流版签软件等。

（4）信息安全：边界安全产品、终端安全产品等。

其中，国产 CPU 和操作系统是信创产业的根基，也是信创产业中技术壁垒最高的环节。没有 CPU 和操作系统的安全可控，整个信创产业就是无根之木、无源之水。而操作系统在 IT 国产化中扮演着承上启下的重要作用，承接上层软件生态和底层硬件资源。操作系统国产化是软件国产化的根本保障，是软件行业必须要攻克的阵地。目前，国产操作系统经过多年的研发，已过了启蒙阶段、发展阶段、壮大阶段，已经比较好用易用。

（三）信创产业的发展

信创关系网络安全和国家安全，一直以来受到国家大力支持和推动，经历了四个发展阶段。

（1）雏形起步阶段（2006—2013 年）：2006 年国家启动“核高基”战略，我国的自主芯片雏形初现，基础软硬件实现零的突破。

（2）初步试点阶段（2014—2016 年）：2014 年国家网络安全与信息化领导小组成立，2016 年信创工委会成立，该阶段国家选择 15 家单位开展党政信创工程第一期试点；在小型机领域，金融行业出现去 IOE（IBM 主机、Oracle 数据库、EMC 存储）信创案例。

（3）规模化试点阶段（2017—2019 年）：2017 年全国网络安全与信息化工作会议召开，党政信创工程第二期试点启动，100 余家单位开展试点，2019 年党政信创工程二期试点完成。该阶段飞腾、鲲鹏、龙芯、申威、兆芯等多路线快速突破，基础软硬件从无到有，党政信创快速推进，产业生态逐渐丰富。

（4）全面应用推广的新阶段（2020 年至今）：2020 年党政信创三期开始招标，党政信创确定三年完成的计划表，并由党政信创为主，向金融、医院、教育、航空航天、石油、电力、电信、交通等重点行业领域全面推广。新阶段出现飞腾 2000+、鲲鹏 920、麒麟操作系统 V10 等自主安全基础软硬件最新成果。

国务院印发的《“十四五”数字经济发展规划》中，十四五数字经济发展主要指标明确指出到 2025 年，行政办公及电子政务系统要全部完成国产化替代。

2022 年 9 月底国资委下发 79 号文，全面指导国资信创产业发展和进度。政策要求所有央企、国企在 2022 年 11 月份基于计划上报替换的系统，2023 年每季度向国资委汇报。到 2027 年央企、国企 100% 完成信创替代，替换范围涵盖芯片、基础软件、操作系统、中间件等领域。

党的二十大报告再定增强国家安全主基调，重申发展信创产业，实现关键领域信息技术自主可控的重要性。在政策方面，推动信息技术与文化创意产业的深度融合，促进新技术、新产业、新业态的发展，推动经济转型升级，提升国家文化软实力和国际竞争力。在资金方面，给予政策支持和奖励，进一步促进产业发展。

案例实现

案例 8-1 中所提到的“世界首例 5G 远程外科手术动物实验”属于远程医疗的典型应

用实例。远程医疗是指通过现代通信技术，以双向传送数据、语音、图像等信息为手段，最终实现不受空间限制的远距离医疗服务。

当前，世界正在进入以信息技术产业为主导的经济发展时期，我国也正处于实现“两个一百年”奋斗目标的历史交汇关键期。要加快壮大新一代信息技术、生物技术、新能源、新材料、高端装备、新能源汽车、绿色环保以及航空航天、海洋装备等战略性新兴产业。推动互联网、大数据、人工智能等同各产业深度融合，推动先进制造业集群发展，构建一批各具特色、优势互补、结构合理的战略性新兴产业增长引擎，培育新技术、新产品、新业态、新模式。

知识和能力拓展

工业互联网

工业互联网（industrial internet）是新一代信息通信技术与工业经济深度融合的新型基础设施、应用模式和工业生态，通过对人、机、物、系统等的全面连接，构建起覆盖全产业链、全价值链的全新制造和服务体系，为工业乃至产业数字化、网络化、智能化发展提供了实现途径，是第四次工业革命的重要基石。

工业互联网不是互联网在工业的简单应用，而是具有更为丰富的内涵和外延。它以网络为基础、平台为中枢、数据为要素、安全为保障，既是工业数字化、网络化、智能化转型的基础设施，也是互联网、大数据、人工智能与实体经济深度融合的应用模式，同时也是一种新业态、新产业，将重塑企业形态、供应链和产业链。

工业互联网包含了网络、平台、数据、安全四大体系，它既是工业数字化、网络化、智能化转型的基础设施，也是互联网、大数据、人工智能与实体经济深度融合的应用模式，同时也是一种新业态、新产业，将重塑企业形态、供应链和产业链。

工业互联网融合应用推动了一批新模式、新业态孕育兴起，提质、增效、降本、绿色、安全发展成效显著，初步形成了平台化设计、智能化制造、网络化协同、个性化定制、服务化延伸、数字化管理六大类典型应用模式。目前已延伸至40个国民经济大类，涉及原材料、装备、消费品、电子等制造业各大领域，以及采矿、电力、建筑等实体经济重点产业，实现更大范围、更高水平、更深程度发展，形成了千姿百态的融合应用实践。

当前，工业互联网融合应用向国民经济重点行业广泛拓展，形成平台化设计、智能化制造、网络化协同、个性化定制、服务化延伸、数字化管理六大新模式，赋能、赋智、赋值作用不断显现，有力地促进了实体经济提质、增效、降本、绿色、安全发展。

单元练习 8.1

一、填空题

1. 信创全称为__________。

2. 2010 年国务院发布了《国务院关于加快培育和发展战略性新兴产业的决定》，列出了七大国家战略性新兴产业体系，其中包括__________。

3. 新一代信息技术分为六个方面，分别是＿＿＿＿＿＿、＿＿＿＿＿＿、三网融合、新型平板显示、高性能集成电路和以云计算为代表的高端软件。

二、单选题

1. 移动通信目前已经迈入了第五代发展的时代，即（　　）。

A. 2G　　B. 3G　　C. 4G　　D. 5G

2. 新一代信息技术的六个方面，不包括（　　）。

A. 下一代通信网络　　B. 三网融合　　C. 物联网　　D. 文字处理

3. 新一代信息技术发展的特点是信息技术渗透到（　　）。

A. 物联网行业　　B. 制造、生物医疗、汽车等其他行业

C. 区块链领域　　D. “互联网 +”模式

4. 大力发展信创的根本原因是（　　）。

A. 自主可控，解决本质安全问题　　B. 市场行为，从中赚取利润

C.IT 行业发展需要　　D. 国家政策要求

5. 信创生态中最核心、技术复杂度最高的产品是（　　）。

A. 服务器　　B. 芯片　　C. 应用软件　　D. 数据库

三、判断题

1. 物联网即万物相连的互联网。（　　）

2. 第一代移动通信技术是具有高速率、低时延、大带宽和大连接等特点的新一代宽带移动通信技术。（　　）

3. 量子信息是关于量子系统“状态”所带有的物理信息。（　　）

4. 新一代信息技术的主要代表技术，包括物联网、大数据、云计算、人工智能、量子信息、下一代通信网络、区块链、虚拟现实等。（　　）

5. 新一代信息技术的“新”，主要体现在网络互联的移动化和泛在化以及信息处理的集中化和大数据化。（　　）

四、简答题

1. 新一代信息技术都有哪些主要技术？

2. 列举 5G 技术的应用领域。

五、操作题

请根据所学知识，填写下面的表 8-1，并与同学们一起分享和交流 5G 给人们工作和生活带来的好处。

表 8-1　5G 的关键技术、特点、应用场景和关键性能指标

项　目	说　明
关键技术	
特点	
应用场景	
关键性能指标	

六、思考题

1. 查询新一代信息技术的有关知识，谈一谈新一代信息技术给我们生活和学习带来

的影响。

2. 为什么要大力发展信创产业？

单元 8.2　云　计　算

学习目标

单元 8.2　云计算

➢ 知识目标

1. 掌握云计算的基本概念和特点；
2. 掌握云计算的原理和架构；
3. 了解云计算的主流产品和应用。

➢ 能力目标

1. 运用云思维思考与解决问题；
2. 积极主动将云技术融入学习与工作；
3. 能够发挥新知识和概念的作用解决问题。

➢ 素养目标

1. 计算思维：具备获取信息技术新知识、新技术的能力；
2. 数字化创新与发展：能以多种数字化方式对信息、知识进行展示交流。

导入案例

案例 8-2　华为云加速 AI 重塑千行万业

2023 年 9 月 21 日，华为宣布昇腾 AI 云服务已正式上线。为了更好地支撑“百模千态”，华为云在贵安、乌兰察布、芜湖部署三大 AI 算力中心，为企业提供澎湃 AI 算力。企业只需一键接入，即可随取随用 AI 云服务，不用再费时费力自建或改造传统数据中心。为保护用户数据，华为云昇腾 AI 云服务采用数据传输加密、数据存储加密、数据安全清除、数据访问控制、数据水印防泄露等多重技术，保障云上训练的数据全生命周期安全。

同时，华为云昇腾 AI 云服务“百模千态”专区也已经上线。除了支持盘古大模型，还将适配业界主流的上百个开源大模型，如 LLAMA、GLM 等。企业既可以基于盘古 L0 层和 L1 层能力，建设自己的大模型应用，也可以基于业界开源的大模型技术，打造自己的专属大模型。

此外，华为云昇腾 AI 云服务还提供高效长稳的大模型训练环境和完备的工具链，实现千卡训练连续 30 天不中断，任务恢复时长小于 30 分钟；并可通过 30 多个可视化调优和部署工具，帮助企业更高效进行数据处理、模型微调、Prompt 工程等，完成一个千亿参数行业模型的端到端开发，可从过去的 5 个月缩短到现在的 1 个月，整体速度提升 5 倍。

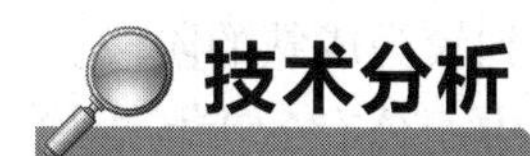

技术分析

要了解华为云昇腾 AI 云服务，需要理解云计算的相关知识，掌握云计算的技术原理和架构，了解主流产品和应用等内容。

知识与技能

一、云计算基础知识和模式

（一）云计算的概念

云计算（cloud computing）是继互联网、计算机后在信息时代又一种新的革新，是信息时代的一个大飞跃。

云计算指的是通过网络“云”将巨大的数据计算处理程序分解成无数个小程序，通过多部服务器组成的系统处理和分析这些小程序，得到结果并返回给用户。云计算是分布式计算、效用计算、负载均衡、并行计算、网络存储、热备份冗杂和虚拟化等计算机技术的商业实现，通过计算机网络形成的计算能力极强的系统，可存储、集合相关资源并可按需配置，向用户提供个性化服务。它意味着计算能力也可以作为一种商品进行流通，就像煤气、水电一样，取用方便，费用低廉，不同之处在于云计算是通过互联网进行传输的。

最简单的云计算技术在网络服务中已经随处可见，例如搜索引擎、网络信箱等，用户只要输入简单指令就能得到大量信息。

（二）云计算的发展

追溯云计算的根源，它的产生和发展与之前所提及的并行计算、分布式计算等计算机技术密切相关，都促进着云计算的成长。但追溯云计算的历史，可以追溯到 1956 年，Christopher Strachey（克里斯托弗・斯特雷奇）发表了一篇有关虚拟化的论文，正式提出了虚拟化的概念。虚拟化是今天云计算基础架构的核心，是云计算发展的基础。

在 2006 年 8 月 9 日，Google 首席执行官埃里克・施密特（Eric Schmidt）在搜索引擎大会首次提出“云计算”的概念。这是云计算发展史上第一次正式地提出这一概念，有着巨大的历史意义。

2007 年以来，“云计算”成为计算机领域最令人关注的话题之一，同样也是大型企业、互联网建设着力研究的重要方向。因为云计算的提出，互联网技术和 IT 服务出现了新的模式，引发了一场变革。

在 2008 年，微软发布其公共云计算平台（Windows Azure Platform），由此拉开了微软的云计算大幕。同样，云计算在国内也掀起一场风波，许多大型网络公司纷纷加入云计算的阵列。

2009 年 1 月，阿里软件在江苏南京建立首个“电子商务云计算中心”。同年 11 月，中国移动云计算平台“大云”计划启动。到现阶段，云计算已经发展到较为成熟的阶段。

2020 年我国云计算市场规模达到 1781 亿元，增速为 33.6%。其中，公有云市场规模达到 990.6 亿元，同比增长 43.7%；私有云市场规模达到 791.2 亿元，同比增长 22.6%。

（三）云计算的特点

云计算的可贵之处在于高灵活性、可扩展性和高性价比等，与传统的网络应用模式相比，其具有以下特点。

1. 虚拟化

虚拟化突破了时间、空间的界限，是云计算最为显著的特点，虚拟化技术包括应用虚拟和资源虚拟两种。资源以共享资源池的方式统一管理，通过虚拟平台对相应终端操作完成数据备份、迁移和扩展等。

2. 灵活性高

市场上大多数 IT 资源和软、硬件都支持虚拟化，比如存储网络、操作系统和开发软、硬件等。虚拟化要素统一放在云系统资源虚拟池中进行管理，可见云计算的兼容性非常强，不仅可以兼容低配置机器、不同厂商的硬件产品，还能够兼容外设获得更高性能计算。

3. 可扩展性

在原有服务器基础上增加云计算功能能够使计算速度迅速提高，实现动态扩展虚拟化的层次，达到对应用进行扩展的目的。用户也可以利用应用软件的快速部署条件来更为简单快捷地将自身所需的已有业务以及新业务进行扩展。

4. 性价比高

云的自动化集中式管理使大量企业无须负担日益高昂的数据中心管理成本，云的通用性使资源的利用率大幅度提升，用户可以享受云的低成本服务。

5. 按需部署

计算机包含了许多应用、程序软件等，不同的应用对应的数据资源库不同，所以用户运行不同的应用需要较强的计算能力对资源进行部署，而云计算平台能够根据用户的需求快速配备计算能力及资源。

6. 可靠性高

云计算中心在软、硬件层面采取了多副本容错等措施，在设施层面采用了冗余设计来保障服务的高可靠性，使用云计算比使用本地计算机更加可靠。

（四）云计算的部署模式

1. 私有云

私有云（private cloud）是为某个特定用户 / 机构建立的，只能实现小范围内的资源优化，因此并不完全符合云的本质——“社会分工”。托管型私有云在一定程度上实现了社会分工，但是仍无法解决大规模范围内物理资源利用效率低的问题。

2. 公有云

公有云（public cloud）是为大众建立的，所有入驻用户都称为租户，不仅同时有很多租户，而且一个租户离开时，其资源可以马上释放给下一个租户。公有云是最彻底的社会分工，能够在大范围内实现资源优化。

3. 混合云

混合云（hybrid cloud）是公有云、私有云的任意混合，这种混合可以是计算的、存储的，也可以两者兼而有之。在公有云尚不完全成熟而私有云存在运维难、部署实践长、动态扩展难问题的现阶段，混合云是一种较为理想的平滑过渡方式，短时间内的市场占比将会大幅上升。

二、云计算技术原理和架构

（一）云计算的技术原理

云计算是一种计算模式，它通过互联网为用户提供按需访问的共享资源，如计算设施、存储设备和应用程序。云计算的基本原理如下。

（1）分布式计算。云计算通过网络“云”将巨大的数据计算处理程序分解成无数个小程序，然后由多台服务器组成的系统处理和分析这些小程序，最终得到结果并返回给用户。

（2）资源池化。云计算将多个服务器或计算机连接起来，构成一个庞大的资源池，用户可以从这个资源池中获取所需的计算资源，如存储、数据库、服务器、应用软件及网络等，从而获得类似超级计算机的性能，同时成本较低。

（3）弹性服务。云计算提供的是弹性服务，用户可以根据自己的需求随时申请或释放资源，并按使用量支付费用。

（4）简化用户终端。云计算使得用户终端的功能被大大简化，而复杂的功能转移到终端背后的网络上去完成，用户通过浏览器即可使用云服务。

（5）“一切即服务”。云计算包括基础设施即服务（IaaS）、平台即服务（PaaS）和软件即服务（SaaS）三种服务模式，用户只需关注应用本身，无须关心基础设施的维护和管理。

云计算的出现使高性能并行计算不再是科学家的专利，普通用户也能通过云计算享受并行计算带来的便利，提高了工作效率和计算资源的利用率。

（二）云计算的架构分层

云计算的服务类型分为三类，即基础设施即服务、平台即服务和软件即服务，云计算的分层架构如图 8-4 所示。

（1）基础设施即服务。基础设施即服务向云计算提供商的个人或组织提供虚拟化计算资源，如虚拟机、存储、网络和操作系统。

（2）平台即服务。平台即服务为开发人员提供通过全球互联网构建应用程序和服务的平台。PaaS 为开发、测试和管理软件应用程序提供按需开发环境。

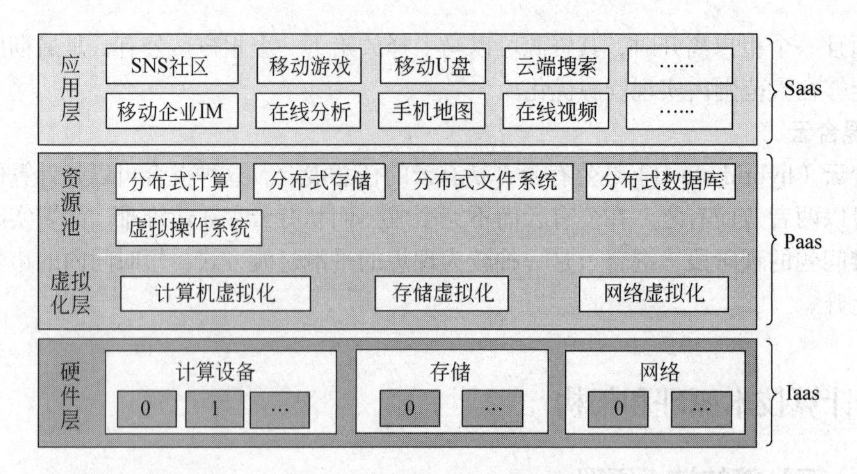

图 8-4 云计算的分层架构

（3）软件即服务。软件即服务通过互联网提供按需软件付费应用程序、云计算提供商托管和管理软件应用程序，并允许其用户连接到应用程序并通过全球互联网访问应用程序。

三、云计算主流产品和应用

（一）云计算的主流云服务商及产品

1. 阿里云

阿里云是阿里巴巴集团旗下公司，是全球领先的云计算及人工智能科技公司之一。提供云服务器、云数据库、云安全、云企业应用等云计算服务，以及大数据、人工智能服务，准确定制基于场景的行业解决方案。专业快速备案，7×24 小时售后支持，帮助企业快速无忧上云。

2. 腾讯云

腾讯云是腾讯打造的云计算品牌，以卓越的技术能力帮助各行各业的数字化转型，为全球客户提供领先的云计算、大数据、人工智能服务和定制行业解决方案。腾讯云提供可靠的企业云服务，支持 5 天无理由退款，免费快速备案，7×24 小时专业服务。

3. 华为云

华为云是华为打造的云战略品牌，致力于为全球客户提供领先的公共云服务，包括弹性云服务器、云数据库、云安全等云计算服务，软件开发服务、企业大数据和人工智能服务以及场景解决方案。免费备案，7×24 小时售后，100 倍故障赔偿。

4. 天翼云

天翼云是中国电信直属的专业公司，致力于提供高质量的云计算服务。天翼云为用户提供云主机、对象存储、数据库、云计算机、云桌面、混合云、CDN、大数据等全线产品，为政府、教育、金融等行业创建定制的云解决方案。

5. 金山云

北京金山云网络技术有限公司（简称金山云）是金山软件旗下云计算企业，跻身于中国公有云市场三甲。金山云自主开发云服务器、对象存储、云安全等一整套云计算产品，提供大数据、人工智能、区块链、边缘计算等服务，准确定制适合企业市场的解决方案。

6. 百度智能云

百度智能云是百度旗下面向企业及开发者的智能云计算服务平台，也是基于百度多年技术沉淀的智能云计算品牌，致力于为客户提供世界领先的人工智能、大数据和云计算服务。凭借先进的产品、技术和丰富的解决方案，全面赋能各行业，加快工业智能化。

（二）云计算的应用案例

下面以“使用百度网盘存储分享文档”为例讲解云计算的典型应用。

（1）下载并安装“百度网盘”软件，双击图标打开并注册账号。

（2）使用注册的账号和密码登录百度网盘后，单击“上传”按钮，如图 8-5 所示，打开“选择文件 / 文件夹”对话框。

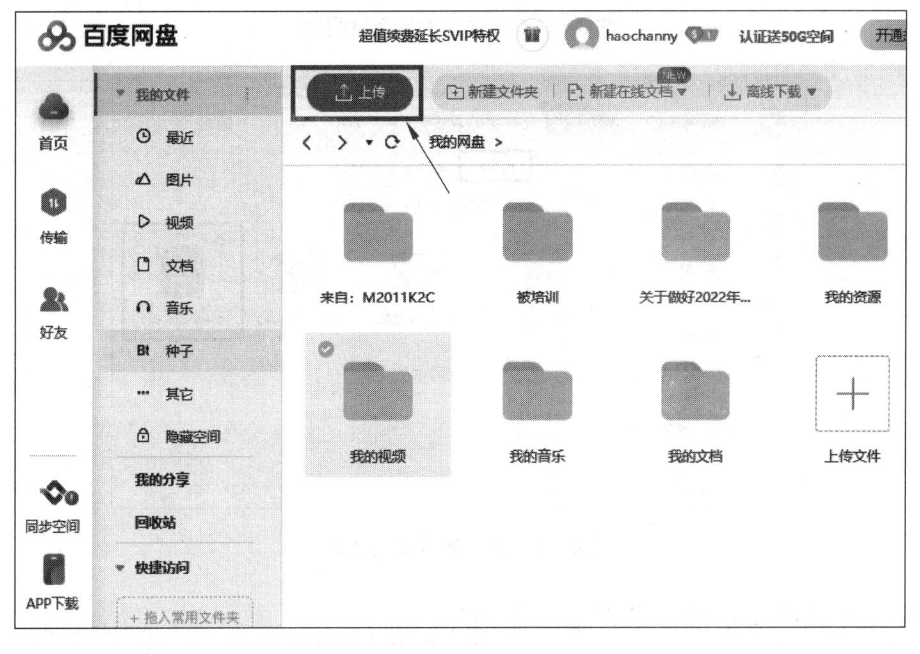

图 8-5 百度网盘首页

（3）在本地磁盘中选中需要上传的资源，单击“存入百度网盘”按钮，如图 8-6 所示，即可将该资源存入百度网盘。

（4）若要将网盘上的资源分享给其他人，可进入百度网盘页面，找到要分享的资源，单击“分享”按钮，如图 8-7 所示，打开“分享文件”对话框。

（5）在“分享文件”对话框中，有两种分享的方式：一是“链接分享”；二是“发给好友”。单击“链接分享”选项卡，设置分享形式和有效期，单击“创建链接”按钮，如图 8-8 所示。

（6）“创建链接”有两种方式：一是通过复制链接及提取码将文件分享给别人；二是复制二维码并发给好友，如图 8-9 所示。

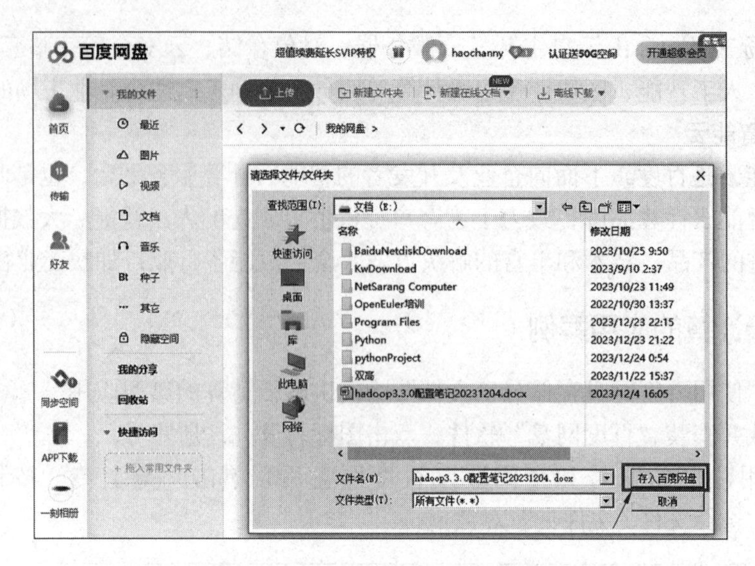

图 8-6　选中文件上传百度网盘

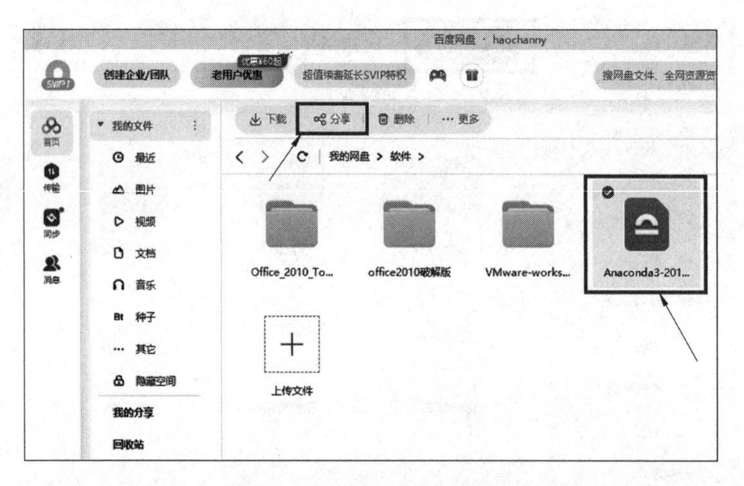

图 8-7　选中待分享的资源

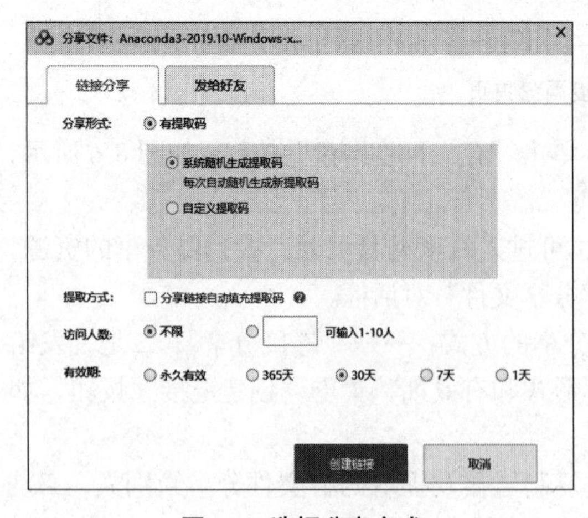

图 8-8　选择分享方式

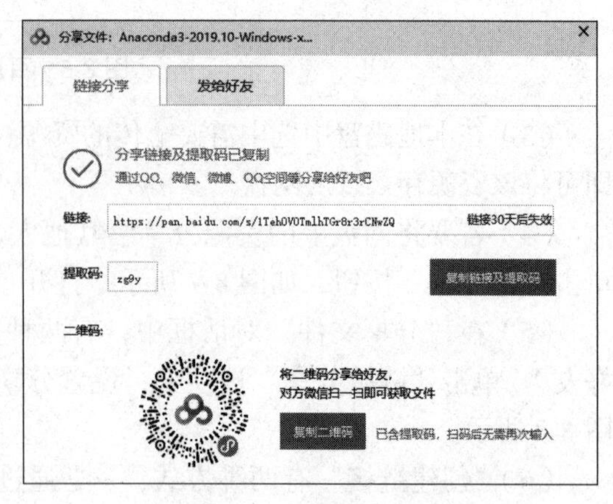

图 8-9　分享链接创建

案例实现

案例 8-2 中昇腾 AI 云服务不仅是一个计算平台，更是一个开放的生态系统，为各个领域的应用开发者提供全方位的支持和合作机会。

1. 高性能计算：提供强大的计算能力

昇腾 AI 云服务着重于提供高性能计算能力，满足大规模、复杂的人工智能任务需求。华为自主研发的昇腾处理器具备卓越的计算性能和高能效特性，可支持大规模并行计算和深度学习训练，为用户提供卓越的计算体验。

昇腾 AI 云服务采用了分布式架构，可实现弹性伸缩和高效处理，满足不同规模和复杂度的人工智能应用场景。用户可以根据业务需求随时调整计算资源，提高计算效率，降低成本开支。

2. 智能推理加速：优化人工智能应用性能

昇腾 AI 云服务还提供智能推理加速功能，对人工智能应用开发和应用场景进行优化，提升推理速度和准确性。华为采用了多种技术手段，如模型压缩、算法优化和硬件加速等，使得昇腾 AI 云服务能够在较短的时间内完成复杂的推理任务。

智能推理加速的核心看点在于其能够有效降低计算资源的使用成本，提高应用性能。对于企业用户而言，这意味着更高效的生产流程和更快速的决策支持，为业务发展带来巨大优势。

3. 全面安全保障：保护数据和隐私

在人工智能时代，数据安全和隐私保护尤为重要。昇腾 AI 云服务致力于为用户提供全面的安全保障措施。华为云采用了多层次的安全体系，包括数据加密、权限控制和威胁检测等功能，保护用户数据不受任何威胁。

昇腾 AI 云服务还支持合规治理和审计，确保用户数据的合法使用和隐私保护。用户在使用昇腾 AI 云服务时可以放心，专注于开发和应用人工智能技术的创新。

单元练习 8.2

一、填空题

1. 云计算是__________、效用计算、负载均衡、并行计算、网络存储、热备份冗杂和__________等计算机技术的商业实现。

2. __________突破了时间、空间的界限，是云计算最为显著的特点。

3. 云计算的服务类型分为三类，即__________、__________和__________。

二、单选题

1. 云计算按服务类型分为三类，不包括下列（　　）服务。

A. IaaS　　B. PaaS　　C. DaaS　　D. SaaS

2. 云计算的部署模式包括（　　）。

A. 公有云、私有云、应用云　　B. 基础设施云、平台云、软件云

C. 公有云、私有云、混合云　　D. 硬件云、软件云、混合云

3. 云计算的特点不包括（　　）。

A. 虚拟化　　B. 灵活性高　　C. 可靠性高　　D. 价值密度高

4. 云计算的主流产品不包括（　　）。

A. 阿里云　　B. 华为云　　C. 人工智能　　D. 腾讯云

5. 华为云为用户提供（　　）服务。

A. 云服务器　　B. 云数据库　　C. 云安全　　D. 以上都是

三、判断题

1. 使用本地计算机比使用云计算更加可靠。（　　）

2. 云计算的兼容性非常强，不仅可以兼容低配置机器、不同厂商的硬件产品，还能够兼容外设获得更高性能计算。（　　）

3. 云计算提供的是弹性服务，用户可以根据自己的需求随时申请或释放资源，并按使用量支付费用。（　　）

4. 云计算的服务类型分为三类，即硬件层服务、网络层服务和用户层服务。（　　）

5. 每种服务类型都提供了自己的特定功能和特性，来适应不同的应用场景和企业。（　　）

四、简答题

1. 云计算技术的特点有哪些？

2. 云计算的服务类型分为哪三类？

3. 简述云计算的技术原理。

4. 简述云计算的主流产品和应用。

单元 8.3　物　联　网

学习目标

➢ **知识目标**

1. 了解物联网的概念、基本特征和发展趋势；

2. 掌握物联网体系结构特点；

3. 掌握物联网的关键技术原理。

单元 8.3　物联网

➢ **能力目标**

1. 熟悉物联网感知层、网络层、应用层三层体系结构，能描述它们的作用；

2. 结合所学专业案例描述物联网关键技术的应用。

➢ **素养目标**

1. 信息意识：具有团队协作精神，共享信息，实现信息的更大价值；

2. 数字化创新与发展：能清晰描述物联网技术在本专业领域的典型应用案例。

导入案例

案例 8-3　公交车乘车码

随着互联网和移动终端的飞速发展，人们的出行方式，也悄然迈向了新的纪元，在此进程中普及起来的乘车码，让人们出行更加顺畅，如图 8-10 所示。

图 8-10　乘车码

2017 年 7 月，腾讯乘车码首次在广州上线；2017 年 12 月，支付宝乘车码在杭州开通；后续西安、济南、湖州、绍兴、南京、天津等城市线路陆续开通试点进行运营。微信、支付宝、银联进入扫码乘车市场，在短短几年内颠覆了公共交通支付，也推动了传统公共交通企业变革。现在，扫码乘车几乎已经成为城市公交的标配，地铁更是 100% 实现了二维码乘车。

技术分析

乘车码是我国数字化进程中的创新之举，具有方便快捷、先用后付、实时自动计费、实时公交查询等优点。物联网技术的发展对乘车码产生的影响巨大，通过本单元任务的学习，能够了解物联网的相关知识，掌握物联网的体系架构、关键技术及应用。

知识与技能

一、物联网概述

（一）物联网的基本概念

所谓物联网（Internet of things，IoT），即“万物相连的互联网”，是指通过信息传感设备，按约定的协议将任何物体与网络相连接，物体通过信息传播媒介进行信息交换和通信，以实现智能化识别、定位、跟踪、监管等功能。

物联网不仅可以让我们享受“随时随地”两个维度的自由交流，还可以帮助我们实现“随物”的第三维度自由。

物联网通过智能感知、识别技术与普适计算等通信感知技术，广泛应用于网络的融合中，也因此被称为继计算机、互联网之后世界信息产业发展的第三次浪潮。

（二）物联网的基本特征

从通信对象和过程来看，物与物、人与物之间的信息交互是物联网的核心。物联网的基本特征为整体感知、可靠传输和智能处理。

整体感知是指利用无线射频识别（RFID）、传感器、定位器和二维码等手段，随时随地对物体进行信息采集和获取。整体感知解决的是人和物理世界的数据获取问题，这一特征相当于人的五官和皮肤，其主要功能是识别物体、采集信息，其技术手段是利用条码、射频识别、传感器、摄像头等各种感知设备对物品的信息进行采集获取。

可靠传输是指通过各种电信网络和因特网融合，对接收到的感知信息进行实时远程传送，实现信息的交互和共享，并进行各种有效的处理。通常需要用到现有的电信运行网络，包括无线网络和有线网络。由于传感器网络是一个局部的无线网，因而 3G、4G 和 5G 移动通信网络也是作为承载物联网的一个有力的支撑载体。

智能处理是指利用模糊识别、云计算等各种智能计算技术，对随时接收到的跨行业、跨地域、跨部门的海量信息和数据进行分析处理，提升对经济社会各种活动、物理世界和变化的洞察力，实现智能化的决策和控制。

（三）物联网的发展趋势

1. 技术趋势

（1）5G 技术的普及。5G 技术为物联网提供了更高的传输速度、更低的延迟和更大的网络容量，这将进一步推动物联网的发展。5G 技术的应用将渗透到各个领域，包括智能制造、智慧城市、无人驾驶等。

（2）边缘计算的崛起。随着物联网设备的不断增加，数据处理和分析的需求也越来越大。边缘计算技术可以将数据处理和分析的任务放在设备端进行，减少数据传输的延迟，提高数据处理效率。

（3）人工智能的融合。人工智能技术在物联网领域的应用越来越广泛，包括智能识别、智能控制、智能优化等。人工智能技术的应用将促进物联网设备的智能化和自主化，提高设备的效率和性能。

2. 应用趋势

（1）智能家居的普及。随着人们生活水平的提高，智能家居的需求越来越大。物联网技术可以实现家居设备的互联互通，方便人们的生活和工作。未来，智能家居将成为家庭生活的重要组成部分。

（2）智慧城市的建设。智慧城市是物联网技术在城市管理中的应用，可以实现城市资源的优化配置和高效管理。智慧城市的建设将提高城市的管理效率和服务水平，提高城市的可持续发展能力。

（3）工业互联网的推广。工业互联网是物联网技术在工业领域的应用，可以实现工厂设备的智能化和自主化，提高生产效率和产品质量。未来，工业互联网将成为工业发展的重要趋势。

3. 安全趋势

（1）数据安全保护。随着物联网设备的普及和应用，数据泄露和攻击的风险也越来越大。因此，保护数据安全将成为物联网发展的重要前提。未来的物联网设备应具备更强的数据加密和保护能力，以确保数据的安全性和隐私性。

（2）设备安全保障。随着物联网设备的不断增加，设备的安全问题也越来越突出。未来的物联网设备应具备更强的设备安全保障能力，包括设备身份认证、访问控制、远程监控等功能，以防止设备被恶意攻击和控制。

（3）网络安全保障。物联网的发展将促进互联网和设备的互联互通，网络安全问题也将越来越突出。未来的网络安全保障应建立更加完善的安全体系和标准，加强网络安全监管和技术创新，以保障物联网的安全稳定运行。

4. 总结与展望

物联网的发展趋势将受到技术、应用、安全等多方面的影响和推动。未来，物联网将更加智能化、自主化和安全化，应用范围也将更加广泛和深入。同时，我们也需要关注物联网发展过程中所面临的问题和挑战，如数据安全、设备安全、网络安全等问题，加强技术创新和管理创新，以推动物联网技术的可持续发展和应用。

（四）物联网的典型应用

物联网具有很强的应用渗透性，可以运用到各行各业，大致可以分为三类：行业应用、大众服务、公共管理，如图 8-11 所示。RFID 技术是一种通信技术，它可通过无线电信号识别特定目标并读 / 写相关数据。RFID 技术目前在许多方面都已得到应用，在仓库物资、物流信息追踪、医疗信息追踪等领域有较好的表现。

图 8-11　物联网应用领域

1. 智慧物流

智慧物流以物联网、人工智能、大数据等信息技术为支撑，在物流的运输、仓储、配送等各个环节实现系统感知、全面分析和处理等功能，但物联网在该领域的应用主要体现在仓储、运输监测和快递终端方面，即通过物联网技术实现对货物及运输车辆的监测，包括对运输车辆的位置、状态、油耗、车速及货物温湿度等的监测。

2. 智能交通

智能交通是物联网的一种重要体现形式，它利用信息技术将人、车和路紧密结合起来，可改善交通运输环境、保障交通安全并提高资源利用率。物联网技术在智能交通领域的应用包括智能公交车、智慧停车、共享单车、车联网、充电桩监测和智能红绿灯等。

3. 智能医疗

在智能医疗领域，新技术的应用以人为中心。而物联网技术是获取数据的主要技术，能有效地帮助医院实现对人和物的智能化管理。对人的智能化管理指的是通过传感器对人的生理状态（如心跳频率、血压高低等）进行监测，将获取的数据记录到电子健康文件中，方便个人或医生查阅；对物的智能化管理指的是通过 RFID 技术对医疗设备、物品进行监控与管理，实现医疗设备、用品可视化，主要表现为数字化医院。

4. 智慧零售

行业内将零售按照距离分为远场零售、中场零售、近场零售，三者分别以电商、超市和自动（无人）售货机为代表。物联网技术可以用于近场和中场零售，且主要应用于近场零售，即无人便利店和自动售货机。智慧零售通过将传统的售货机和便利店进行数字化升级和改造，打造出了无人零售模式。它还可通过数据分析，充分运用店内的客流和活动信息，为用户提供更好的服务。

例如，ETC（electronic toll collection，不停车收费）系统利用车辆自动识别（automatic vehicle identification，AVI）技术完成车辆与收费站之间的无线数据通信，进行车辆自动识别和有关收费数据的交换，通过计算机网络进行收费数据的处理，实现不停车自动收费。

图 8-12　ETC 系统

如图 8-12 所示，通过安装在车辆挡风玻璃上的车载电子标签与在收费站 ETC 车道上的微波天线之间的微波专用短程通信，利用计算机联网技术与银行进行后台结算处理，从而达到车辆通过路桥收费站不需停车而能交纳路桥费的目的。

使用该系统，车主只要在车窗上安装感应卡并预存费用，通过收费站时便不用人工缴费，也无须停车，高速费将从卡中自动扣除。这种收费系统每车收费耗时不到 2s，其收费通道的通行能力是人工收费通道的 5~10 倍。

二、物联网体系结构和关键技术

（一）物联网体系结构

物联网通过射频识别、红外感应器、全球定位系统、激光扫描器等信息传感设备，按约定的协议，把任何物品与互联网相连接，进行信息交换和通信，以实现对物品的智能化识别、定位、跟踪、监控和管理。其体系架构一般可分为感知层、网络层、应用层三个层面，如图 8-13 所示。

（1）感知层。感知识别是物联网的核心技术，是联系物理世界和信息世界的纽带。通过各种类型的传感器获取物理世界中发生的物理事件和数据信息。将采集到的数据在局部范围内进行协同处理，降低信息冗余度，并通过具有自组织能力的短距离传感网接入广域承载网络。

（2）网络层。网络层将来自感知层的各类信息通过基础承载网络传输到应用层，包括移动通信网、互联网、卫星网、广电网、行业专网，以及形成的融合网络等。

（3）应用层。在高性能计算和海量存储技术的支撑下，应用层将大规模数据高效、可靠地组织起来，服务于上层行业应用。

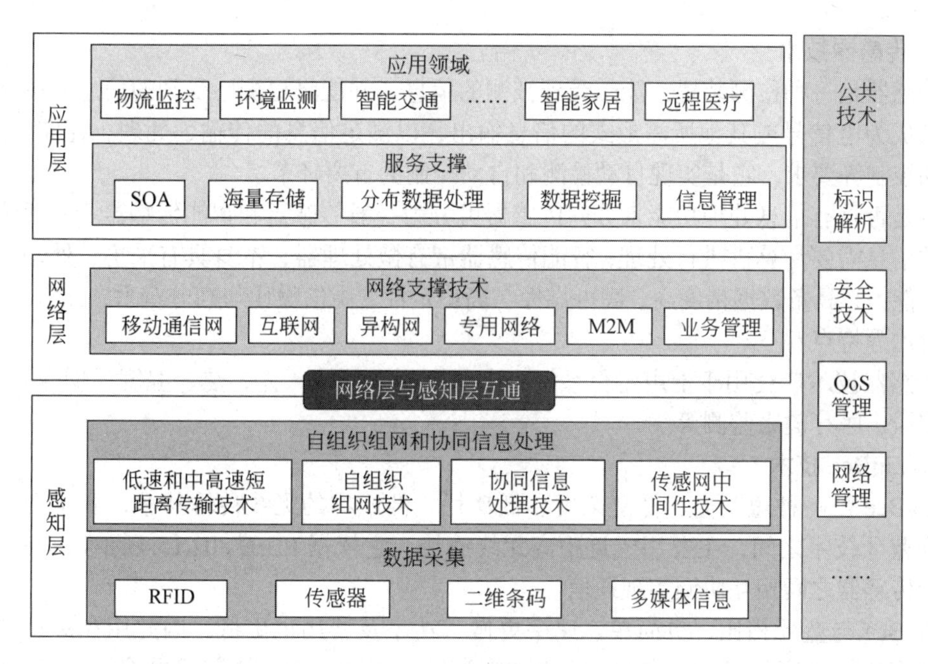

图 8-13　物联网体系架构

（二）物联网的关键技术

物联网所涉及的关键技术包括射频识别技术、传感器技术、ZigBee 技术、M2M 技术等。

1. 射频识别技术

RFID 通过无线射频信号实现无接触式自动识别移动或静止的目标对象并获得相关信息，识别工作无须人工干预，即可完成对象信息的输入和处理，能快速、实时、准确地采集和处理对象的信息。

RFID 系统主要由三部分组成：电子标签、读写器和天线，如图 8-14 所示。其中，电子标签芯片具有数据存储区，用于存储待识别物品的标识信息；读写器是将约定格式的待识别物品的标识信息写入电子标签的存储区中（写入功能），或在读写器的阅读范围内以无接触的方式将电子标签内保存的信息读取出来（读出功能）；天线用于发射和接收射频信号，往往内置在电子标签和读写器中。

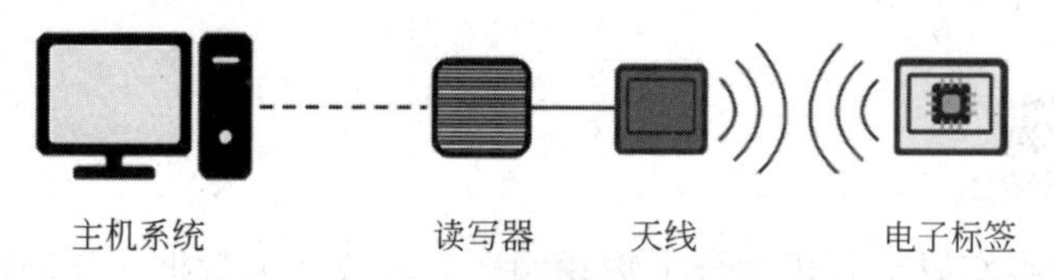

图 8-14　无线射频识别技术

RFID 的应用领域有物流和供应链管理、门禁安防系统、道路自动收费、航空行李处理、文档追踪 / 图书馆管理、电子支付、生产制造和装配、物品监视、汽车监控、动物身份标识等。

2. 传感器技术

传感器是一种检测装置，能感受到被测的信息，并能将检测感受到的信息，按一定规律变换成为电信号或其他所需形式的信息输出，以满足信息的传输、处理、存储、显示、记录和控制等要求。它是实现自动检测和自动控制的首要环节。

按是否具有信息处理功能来分，传感器可分为一般传感器和智能传感器。一般传感器采集的信息需要计算机进行处理；智能传感器带有微处理器，本身具有采集、处理、交换信息的能力，具备数据精度高、高可靠性与高稳定性、高信噪比与高分辨力、强自适应性、高性价比等特点。

传感器技术广泛用于枪声定位系统、电子围栏、环境（光、热、湿度、烟雾）监控、智能家居、医疗健康监测等。

3. ZigBee 技术

ZigBee 是一种短距离、低复杂度、低功耗、低成本的无线传输技术，介于无线标记技术和蓝牙技术之间，主要用于近距离无线连接。它依据 IEEE 802.15.4 标准，在数千个微小的传感器之间相互协调实现通信。

ZigBee 与蓝牙相比，更简单、速率更慢、功率及费用也更低，因此用在短距离范围并且数据传输速率不高的设备之间，如 PC 外设（鼠标、键盘、游戏操控杆）、消费类电子设备（电视机、CD、VCD、DVD 等设备上的遥控装置）、家庭内智能控制（照明、燃气计量控制及报警等）、玩具（电子宠物）、医护（监视器和传感器）、工控（监视器、传感器和自动控制设备）等领域。

4. M2M 技术

M2M 是 machine-to-machine（机器对机器）的缩写，根据不同应用场景，往往也被解释为 man-to-machine（人对机器）、machine-to-man（机器对人）、mobile-to-machine（移动网络对机器）、machine-to-mobile（机器对移动网络）。

M2M 将多种不同类型的通信技术有机地结合在一起，将数据从一台终端传送到另一台终端，也就是机器与机器的对话。M2M 技术综合了数据采集、GPS、远程监控、电信、工业控制等技术，可以在安全监测、自动抄表、机械服务、维修业务、自动售货机、公共交通系统、车队管理、工业流程自动化、电动机械、城市信息化等环境中运行并提供广泛的应用和解决方案。

M2M 技术的目标就是使所有机器设备都具备联网和通信能力，其核心理念就是网络即一切（network everything）。

案例实现

案例 8-3 中的乘车码是有机融合了物联网、云计算、大数据、移动通信、人工智能等新一代信息技术的产物，是人们出行的必要电子凭证。

更新公交车刷卡机，新增物联网模块、物联网卡及相关设备，整合移动 4G 网络与移动物联网专网，让乘客能够使用移动支付手段乘车，将交易数据及时上传到公交集团管理后台，提升交易安全管理能力，实现了“智慧公交”的转型升级。乘车码是动态的，不是静态的，动态更新需要大数据和云计算的强力支持。

知识和能力拓展

车　联　网

车联网是指车辆上的车载设备通过无线通信技术，对信息网络平台中的所有车辆动态信息进行有效利用，在车辆运行中提供不同的功能服务。车联网表现出以下几点特征：车联网能够为车与车之间的间距提供保障，降低车辆发生碰撞事故的概率；车联网可以帮助车主实时导航，并通过与其他车辆和网络系统的通信，提高交通运行的效率。

车联网的概念源于物联网，即车辆物联网，是以行驶中的车辆为信息感知对象，借助新一代信息通信技术，实现车与X（即车与车、人、路、服务平台）之间的网络连接，提升车辆整体的智能驾驶水平，为用户提供安全、舒适、智能、高效的驾驶感受与交通服务，同时提高交通运行效率，提升社会交通服务的智能化水平，如图8-15所示。

图8-15　车联网系统

车联网通过新一代信息通信技术，实现车与云平台、车与车、车与路、车与人等全方位网络连接，主要实现了“三网融合”，即将车内网、车际网和车载移动互联网进行融合。车联网是利用传感技术感知车辆的状态信息，并借助无线通信网络与现代智能信息处理技术实现交通的智能化管理，以及交通信息服务的智能决策和车辆的智能化控制。

单元练习8.3

一、填空题

1. __________即万物相连的互联网。
2. 物联网体系结构分为__________、__________、__________层。
3. RFID的中文名称是__________。

二、单选题

1.（　　）能够使车辆在不停车情况下以正常速度驶过收费站时自动收取费用。

A. GPS　　B. ETC　　C. 传感器　　D. 扫描系统

2. 物联网简称（　　）。

A. IoT　　B. WTO　　C. App　　D. 5G

3. (　　) 是物联网技术在城市管理中的应用，实现城市资源的优化配置和高效管理。

A. 智能交通　　B. 智慧医疗　　C. 智能家居　　D. 智慧城市

4. ZigBee 技术属于（　　）无线传输技术。

A. 短距离　　B. 远距离　　C. 高速率　　D. 大范围

5. 二维码技术属于物联网体系结构中（　　）的技术。

A. 感知层　　B. 应用层　　C. 网络层　　D. 通信层

三、判断题

1. 物联网只能实现物与人的连接，不能实现物与物的连接。　　（　　）
2. ZigBee 技术属于低速率传输的无线传输技术。　　（　　）
3. 网络层用来实现识别物体和采集信息。　　（　　）
4. 智能交通属于控制型物联网应用。　　（　　）
5. 物联网体系结构分为四层。　　（　　）

四、简答题

1. 物联网的定义是什么？
2. 物联网体系结构分为哪几层？

五、操作题

随着新一代信息技术的日趋成熟，许多学校着手打造数字化校园，保安打卡系统、门禁系统、校园一卡通系统等，都是数字化校园建设的重要组成部分。校园一卡通是以 IC 卡为信息载体的一种智能卡，在学校范围内，实现生活消费、身份认证、网上缴费等多种功能。请同学们根据所学知识，填写表 8-2。

表 8-2　校园一卡通应用

项　目	说　明
校园一卡通的核心技术是什么？	
使用校园一卡通时，还需要哪些设备？	
简述校园一卡通的应用原理	
校园一卡通能做什么？	

六、思考题

1. 智慧医疗的应用会对我们的就医有哪些改变？
2. 物联网核心技术的特点是什么？

单元 8.4　大　数　据

学习目标

➤ 知识目标

1. 掌握大数据的基本概念；

单元 8.4　大数据

2. 了解大数据的相关技术；
3. 了解大数据的应用领域。

➢ **能力目标**

1. 运用大数据思维思考问题；
2. 积极主动思考大数据的应用场景；
3. 能够发挥新知识和概念的作用解决问题。

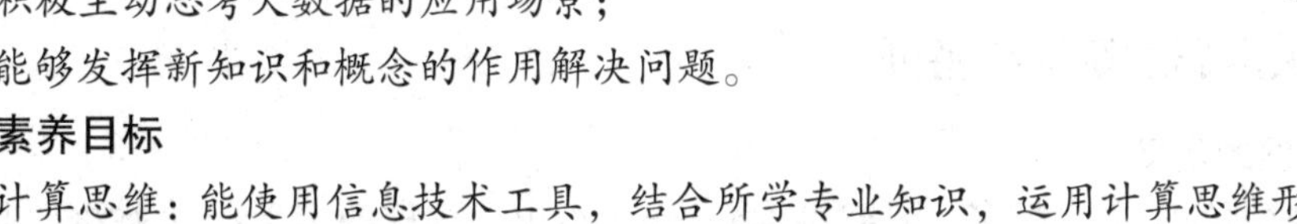

➢ **素养目标**

1. 计算思维：能使用信息技术工具，结合所学专业知识，运用计算思维形成生产、生活情境中的融合应用解决方案；
2. 创新精神：具有精益求精的工匠精神与坚持不懈的创新精神。

导入案例

案例 8-4　大数据与智慧交通

智慧交通是现代交通的重要组成部分，通过提供智能化、信息化和互联化的服务模式，成为人们出行的重要方式。而大数据技术的应用，则为智慧交通建设提供了强有力的支持。

通过对海量交通数据的实时分析，大数据技术能够智能地调整交通信号的灯光时序，优化交通信号的配时方案，提高道路交叉口的通行效率。同时，大数据技术还可以预测交通拥堵情况，提前进行信号灯调整，有效缓解交通拥堵。

通过大数据技术，可以对城市道路交通进行智能化调度。根据实时交通数据，智能化调度系统可以预测交通需求，合理分配公共交通资源，提高公共交通运行效率。同时，智能化调度系统还可以根据车辆位置和乘客需求，动态调整公交线路和班次，提高公交服务水平。

通过大数据技术，可以根据用户的出行习惯和偏好，为用户提供个性化的出行建议。例如，根据用户的出行历史数据，可以预测用户未来的出行需求，并向用户推荐最佳的出行路线和交通方式。个性化出行建议不仅提高了出行效率，也增加了用户的出行体验。

通过大数据技术，可以实现智能化停车管理。通过传感器和摄像头等设备，可以实时监测停车场的使用情况，为车主提供停车位推荐和导航服务。同时，智能化停车管理系统还可以根据停车记录数据，分析停车行为和习惯，为城市规划和管理提供参考。

技术分析

人脸识别技术正广泛地应用于各种安检系统中，系统能精确地识别安检数据库中的犯罪分子，其主要技术来自数据挖掘中的分类算法。数据挖掘属于大数据的研究范畴，通过本单元学习，掌握大数据的基本知识、相关技术、发展趋势，了解大数据的典型应用。

知识与技能

一、大数据概述

（一）大数据的定义与特征

1. 大数据的定义

关于大数据的定义有很多，研究机构 Gartner 给出了这样的定义："大数据"是需要新处理模式才能具有更强的决策力、洞察发现力和流程优化能力来适应海量、高增长率和多样化的信息资产。麦肯锡全球研究院给出的定义是：一种规模大到在获取、存储、管理、分析方面大大超出了传统数据库软件工具能力范围的数据集合。

2. 大数据的特征

大数据是一个仁者见仁、智者见智的宽泛概念。关于"什么是大数据"这个问题，大家比较认可关于大数据的 4V 说法。所谓 4V，指的是大数据的 4 个特点，包含 4 个层面：volume（数据量大）、variety（数据类型繁多）、velocity（处理速度快）、value（价值密度低），如图 8-16 所示。

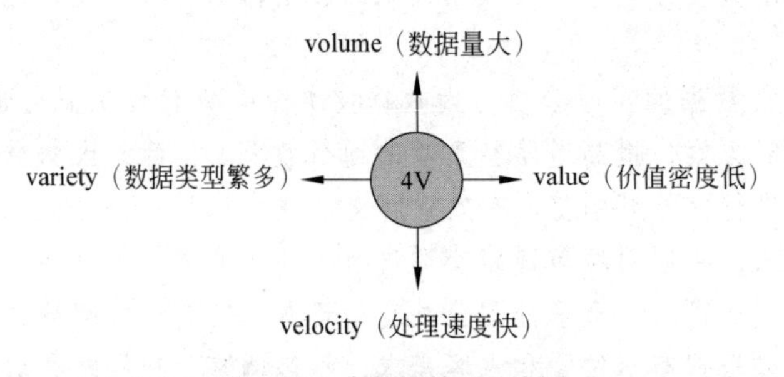

图 8-16　大数据的 4V 特征

（1）volume：非结构化数据的超大规模增长导致数据集合的规模不断扩大，数据单位已经从 GB 级到 TB 级再到 PB 级，甚至开始以 EB 和 ZB 来计数。根据 IDC 做出的估测，数据一直都在以每年 50% 的速度增长，也就是说每两年就增长一倍（大数据摩尔定律）。人类在最近两年产生的数据量相当于之前产生的全部数据量。

（2）variety：大数据的数据类型丰富，包括结构化数据和非结构化数据，其中，前者占 10% 左右，主要是指存储在关系数据库中的数据；后者占 90% 左右，种类繁多，主要包括邮件、音频、视频、微信、微博、位置信息、链接信息、手机呼叫信息、网络日志等。

（3）velocity：数据处理速度快，时效性要求高，需要实时分析而非批量式分析。数据的输入、处理和分析连贯性地处理，这是大数据区分于传统数据挖掘最显著的特征。

（4）value：大数据信息价值密度相对较低。如随着物联网的广泛应用，信息感知无处不在，信息海量，但价值密度较低，存在大量不相关信息。大数据虽然看起来很美，但是价值密度却远远低于传统关系数据库中已有的那些数据。在大数据时代，很多有价值的信息都是分散在海量数据中的。以公安部门视频追踪为例，连续不间断监控过程中，可能有用的数据只有一两秒，但是具有很高的价值。现在许多专家已经将大数据等同于黄金和石油，即说明大数据中蕴含了无限的商业价值。

大数据的价值本质上体现为：提供了一种人类认识复杂系统的新思维和新手段。就理论上而言，在足够小的时间和空间尺度上，对现实世界数字化，可以构造一个现实世界的数字虚拟映像，这个映像承载了现实世界的运行规律，在拥有充足的计算能力和高效的数据分析方法的前提下，对这个数字虚拟映像的深度分析，将有可能理解和发现现实复杂系统的运行行为、状态和规律。应该说大数据为人类提供了全新的思维方式以及探知客观规律，改造自然和社会的新手段，这也是大数据引发经济社会变革最根本的原因。

（二）大数据相关技术

大数据处理的基本流程主要包括数据采集、数据预处理、数据处理与分析、数据可视化与应用等环节，其中数据质量贯穿于整个大数据流程，每一个数据处理环节都会对大数据质量产生影响。通常，一个好的大数据产品要有大量的数据规模、快速的数据处理、精确的数据分析与预测、优秀的可视化图表以及简练易懂的结果解释。

1. 数据采集

大数据的采集是指利用多个数据库来接收发自客户端（Web 网站访问终端、App 移动应用终端或者物联网终端等）的数据，并且用户可以通过这些数据库来进行简单的查询和处理工作。比如，电商会使用传统的关系型数据库 MySQL 和 Oracle 等来存储每一笔事务数据，除此之外，Redis 和 MongoDB 这样的 NoSQL 数据库也常用于数据的采集。

在大数据的采集过程中，其主要特点和挑战是并发数高，因为同时有可能会有成千上万的用户来进行访问和操作，比如火车票售票网站和淘宝，它们并发的访问量在峰值时达到上百万次，所以需要在采集端部署大量数据库才能支撑。并且如何在这些数据库之间进行负载均衡和分片的确是需要深入的思考和设计。

2. 数据预处理

大数据采集过程中通常有一个或多个数据源，这些数据源包括同构或异构的数据库、文件系统、服务接口等，易受到噪声数据、数据值缺失、数据冲突等影响，因此需首先对收集到的大数据集合进行预处理，以保证大数据分析与预测结果的准确性与价值性。

大数据的预处理环节主要包括数据清理、数据集成、数据归约与数据转换等内容，可以大大提高大数据的总体质量，是大数据过程质量的体现。

（1）数据清理包括对数据的不一致检测、噪声数据的识别、数据过滤与修正等方面，有利于提高大数据的一致性、准确性、真实性和可用性等方面的质量。

（2）数据集成则是将多个数据源的数据进行集成，从而形成集中、统一的数据库、数据立方体等，这一过程有利于提高大数据的完整性、一致性、安全性和可用性等方面质量。

（3）数据归约是在不损害分析结果准确性的前提下降低数据集规模，使之简化，包括维归约、数据归约、数据抽样等技术，这一过程有利于提高大数据的价值密度，即提高大数据存储的价值性。

（4）数据转换处理包括基于规则或元数据的转换、基于模型与学习的转换等技术，可通过转换实现数据统一，这一过程有利于提高大数据的一致性和可用性。

总之，数据预处理环节有利于提高大数据的数据质量，实现大数据的一致性、准确性、真实性、可用性、完整性、安全性和价值性，而大数据预处理中的相关技术是影响大数据过程质量的关键因素。

3. 数据处理与分析

（1）数据处理。大数据的分布式处理技术与存储形式、业务数据类型等相关，针对大数据处理的主要计算模型有 MapReduce 分布式计算框架、分布式内存计算系统、分布式流计算系统等。MapReduce 是一个批处理的分布式计算框架，可对海量数据进行并行分析与处理，它适合对各种结构化、非结构化数据的处理。分布式内存计算系统可有效减少数据读写和移动的开销，提高大数据处理性能。分布式流计算系统则是对数据流进行实时处理，以保障大数据的时效性和价值性。

总之，无论哪种大数据分布式处理与计算系统，都有利于提高大数据的价值性、可用性、时效性和准确性。大数据的类型和存储形式决定了其所采用的数据处理系统，而数据处理系统的性能直接影响大数据质量的价值性、可用性、时效性和准确性。因此在进行大数据处理时，要根据大数据类型选择合适的存储形式和数据处理系统，以实现大数据质量的最优化。

（2）数据分析。大数据分析技术主要包括已有数据的分布式统计分析技术和未知数据的分布式挖掘、深度学习技术。分布式统计分析可由数据处理技术完成。分布式挖掘和深度学习技术则在大数据分析阶段完成，包括聚类与分类、关联分析、深度学习等，可挖掘大数据集合中的数据关联性，形成对事物的描述模式或属性规则，可通过构建机器学习模型和海量训练数据提升数据分析与预测的准确性。

数据分析是大数据处理与应用的关键环节，它决定了大数据集合的价值性和可用性，以及分析预测结果的准确性。在数据分析环节，应根据大数据应用情境与决策需求，选择合适的数据分析技术，提高大数据分析结果的可用性、价值性和准确性，提升数据质量。

4. 数据可视化与应用

（1）数据可视化。数据可视化是指将大数据分析与预测结果以计算机图形或图像的直观方式显示给用户的过程，并可与用户进行交互式处理。数据可视化技术有利于发现大量业务数据中隐含的规律性信息，以支持管理决策。数据可视化环节可大大提高大数据分析结果的直观性，便于用户理解与使用，故数据可视化是影响大数据可用性和易于理解性的关键因素。

（2）数据应用。大数据应用是指将经过分析处理后挖掘得到的大数据结果应用于管理决策、战略规划等的过程，它是对大数据分析结果的检验与验证，大数据应用过程直接体现了大数据分析处理结果的价值性和可用性。大数据应用对大数据的分析处理具有引导作用。

在大数据收集、处理等一系列操作之前，通过对应用情境的充分调研和对管理决策需求信息的深入分析，可明确大数据处理与分析的目标，从而为大数据收集、存储、处理、分析等过程提供明确的方向，并保障大数据分析结果的可用性、价值性，满足的用户需求。

（三）大数据架构

大数据架构设计用来处理对传统数据库系统而言太大或太复杂的数据的引入、处理和分析。大多数大数据架构都包括下列组件中的一些或全部，如图 8-17 所示。

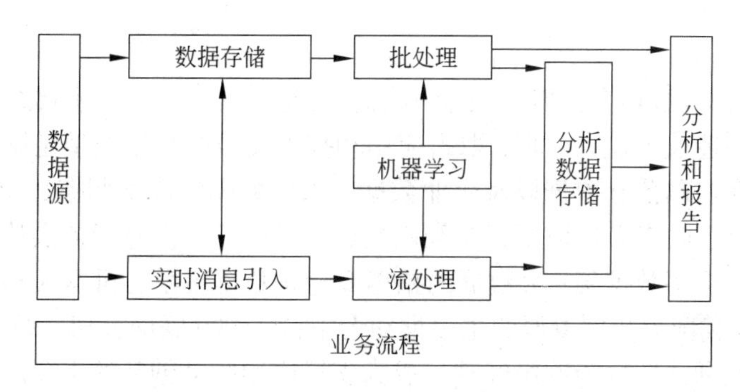

图 8-17　大数据架构

（1）数据源。所有大数据解决方案一开始都有一个或多个数据源。数据源包括：应用程序数据存储，如关系数据库；应用程序生成的静态文件，如 Web 服务器日志文件；实时数据源，如 IoT 设备。

（2）数据存储。用于批处理操作的数据通常存储在分布式文件存储中，该存储可以容纳大量各种格式的大型文件。

（3）批处理。由于数据集很大，因此大数据解决方案通常使用长时间运行的批处理作业来处理数据文件，以便筛选、聚合和准备用于分析的数据。这些作业通常涉及读取源文件，对它们进行处理，以及将输出写入到新文件。

（4）实时消息引入。如果解决方案包括实时源，则架构必须包括一种方法来捕获并存储进行流处理的实时消息。这可以是一个简单的数据存储，将在其中将传入消息放置在一个文件夹中以进行处理。不过，许多解决方案都需要一个消息引入存储来充当消息缓冲区，以及支持横向扩展处理、可靠传递和其他消息队列语义。

（5）流处理。捕获实时消息后，解决方案必须通过筛选、聚合以及准备用于分析的数据来处理消息。然后，会将处理后的流数据写入输出接收器。

（6）机器学习。通过（从批处理或流式处理）读取准备进行分析的数据，可使用机器学习算法来生成可预测结果或对数据进行分类的模型。可以在大型数据集上训练这些模型，并且生成的模型可用于分析新数据并做出预测。

（7）分析数据存储。许多大数据解决方案会先准备用于分析的数据，然后以结构化格式提供已处理的数据供分析工具查询。

（8）分析和报告。多数大数据解决方案的目的是通过分析和报告提供对数据的见解。若要使用户能够对数据进行分析，架构可以包括一个数据建模层。

（9）业务流程。大多数大数据解决方案都包括重复的数据处理操作（封装在工作流中），这些操作对源数据进行转换，在多个源和接收器之间移动数据，将已处理的数据加载到分析数据存储中，或者直接将结果推送到报表或仪表板。

（四）大数据发展趋势

随着移动互联网、物联网、云计算产业的深入发展，大数据国家战略的加速落地，2019 年大数据体量呈现爆发式增长态势。数据挖掘、机器学习、产业转型、数据资产管理、信息安全等大数据技术及应用领域都将面临新的发展突破，成为推动经济高质量发展的新动力。

从 2020 年起，大数据令人瞩目的应用领域是健康医疗、城镇化智慧城市、金融、互联网电子商务、制造业工业大数据；取得应用和技术突破的数据类型是城市数据、视频数据、语音数据、互联网公开数据以及企业数据、人体数据、设备调控、图形图像；在数据资源流转上，会自己收集大量数据，会利用数据提供服务，会免费提供数据集，会下载和获得免费数据集，会买数据集；大数据的拍档概念是数据科学、机器人和人工智能、智能计算或认知计算；我国大数据发展的主要推动者来自大型互联网公司、政府机构。

未来，人口红利将转变为网民红利，成为支撑应用驱动创新的主要因素。随着老龄化社会的到来，以往在经济发展中扮演重要角色的“人口红利”逐渐消失，与此同时，我国网民规模不断扩大，网民红利更加凸显，中国已是世界上产生和积累数据体量大、类型丰富的国家之一。依托庞大的数字资源与用户市场，使得中国企业在应用驱动创新方面更具优势，大量新应用和服务将层出不穷并迅速普及。

二、大数据技术应用案例

大数据技术中的数据分析技术又叫数据挖掘（data mining）。简而言之，就是有组织有目的地收集数据，通过分析数据使之成为信息，从而在大量数据中寻找潜在规律以形成规则或知识的技术。下面以电子商务网站流量分析实例出发，并以数据挖掘中比较经典的分类算法入手，介绍怎样利用数据挖掘的技术解决现实中出现的问题。

所谓网站流量分析，是指在获得网站访问量基本数据的情况下对有关数据进行的统计和分析，其常用手段是 Web 挖掘。Web 挖掘可以通过对流量的分析，帮助我们了解 Web 上的用户访问模式。

（一）了解 Web 上的用户访问模式的优点

在技术架构上，我们可以合理修改网站结构及适度分配资源，构建后台服务器群组，比如辅助改进网络的拓扑设计，提高性能，在有高度相关性的节点之间安排快速有效的访问路径等。

（1）帮助企业更好地设计网站主页和安排网页内容。

（2）帮助企业改善市场营销决策，如把广告放在适当的 Web 页面上。

（3）帮助企业更好地根据客户的兴趣来安排内容。

（4）帮助企业对客户群进行细分，针对不同客户制订个性化的促销策略等。

（二）实现方法

人们在访问某网站的同时，便提供了个人对网站内容的反馈信息：单击了哪一个链接，在哪个网页停留时间最多，采用了哪个搜索项及总体浏览时间等。而所有这些信息都被保存在网站日志中。从保存的信息来看，网站虽然拥有了大量的网站访客及其访问内容的信息，但拥有这些信息不等于能够充分利用这些信息。

那么如果将这些数据转换到数据仓库中呢？这些带有大量信息的数据借助数据仓库报告系统（一般称作在线分析处理系统），虽然能给出可直接观察到的和相对简单直接的信息，却不能告诉网站其信息模式及怎样对其进行处理，而且它一般不能分析复杂信息。所以对于这些相对复杂的信息或是不那么直观的问题，我们只能通过数据挖掘技术来解决，即通过机器学习算法，找到数据库中的隐含模式，报告结果或按照结果执行。为了让电子商务网站能够充分应用数据挖掘技术，我们需要采集更加全面的数据，采集的数据越全面，分析就能越精准。在实际操作中，有以下几个方面的数据可以被采集。

（1）访客的系统属性特征。例如所采用的操作系统、浏览器、域名和访问速度等。

（2）访问特征。它包括停留时间、单击的 URL 等。

（3）条款特征。它包括网络内容信息类型、内容分类和来访 URL 等。

（4）产品特征。它包括所访问的产品编号、产品目录、产品颜色、产品价格、产品利润、产品数量和特价等级等。

当访客访问该网站时，以上有关此访客的数据信息便会逐渐被积累起来，那么我们就可以通过这些积累而成的数据信息整理出与这个访客有关的信息以供网站使用。可以整理成型的信息大致可以分为以下几个方面。

（1）访客的购买历史以及广告单击历史。

（2）访客单击的超链接的历史信息。

（3）访客的总链接机会（提供给访客的超级链接）。

（4）访客总的访问时间。

（5）访客所浏览的全部网页。

（6）访客每次会话的产出利润。

（7）访客每个月的访问次数及上一次的访问时间等。

（8）访客对于商标总体正面或负面的评价。

在数据挖掘领域，有大量基于海量数据的分类问题。通常，我们先把数据分成训练集（training set）和测试集（testing set），通过对历史训练集的训练，生成一个或多个分类器（classifier），将这些分类器应用到测试集中，就可以对分类器的性能和准确性做出评判。如果效果不佳，那么我们或者重新选择训练集，或者调整训练模式，直到分类器的性能和准确性达到要求为止。最后将选出的分类器应用到未经分类的新数据中，就可以对新数据的类别做出预测了。

案例实现

案例 8-4 中提到的智慧交通是指利用先进的技术手段，对交通数据进行采集、处理和分析，从而实现交通管理、运输和服务的智能化。大数据平台则是指通过采集、存储和分析大量数据，为智慧交通提供数据支持和决策依据。

智慧交通面临着一系列挑战，如城市交通拥堵问题日益严重，交通环境污染问题亟待解决等。为了应对这些挑战，基于大数据平台的智慧交通系统方案应运而生。该方案主要包括以下几个方面。

（1）系统架构：建立完善的交通数据采集系统，包括传感器、摄像头、GPS 等设备，实现全方位的数据收集。同时，构建数据处理和分析中心，为智慧交通提供技术支持和决策依据。

（2）技术选型：选择合适的大数据技术和工具，如 Hadoop、Spark 等，实现对海量数据的存储和处理。此外，还需采用人工智能、机器学习等技术，对数据进行深度挖掘和建模，为智慧交通提供智能化的决策支持。

（3）数据处理：通过对交通数据的清洗、整合和挖掘，提取有价值的信息和知识，为交通管理和服务提供数据支持。例如，通过分析道路拥堵数据，提供实时交通信息和路线规划；通过分析车辆行驶数据，实现车辆故障预警和安全风险提醒等。

（4）应用场景：针对不同的应用场景，制订相应的智慧交通解决方案。例如，针对公共交通，可以通过优化公交线路、提高公交服务质量等方式，提高公共交通的吸引力和便捷性；针对个体出行，可以通过智能导航、共享出行等方式，提供更加个性化和便捷的出行方式。

单元练习 8.4

一、填空题

1. __________是需要新处理模式才能具有更强的决策力、洞察发现力和流程优化能力来适应海量、高增长率和多样化的信息资产。

2. 大数据处理的基本流程主要包括__________、__________、数据处理与分析、数据可视化与应用等环节。

3. 大数据的预处理环节主要包括__________、数据集成、__________与数据转换等内容。

二、单选题

1. 大数据的最显著特征是（　　）。
   A. 数据规模大　B. 数据类型多　C. 数据处理快　D. 价值密度高

2. 当前社会最为突出的大数据环境是（　　）。
   A. 互联网　B. 综合国力　C. 自然环境　D. 物联网

3. 下列关于网络用户行为的说法，错误的是（　　）。
   A. 网络公司能够捕捉到用户在其网站上的所有行为
   B. 用户离散交互痕迹能够为企业提升服务质量提供参考
   C. 数字轨迹用完即自动删除
   D. 用户隐私安全很难得到规范保护

4. 大数据时代，数据使用的关键是（　　）。
   A. 数据收集　B. 数据存储　C. 数据分析　D. 数据再利用

5. 大数据发展产业的特点是（　　）。
   A. 规模较大　B. 增速很快　C. 多产业交叉融合　D. 以上都是

三、判断题

1. 大数据的 4 个特点是数据量大、数据类型繁多、处理速度快、价值密度高。（　　）

2. 大数据的价值本质上体现为：提供了一种人类认识复杂系统的新思维和新手段。（　　）

3. 大数据技术中的数据分析技术又叫数据挖掘。　　（　　）

4. 大数据架构设计用来处理对传统数据库系统而言太大或太复杂的数据的引入、处理和分析。　　（　　）

5. 人脸识别系统采用了大数据的数据挖掘技术。　　（　　）

四、简答题

1. 大数据的定义是什么？
2. 大数据的基本特征包括什么？
3. 大数据技术给安检系统带来什么改变？
4. 你的身边有没有大数据技术的应用场景？请举例说明。

单元 8.5　人 工 智 能

学习目标

➢ **知识目标**

1. 了解人工智能的定义、形态分类；
2. 掌握人工智能三种核心要素含义；
3. 掌握人工智能三种主要核心技术要点和实现原理；
4. 掌握语音识别和人脸识别的过程和原理。

单元 8.5　人工智能

➢ **能力目标**

1. 能够熟悉人工智能技术应用的基本流程和步骤；
2. 能够使用人工智能相关应用解决实际问题。

➢ **素养目标**

1. 计算思维：通过学习人工智能与机器学习、自然语言处理、计算机视觉技术的关系，培养学生勤于思考、融会贯通的学习习惯；

2. 创新精神：通过学习人工智能发展历史，激励学生树立学习目标，培养勇于面对挑战及勇于创新的精神；

3. 通过语音识别和人脸识别应用领域拓展学习，了解中国在人工智能技术的先进性和应用的普遍性，培养学生的大国情怀。

导入案例

案例 8-5　图 像 识 别

在火车站进出站、学校校门和宿舍门口的闸机通过人脸识别系统判断人员是否允许出入；公安人员通过监控画面的内容，识别车牌或者人物身份，找到破案线索；学习中利用拍照转文字功能，把课本上的文字转换成能编辑的电子版；还有花卉识别、动物识别、蔬菜识别、植物识别等，这些人工智能技术已经来到我们身边，给我们生活学习带来了方便和快捷。

技术分析

除了图像识别之外，人工智能还涉及智能机器人、自然语言处理、计算机视觉、语音识别等众多领域。具体应用像自动驾驶汽车、人脸支付、购物网站个性化推荐等，这些“智能”性应用场景极大地改变了人类的社会生活。

知识与技能

一、人工智能概述

（一）人工智能的定义

人工智能（artificial intelligence，AI）是在 1956 年美国达特茅斯大学举办的一场研讨会上提出的概念。它被认为是 21 世纪三大尖端技术（基因工程、纳米科学、人工智能）之一。随着理论和技术日益成熟，应用领域不断扩大，如语音识别、图像识别、自然语言处理、智能交互、自动驾驶、医疗健康等，已成为推动现代社会进步和经济发展的重要力量。

人工智能是指通过计算机程序或机器来模拟、实现人类智能的技术和方法。它可以让计算机具有感知、理解、判断、推理、学习、识别、生成、交互等类人智能的能力，从而能够执行各种任务，甚至超越人类的智能表现。简而言之，即像人一样感知，像人一样思考，像人一样行为。

（二）人工智能的三种形态

根据智能水平的高低，人工智能可分为弱人工智能、强人工智能和超人工智能。目前，弱人工智能已经相对成熟并成功应用在很多行业中；强人工智能的研究和应用还处于初级阶段；超人工智能仍处于理论研究阶段。

（1）弱人工智能就是利用现有的智能化技术，在特定领域内能够完成特定任务的人工智能系统。一般来说，弱人工智能仅专注于某个特定领域并完成某个特定的任务，不必具备自主意识、情感等。其优点是人类可以很好地控制其发展和运行。例如，曾经战胜世界围棋冠军的谷歌公司人工智能围棋机器人 AlphaGo 尽管很厉害，但它只会下围棋；又如，苹果手机的语音助手 Siri 只能够根据用户的指令进行语音识别和语义理解，然后提供相应的回答或执行相应的任务，并不具备智力和自我意识。

（2）强人工智能又称通用人工智能，是指在各方面都能和人类智力比肩的人工智能形态，是多个专业领域的综合产物。其特点是机器能够像人一样思考和推理，具有自主意识，能够达到人类的智能水平。与弱人工智能相比，强人工智能有能力进行思考、做计划、解决问题，具备抽象思维、理解复杂概念、快速学习、从经验中学习等特征。目前，强人工智能的研究和应用还处于初级阶段，例如无人驾驶汽车，如图 8-18 所示。

（3）超人工智能是指超越人类智力水平的人工智能形态。人工智能思想家尼克·博斯特罗姆（Nick Bostrom）对超人工智能进行了诠释：在几乎所有领域都比最优秀的人类大脑聪明很多，包括科学创新、通识和社交技能。超人工智能具有打破人脑受到的限制，远超人类智能的能力，能够完成人类无法完成的任务。同时会在道德、伦理、人类自身安全等方面出现许多无法预测的问题，引发人类社会的巨大变革和挑战。

图 8-18 无人驾驶汽车

（三）人工智能的核心要素

人工智能的三大核心要素是数据、算法、算力。

（1）数据是人工智能的重要支撑，是指用于训练和测试算法的数字化信息。在人工智能的应用中，数据起到了承载、驱动和锤炼算法的重要作用，决定了整个系统的、准确度和稳定性。

（2）算法是人工智能的核心，是指处理、计算大量数据并从中学习的方法和规则。2016 年谷歌的 AlphaGo 在围棋比赛中击败世界顶级选手李世石赢得了比赛。AlphaGo 在训练阶段使用了大量的历史围棋数据和自对弈模式，采用了深度神经网络和蒙特卡罗树算法的结合，使得它在下棋的过程中可以像人类选手一样思考，并且在计算速度和精度上远胜过人类，AlphaGo 的胜利也启示了人们如何利用算法和数据来解决人类难以解决的问题，并使人们更加深刻地认识到人工智能的潜力和优势。

（3）算力是指用于支持算法的计算能力。随着硬件技术的发展，特别是 GPU 技术的出现，计算能力得到了极大的提升，大幅度缩短了计算时间，使得处理更庞大的数据成为可能；高性能的计算机设备可以大大提高机器学习和深度学习算法的训练效率和准确性，促进人工智能技术的发展和应用。

（四）人工智能的核心技术

1. 机器学习

机器学习的定义是专门研究计算机怎样模拟或实现人类的学习行为，以获取新的知识或技能，重新组织已有的知识结构使之不断改善自身的性能。

例如支付宝春节的“集五福”活动，使用手机扫“福”字照片识别福字，这个就是用了机器学习的方法。我们可以为计算机提供“福”字的照片数据，通过算法模型机型训练，系统不断更新学习，然后拍摄一张新的福字照片，机器自动识别这张照片上是否有“福”字。

根据训练方法不同，机器学习的算法可以分为监督学习、无监督学习、半监督学习、强化学习四类。

2. 自然语言处理

自然语言处理（natural language processing，NLP）是人工智能领域涉及人类语言的一个重要方向。它研究能让人与计算机之间用自然语言进行有效通信的各种理论和方法。

自然语言处理指用计算机来处理、理解及运用人类语言，其技术目标就是使机器能够“听懂”人类的语言，并进行翻译，实现人和机器的相互交流。

自然语言处理一般分为 5 个步骤：语音分析、词法分析、句法分析、语义分析和语用分析。

3. 计算机视觉

计算机视觉就是“赋予机器自然视觉能力”的学科，是利用计算机及其辅助设备来模拟人的视觉功能，实现对客观世界的三维场景进行感知、识别和理解，实现类似人的视觉功能。

使计算机能够理解和解释图像或视频的领域。图像识别、目标检测、图像生成等是计算机视觉的重要任务。深度学习在计算机视觉领域的成功使得计算机能够在图像识别方面达到甚至超越人类的水平。计算机视觉广泛应用于人脸识别、医学影像分析、自动驾驶等领域。

计算机视觉系统中，视觉信息的处理技术主要依赖图像处理方法，它包括图像增强、数据编码和传输、平滑、边缘锐化、分割、特征抽取、图像识别与理解等内容。经过这些处理后，输出图像的质量得到相当程度的改善，既改善了图像的视觉效果，又便于计算机对图像进行分析、处理和识别。

二、人工智能技术应用领域

（一）语音识别

语音识别（speech recognition，SR）是指将人类语音中的词汇内容自动转换为文字或机器可以理解的指令的过程。

1. 语音识别原理

语音识别是一项融合多学科知识的前沿技术，它涉及的技术领域主要包括信号处理、模式识别、概率论、发声机理、听觉机理和人工智能等。随着技术的发展，现在口音、方言、噪声等场景下的语音识别也达到了可用状态，特别是远场语音识别已经随着智能音箱的兴起，成为全球消费电子领域应用最成功的技术之一。由于语音交互提供了更自然、更便利、更高效的沟通形式，因此语音必定成为未来主要的人机互动接口之一。

语音识别系统一般可分为前端处理和后端处理两部分，如图 8-19 所示。前端包括语音信号输入、预处理、特征提取。后端是对数据库的搜索过程，分为训练和识别。训练是对所建模型进行评估、匹配、优化，之后获得模型参数。

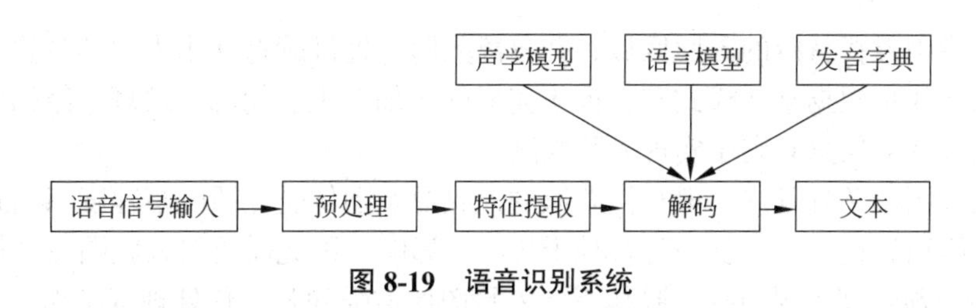

图 8-19 语音识别系统

2. 语音识别应用领域

（1）智能家居领域。智能家居是指通过智能化的设备和系统来实现家庭设备的远程控制、自动化控制和智能化管理。语音识别技术可以应用于智能家居产品中，使得用户可以通过语音来控制家庭设备，如智能音箱、智能灯泡、智能电视等。用户只需要说出相应的指令，智能设备就可以根据指令来执行相应的操作。这种方式更加方便快捷，使得人们的生活变得更加智能化。

（2）智能客服领域。智能客服机器人是指通过人工智能技术来实现客服服务的自动化，减少人工干预的机器人。语音识别技术可以应用于智能客服机器人中，使得用户可以通过语音来与机器人进行沟通。通过智能客服机器人，用户可以更快速地解决问题，而且没有时间和地点的限制。此外，智能客服机器人还可以通过语音识别来进行情感分析，了解用户的情绪状态，从而更好地为用户提供服务。

（3）教育领域。语音识别技术可以应用于教育领域，如通过语音识别来辅助学生进行口语练习，提高学生的英语口语水平等。这种方式可以提高学生的学习效率和兴趣。另外，语音识别技术还可以应用于教育评测中，通过语音识别来评估学生的语音表达能力、语感等。

（4）游戏领域。语音识别技术可以应用于游戏领域，如通过语音识别来与游戏角色进行交互，使得游戏更加真实、有趣。此外，语音识别技术还可以应用于游戏指令操作中，使得游戏操作更加简单和便捷。

（二）人脸识别

随着人工智能技术的发展和普及，机器不仅能“听懂”人类的声音，而且能“看出”人类的身份。如今比较热门的应用技术之一是人脸识别技术，如生活中的手机“刷脸解锁”、消费“刷脸支付”、金融银行“刷脸认证”等，这些都是人脸识别技术的典型应用场景。

1. 人脸识别

人脸识别也称面部识别，是基于人的脸部特征信息进行身份识别的一种生物识别技术。具体是指用摄像机或摄像头等视频采集设备采集含有人脸的图像或视频，并自动在图像或视频中检测和跟踪人脸，进而对检测到的人脸进行脸部处理的一系列相关技术。

人脸识别是一个比较复杂的过程。由于人脸的生物特征具有唯一、固定、不易损坏、仿造困难、抗不配合性等特性，因此被广泛用于金融服务、公安司法刑侦、自助服务和信息安全等领域。

2. 人脸识别系统

一个完整的人脸识别系统包括以下 4 个部分。

（1）人脸图像采集及检测。人脸检测是人脸识别的前期预处理阶段，用于在复杂的场景及背景图像中寻找特定的人脸区域，并分离人脸，即准确标注出人脸的位置和大小。显然，人脸的寻找是根据某些模式和特征来完成的，如颜色、轮廓、纹理、结构或者直方图特征等，这些特征信息有利于实现人脸检测。

（2）人脸图像预处理。一般直接获取的人脸原始图像受光照明暗程度、设备性能高低、位置偏正、距离远近、焦距长短等各种干扰因素影响，因此需要对人脸图像进行预处理。

人脸图像预处理主要包括人脸扶正、人脸图像增强和归一化处理等工作。人脸扶正是为了得到人脸端正的人脸图像；人脸图像增强是改善图像质量使之更加清晰，更有利于计算机的处理与识别；归一化处理是取得尺寸一致、灰度取值范围相同的标准化人脸图像。

（3）人脸图像特征提取。每个人的脸部特征都是有区别的，基于人类视觉特性的基本原理，一种常用的做法是对人脸的眼睛、鼻子、嘴唇、眉毛和下巴等关键点（关键点越多，对对象的描述越精确）按照某种特征提取算法，将关键点坐标与预定模式进行比较，然后计算人脸的特征值，可以将不同的人脸区分开，如图 8-20 所示。关于人脸图像特征提取的方法，归纳起来主要有 3 类：基于五官的特征提取方法、基于模板的特征提取方法和基于代数方法的特征提取方法。

（4）人脸图像识别。一旦提取到人脸的特征向量，就可以按某种机器学习算法将此特征向量与数据库中存储的特征模板进行匹配。通过设定一个阈值，如果两特征向量非常相似或它们之间的“距离”非常小，当相似度超过这个阈值时，则找到待识别对象，输出匹配得到的结果。由此可见，人脸图像特征提取是整个人脸识别系统中的关键环节，特征描述越精确，就越能体现人脸的差异性和独特性，有助于提高人脸识别效果。

3. 人脸识别应用领域

（1）安防领域：人脸识别系统可以用于监控和门禁系统，提高安全性和便利性。例如，机场、火车站、银行、政府机构等公共场所的安检通道通常会采用人脸识别技术。

（2）零售业：人脸识别技术可以帮助零售商进行客户身份验证，提高购物体验。例如，自助结账设备可以通过扫描顾客的脸来验证顾客的身份。

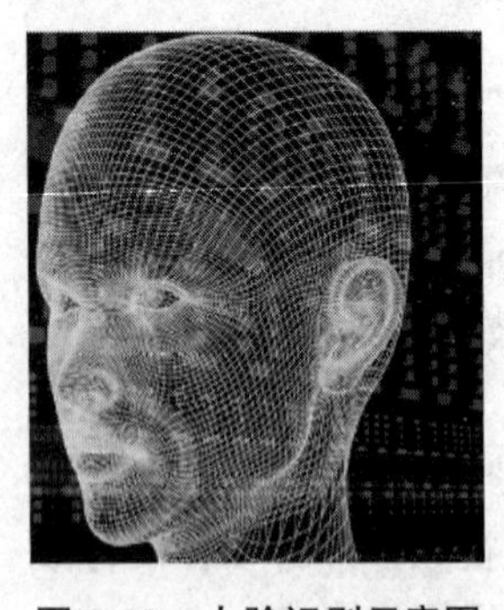

图 8-20　人脸识别示意图

（3）金融行业：人脸识别技术可以用于 ATM 机、手机银行等金融服务场景，提高安全性和便利性。例如，通过面部识别验证用户身份后，用户可以快速完成转账操作。

（4）教育领域：人脸识别技术可以用于考勤系统和学生管理系统，提高管理效率。例如，学校可以通过识别学生的脸部特征来记录出勤情况。

（5）医疗行业：人脸识别技术可以用于医院挂号、病人识别等场景，提高医疗服务质量。例如，医生可以通过扫描患者的脸来确认患者的身份并获取相关病历资料。

案例实现

针对案例 8-5 中提到的图像识别功能，我们可以拍摄一朵花的照片，利用“百度识图”功能识别图片内容，查看搜索结果是否准确，如图 8-21 所示。

图 8-21　百度识图界面

单元练习 8.5

一、填空题

1. 人工智能英文简称是__________。

2. __________是指超越人类智力水平的人工智能形态。

3. __________是人工智能的核心，是指处理、计算大量数据并从中学习的方法和规则。

二、单选题

1. 手机的语音助手属于（　　）。

A. 弱人工智能　　B. 强人工智能　　C. 超人工智能　　D. 人工智能

2.（　　）是利用计算机及其辅助设备来模拟人的视觉功能。

A. 自然语言处理　　B. 机器学习　　C. 计算机视觉　　D. 云计算

3.（　　）是专门研究计算机怎样模拟或实现人类的学习行为，以获取新的知识或技能，重新组织已有的知识结构使之不断改善自身的性能。

A. 自然语言处理　　B. 机器学习　　C. 计算机视觉　　D. 云计算

4. 语音识别技术可以应用于（　　），如通过语音识别来辅助学生进行口语练习，提高学生的英语口语水平等。

A. 智能客服领域　　B. 游戏领域　　C. 教育领域　　D. 智能家居领域

5. 火车站进出站口的闸机需要对旅客面部识别，属于（　　）。

A. 人脸识别　　B. 语音识别　　C. 机器人技术　　D. 虹膜识别

三、判断题

1. 手机的语音助手属于超人工智能。（　　）

2. 人工智能是指通过计算机程序或机器来模拟、实现人类智能的技术和方法。（　　）

3. 人脸识别中提取的关键点越多，对对象的描述越精确。（　　）

4. 一般直接获取的人脸原始图像受光照明暗程度、设备性能高低、位置偏正、距离远近、焦距长短等各种干扰因素影响，因此需要对人脸图像进行预处理。（　　）

5. 人脸识别是一个非常简单的过程。 （ ）

四、简答题

1. 人工智能的核心要素是什么？
2. 语音识别系统一般可分为哪两部分？
3. 人工智能语音识别要点是什么？
4. 人脸识别特征提取的关键是什么？

拓展模块（线上）

模块九　程序设计基础

模块十　现代通信技术

模块十一　虚拟现实

模块十二　机器人流程自动化

模块十三　区块链

模块十四　信息安全

参 考 文 献

[1] 黄红波，王勇智 . 信息技术项目化教程 [M]. 北京：北京出版社，2022.
[2] 程远东 . 信息技术基础（Windows 10+WPS Office）（微课版）[M]. 2 版 . 北京：人民邮电出版社，2023.
[3] 张爱民，魏建英 . 信息技术基础 [M]. 北京：电子工业出版社，2021.
[4] 王仕杰，尹艺霏，等 . 信息技术 [M]. 北京：清华大学出版社，2022.
[5] 赵艳莉 . 信息技术基础 [M]. 北京：电子工业出版社，2021.
[6] 黄如花，胡永生，程银桂 . 信息检索 [M]. 3 版 . 武汉：武汉大学出版社，2019.
[7] 王红兵，胡琳 . 信息检索与利用 [M]. 3 版 . 北京：科学出版社，2019.

后　记

在作者、教材专家和编辑团队的辛勤努力下，《信息技术基础（Office 视频版）》（以下简称“本书”）一书终于得以面世。

本书由邓春生（四川工商职业技术学院）、朱伟华（吉林电子信息职业技术学院）、云玉屏（烟台汽车工程职业学院）担任主编，文颖（四川工商职业技术学院）、陈新华（四川信息职业技术学院）、郑晨（烟台汽车工程职业学院）、袁春兰（四川化工职业技术学院）担任副主编，参编的老师还有李焕春（北京政法职业学院）、何佶星（四川工商职业技术学院）、何全文（四川工商职业技术学院）、陈露军（四川工商职业技术学院）、李旭（四川工商职业技术学院）、谢琼（四川工商职业技术学院）、李振翔（四川信息职业技术学院）、刘春（四川化工职业技术学院）、张旭（四川化工职业技术学院）。参加本书编写的有关人员分工如下表。

基础模块编写分工

模　　块	单　　位	编　写　人
模块一　信息素养与社会责任	烟台汽车工程职业学院	郑晨
模块二　图文处理技术	北京政法职业学院	李焕春
模块三　电子表格技术	四川工商职业技术学院	文颖、何佶星
模块四　信息展示技术	四川工商职业技术学院	陈露军、李旭
模块五　信息检索技术	四川工商职业技术学院	谢琼、何全文
模块六　数字媒体技术	吉林电子信息职业技术学院	朱伟华
模块七　项目管理	吉林电子信息职业技术学院	朱伟华
模块八　新一代信息技术	烟台汽车工程职业学院	云玉屏

拓展模块编写分工

模　　块	单　　位	编　写　人
模块九　程序设计基础	四川信息职业技术学院	李振翔
模块十　现代通信技术	四川化工职业技术学院	刘春
模块十一　虚拟现实	吉林电子信息职业技术学院	朱伟华
模块十二　机器人与流程自动化	烟台汽车工程职业学院	云玉屏
模块十三　区块链	四川化工职业技术学院	张旭、谭秋荣
模块十四　信息安全技术	四川信息职业技术学院	陈新华

北京政法职业学院李焕春、四川工商职业技术学院文颖对全书做了统稿。

在本书编写过程中，多位专家给予了我们具体指导，也得到了有关高职院校的大力支持，编写团队还广泛参阅了很多同类教材和 参考资料，在此一并表示感谢。

编　者

2024 年 2 月